微 分 積 分

―高校数学のつづき―

浅倉　史興　　浦部治一郎　　川崎　廣吉

多久和英樹　　竹井　義次　　溝畑　　潔

山原　英男　　渡部　拓也　　共　著

学術図書出版社

まえがき

　この本は大学初年度の微分積分学を初めて学ぶ方を対象とした入門的な教科書である．また，現代社会は数理資本主義のもとにあるともいわれ，社会に出てからも，数学，特に微分積分学が必要な場面に対した場合，適用できる参考書にもなることを期待している．

　大学の入試方式・入試形式の多様化が進み，学生の高校時代の数学系科目の履修に関しても多様化している現状がある．それゆえ，微分積分学を学ぶために，高校数学の内，必要となると思われる内容を第 1 章と第 2 章にまとめた．これは，講義で使用されてもいいが，読者が必要に応じて振り返って自習したり，リファレンスとして使用したりすることができる．また，第 2 章 5 節「数学解析の基礎 」で，高校数学で学んでいる実数，極限や連続性について，大学の数学として少し厳密にしている．定理の証明なども厳密と簡明を旨としたが，初学者には労多くして功少なしの面があり，章末に後置し，補足として付置した．定理の証明は厳密になされているから，じっくり読んで理解することも大事であるが，まず，何よりも定理，定義，公式，例，例題の内容をよく理解するように努められたい．この本では，微分積分学の内在する流れを重視しているので，まず，その考え方の流れを捕まえてもらいたい．

　そのような意味で，高校数学の 1 変数の微分積分学を見直しつつ，多変数の微分積分学へ続く内容ということで「高校数学のつづき」という副題をつけた．多変数の記述では一般の n 次元の場合もあるが，実際，2 次元，3 次元の場合を自分の手で計算する経験をしておくことが重要かつ必須であり，ぜひ実行されることを期待する．

　本書では，定理や定義，公式の意味を理解し，その応用を自在に行えるようにするために，適切な例題を選び，定理・公式の使い方を示した上で，練習問

題を後置し，読者の自力で問題解決の練習に供した．それらの解答については，下記の出版社ホームページで公開し，解答の確認ができるようにした．

　現在では，本書に出て来る多くの用語はインターネットで検索して，勉強できる状況にあり，検索によって個々の用語についての詳い情報が得られるが，それを微分積分学の中の流れの中で理解することは難しい．そこで，本書のようなテキストでの学習が必要となるのである．

　授業のテキストとして使う場合，講義の目的や講義時間，講義内容の程度によるが，この本の内容全部を講義する必要はないと思われる．

　最後に本書の出版にあたり，お世話になった学術図書出版社の高橋秀治氏に心からお礼申し上げます．

2021 年 1 月

著者記す

出版社ホームページ：

https://www.gakujutsu.co.jp/text/isbn978-4-7806-1180-9/

目　　次

1

いろいろな関数

　この章では，数と量および関数の基本的なことを解説する．大半が高等学校で習ったことであるが，本章の 1.6 節の逆三角関数は高校数学では出てこないので，しっかりと学習して関数に慣れてほしい．

1.1　数と数直線

　ものを数える時に使う数：$1, 2, 3, \ldots, n, \ldots$ を**自然数**という．一方，日常生活では長さ，重さ，時間のような**量**を**測る**ことが必要となる．通常，これらの量を直接に数えることはできないので，$1\,\mathrm{m}$，$1\,\mathrm{kg}$，1 秒のような**単位**を定めて，その単位の何個分かを数えることにより測ることになる．しかしながら，たとえば $1\,\mathrm{m}$ よりは長いが，$2\,\mathrm{m}$ より短いようなときがある[1]．このようなときは，余りの長さを $10\,\mathrm{cm}$ 単位，$1\,\mathrm{cm}$ 単位，$1\,\mathrm{mm}$ 単位というように，単位を細かくして測ればよい．

　一般に，長さ l を単位 l_0 を用いて測るとき，余りが生じるならば，もとの単位 l_0 を n 等分した細かい単位 $\dfrac{l_0}{n}$ で数え直すこととする．このとき余りがなく，ちょうど m 個分になれば，$l = m\dfrac{l_0}{n} = \dfrac{m}{n}l_0$ と，長さ l は単位 l_0 に対して**有理数** $\dfrac{m}{n}$ を用いて表わされる．一方，どのような n で等分しても余りが残る場合がある．中学校で習ったように，1 辺が l_0 の正方形の対角線の長さ $l = \sqrt{2}l_0$ がその例である．このように，量を測るためにも**無理数**が必要となる．

　また，負の数や負の量を考えると計算が便利になるので，有理数と無理数を

---

[1] 長さを l，単位を l_0 とするとき，自然数 m を適当にとれば $l < ml_0$ となるのは，直感では明らかであるが，厳密な論理では明らかなことではない．これを**アルキメデスの原理**といい，証明をしたり公理と考えたりもする．

合わせて正負を考えたものを**実数**という (0 と自然数の正負を考えたものを**整数**という). 上記の議論で, $\sqrt{2} = \dfrac{l}{l_0}$ と表されたように, ある**量**と**単位量**との比が実数である.

数直線

平面上に 1 つの直線をとり, 原点 O を指定して, この点を 0 とする. 適当な長さの単位 l_0 をとり, O から右の方

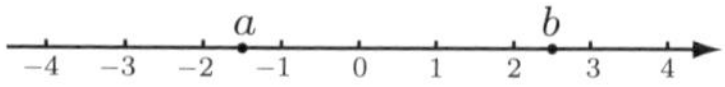

図 1.1　数直線と実数 a, b

に, $l_0, 2l_0, 3l_0, \ldots$ と取っていった点を $1, 2, 3 \ldots$ とし, 左の方に, $l_0, 2l_0, 3l_0, \ldots$ と取っていった点を $-1, -2, -3 \ldots$ として, 直線全体を実数と考える. このように, 直線を実数全体と考えたものを**数直線**といい, 数直線と実数は同じものと考えてよい. また, 実数 x という代わりに「点 x」ということがある.

実際の数直線上では, 0 と 1 は l_0 だけ離れているが, これは実際の長さとは異なった別の単位を示していると考えてもよい. たとえば, 実際の目盛りは $1\,\mathrm{cm}$ であるが, これを $1\,\mathrm{m}$ と考えてもよいのである.

問 1.1　$\sqrt{2}$ は有理数 $\dfrac{m}{n}$ で表せないことを示せ. (ヒント：$\sqrt{2} = \dfrac{m}{n}$ として背理法を用いる.)

実数の性質

実数全体の集合を $\mathbb{R}$ と表すことにする. 実数 $\mathbb{R}$ は以下の性質をもつ.

四則計算　任意の $a, b \in \mathbb{R}$ について, 和：$a + b$, 積：ab, 負符号の数：$-a$ が定義される. もし, $b \neq 0$ ならば, 逆数：$\dfrac{1}{b}$ も定義される. また, これらの計算は結合法則, 交換法則, 分配法則に沿って計算される.

大小関係　任意の $a, b \in \mathbb{R}$ に対して, $a \leqq b$ または $b \leqq a$ が成立することである. 大小関係は次の性質をもつ.

(1) $a \leqq a$,　　　(2) $a \leqq b,\ b \leqq a$ ならば $a = b$

(3) $a \leqq b,\ b \leqq c$ ならば $a \leqq c$

また, $a \leqq b,\ a \neq b$ が成立するとき, $a < b$ と表す.

絶対値　実数の絶対値を

$$|a| = \begin{cases} a & (a \geqq 0) \\ -a & (a < 0) \end{cases}$$

のように定める. 定義より, $\pm a \leqq |a|$ が成立する. また, この性質より次の**三角不等式**が得られる.

$$||a| - |b|| \leqq |a + b| \leqq |a| + |b|$$

問 1.2 実数 a, b について上の三角不等式が成り立つことを示せ.

問 1.3 1 組の三角定規を用いて直線と平行線を引くことにより, 数直線上の 2 点 a, b $(a, b > 0)$ から点 $a + b$ を作図する方法を考えよ.

区間

次のような $\mathbb{R}$ の部分集合が定義される[2].

　開区間 : $(a, b) = \{x \in \mathbb{R} \mid a < x < b\}$, $a = -\infty$ または $b = \infty$ でもよい

　閉区間 : $[a, b] = \{x \in \mathbb{R} \mid a \leqq x \leqq b\}$

　半開区間 : $[a, b) = \{x \in \mathbb{R} \mid a \leqq x < b\}$, $b = \infty$ でもよい

　半開区間 : $(a, b] = \{x \in \mathbb{R} \mid a < x \leqq b\}$, $a = -\infty$ でもよい

$\mathbb{R} = (-\infty, \infty)$ である. また, $a \neq -\infty, b \neq \infty$ のときは**有界区間**という.

1.2　関数と関数のグラフ

文字 x の式 x, x^2, 2^x, $\sin x$ など, よく知られた数式を $f(x)$ と表し「関数 $f(x)$」ということがあるが, 数式だけでなく, 2 つの量 X, Y の関係を数値 x, y の関係式として表すものが本来の関数である. これからは, 数式では表せない関係式を扱う必要があるので, ここで関数について改めて考える.

関数の定義

ある区間 I の任意の点 x について (x に応じて) ただ 1 つの実数 $y \in \mathbb{R}$ が定まるとき, y は x の**関数である**といい, $y = f(x)$, $f : I \to \mathbb{R}$, $f : x \mapsto y$ などと表す. このとき, I を**定義域**といい, y の値全体の集合を**値域**または**像**という. また, x, y はいろいろな値をとるので**変数**といい, とくに x を**独立変数**, y を**従属変数**という.

したがって, x に対してただ 1 つの y が対応している「こと」が関数である

---

[2] これらの記号は必ずしも世界共通ではない. フランスでは開区間を $]a, b[$ と表す. また, 古いイギリスの教科書では閉区間を (a, b) と表している.

が，具体的な「もの」として，数式のような対応の規則を関数ということが多い．また，最初に述べたように，値 $f(x)$ を関数ということもある．本書でも，これから「関数 $y = f(x)$」，「関数 $f(x)$」などという．また，定義域を明示するときは，それぞれ「関数 $y = f(x)\,(x \in I)$」，「関数 $f(x),\, x \in I$」などと表す．

注意 関数においては定義域と対応の規則が大切なので，$y = f(x)\,(x \in I)$ を $v = f(u)\,(u \in I)$，$s = f(t)\,(t \in I)$ などと表しても同じである．たとえば，$y = f(x)$ と表していた関数を，途中で $v = f(u)$ などと書き直すことがある．

関数のグラフ

関数 $y = f(x)$ に対して，座標平面の点集合 $\{(x,y)\,|\,y = f(x), x \in I\}^3$ を関数の**グラフ**という．実数と数直線の関係と同様に，関数とその関数のグラフは同じものと考えてよい．

簡単な式で表せない関数

図 1.2 (左) のように，XY 平面の単位円で $X \geqq 0, Y \geqq 0$ に含まれる部分と点 A$(1,0)$ を考える．$0 \leqq x \leqq 1$ を満たす x について，直線 $Y = x$ と単位円との共有点を P とし，弧 $\overset{\frown}{\text{AP}}$ の長さを y と定めれば，y は x の関数と考えられる (図 1.2 (右)．この関数は 1.6 節で解説される)．

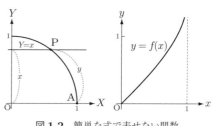

図 1.2 簡単な式で表せない関数

また，グラフで表しにくい関数として，

$$y = f(x) = \begin{cases} x & (x：有理数) \\ 0 & (x：無理数) \end{cases}$$

が挙げられる．x が与えられたとき，それが有理数か無理数かのどちらかであるので y の値は 1 つ決まり関数である．

例題 1.1 変数 x, y を次のように定めるとき，y は x の関数であるか．

(1) $x + 3y = 2$　　　(2) $x^2 + y^2 = 1$

(3) x を時刻，y をある証券取引所の一企業の株価とする

---

^{3} 開区間の記号と紛らわしいが，この場合 (x,y) は点の座標である．

解答 (1) $y = -\dfrac{1}{3}x + \dfrac{2}{3}$ と表せるので，y は x の関数である．(2) $x = 0$ に対して $y = \pm 1$ と 2 つの値がありうるので，関数ではない．(3) y をディスプレイ上に現れる値とすれば，時刻 x の関数と考えられる．当然，取引所が開かれている時刻 x のみを考える．

> **問 1.4** 変数 x, y を次のように定めるとき，y は x の関数であるか．
> (1) 円周の長さを x，円の面積を y とする．
> (2) 面積が 10 の長方形において，横の長さを x とし，縦の長さを y とする．
> (3) 長方形の周囲の長さ x とし，面積を y とする．
> (4) 一辺の長さが y の立方体の体積を x とする．
> (5) 一辺の長さが x である正 3 角形に内接する円の半径を y とする．
> (6) 一定温度の純水の体積を $x\,(\mathrm{m}^3)$，重さを $y\,(\mathrm{kg})$ とする．

1.3 合成関数

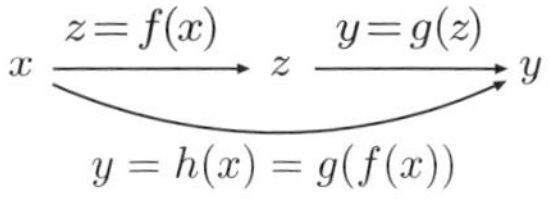

一般に 2 つの関数 $y = f(x)$ と $y = g(x)$ より，それらを合成した関数をつくることができる．$y = f(x)$ の従属変数 y を z に，$y = g(x)$ の独立変数 x を z に変えて，それぞれ $z = f(x)$，

$$x \xrightarrow{\ z = f(x)\ } z \xrightarrow{\ y = g(z)\ } y$$
$$y = h(x) = g(f(x))$$

図 1.3 合成関数の考え方

$y = g(z)$ とし，x に対して $z = f(x)$ より z の値を定め，その z の値に対して $y = g(z)$ より y の値を定めることで，x に対して y が定まる関数 $y = h(x)$ を考えることができる (図 1.3 参照)．これを次のように表す．

$$y = g(z), \ z = f(x) \quad \Longrightarrow \quad y = h(x) = g(f(x))$$

このように定まる関数 $y = g(f(x))$ を f と g の**合成関数**という．このとき，注意しなければならないことは，$z = f(z)$ の値域が $y = g(z)$ の定義域に含まれなければならないことである．z の値が $y = g(z)$ の定義域に含まれないなら，y を定めることができないからである．また，f と g の順にも注意が必要で，順を入れ変えて $z = g(x)$，$y = f(z)$ として，$y = f(g(x))$ とする合成関数をつくることもできる．なお，合成関数 $g(f(x))$ と $f(g(x))$ は一般に異なる[4]．

今までは，$y = ax^2 + bx + c$，$y = \log_a x$，$y = \sin x$ など，基本的な関数を考えてきたが，微分積分では $(x^2+1)^5$，$\dfrac{\tan x + 2}{5\tan x + 2}$，$a^{\cos x}$，$\log_a \sin x$ など，

---

[4] 「f と g の**合成関数**」といった場合，その言い方だけでは f と g の順を特定しているわけではないので，それらの合成関数は $g(f(x))$ あるいは $f(g(x))$ と明示する必要がある．

基本的な関数を組み合わせた関数が出てくる．すなわち，これらは次のような合成関数であると見ることができる．

$$y = z^5,\ z = x^2 + 1 \qquad\qquad \Longrightarrow\ y = (x^2 + 1)^5$$
$$y = \frac{z+2}{5z+2},\ z = \tan x\ \left(0 \le x < \frac{\pi}{2}\right) \implies y = \frac{\tan x + 2}{5\tan x + 2}\ \left(0 \le x < \frac{\pi}{2}\right)$$
$$y = a^z,\ z = \cos x \qquad\qquad \Longrightarrow\ y = a^{\cos x}$$
$$y = \log_a z,\ z = \sin x\ (0 < x < \pi) \implies y = \log_a \sin x\ (0 < x < \pi)$$

また，次のような合成関数を考えたとき値域が定義域に含まれない部分があり，不可として合成関数をつくることはできない．

$$y = \sqrt{z},\ z = \sin x - 2 \implies y = \sqrt{\sin x - 2} \qquad (z < 0\ となり不可)$$
$$y = \log_a z,\ z = \cos x\ (0 < x < \pi) \implies y = \log_a \cos x\ (0 < x < \pi)$$
$$\left(\frac{\pi}{2} \le x < \pi で z \le 0 となり不可．なお，定義域が 0 < x < \frac{\pi}{2} ならよい\right)$$

問 1.5　関数 $f(x) = \dfrac{1}{1-x}$ について，$g(x) = f(f(x))$ はなにか．また，$h(x) = f(g(x))$ はなにか．また，それぞれの合成関数をつくることができる x の定義域を示せ．

グラフの平行移動

　関数 $y = f(x)$ について，$x \to x - p$, $y \to y - q$ と置き換えて，$y - q = f(x - p)$ とする．このとき，$y = f(x-p)+q$ のグラフは，$y = f(x)$ のグラフを **x 軸方向に p, y 軸方向に q 平行移動**して得られる（図 1.4 参照）．

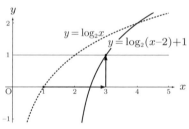

図 **1.4**　$y = \log_2(x-2)+1$ のグラフ（破線は $y = \log_2 x$）

グラフの伸縮

　$\lambda > 0, \mu \ne 0$ とする．関数 $y = f(x)$ について，$x \to \dfrac{x}{\lambda}, y \to \dfrac{y}{\mu}$ と置き換えて，$\dfrac{y}{\mu} = f\left(\dfrac{x}{\lambda}\right)$ とする．このとき，$y = \mu f\left(\dfrac{x}{\lambda}\right)$ のグラフは，$y = f(x)$ のグラフを **x 軸方向に λ 倍，y 軸方向に μ 倍**して得られる．

例題 1.2　(1) 関数 $y = 2\sin x$ のグラフの概形を描け．

　(2) 関数 $y = \sin 2x$ のグラフの概形を描け．

解答 (1) $y = \sin x$ のグラフを y 方向に 2 倍拡大する (図 1.5 参照).

(2) $y = \sin x$ のグラフを x 方向に $\dfrac{1}{2}$ に縮小する (図 1.5 参照).

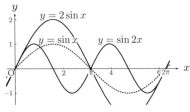

図 1.5 $y = 2\sin x$ と $y = \sin 2x$

例題 1.3 関数 $y = \sin\left(2x - \dfrac{\pi}{2}\right)$ のグラフの概形を描け.

解答 $\sin\left(2x - \dfrac{\pi}{2}\right) = \sin 2\left(x - \dfrac{\pi}{4}\right)$ と考えると, $y = \sin 2x$ を x 軸方向に $\dfrac{\pi}{4}$ だけ平行移動することになる (図 1.6 参照). $\dfrac{\pi}{2}$ の平行移動ではないことに注意する. また, $y = -\cos 2x$ のグラフと等しい.

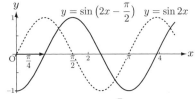

図 1.6 $y = \sin\left(2x - \dfrac{\pi}{2}\right)$ のグラフ (破線は $y = \sin 2x$)

問 1.6 次の関数のグラフを描け.

(1) $\cos 2x$ (2) $3\sin x$

(3) $\dfrac{1}{2}\cos 2x$ (4) $\tan 2x$ (5) $\sin\left(x + \dfrac{\pi}{6}\right)$ (6) $\cos\left(2x + \dfrac{\pi}{3}\right)$

1.4 逆関数

関数 $y = f(x)$ $(x \in I)$ では x に対して y がただ 1 つ定まるが, このとき, 逆に y に対して x が対応すると見ることができる. さらに異なるすべての x_1, x_2 $(x_1 \neq x_2)$

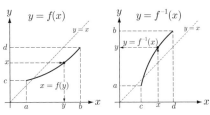

図 1.7 逆関数の定義 (左) と逆関数のグラフ (右)

に対して $f(x_1) \neq f(x_2)$ であるならば, y に対して x がただ 1 つ定まり (問 1.7 参照), x は y の関数であるとも言える. このときは, y を独立変数と考えているが, 通常のように独立変数を x, 従属変数を y で表すと, x と y の関係は $x = f(y)$ となる. このようにして定まる関数を $y = f(x)$ の**逆関数**といい,

$y = f^{-1}(x)$ と表し,「$f(x)$ の逆関数」,「f インバース」などと呼ぶ[5]. すなわち

$$y = f^{-1}(x) \iff x = f(y)$$

である. 逆関数の定義域はもとの関数の値域である.

> **問 1.7**　関数 $y = f(x)$ において, 異なるすべての x_1, x_2 $(x_1 \neq x_2)$ に対して $f(x_1) \neq f(x_2)$ であるならば, 値域に含まれる y に対して $y = f(x)$ を満たす x がただ 1 つ定まることを示せ.

関数 $y = f(x)$ がよく知られた関数であっても, その逆関数が今までに学んだ関数で表されるとは限らない. このように, 逆関数を考えることにより, 新しい関数をつくることができる.

逆関数のグラフ

関数 $y = f(x)$ の x と y の役割を入れ換えるのが逆関数なので, 逆関数 $y = f^{-1}(x)$ のグラフは $y = f(x)$ のグラフと **$y = x$** について**対称**である.

例題 1.4　次の関数の逆関数を求めよ. (2) については $x \neq 2$ とする.

(1) $y = 3x - 2$ 　　(2) $y = \dfrac{5x - 2}{x - 2}$

解答　(1) 関数 $y = 3x - 2$ の x と y を入れ替えると, $x = 3y - 2$. これを y について解いて, $y = \dfrac{x}{3} + \dfrac{2}{3}$. (2) 関数は $y = 5 + \dfrac{8}{x - 2}$ と表されるので, 像は $y \neq 5$ である. 変数 x と y を入れ替えると, $x = \dfrac{5y - 2}{y - 2}$. これを y について解いて, $y = \dfrac{2x - 2}{x - 5}$. このとき, 定義域は $x \neq 5$.

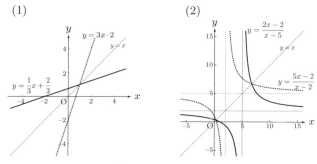

図 **1.8** (1)$y = 3x - 2$ と $y = \dfrac{x}{3} + \dfrac{2}{3}$ のグラフ　(2)$y = \dfrac{5x - 2}{x - 2}$ と $y = \dfrac{2x - 2}{x - 5}$ のグラフ

---

[5] $f^{-1}(x)$ は $\dfrac{1}{f(x)}$ ではないことに注意!

2 次関数 $y = x^2$

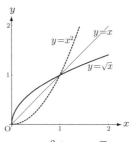

定義域を $\mathbb{R}$ 全体とすると逆関数が定まらないので，$[0, \infty)$ を定義域とする．このとき，値域も $[0, \infty)$．$y = x^2$ $(x \geqq 0)$ の x と y を入れ替えると，$x = y^2$．これを $y \geqq 0$ として解いて，$y = \sqrt{x}$ (図 1.9 参照)．

図 1.9 $y = x^2$ と $y = \sqrt{x}$ のグラフ

n 次関数 $y = x^n$ (n : 自然数)

定義域と値域を $[0, \infty)$ とする．$y = x^n$ $(x \geqq 0)$ の x と y を入れ替えると，$x = y^n$．これを $y \geqq 0$ として解いて，$y = \sqrt[n]{x}$．これは **n 乗根 (累乗根)** の定義である，このように，知られている関数 $y = x^n$ (図 7.1 参照) の逆関数として新しい関数 $y = \sqrt[n]{x}$ が定義されたのである．

指数関数と三角関数の逆関数は重要なので節を改めて解説する．

1.5 指数関数・対数関数

指数の定義

実数 a と正の整数 n について $a^n = \overbrace{a \times a \times \cdots \times a}^{n\ \text{個}}$ を **累乗** a^n と表し，n のことを **指数** という．0 または負の整数 $(-n < 0)$ については (1) $a^0 = 1$，(2) $a^{-n} = \dfrac{1}{a^n}$ と定めれば，任意の整数 m, n について指数法則 $a^m a^n = a^{m+n}$ が成立する．

$a > 0$ のとき，指数が正の有理数ならば，累乗根を用いて $a^{\frac{m}{n}} = \sqrt[n]{a^m}$ と定義される．負の有理数 $(-x < 0)$ については，前と同様に $a^{-x} = \dfrac{1}{a^x}$ と定めると，任意の有理数 x, y について指数法則

$$a^{x+y} = a^x a^y \tag{1.1}$$

が成立することがわかる．

関数 a^x について微分・積分を行うためには，無理数 x についても a^x を考える必要があるが，これは「無理数とはなにか」という難しい問題に関係する (次の 2 章を参照)．ここでは $a^{\sqrt{2}}$ という数をどのように定めればよいかを考えてみよう．$\sqrt{2}$ は無限に続く小数展開 $1.41421356\cdots$ をもつ．このことは，

$x = \sqrt{2}$ は無限個の不等式

$$
\begin{array}{ccccc}
1.4 & < & x & < & 1.5 \\
1.41 & < & x & < & 1.42 \\
1.414 & < & x & < & 1.415 \\
& & \vdots & &
\end{array}
\tag{1.2}
$$

を満たす，だだ1つの数ということである．したがって，$a > 1$ とすると

$$
\begin{array}{ccccc}
a^{1.4} & < & y & < & a^{1.5} \\
a^{1.41} & < & y & < & a^{1.42} \\
a^{1.414} & < & y & < & a^{1.415} \\
& & \vdots & &
\end{array}
\tag{1.3}
$$

を満たす，だだ1つの数 y を $a^{\sqrt{2}}$ と定める．任意の無理数 x ついても同様な方法で a^x が定義されるので，任意の指数 (有理数・無理数)x について累乗 a^x が定義され，指数法則 (1.1) が成立することがわかる．

指数関数

1 でない正の数 a について[6]，a^x を x の関数と考えたとき，関数

$$
y = a^x
\tag{1.4}
$$

を a を **底** とする **指数関数**という．

変数の値が $x < x'$ を満たすとき，$a > 1$ ならば $a^x < a^{x'}$ が成立し，$0 < a < 1$ ならば $a^x > a^{x'}$ である．したがって，グラフは次のような特徴をもつ．

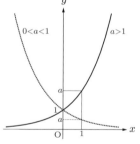

図 1.10　指数関数 $y = a^x$ のグラフ (実線は $a > 1$ のとき，点線は $0 < a < 1$ のとき)

(1) $y > 0$ の範囲にあり，点 $(0, 1)$ と $(1, a)$ を通る．

(2) $a > 1$ のとき右上がり ($0 < a < 1$ のとき右下がり) の曲線で，x 軸が漸近線である．

なお，$a > 1$ ならば，x の値が正の方向に増大するとき，y の値は急激に増大し，x の値が負の方向に増大すれば，y の値は急激に 0 に近づく ($0 < a < 1$ のときはその逆)．よって，$y = a^x$ のグラフは図 1.10 のようになる．

---

[6] $a = 1$ のときは，すべての数 x について $a^x = 1$ となるので除外する．

例題 **1.5** 3つの関数 $y = 2^x$, $y = 3^x$, $y = 2^{-x}$ のグラフを同じ座標軸の上に描け.

解答 $2^{-x} = \left(\dfrac{1}{2}\right)^x$ より, 右のようなグラフになる.

問 1.8 次の (1), (2), (3) について, それぞれ, 3つの関数のグラフを同じ座標軸の上に描け.

(1) $y = 2^x$, $y = -2^x$, $y = \dfrac{1}{2^{x-1}}$

(2) $y = 2^x$, $y = 2^{x-1}$, $y = 2^x - 1$

(3) $y = 2^x$, $y = 2^{-x+1}$, $y = 2^{-x-1} - \dfrac{1}{2}$

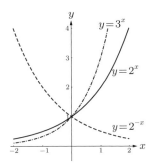

図 1.11 例題 1.5：3つの関数

対数

$a > 0, a \neq 1$ とする. 指数関数のグラフから分かるように ($a = 2$ のときは図 1.11 を参照) 任意の $b > 0$ に対して $a^y = b$ を満たす y がただ1つ存在する. この y を $\log_a b$ と表し, a を**底**とする b の**対数**という. b を**真数**という. すなわち

$$y = \log_a b \iff b = a^y$$

である. この $a^y = b$ を満たす y は今までに学んだ関数を用いて表せないので, 新しい記号 $\log_a$ を用いるのである.

指数法則 $a^{x+y} = a^x a^y$ に対応して, $a^x = b$, $a^y = c$ より, 対数法則

(1) $\log_a bc = \log_a b + \log_a c$ (2) $\log_a \dfrac{b}{c} = \log_a b - \log_a c$ ($b, c > 0$)

が成立する. また, $(c^x)^y = c^{xy}$ に対応して, $c^x = a$, $a^y = b$ より, 次の底の**変換公式**が成り立つ.

$$\log_a b = \frac{\log_c b}{\log_c a} \quad (b > 0, c > 0, c \neq 1)$$

問 1.9 次の等式を満たす x を求めよ.

(1) $4^x = 8$ (2) $9^x = 27$ (3) $3^{2x} = \dfrac{1}{9}$ (4) $\left(\dfrac{1}{2}\right)^x = 16$

(5) $27^x = 3^{2-x}$ (6) $3^{x+1} = \sqrt[3]{9}$

対数関数

$a > 0$, $a \neq 1$ とする. 関数 $y = \log_a x$ を a を底とする**対数関数**という. 定義域は $(0, \infty)$ である. 対数の定義より次の関係式が成立する.

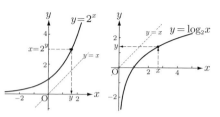

$$y = \log_a x \iff x = a^y$$

図 1.12   関数 $y = 2^x$ と対数関数の定義 (左) と $y = \log_2 x$ のグラフ (右)

よって, 対数関数 $y = \log_a x$ は指数関数 $y = a^x$ の逆関数である. 関数は x が増加するとき, $a > 1$ ならば y は真に増加する ($0 < a < 1$ ならば真に減少する). グラフ (図 1.12 参照) は次のような特徴をもつ.

(1) $x > 0$ の範囲にあり, 点 $(1, 0)$ と $(a, 1)$ を通る.

(2) $a > 1$ のとき右上がり ($0 < a < 1$ のとき右下がり) の曲線で, y 軸が漸近線である.

$y = \log_2 x$ のグラフは図 1.12(右) である.

> **問 1.10**   次の (1), (2), (3) について, それぞれ, 3 つの関数のグラフを同じ座標軸の上に描け.
> (1) $y = \log_2 x$, $y = \log_3 x$, $y = \log_{\frac{1}{2}} x$
> (2) $y = \log_2 x$, $y = \log_2 (1 - x)$, $y = \log_2 \dfrac{1}{x}$
> (3) $y = \log_2 x$, $y = \log_4 x$, $y = \log_2 2x$
> (4) $y = \log_2 x$, $y = \log_2 (x + 2) - 1$, $y = \log_{\frac{1}{2}} x + 2$

1.6   逆三角関数

三角関数の基本的性質は既知とすると, 逆三角関数は以下の 3 種類である.

Arcsin x $y = \sin x$ を定義域 $\left[-\dfrac{\pi}{2}, \dfrac{\pi}{2}\right]$ で考えると値域は $[-1, 1]$ で, 任意の $y \in [-1, 1]$ について $y = \sin x$ を満たす x はただ 1 つである. よって, 逆関数が定義

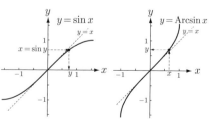

図 1.13 Arcsin x の定義 (左) とグラフ (右)

される. この関数を**アークサイン x** といい $y = \mathrm{Arcsin}\, x$ と表す. x と y の関係は以下の通りであるから

$$y = \mathrm{Arcsin}\, x \iff x = \sin y$$

1.1 節 (図 1.2) で考えた関数は定義域を $[0, 1]$ とした $y = \mathrm{Arcsin}\, x$ である. この関数は奇関数なので, グラフは原点について対称である.

$\mathrm{Arccos}\, x$　$y = \cos x$ を定義域 $[0, \pi]$ で考えると値域は $[-1, 1]$ で, 任意の $y \in [-1, 1]$ について $y = \cos x$ を満たす x はただ 1 つである. よって, 逆関数が定義される. この関数を**アークコ**

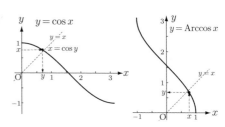

図 **1.14**　$\mathrm{Arccos}\, x$ の定義 (左) とグラフ (右)

サイン x といい $y = \mathrm{Arccos}\, x$ と表す. x と y の関係は次の通りである.

$$y = \mathrm{Arccos}\, x \iff x = \cos y$$

$\mathrm{Arccos}\, x$ は 2 つのベクトルがなす角の大きさを内積の値から計算するのに便利である.

$\mathrm{Arctan}\, x$　$y = \tan x$ を定義域 $\left(-\dfrac{\pi}{2}, \dfrac{\pi}{2}\right)$ で考えると値域は $\mathbb{R} = (-\infty, \infty)$ で, 任意の $y \in \mathbb{R}$ について $y = \tan x$ を満たす x はただ 1 つである. よって, 逆関数が定義される. この関数を**アーク**

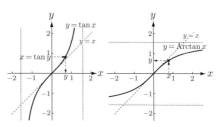

図 **1.15**　$\mathrm{Arctan}\, x$ の定義 (左) とグラフ (右)

タンジェント x といい $y = \mathrm{Arctan}\, x$ と表す. x と y の関係は次の通りである.

$$y = \mathrm{Arctan}\, x \iff x = \tan y$$

$y = \mathrm{Arctan}\, x$ は奇関数なので, グラフは原点について対称である. また, $y = \pm\dfrac{\pi}{2}$ を漸近線としてもつ.

注意（逆三角関数の記号） 逆三角関数 Arcsin x, Arccos x, Arctan x はそれぞれ $\sin^{-1} x$, $\cos^{-1} x$, $\tan^{-1} x$ と表されることがある。とくに、関数電卓では $\sin^{-1}$, $\cos^{-1}$, $\tan^{-1}$ のキーで表示される。これらは $\dfrac{1}{\sin x}$, $\dfrac{1}{\cos x}$, $\dfrac{1}{\tan x}$ ではないことに注意してほしい。$n = 1, 2, 3, \dots$ などの自然数については $\sin^n x = (\sin x)^n$ のように表すのが習慣であるが、負の数についてはこのように表示することはない。

例題 1.6 次の値を求めよ。

(1) Arcsin $\dfrac{1}{2}$　　(2) Arcsin $\left(-\dfrac{\sqrt{2}}{2} \right)$　　(3) Arccos $\left(-\dfrac{1}{2} \right)$

(4) Arctan 1

解答 (1) $\sin y = \dfrac{1}{2}$, $-\dfrac{\pi}{2} \leqq y \leqq \dfrac{\pi}{2}$ より、$y = $ Arcsin $\dfrac{1}{2} = \dfrac{\pi}{6}$.

(2) $\sin y = -\dfrac{\sqrt{2}}{2}$, $-\dfrac{\pi}{2} \leqq y \leqq \dfrac{\pi}{2}$ より、$y = $ Arcsin $\left(-\dfrac{\sqrt{2}}{2} \right) = -\dfrac{\pi}{4}$.

(3) $\cos y = -\dfrac{1}{2}$, $0 \leqq y \leqq \pi$ より、$y = $ Arccos $\left(-\dfrac{1}{2} \right) = \dfrac{2\pi}{3}$.

(4) $\tan y = 1$, $-\dfrac{\pi}{2} < y < \dfrac{\pi}{2}$ より、$y = $ Arctan $1 = \dfrac{\pi}{4}$.

注意 実用上の値を得るには関数電卓の $\sin^{-1}$, $\cos^{-1}$, $\tan^{-1}$ を使用する。小数第7位以下を切り捨てると、$\sin^{-1} 0.5 = 0.523598$（$\dfrac{\pi}{6}$ のこと）、$\sin^{-1} 0.1 = 0.100167$, $\cos^{-1} 0.8 = 0.643501$, $\tan^{-1} 0.75 = 0.643501$, $\tan^{-1} 17 = 1.512040$ など。

例題 1.7 Arcsin x + Arccos $x = \dfrac{\pi}{2}$ が成り立つことを示せ。

解答 $\cos y = \sin \left(\dfrac{\pi}{2} - y \right)$ が成立することを用いる。$x = \cos y = \sin \left(\dfrac{\pi}{2} - y \right)$ とおくと、$y = $ Arccos x かつ $\dfrac{\pi}{2} - y = $ Arcsin x. よって、求める式が得られた。

問 1.11 次の値を求めよ。

(1) Arcsin $\dfrac{\sqrt{3}}{2}$　　(2) Arcsin $\left(-\dfrac{1}{2} \right)$　　(3) Arccos $\dfrac{\sqrt{2}}{2}$

(4) Arccos $\left(-\dfrac{\sqrt{2}}{2} \right)$　　(5) Arctan $\sqrt{3}$　　(6) Arctan (-1)

問 1.12 次の値を求めよ。

(1) Arcsin $\left(\sin \dfrac{5}{3}\pi \right)$　　(2) Arcsin $\left(\sin \dfrac{2}{3}\pi \right)$　　(3) Arccos $\left(\cos \dfrac{2}{3}\pi \right)$

問 1.13 Arccos $(-x) = \pi - $ Arccos x が成り立つことを示せ。

1.7 公式集（指数関数，対数関数，三角関数，双曲線関数）

(1) 指数法則

$$a^x a^y = a^{x+y} \quad \frac{a^x}{a^y} = a^{x-y} \quad a^{-x} = \frac{1}{a^x} \quad (ab)^x = a^x b^x \quad (a^x)^y = a^{xy} \quad a^0 = 1$$

(2) 対数法則　$a^x = M \iff x = \log_a M$

$$a^{\log_a M} = M \qquad \log_a a^x = x \qquad \log_a 1 = 0 \qquad \log_a a = 1$$

$$\log_a MN = \log_a M + \log_a N \qquad \log_a M^k = k \log_a M$$

$$\log_a \frac{M}{N} = \log_a M - \log_a N \qquad \log_a M = \frac{\log_b M}{\log_b a}$$

(3) 三角関数

基本　（複号同順，n は整数）

$$\cos^2 x + \sin^2 x = 1 \qquad \tan x = \frac{\sin x}{\cos x} \qquad 1 + \tan^2 x = \frac{1}{\cos^2 x}$$

$$\cos(-x) = \cos x \qquad \sin(-x) = -\sin x \qquad \tan(-x) = -\tan x$$

$$\cos(x + 2n\pi) = \cos x \qquad \sin(x + 2n\pi) = \sin x \qquad \tan(x + n\pi) = \tan x$$

$$\cos(x + \pi) = -\cos x \qquad \sin(x + \pi) = -\sin x \qquad \tan(x + \pi) = \tan x$$

$$\cos(\pi - x) = -\cos x \qquad \sin(\pi - x) = \sin x \qquad \tan(\pi - x) = -\tan x$$

正弦と余弦の関係　（複号同順）

$$\cos\left(x \pm \frac{\pi}{2}\right) = \mp \sin x \quad \sin\left(x \pm \frac{\pi}{2}\right) = \pm \cos x \quad \tan\left(x \pm \frac{\pi}{2}\right) = -\frac{1}{\tan x}$$

$$\cos\left(\frac{\pi}{2} - x\right) = \sin x \qquad \sin\left(\frac{\pi}{2} - x\right) = \cos x \qquad \tan\left(\frac{\pi}{2} - x\right) = \frac{1}{\tan x}$$

加法定理　（複号同順）

$$\sin(\alpha \pm \beta) = \sin\alpha \cos\beta \pm \cos\alpha \sin\beta$$

$$\cos(\alpha \pm \beta) = \cos\alpha \cos\beta \mp \sin\alpha \sin\beta$$

倍角公式

$$\cos 2\alpha = \cos^2 \alpha - \sin^2 \alpha = 2\cos^2 \alpha - 1 = 1 - 2\sin^2 \alpha$$

$$\sin 2\alpha = 2\sin\alpha \cos\alpha \qquad \tan 2\alpha = \frac{2\tan\alpha}{1 - \tan^2 \alpha}$$

半角公式

$$\cos^2 \alpha = \frac{1 + \cos 2\alpha}{2} \quad \sin^2 \alpha = \frac{1 - \cos 2\alpha}{2} \quad \tan^2 \alpha = \frac{1 - \cos 2\alpha}{1 + \cos 2\alpha}$$

積和公式

$$\sin\alpha \cos\beta = \frac{1}{2}\{\sin(\alpha + \beta) + \sin(\alpha - \beta)\}$$

$$\cos\alpha \sin\beta = \frac{1}{2}\{\sin(\alpha + \beta) - \sin(\alpha - \beta)\}$$

$$\cos\alpha \cos\beta = \frac{1}{2}\{\cos(\alpha + \beta) + \cos(\alpha - \beta)\}$$

$$\sin\alpha \sin\beta = -\frac{1}{2}\{\cos(\alpha + \beta) - \cos(\alpha - \beta)\}$$

和積公式

$$\sin A + \sin B = 2\sin\frac{A+B}{2}\cos\frac{A-B}{2}$$

$$\sin A - \sin B = 2\cos\frac{A+B}{2}\sin\frac{A-B}{2}$$

$$\cos A + \cos B = 2\cos\frac{A+B}{2}\cos\frac{A-B}{2}$$

$$\cos A - \cos B = -2\sin\frac{A+B}{2}\sin\frac{A-B}{2}$$

逆三角関数

$$\mathrm{Arcsin}\,(-x) = -\mathrm{Arcsin}\,x \qquad (-1 \leqq x \leqq 1)$$

$$\mathrm{Arctan}\,(-x) = -\mathrm{Arctan}\,x \qquad (-\infty < x < \infty)$$

$$\mathrm{Arccos}\,(-x) = \pi - \mathrm{Arccos}\,x \qquad (-1 \leqq x \leqq 1)$$

$$\mathrm{Arcsin}\,x + \mathrm{Arccos}\,x = \frac{\pi}{2} \qquad (-1 \leqq x \leqq 1)$$

(4) 双曲線関数 (第 2 章 2.2 節参照)

$$\cosh x = \frac{e^x + e^{-x}}{2} \qquad \sinh x = \frac{e^x - e^{-x}}{2} \qquad \tanh x = \frac{e^x - e^{-x}}{e^x + e^{-x}}$$

基本

$$\cosh^2 x - \sinh^2 x = 1 \qquad \tanh x = \frac{\sinh x}{\cosh x} \qquad 1 - \tanh^2 x = \frac{1}{\cosh^2 x}$$

$$\cosh(-x) = \cosh x \qquad \sinh(-x) = -\sinh x \qquad \tanh(-x) = -\tanh x$$

加法定理 (複号同順)

$$\cosh(\alpha \pm \beta) = \cosh\alpha\cosh\beta \pm \sinh\alpha\sinh\beta$$

$$\sinh(\alpha \pm \beta) = \sinh\alpha\cosh\beta \pm \cosh\alpha\sinh\beta$$

$$\tanh(\alpha \pm \beta) = \frac{\tanh\alpha \pm \tan\beta}{1 \pm \tanh\alpha\tanh\beta}$$

倍角公式

$$\cosh 2\alpha = \cosh^2\alpha + \sinh^2\alpha = 2\cosh^2\alpha - 1 = 1 + 2\sinh^2\alpha$$

$$\sinh 2\alpha = 2\sinh\alpha\cosh\alpha \qquad \tanh 2\alpha = \frac{2\tanh\alpha}{1 + \tanh^2\alpha}$$

半角公式

$$\cosh^2\alpha = \frac{\cosh 2\alpha + 1}{2} \qquad \sinh^2\alpha = \frac{\cosh 2\alpha - 1}{2} \qquad \tanh^2\alpha = \frac{\cosh 2\alpha - 1}{\cosh 2\alpha + 1}$$

逆双曲線関数

$$\sinh^{-1} x = \log(x + \sqrt{x^2 + 1}) \quad (-\infty < x < \infty)$$

$$\cosh^{-1} x = \log(x + \sqrt{x^2 - 1}) \quad (1 \leqq x)$$

$$\tanh^{-1} x = \frac{1}{2}\log\frac{1+x}{1-x} \qquad (-1 < x < 1)$$

2

数列の極限と関数の極限

　第1章では，色々な関数のグラフを基にして関数を直感的に学んだが，この章では極限を用いて関数を学ぶ．

2.1　数列の極限

　自然数 $1, 2, \ldots, n, \ldots$ に対応して数または文字 (といっても内容は数を表す) を一列に並べたもの

$$a_1, a_2, \ldots, a_n, \ldots$$

を**数列**といい，a_n を**第 n 項** $(n = 1, 2, \ldots)$ という．数列は $\{a_n\}_{n=1}^{\infty}$ または単に $\{a_n\}$ と表される．

有界数列

　ある正数 M があって，$|a_n| \leqq M$ がすべての n について成り立つとき，数列 $\{a_n\}$ は**有界**または**有界数列**であるという．数列 $a_n = n$ は有界でなく，$a_n = (-1)^n$ は $|a_n| \leqq 1$ であるので有界である．

数列の収束と発散

　数列 $\{a_n\}$ について，n を大きくすると，a_n がある値 a に限りなく近づくとき，$\{a_n\}$ は a に**収束する**といい

$$\lim_{n \to \infty} a_n = a \quad \text{または} \quad a_n \to a$$

と表す．また，a を $\{a_n\}$ の**極限値**または**極限**という．たとえば，a_n が次で与えられる各数列は 0 に収束する．ただし，$a > 1$ とする．

$$\frac{1}{n}, \quad \frac{1}{n^2}, \quad \frac{1}{\sqrt{n}} \quad \frac{1}{\log_a(n+1)}, \quad \frac{1}{\sqrt{\log_a(n+1)}}$$

　数列 $\{a_n\}$ が収束しないとき**発散する**という．発散する場合で，n を大きく

すると限りなく大きくなるとき，$\{a_n\}$ は ∞ に**発散する**といい，限りなく負の方向に大きくなるとき，$\{a_n\}$ は $-\infty$ に**発散する**という．それぞれ次のように表される．

$$\lim_{n \to \infty} a_n = \infty, \ \lim_{n \to \infty} a_n = -\infty \quad \text{または} \quad a_n \to \infty, \ a_n \to -\infty$$

たとえば

$$n \to \infty, \ \sqrt{n} \to \infty, \ \log_a(n+1) \to -\infty \quad (\text{ただし } 0 < a < 1)$$

数列 $\{a_n\}$ が極限値 a をもつことと $\displaystyle\lim_{n \to \infty} |a_n - a| = 0$ が同値であることは，これからよく用いられる．

数列 $\{a_n\}$ が発散するとき，有界でない数列は明らかに発散するが，有界であっても必ずしも収束しない．$a_n = (-1)^n$ がその例である．「有界でない数列は発散する」の対偶をとると，次の定理を得る．

定理 2.1　収束する数列は有界である．

上の定理で収束する数列の性質を述べたが，逆にどのような場合に数列は収束するであろうか．それを述べるために単調数列を定義する．

単調数列

数列 $\{a_n\}$ が $a_1 \leqq a_2 \leqq \cdots \leqq a_n \leqq \cdots$ を満たすとき**単調増加**または**単調増加数列**であるという．不等号を逆向きにしたものが**単調減少**または**単調減少数列**である．単調増加数列と単調減少数列を合わせて**単調数列**という．

次の定理は「無理数とはなにか」という問題に関わり大変重要である．

定理 2.2　有界な単調数列は収束する．

定理の厳密な証明には実数の連続性あるいは完備性といわれる実数の基本に関わる議論が必要で，本書ではこの定理を証明なしに用いることにする．これについては本章の最後の 2.5 節「数学解析の基礎」で触れることにするが，次のように理解すればよい．たとえば単調増加数列の場合，n が大きくなると a_n もどんどん大きくなるが，有界なので限度があり，どこかで留まるはずでその値を極限として収束すると考えればよい．

数列の極限の四則

数列の収束について，以下のことが成り立つ.

> **定理 2.3** 数列 $\{a_n\}$ と $\{b_n\}$ が $\displaystyle\lim_{n\to\infty} a_n = a,$ $\displaystyle\lim_{n\to\infty} b_n = b$ を満たせば
>
> (1) $\displaystyle\lim_{n\to\infty} (a_n + b_n) = a + b$ $\qquad$ (2) $\displaystyle\lim_{n\to\infty} ca_n = ca$ $(c:$ 実数$)$
>
> (3) $\displaystyle\lim_{n\to\infty} a_n b_n = ab$ $\qquad$ (4) $\displaystyle\lim_{n\to\infty} \frac{a_n}{b_n} = \frac{a}{b}$ $(b \neq 0)$

証明 (1) $|(a_n + b_n) - (a + b)| \leqq |a_n - a| + |b_n - b| \to 0$ $\quad (n \to \infty)$.

(2) $|ca_n - ca| = |c(a_n - a)| = |c||a_n - a| \to 0$ $\quad (n \to \infty)$.

(3) 定理 2.1 より，ある A により $|a_n| \leqq A$. よって，$n \to \infty$ のとき

$$|a_n b_n - ab| = |a_n(b_n - b) + b(a_n - a)| \leqq |a_n||b_n - b| + |b||a_n - a|$$

$$\leqq A|b_n - b| + |b||a_n - a| \to 0.$$

(4) n が十分に大きければ，$|b| - |b_n| \leqq |b - b_n| \leqq \dfrac{|b|}{2}$ より，$\dfrac{|b|}{2} \leqq |b_n|$ が成立する. よって，$b \neq 0$ ならば，$n \to \infty$ のとき

$$\left|\frac{a_n}{b_n} - \frac{a}{b}\right| = \left|\frac{a_n b - ab_n}{bb_n}\right| = \frac{|b(a_n - a) + a(b - b_n)|}{|bb_n|}$$

$$\leqq \frac{|b||a_n - a| + |a||b_n - b|}{|bb_n|} \leqq \frac{2|b||a_n - a| + 2|a||b_n - b|}{b^2} \to 0. \qquad \square$$

数列の不等式については，以下の定理が成り立つ.

> **定理 2.4** 数列の不等式について，以下が成り立つ.
>
> (1) 数列 $\{c_n\}$ が十分に大きな n すべてについて $a \leqq c_n \leqq b$ を満たし，$\displaystyle\lim_{n\to\infty} c_n = c$ ならば，$a \leqq c \leqq b$ が成り立つ.
>
> (2) 数列 $\{a_n\}, \{b_n\}$ および $\{c_n\}$ が十分に大きな n すべてについて $a_n \leqq c_n \leqq b_n$ を満たすとき，以下のことが成り立つ.
>
> $\quad$ (a) $\displaystyle\lim_{n\to\infty} a_n = a,$ $\displaystyle\lim_{n\to\infty} b_n = b,$ $\displaystyle\lim_{n\to\infty} c_n = c$ を満たせば $a \leqq c \leqq b$
>
> $\quad$ (b) $\displaystyle\lim_{n\to\infty} a_n = \lim_{n\to\infty} b_n = c$ を満たせば c_n は収束して $\displaystyle\lim_{n\to\infty} c_n = c$

証明 (1) $a \leqq c_n$ が成り立つとして，もし $a > c$ ならば，$a - c_n \leqq 0$ に注意して，

$$a - c = (a - c_n) + (c_n - c) \leqq |c_n - c|$$

より，n を十分に大きくとれば，右辺は $a - c$ より小さくなるので矛盾する. よって $a \leqq c$ である. $c \leqq b$ についても同様である.

(2) (a) もし，$a > c$ ならば，$a_n - c_n \leqq 0$ に注意して，上と同様に

$$a - c = (a - a_n) + (a_n - c_n) + (c_n - c) \leqq |a_n - a| + |c_n - c|$$

が成り立ち，n を十分に大きくとれば，右辺は $a - c$ より小さくできるので矛盾する．よって $a \leqq c$ である．$c \leqq b$ についても同様である．

(b) $|c_n - c| \leqq c_n - a_n + |a_n - c| \leqq b_n - a_n + |a_n - c|$ が成り立つことより，$\lim_{n \to \infty} c_n = c$ であることがわかる．　　　　　　　　　　　　　　　　　　　　　　　□

2 項係数

実数 α と整数 $k \geqq 0$ について **2 項係数** $\begin{pmatrix} \alpha \\ k \end{pmatrix}$ を

$$\begin{pmatrix} \alpha \\ k \end{pmatrix} = \frac{\alpha(\alpha - 1)(\alpha - 2) \cdots (\alpha - k + 1)}{k!} \ (k \geqq 1), \quad \begin{pmatrix} \alpha \\ 0 \end{pmatrix} = 1$$

と定義する．α が自然数 n で $0 \leqq k \leqq n$ のときは $\begin{pmatrix} n \\ k \end{pmatrix} = {}_n\mathrm{C}_k$ が成り立ち，n 文字から k 文字を取り出す組合せの数に等しい．また，**2 項定理**

$$(a + b)^n = \sum_{k=0}^{n} \begin{pmatrix} n \\ k \end{pmatrix} a^{n-k} b^k \tag{2.1}$$

が成立する．この公式は数列の収束と発散を調べるのに役立つ．

例題 2.1（等比数列の極限）数列 $\{r^n\}$ の極限について以下が成り立つ．

$$\lim_{n \to \infty} r^n = \begin{cases} \infty & r > 1 \\ 1 & r = 1 \\ 0 & |r| < 1 \\ \text{発散} & r \leqq -1 \end{cases}$$

解答 (1) $r > 1$ とする．$r = 1 + h$ とすると $h > 0$ で，2 項定理 (2.1) を用いると

$$r = (1 + h)^n \geqq 1 + nh \to \infty \quad (n \to \infty)$$

(2) $r = 1$ のときは明らか．

(3) $r = 0$ のときは明らか．$0 < |r| < 1$ のとき，$\dfrac{1}{|r|} = 1 + h \ (h > 0)$ とおける．(1) の考察より

$$|r|^n = \frac{1}{(1 + h)^n} \leqq \frac{1}{1 + nh} \to 0 \quad (n \to \infty)$$

よって，絶対値が 0 に収束するので $r^n \to 0 \ (n \to \infty)$．

(4) $r \leqq -1$ のとき，$r = -1$ ならば $r_n = (-1)^n$ なので収束しない．$r < -1$ ならば $r_n = (-1)^n |r|^n$ なので正負に振動しながら発散する．

例題 2.2 $a > 0$ のとき $\displaystyle\lim_{n\to\infty} \sqrt[n]{a} = 1$ を示せ.

解答 $a > 1$ のとき $\sqrt[n]{a} > 1$ であるので, $\sqrt[n]{a} = 1 + h_n \, (h_n > 0)$ とおく. よって, $a = (1 + h_n)^n \geqq 1 + nh_n$ が成立するので

$$h_n \leqq \frac{a-1}{n} \to 0 \quad (n \to \infty)$$

ゆえに $\sqrt[n]{a} \to 1 \, (n \to \infty)$. $a = 1$ のときは明らかに極限値は 1. $0 < a < 1$ のときは, $b = \dfrac{1}{a}$ とおくと $b > 1$ で $\sqrt[n]{a} = \dfrac{1}{\sqrt[n]{b}} \to 1 \, (n \to \infty)$. 以上より, $\displaystyle\lim_{n\to\infty} \sqrt[n]{a} = 1$.

ネイピア (Napier) の数

定理 2.2 を用いると, ある重要な無理数の存在を数列の極限により示すことができる. 定理の証明方法は, これから種々の場面で応用される.

定理 2.5 数列 $a_n = \left(1 + \dfrac{1}{n}\right)^n$ はある正の数に収束する.

証明 数列 $\{a_n\}$ は有界で単調増加であることを示す. 後の応用のために $0 < a < 2$ を入れた形で証明する.

$$
\begin{aligned}
a_n = \left(1 + \frac{a}{n}\right)^n &= 1 + n \cdot \frac{a}{n} + \frac{n(n-1)}{2!}\left(\frac{a}{n}\right)^2 + \cdots + \frac{n(n-1)\cdots 1}{n!}\left(\frac{a}{n}\right)^n \\
&= 1 + a + \frac{a^2}{2!}\left(1 - \frac{1}{n}\right) + \cdots \\
&\quad + \frac{a^n}{n!}\left(1 - \frac{1}{n}\right)\left(1 - \frac{2}{n}\right)\cdots\left(1 - \frac{n-1}{n}\right) \\
&\leqq 1 + a + \frac{a^2}{2!}\left(1 - \frac{1}{n+1}\right) + \cdots \\
&\quad + \frac{a^n}{n!}\left(1 - \frac{1}{n+1}\right)\left(1 - \frac{2}{n+1}\right)\cdots\left(1 - \frac{n-1}{n+1}\right) \\
&\quad + \frac{a^{n+1}}{(n+1)!}\left(1 - \frac{1}{n+1}\right)\left(1 - \frac{2}{n+1}\right)\cdots\left(1 - \frac{n}{n+1}\right) \\
&= a_{n+1}
\end{aligned}
$$

よって, $\{a_n\}$ は単調増加である. また, 上の等式より $a_n \geqq 1 + a$ が成立し

$$
\begin{aligned}
a_n &\leqq 1 + a + \frac{a^2}{2!} + \frac{a^3}{3!} + \cdots + \frac{a^n}{n!} \leqq 1 + a + \frac{a^2}{2} + \frac{a^3}{2^2} + \cdots + \frac{a^n}{2^{n-1}} \\
&= 1 + \frac{a}{1 - \dfrac{a}{2}}
\end{aligned}
$$

ゆえに, $\{a_n\}$ は有界である. 以上より, $\{a_n\}$ は収束することがわかる. □

この定理で $a=1$ として得られる極限値を $e=\lim\limits_{n\to\infty}\left(1+\dfrac{1}{n}\right)^n$ とすれば，上の証明で $a=1$ として，$2\leqq e\leqq 3$ であることがわかる．実際は $e=2.718281828259\cdots$ であり，**ネイピア (Napier) の数**といわれる．また，オイラー数ともいわれる．

例題 2.3 $r>1$，$\alpha>0$ のとき，$\lim\limits_{n\to\infty}\dfrac{r^n}{n^\alpha}=\infty$ を示せ．

解答　$r=1+h$ とおくと $h>0$．$k>\alpha$ を満たす自然数 k をとると，k より大きい n に対して，定理 2.5 の証明のように展開して k の項で打ち切ると（ただし，$a=nh$ とおく），

$$(1+h)^n=\left(1+\frac{nh}{n}\right)^n\geqq 1+nh+\frac{n^2h^2}{2!}\left(1-\frac{1}{n}\right)+\cdots$$
$$+\frac{n^kh^k}{k!}\left(1-\frac{1}{n}\right)\left(1-\frac{2}{n}\right)\cdots\left(1-\frac{k-1}{n}\right)$$

よって，最後の項だけ取り出すと，$n\to\infty$ のとき

$$\frac{r^n}{n^\alpha}=\frac{(1+h)^n}{n^\alpha}\geqq\frac{n^{k-\alpha}h^k}{k!}\left(1-\frac{1}{k}\right)\left(1-\frac{2}{k}\right)\cdots\left(1-\frac{k-1}{k}\right)\to\infty$$

ゆえに，$\lim\limits_{n\to\infty}\dfrac{r^n}{n^\alpha}=\infty$．

例題 2.4　次の極限を求めよ．

(1) $\lim\limits_{n\to\infty}\left(1+\dfrac{2}{n}\right)^n$ 　　　(2) $\lim\limits_{n\to\infty}\left(1-\dfrac{1}{n}\right)^n$

解答　(1) $n=2m$ とおくと

$$\left(1+\frac{2}{n}\right)^n=\left(1+\frac{1}{m}\right)^{2m}=\left[\left(1+\frac{1}{m}\right)^m\right]^2.$$

$n\to\infty$ のとき $m\to\infty$ より $\lim\limits_{n\to\infty}\left(1+\dfrac{2}{n}\right)^n=e^2$．

(2) $n=m+1$ とおくと

$$\left(1-\frac{1}{n}\right)^n=\left(\frac{m}{m+1}\right)^{m+1}=\frac{1}{\left(1+\dfrac{1}{m}\right)^{m+1}}=\frac{1}{\left(1+\dfrac{1}{m}\right)^m}\cdot\frac{1}{1+\dfrac{1}{m}}.$$

$n\to\infty$ のとき $m\to\infty$ より $\lim\limits_{n\to\infty}\left(1-\dfrac{1}{n}\right)^n=\dfrac{1}{e}$．

例題 2.5　次の極限を求めよ．

(1) $\lim\limits_{n\to\infty}\left(1+\dfrac{1}{\sqrt{n}}\right)^n$ 　　　(2) $\lim\limits_{n\to\infty}\left(1+\dfrac{1}{n^2}\right)^n$

解答 (1) $\left(1+\dfrac{1}{\sqrt{n}}\right)^n \geqq 1 + n \cdot \dfrac{1}{\sqrt{n}} = 1 + \sqrt{n} \to \infty \ (n \to \infty)$ より

$$\lim_{n \to \infty} \left(1 + \dfrac{1}{\sqrt{n}}\right)^n = \infty.$$

(2) 明らかに $\left(1 + \dfrac{1}{n^2}\right)^n \geqq 1$. 定理 2.5 の証明で $a = \dfrac{1}{n}$ とすると

$$\left(1 + \dfrac{1}{n^2}\right)^n \leqq 1 + \dfrac{1}{n} + \dfrac{1}{2!n^2} + \dfrac{1}{3!n^3} + \cdots + \dfrac{1}{n!n^n}$$

$$\leqq 1 + \dfrac{1}{n}\left(1 + \dfrac{1}{2} + \dfrac{1}{2^2} + \cdots + \dfrac{1}{2^{n-1}}\right) < 1 + \dfrac{2}{n} \to 1 \ (n \to \infty)$$

よって, $\displaystyle\lim_{n \to \infty} \left(1 + \dfrac{1}{n^2}\right)^n = 1$.

─────────────── 練習問題 **2.1**───────────────

1. $a > 1$ のとき $\displaystyle\lim_{n \to \infty} \dfrac{a^n}{n!} = 0$ が成り立つことを示せ.

2. $\displaystyle\lim_{n \to \infty} \sqrt[n]{n} = 1$ が成り立つことを示せ. (ヒント：$\sqrt[n]{n} = 1 + h_n$ とおくと, $n = (1 + h_n)^n \geqq 1 + nh_n + \dfrac{n(n-1)}{2}h_n^2 \geqq \dfrac{n(n-1)}{2}h_n^2$.)

3. 有理数 $x = \dfrac{p}{q}, p, q \in \mathbb{Z}, q > 0$ について, $\displaystyle\lim_{n \to \infty}\left(1 + \dfrac{x}{n}\right)^n = e^x = e^{\frac{p}{q}}$ が成立することを示せ. また, 不等式 $1 + x \leqq e^x$ と $1 - x \leqq e^{-x}$ が成り立つことを示せ.

4. 数列 $\{b_n\}$ が $|b_n| \leqq 1$, $\displaystyle\lim_{n \to \infty} b_n = 0$ を満たせば $\displaystyle\lim_{n \to \infty}\left(1 + \dfrac{b_n}{n}\right)^n = 1$ が成立することを示せ.

5. 次の不等式が成立することを示せ.

$$\left(1 + \dfrac{1}{n}\right)^n < e < \left(1 + \dfrac{1}{n}\right)^{n+1} \quad (n：任意の自然数)$$

(ヒント：練習問題の 3. で示した不等式 $1 + x \leqq e^x$ と $1 - x \leqq e^{-x}$ を用いる.)

6. 次の問いに答えよ.

(1) 3 より大きな自然数 n について, 不等式 $n! \geqq 6 \cdot 4^{n-3}$ が成立することを示せ.

(2) ネイピアの数 e について, 不等式 $2.70 < e < 2.73$ が成立することを示せ.

2.2 関数の極限と連続関数

微分と積分では, 四則計算や方程式を解くことに加えて, 関数に対して, 変数 x の値を a に「限りなく近づける」ことを行う. たとえば, $f(x) = x + 1$ においては, x を 1 に限りなく近づけても $f(x)$ は $f(1) = 2$ に近づくだけであるが, $f(x) = \dfrac{x^2 - 1}{x - 1}$ においては少し事情が違ってくる.

定義域を $x \neq 1$ とすると, そこでは $f(x)$ は $x+1$ に等しいので, x を 1 に限りなく近づけると $f(x)$ は 2 に近づくが, $f(1)$ は定義されてない. また, 定義域を $\mathbb{R}$ 全体として, $x = 1$ のとき $f(1) = 0$ と定義すると $f(1) \neq 2$ である.

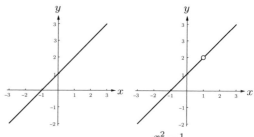

図 2.1　$y = x + 1$ (左), $y = \dfrac{x^2 - 1}{x - 1}$ (右: 定義域は $x \neq 1$)

関数の極限

これからは, 数直線上の 1 点の近くでの話が多いので, 関数を $x = a$ を含む 1 つの開区間上で考えたり定義したりするときに, 「$x = a$ の近くで考える」とか「$x = a$ の近くで定義する」というような表現を用いる.

一般に, 関数 $f(x)$ が $x = a$ の近くの $x \neq a$ の範囲で定義されていて, 変数 x を a と異なる値をとるように a に限りなく近づけるとき, $f(x)$ の値が一定の値 l に限りなく近づくならば, $x \to a$ のとき $f(x)$ は l に**収束**するといい

$$\lim_{x \to a} f(x) = l \quad \text{または} \quad x \to a \text{ のとき } f(x) \to l$$

と表す. また, この値 l を $x \to a$ のときの関数 $f(x)$ の**極限値**または**極限**という. よって, 次のように表される.

$$\lim_{x \to 1} \frac{x^2 - 1}{x - 1} = 2 \quad \text{または} \quad x \to 1 \text{ のとき } \frac{x^2 - 1}{x - 1} \to 2$$

同様に, 変数 x を a と異なる値をとるように a に限りなく近づけるとき, $f(x)$ の値が限りなく大きく (負の方向に大きく) なるならば, $x \to a$ のとき $f(x)$ は**正 (負) の無限大に発散**するといい

$$\lim_{x \to a} f(x) = \infty \ (-\infty) \quad \text{または} \quad x \to a \text{ のとき } f(x) \to \infty \ (-\infty)$$

と表す. たとえば

$$\lim_{x \to 0} \frac{1}{x^2} = \infty \quad \text{または} \quad x \to 0 \text{ のとき } \frac{1}{x^2} \to \infty.$$

変数 x を限りなく大きく (負の方向に大きく) することを, $x \to \infty \ (-\infty)$ と表す. 一般に, $x \to \infty$ のとき, $f(x)$ の値が一定の値 l に限りなく近づくなら

ば，$x \to \infty$ のとき $f(x)$ は l に**収束する**といい

$$\lim_{x \to \infty} f(x) = l \quad \text{または} \quad x \to \infty \text{ のとき } f(x) \to l$$

と表し，この値 l を $x \to \infty$ のときの関数 $f(x)$ の**極限値**または**極限**という．たとえば

$$\lim_{x \to \infty} \frac{1}{x^2} = 0 \quad \text{または} \quad x \to \infty \text{ のとき } \frac{1}{x^2} \to 0.$$

$x \to -\infty$ のときも同様である．

変数 x を $x \to \infty$ とすることは，数列 $a_n = f(n)$, $n = 1, 2, \ldots$ を考えて，$n \to \infty$ とすることとほとんどの場合に同じになる．次の例を考える．

$a > 1$ とする．$x \, (\geqq 1)$ について（x に応じて）$n \leqq x < n+1$ を満たす自然数 n がただ 1 つ定まる．このとき $a^n \leqq a^x < a^{n+1}$ が成立する．よって，$x \to \infty$ のとき，$n \to \infty$ より $a^n \to \infty$ なので $a^x \to \infty$ である．

関数の極限の四則

数列の収束の場合と同様に，以下のことが成り立つ．証明は省略する．

定理 2.6　$\displaystyle\lim_{x \to a} f(x) = l$, $\displaystyle\lim_{x \to a} g(x) = m$ を満たせば

(1) $\displaystyle\lim_{x \to a}[f(x) + g(x)] = l + m$　　(2) $\displaystyle\lim_{x \to a} cf(x) = cl \ (c : \text{実数})$

(3) $\displaystyle\lim_{x \to a} f(x)g(x) = lm$　　(4) $\displaystyle\lim_{x \to a} \frac{f(x)}{g(x)} = \frac{l}{m} \ (m \neq 0)$

不等式についても定理 2.4 と同様なことが成り立つが，記載は省略する．

例題 2.6　次の極限を求めよ．

(1) $\displaystyle\lim_{x \to 2} \frac{x^2 - 4}{x^2 + x - 6}$　　(2) $\displaystyle\lim_{x \to \infty} \left(\sqrt{x+1} - \sqrt{x-1}\right)$

解答　(1) 極限計算では $x \neq 2$ として，分母と分子を簡約できる．

$$\lim_{x \to 2} \frac{x^2 - 4}{x^2 + x - 6} = \lim_{x \to 2} \frac{(x-2)(x+2)}{(x-2)(x+3)} = \lim_{x \to 2} \frac{x+2}{x+3} = \frac{4}{5}$$

(2) $\infty - \infty$ の形となる．分母の有理化の逆，すなわち，分子の有理化を行う．

$$\lim_{x \to \infty} \left(\sqrt{x+1} - \sqrt{x-1}\right) = \lim_{x \to \infty} \frac{\left(\sqrt{x+1} - \sqrt{x-1}\right)\left(\sqrt{x+1} + \sqrt{x-1}\right)}{\sqrt{x+1} + \sqrt{x-1}}$$

$$= \lim_{x \to \infty} \frac{2}{\sqrt{x+1} + \sqrt{x-1}} = 0$$

問 2.1　次の極限を計算せよ.

(1) $\displaystyle\lim_{x\to\infty}\frac{5x^2-3x+2}{x^2+x+1}$　　　　(2) $\displaystyle\lim_{x\to 0}\frac{\sqrt{1+x}-\sqrt{1-x}}{x}$

片側極限

最初に例として, $\displaystyle\lim_{x\to 0}\frac{x^2+x}{|x|}$ 考える. 関数を $f(x)$ と表すと (図 2.2 参照)

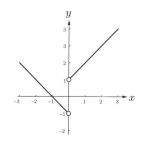

(1) $x>0$ ならば $f(x)=x+1$ なので, この範囲で x を 0 に限りなく近づけると, $f(x)$ は 1 に限りなく近づく.

(2) $x<0$ ならば $f(x)=-x-1$ なので, この範囲で x を 0 に限りなく近づけると, $f(x)$ は -1 に限りなく近づく.

図 2.2　$y=\dfrac{x^2+x}{|x|}$ のグラフと, 右極限と左極限

よって, 上記の極限値は存在しないが, x の範囲を正または負に制限すれば極限が存在する. また, 関数の定義域が (a,b) または $[a,b]$ のような有界区間であるときは, 境界点に関して, $x>a$ を保ったままで x を a に限りなく近づけるとか, $x<b$ を保ったままで x を b に限りなく近づけるようなことも考えられる.

一般に, 変数 x を a より大きな値をとるようにして a に限りなく近づけるとき, $f(x)$ の値が一定の値 l に限りなく近づくならば, この値 l を $x\to a$ のときの関数 $f(x)$ の**右極限値**または**右極限**といい, $\displaystyle\lim_{x\to a+0}f(x)=l$ と表す. 同様に, x を a より小さな値をとるようにして a に限りなく近づけるとき, **左極限値**または**左極限** $\displaystyle\lim_{x\to a-0}f(x)=l$ が定義される. とくに, $a=0$ のときは, $x\to +0$, $x\to -0$ と表す. これらの記号を用いると, 以下のように表される.

$$\lim_{x\to +0}\frac{x^2+x}{|x|}=1,\quad \lim_{x\to -0}\frac{x^2+x}{|x|}=-1$$

右極限値と左極限値が存在しても, 上の例のように値が異なることがある. 右極限値と左極限値が存在して値が等しいことが極限値が存在するための条件であり, その等しい値が極限値である.

問 2.2　次の極限を求めよ.

(1) $\displaystyle\lim_{x\to +0}\frac{x}{|x|}$　　　　(2) $\displaystyle\lim_{x\to 2-0}\frac{x-2}{|x-2|}$　　　　(3) $\displaystyle\lim_{x\to 2-0}\frac{2}{x-2}$

指数関数と対数関数の極限

これからは，指数関数と対数関数を考えるときはネイピア数 e を底にとることにする．このとき，対数を**自然対数**といい

$$\log x \quad \text{または} \quad \ln x$$

と表す．10 を底とする常用対数 $\log_{10} x$ も $\log x$ と表すことがあるが，微分積分においては $\log x$ は自然対数の記号として用いる[1]．今後は自然対数を基本として，底を a とするときは $\log_a x = \dfrac{\log x}{\log a}$ として計算するのがよい．また指数関数は $a^x = e^{x \log a}$ とする．

指数関数 $y = e^x$ については，以前に述べたように数列 e^n $(n = 1, 2, \ldots)$ との類似性より (次節の議論を参照)

$$\lim_{x \to \infty} e^x = \infty, \ \lim_{x \to -\infty} e^x = 0.$$

対数関数については，指数関数の逆関数で $(0, \infty)$ で定義されていることより

$$\lim_{x \to \infty} \log x = \infty, \ \lim_{x \to +0} \log x = -\infty.$$

連続関数

点 $x = a$ の近くで定義された関数 $f = f(x)$ が

$$\lim_{x \to a} f(x) = f(a)$$

を満たすとき，$f(x)$ は **$x = a$ において連続**であるという．関数の定義域の端点，たとえば関数が閉区間 $[a, b]$ で定義されているときの端点では

$$\lim_{x \to a+0} f(x) = f(a), \quad \lim_{x \to b-0} f(x) = f(b)$$

と考える．また，区間 I の全ての点 a で連続のとき，$f(x)$ は**区間 I で連続**であるという．連続性を示すには次の極限式を示すのがよい．

$$\lim_{h \to 0} |f(x+h) - f(x)| = 0 \quad (x \in I)$$

連続ということは，(1) $x \to a$ のとき極限値 $f(x) \to l$ をもち，(2) l が $f(a)$ と一致するという 2 つの意味をもつ．また，関数の極限では $x \to a$ のとき $x \neq a$ としてきたが，連続関数のときは $x = a$ であってもよい．また，数列 $\{a_n\}$ が $a_n \to a$ ならば $f(a_n) \to f(a)$ ということである．

---

[1] 関数電卓では常用対数が log，自然対数が ln である．

例題 2.7　指数関数：$y = a^x \ (a > 0, a \neq 1)$ と三角関数：$y = \sin x$ は連続関数であることを示せ.

解答　(指数関数) $a > 1$ とする.　$a^{x+h} - a^x = a^x(a^h - 1)$ が成立する.　$h > 0$ とすると，任意の h について $0 < h < \dfrac{1}{n}$ を満たす最大の自然数 n が h に応じて定まり，$h \to 0$ のとき $n \to \infty$. よって

$$0 < a^{x+h} - a^x = a^x(a^h - 1) < a^x(a^{\frac{1}{n}} - 1).$$

例題 2.2 より，$n \to \infty$ のとき右辺は 0 に限りなく近づく.　$h < 0$ のときは，$t = -h$ とすると $|a^{x+h} - a^x| = |a^{x-t} - a^x| = a^{x-t}(a^t - 1) \to 0 \ (t \to 0)$ となり連続性が示された.

　$0 < a < 1$ のときも同様である.

(三角関数) $y = \sin x$ については

$$\left| \sin(x+h) - \sin x \right| = 2\left| \cos\left(x + \frac{h}{2}\right) \sin \frac{h}{2} \right| \leqq 2\left| \sin \frac{h}{2} \right|$$

が成り立つ.　よって，$h \to 0$ のとき $\sin \dfrac{h}{2} \to 0$ となるので連続である.

問 2.3　次の関数は連続関数であることを示せ.

(1) 多項式関数　　(2) $y = \cos x$　　(3) $y = \dfrac{1}{x} \ (x > 0)$
(4) $y = \sqrt{x} \ (x > 0)$

連続関数の加減乗除と合成関数

　連続関数の加減乗除は連続関数である.　本質的には定理 2.6 と同じである.

定理 2.7　関数 $f(x), g(x)$ が $x = a$ において連続ならば

$$f(x) \pm g(x), \quad cf(x) \ (c：実数), \quad f(x)g(x), \quad \frac{f(x)}{g(x)} \ (g(a) \neq 0)$$

も $x = a$ において連続である.

合成関数については

定理 2.8　関数 $y = f(x)$ は $x = a$ の近くで定義され，$z = g(y)$ は $y = f(a)$ の近くで定義されているとする.　このとき，$f(x)$ が $x = a$ において連続で，$g(y)$ が $y = f(a)$ において連続ならば，合成関数 $z = g(f(x))$ は $x = a$ において連続である.

証明 関数 $y = f(x)$ は $x = a$ において連続なので $x \to a$ のとき $f(x) \to f(a)$. また, $z = g(y)$ は $y = f(a)$ において連続なので $f(x) \to f(a)$ のとき $g(f(x)) \to g(f(a))$. よって, $x \to a$ のとき $g(f(x)) \to g(f(a))$ となり, $g(f(x))$ は $x = a$ において連続である. □

双曲線関数

指数関数 $y = e^x$ を使って定義される**双曲線関数**を紹介する. これは, 指数関数の組み合わせであるが, 使い方に慣れると便利である. 双曲線関数は $\sinh x, \cosh x, \tanh x$ の3種類で, それぞれ

$$\sinh x = \frac{e^x - e^{-x}}{2},$$
$$\cosh x = \frac{e^x + e^{-x}}{2},$$
$$\tanh x = \frac{\sinh x}{\cosh x} = \frac{e^x - e^{-x}}{e^x + e^{-x}}$$

のように定義される. これは, 右辺の指数関数の式をまとめて sinh,

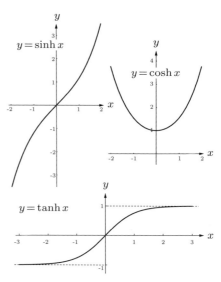

図 **2.3** 3種類の双曲線関数のグラフ

cosh, tanh という記号で表すということである[2]. 双曲線関数のいろいろな公式は指数関数 e^x の指数法則から導かれる.

例題 2.8 等式 : $\cosh^2 x - \sinh^2 x = 1$ が成立することを示せ.

解答 左辺を計算すると

$$\left(\frac{e^x + e^{-x}}{2}\right)^2 - \left(\frac{e^x - e^{-x}}{2}\right)^2 = \frac{1}{4}\left(e^{2x} + 2 + e^{-2x} - e^{2x} + 2 - e^{-2x}\right) = 1.$$

三角関数を $X = \cos x, Y = \sin x$ とおくと, 単位円 : $X^2 + Y^2 = 1$ のパラメーター表示になるが, $X = \cosh x, Y = \sinh x$ とおくと, 例題より単位双曲線 $X^2 - Y^2 = 1$ が得られる. これが, 双曲線関数の名前の由来である.

---

[2] 虚数 i を用いれば $\sin x = \dfrac{e^{ix} - e^{-ix}}{2i}, \cos x = \dfrac{e^{ix} + e^{-ix}}{2}, \tan x = \dfrac{e^{ix} - e^{-ix}}{e^{ix} + e^{-ix}}$ と表されるので, 三角関数とよく似た形である. ただし, $e^{ix} = \cos x + i \sin x$ (**オイラーの公式**).

双曲線関数の加法定理

双曲線関数にも，三角関数の加法定理と同様な公式

$$\sinh(x+y) = \sinh x \cosh y + \cosh x \sinh y$$
$$\cosh(x+y) = \cosh x \cosh y + \sinh x \sinh y$$

が成立する[3]．いずれも，定義に沿って右辺を計算すれば左辺になる．

> **問 2.4** 上の加法定理を証明せよ．

加法定理において $x = y$ とすると，倍角の公式に相当する公式が得られる．

$$\sinh 2x = 2 \sinh x \cosh x, \quad \cosh 2x = \cosh^2 x + \sinh^2 x$$

これらを用いると，半角の公式，積を和に直す公式などが得られるが，ここでは省略する (第1章 1.7節 公式集を参照)．

―――――――――――――― **練習問題 2.2** ――――――――――――――

1. 次の極限を求めよ．

(1) $\displaystyle\lim_{x \to \infty} \sqrt{x}\left(\sqrt{x+1} - \sqrt{x-1}\right)$ 　　(2) $\displaystyle\lim_{x \to \infty} \left(\sqrt{x^2 + 2x} - x + 1\right)$

2. 次の極限を求めよ．(ヒント：$n \leqq x < n+1$ を満たす自然数 n を考える)．

(1) $\displaystyle\lim_{x \to \infty} \frac{x^\alpha}{e^x}$ 　　(2) $\displaystyle\lim_{x \to \infty} \frac{\log x}{x^\alpha}$ 　$(\alpha > 0)$

3. 次の極限を求めよ．

(1) $\displaystyle\lim_{x \to +0} x^\alpha \log x$ 　　(2) $\displaystyle\lim_{x \to +0} x^x$ 　　(3) $\displaystyle\lim_{x \to +0} \frac{e^{-\frac{1}{x}}}{x^\alpha}$

4. $f(x), g(x)$ が区間 I で連続とするとき，次の各問いに答えよ．

(1) $|f(x)|$ も連続であることを示せ．

(2) 任意の実数 A, B について，次の $(a), (b)$ が成り立つことを示せ．

$$(a) \ \max\{A, B\} = \frac{1}{2}(A + B + |A - B|),$$
$$(b) \ \min\{A, B\} = \frac{1}{2}(A + B - |A - B|)$$

(3) 次の $M(x), m(x)$ は連続関数であることを示せ．

$$M(x) = \max\{f(x), g(x)\}, \qquad m(x) = \min\{f(x), g(x)\}$$

5. 区間 I で連続な関数 $f(x), g(x)$ が，任意の有理数 $x \in I$ について $f(x) = g(x)$ を満たすならば，すべての $x \in I$ について $f(x) = g(x)$ が成立することを示せ．

―――――――――――――――――――――――――――――――――――――

[3] 三角関数の加法定理より素直な形である．これは，先の脚注で述べた $\sin x$ の分母に虚数 i があることによる．

6. 区間 $I = (0, 1)$ において関数 $f(x)$ を次のように定義する. $x \in I$ が無理点ならば $f(x) = 0$, $x \in I$ が有理点ならば $x = \dfrac{p}{q}$ と既約分数で表し $f(x) = \dfrac{1}{q}$ とする. このとき, $f(x)$ は無理点では連続で有理点では不連続であることを示せ.

7. 次の等式が成立することを示せ.

(1) $1 - \tanh^2 x = \dfrac{1}{\cosh^2 x}$ 　　(2) $1 - \dfrac{1}{\tanh^2 x} = -\dfrac{1}{\sinh^2 x}$

8. 次の等式が成立することを示せ.

(1) $\sinh 2x = 2 \sinh x \cosh x$

(2) $\cosh 2x = 2\cosh^2 x - 1 = 1 + 2\sinh^2 x = \cosh^2 x + \sinh^2 x$

9. $t = \tanh \dfrac{x}{2}$ とおくと次の等式が成立することを示せ.

(1) $\cosh x = \dfrac{1 + t^2}{1 - t^2}$ 　　(2) $\sinh x = \dfrac{2t}{1 - t^2}$

2.3 連続関数の性質

連続関数はグラフで見ると切れ目がない関数であるが, 連続関数について直感的に成り立つと思われる性質を数学として説明しようとすると, いろいろな準備が必要である.

最大と最小

実数 $\mathbb{R}$ の部分集合 A において, ある $m \in A$ が, 任意の $x \in A$ について $x \leqq m$ を満たすとき, m を A の**最大**といい $\max A$ と表す. 同様に, ある $l \in A$ が, 任意の $x \in A$ について $x \geqq l$ を満たすとき, l を A の**最小**といい $\min A$ と表す.

(1) $A = [0, 1)$ とすると, $\min A = 0$ であるが, 最大は存在しない.

(2) $B = \left\{ \dfrac{1}{n} \,\middle|\, n = 1, 2, \dots \right\}$ とすると, $\max B = 1$ であるが, 最小は存在しない.

集合 A において 1 は最大ではないが, 最大と同様な性質をもつ. B の 0 も最小と同様である. このような最大・最小の代わりになるものが, 2.5 節で学ぶ上限と下限である. また, 上記の A, B のように, ある正数 M があって, すべての要素 a が $|a| \leqq M$ を満たすとき, 集合は**有界**または**有界集合**であるという.

最大値・最小値の定理

関数 $y = f(x)$ が区間 I で定義されているとき, 値域の最大・最小をそれぞ

れ関数の**最大値・最小値**と呼び，$\displaystyle\max_{x \in I} f(x), \min_{x \in I} f(x)$ などと表す．すなわち

$$\max_{x \in I} f(x) = \max\{f(x)\,|\,x \in I\}, \quad \min_{x \in I} f(x) = \min\{f(x)\,|\,x \in I\}$$

有界閉区間で定義された連続関数について，次の定理が成り立つ．

> **定理 2.9（最大値・最小値の定理）** 有界閉区間 $[a, b]$ で定義された連続関数 $f(x)$ は，その区間で有界で最大値と最小値をもつ．

証明は後の 2.5 節で行う．そこでは，上限・下限の考え方が用いられる．この定理において，有界閉区間であることが重要である．関数 $y = \dfrac{1}{x}$ は $(0, 1]$ で連続であるが最大値をもたない．また，個々の関数について最大値・最小値が存在することは確認できるが，一般の連続関数について最大値・最小値の存在が保証されるのは，数学の理論上で大切である (ロルの定理 3.4(第 3 章) 参照)．

中間値の定理

日常的な感覚では，グラフに切れ目がない関数が連続関数である．このことを示すのが次の定理である．証明は後の 2.5 節で行う．

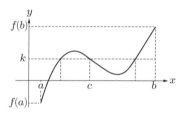

図 2.4　中間値定理 (c は 3 点のうちのどれでもよい)

> **定理 2.10（中間値定理）** 区間 $[a, b]$ で定義された連続関数 $f(x)$ が $f(a) \neq f(b)$ を満たすとき，$f(a)$ と $f(b)$ の間の任意の値 k について
>
> $$f(c) = k, \quad c \in (a, b)$$
>
> を満たす点 $x = c$ が少なくとも 1 つ存在する (図 2.4 参照)．

この定理は，$f(x) - k$ を改めて $f(x)$ とすると，次の定理と同値となる．

> **定理 2.11** 区間 $[a, b]$ で定義された連続関数 $f(x)$ について，$f(a)$ と $f(b)$ が異符号ならば，$f(x) = 0$ $(a < x < b)$ を満たす x が少なくとも 1 つ存在する．

例題 2.9 方程式 : $x - 2\sin x = 0$ は解 $x = 0$ をもつが,区間 $\left(\dfrac{\pi}{2}, \dfrac{2\pi}{3}\right)$ において,もう 1 つの解をもつことを示せ.

解答 $f(x) = x - 2\sin x$ とおくと,$f\left(\dfrac{\pi}{2}\right) = \dfrac{\pi}{2} - 2 = -0.4292 < 0$, $f\left(\dfrac{2\pi}{3}\right) = \dfrac{2\pi}{3} - \sqrt{3} = 0.3623 > 0$. よって,$\left(\dfrac{\pi}{2}, \dfrac{2\pi}{3}\right)$ において少なくとも 1 つの解をもつ.

問 2.5 方程式 : $\tan x = x$ は,各区間 $\left(n\pi, \left(n + \dfrac{1}{2}\right)\pi\right)$, $n = 1, 2, \ldots$ において少なくとも 1 つの解をもつことを示せ.

注意 例題 2.9 において,$\dfrac{7\pi}{12} = \dfrac{1}{2}\left(\dfrac{\pi}{2} + \dfrac{2\pi}{3}\right)$ をとれば,$f\left(\dfrac{7\pi}{12}\right) = -0.0992 < 0$ より解の範囲は $\left(\dfrac{7\pi}{12}, \dfrac{2\pi}{3}\right)$ に狭められる.同様に,$\dfrac{5\pi}{8} = \dfrac{1}{2}\left(\dfrac{7\pi}{12} + \dfrac{2\pi}{3}\right)$ をとれば,$f\left(\dfrac{5\pi}{8}\right) = 0.1157 > 0$. よって,範囲は $\left(\dfrac{7\pi}{12}, \dfrac{5\pi}{8}\right) = (1.8325, 1.9634)$ としてよい. このように,区間の中点で値の正負を判断し存在区間を狭めていく方法は **2 分法** と呼ばれる[4].

逆関数

第 1 章 1.4 節で逆関数の定義と例を解説したが,ここで逆関数の存在と連続性を示す.区間 I で定義された関数 $f(x)$ が

$$x < x' \quad \text{ならば} \quad f(x) \leqq f(x')$$

を満たすとき $f(x)$ は I で **単調増加** または **単調増加関数** であるという.また

$$x < x' \quad \text{ならば} \quad f(x) < f(x')$$

を満たすとき $f(x)$ は I で **真に増加**[5] または **真に増加関数** であるという.上記の不等号を $f(x) \geqq f(x')$, $f(x) > f(x')$ としたものを,それぞれ **単調減少**(**単調減少関数**),**真に減少**(**真に減少関数**)という.

真に増加または真に減少な関数について逆関数が定義される.

---

[4] これは単純な方法であるが,最初の区間を (a, b) とすれば,n 回 2 等分することにより存在区間の幅は $\dfrac{b-a}{2^n}$ とできるので,案外実用的で有効な方法である.

[5] 日本で出版されている微分積分のテキストのうちで,約半数はこの場合を「単調増加」と定義している.「単調」の原語が monotone であることと,$y = [x]$(ガウスの $[x]$)のように,増加するが途中で一定の箇所がある関数のクラスに何らかの名前をつける必要があると考えて,このように定義した.

> **定理 2.12（1 変数逆関数定理）** 関数 $y = f(x)$ が区間 $[a, b]$ で定義された連続な真に増加 (または真に減少) 関数ならば，区間 $[f(a), f(b)]$(または $[f(b), f(a)]$) で定義された連続な逆関数が存在する.

証明　関数 $f(x)$ は真に増加とする. $f(a) < y < f(b)$ を満たす任意の y について，中間値定理 (定理 2.10) より $f(x) = y$ を満たす x が $a < x < b$ において存在する. もし，2 つの x_1, x_2 が $f(x_1) = f(x_2) = y$ を満たすとすれば，真に増加の仮定より $x_1 = x_2$ である. また，$f(a)$ には a, $f(b)$ には b を定めれば，任意の $y \in [f(a), f(b)]$ に対して唯一つの $x \in [a, b]$ を定めることができる. よって，x は y の関数となり逆関数 $f^{-1}(y)$ が定義された.

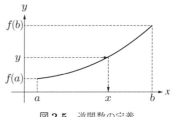

図 2.5　逆関数の定義

　連続性については，$f(x_0) = y_0$ とするとき，$y_1 < y_0 < y_2$ を満たす任意の 2 点 $y_1 = f(x_1), y_2 = f(x_2)$ について中間値定理を用いると，区間 $[y_1, y_2]$ 全体が区間 $[x_1, x_2]$ 全体に対応していることがわかる. よって，$y \to y_0$ のとき $x \to x_0$ がいえるので逆関数は連続である (後の 2.5 節を参照).　　　　□

　この定理を用いると，対数関数と逆三角関数の連続性がわかる.

対数関数

　$y = \log x$ は $(0, \infty)$ で定義された連続関数である.

逆三角関数

(1) $y = \mathrm{Arcsin}\, x$ は $[-1, 1]$ で定義された真に増加連続関数である.

(2) $y = \mathrm{Arccos}\, x$ は $[-1, 1]$ で定義された真に減少連続関数である.

(3) $y = \mathrm{Arctan}\, x$ は $\mathbb{R}$ で定義された真に増加連続関数である.

双曲線関数の逆関数

> **例題 2.10**　逆双曲線関数は対数を用いて以下のように表される.
>
> (1) $\sinh^{-1} x = \log(x + \sqrt{x^2 + 1})$ 　$x \in (-\infty, \infty)$
>
> (2) $\cosh^{-1} x = \log(x + \sqrt{x^2 - 1})$ 　$x \in [1, \infty)$
>
> (3) $\tanh^{-1} x = \dfrac{1}{2} \log \dfrac{1 + x}{1 - x}$ 　　　　$x \in (-1, 1)$

解答　(1) $y = \sinh x$ は $x \in \mathbb{R}$ で定義された真に増加連続関数で像は $\mathbb{R}$ 全体である. $x = \sinh y$ とおくと, e^y の2次方程式 : $e^{2y} - 2xe^y - 1 = 0$ を得る. これを e^y について解くと, $e^y > 0$ より $e^y = x + \sqrt{x^2+1}$. 以上より, 逆関数を $y = \sinh^{-1} x$ と表すと $y = \sinh^{-1} x = \log(x + \sqrt{x^2+1})$.

(2) は $x = \cosh y$, (3) は $x = \tanh y$ とおいて, 同様にすればよい. 計算は問とする.

> **問 2.6**　以下の双曲線関数の逆関数を対数関数を用いて例題 2.10 のように表されることを示せ.
>
> (1) $\cosh x$, $x \in [0, \infty)$　　　(2) $\tanh x$, $x \in \mathbb{R}$

──────────── 練習問題 **2.3**────────────

1.　区間 $(0, \infty)$ において連続な関数 $f(x)$ が
$$\lim_{x \to +0} f(x) = \infty, \quad \lim_{x \to \infty} f(x) = \infty$$
を満たせば, 最小値をもつことを示せ.

2.　実数全体で連続な関数 $f(x)$ が $\lim_{x \to \pm\infty} f(x) = 0$ を満たし, さらに恒等的に 0 でないならば, 最小値または最大値を少なくとも 1 つもつことを示せ.

3.　任意の正数 $A_1, \ldots, A_n > 0$ と増加数列 $a_1 < \cdots < a_n$ をとり, 関数 $f(x)$ を次のように定義するとき
$$f(x) = \frac{A_1}{x - a_1} + \cdots + \frac{A_n}{x - a_n}$$
方程式 $f(x) = 0$ は $n - 1$ 個の解をもつことを示せ.

4.　有界閉区間 $[a, b]$ において連続な関数 $f(x)$ が, 任意の $x \in [a, b]$ について $f(x) \in [a, b]$ であるならば, $x \in [a, b]$, $f(x) = x$ を満たす x が少なくとも 1 つ存在することを示せ.

2.4　重要な極限

指数関数と三角関数の微分を計算するときに必要となる極限を学ぶ.

指数関数と対数関数の極限

ここで基本になるのは次の定理である. この定理より, 後に必要となる極限が求められる.

> **定理 2.13**
> $$\lim_{x \to \pm\infty} \left(1 + \frac{1}{x}\right)^x = e. \tag{2.2}$$

証明 定理 2.5 より, $x = n$ $(n = 1, 2, \ldots)$ として $n \to \infty$ としたときの極限は e : ネイピア数である. x $(\geqq 1)$ については (それに応じて) $n \leqq x < n+1$ を満たす自然数 n が存在する. このとき

$$\frac{\left(1 + \dfrac{1}{n+1}\right)^{n+1}}{\left(1 + \dfrac{1}{n+1}\right)} < \left(1 + \frac{1}{x}\right)^x < \left(1 + \frac{1}{n}\right)^n \left(1 + \frac{1}{n}\right)$$

が成立し, $x \to \infty$ のとき $n \to \infty$ なので両辺は e に収束する. また, $x \to -\infty$ のときは, $t = -x$ とおくと

$$\left(1 + \frac{1}{x}\right)^x = \left(1 - \frac{1}{t}\right)^{-t} = \left(\frac{t}{t-1}\right)^t = \left(1 + \frac{1}{t-1}\right)^{t-1} \left(1 + \frac{1}{t-1}\right)$$

となるので, $t \to \infty$ のときも e に収束することがわかる. □

次の定理は指数関数と対数関数の微分計算において基本的である.

定理 2.14   (1) $\displaystyle \lim_{x \to 0} (1 + x)^{\frac{1}{x}} = e$ (2.3)

(2) $\displaystyle \lim_{x \to 0} \frac{\log(1 + x)}{x} = 1$ (2.4)

証明 (1) 極限式 (2.2) で $x \to \dfrac{1}{x}$ に置き換えると, $x \to \pm\infty$ のとき $\dfrac{1}{x} \to 0$ となる. よって (2.3) を得る.

(2) $\dfrac{\log(1 + x)}{x} = \log(1 + x)^{\frac{1}{x}}$ と変形すれば (2.3) より (2.4) が得られる. □

定理 2.15 $\displaystyle \lim_{x \to 0} \frac{e^x - 1}{x} = 1.$ (2.5)

証明 $e^x - 1 = t$ とすると, $x = \log(1 + t)$. よって

$$\lim_{x \to 0} \frac{e^x - 1}{x} = \lim_{t \to 0} \frac{t}{\log(1 + t)} = 1.$$
□

例題 2.11 次の極限を求めよ.

(1) $\displaystyle \lim_{x \to 0} \frac{e^{2x} - 1}{x}$ (2) $\displaystyle \lim_{x \to 0} \frac{e^{5x} - e^{3x}}{x}$

解答 $t = 2x$ とすると

(1) $\displaystyle \lim_{x \to 0} \frac{e^{2x} - 1}{x} = 2 \lim_{x \to 0} \frac{e^{2x} - 1}{2x} = 2 \lim_{t \to 0} \frac{e^t - 1}{t} = 2.$

(2) $\displaystyle \lim_{x \to 0} \frac{e^{5x} - e^{3x}}{x} = \lim_{x \to 0} \frac{e^{3x}(e^{2x} - 1)}{x} = 2.$

問 2.7 次の極限を求めよ.

(1) $\displaystyle\lim_{x\to 0}\frac{e^{8x}-e^{5x}}{e^{6x}-e^{2x}}$　　(2) $\displaystyle\lim_{x\to 0}\frac{\log(1+3x)}{x}$　　(3) $\displaystyle\lim_{x\to 0}\frac{\log(1+2x)}{\log(1-2x)}$

弧長と三角関数の極限

ここでの目標は次の定理である.

定理 2.16
$$\lim_{x\to 0}\frac{\sin x}{x}=1. \tag{2.6}$$

この定理は, x が単位円の弧長であることが本質である. 高校数学では弧長が測れることを前提としてきたが, もし単位円周の長さ $L(=2\pi)$ が決まれば, それを n 等分した弧を m 個集めてできる弧の長さ $\dfrac{mL}{n}$ が定まり, 極限操作により $0 \leqq \alpha \leqq 1$ を満たす実数に対して, すべての弧長が $x=\alpha L$ と定まる.

以下の証明では, 単位円の弧の長さと弧で切りとられる扇型の面積が確定していることが前提であるが, 面積は積分の考え方を用いて定義されるので (第 4 章 4.4 節) 論理的には錯綜している. なお, 練習問題 2.4 の 4. を参照.

証明 $0 < x < \dfrac{\pi}{2}$ として扇型 OAP を考える. 点 A を通り y 軸と平行な直線と直線 OP の交点を Q とすると, 図 2.6 より明らかに, △OAP ⊂ 扇型 OAP ⊂ △OAQ が成り立つ. ここで, △OAP の面積は $\dfrac{\sin x}{2}$ で, △OAQ の面積は $\dfrac{\tan x}{2}$, 長さが x の弧で切りとられる扇型の面積は $\dfrac{x}{2}\left(=\pi\times\dfrac{x}{2\pi}\right)$ なので, 面積を比較すると以下の不等式が得られる (図 2.6 参照).

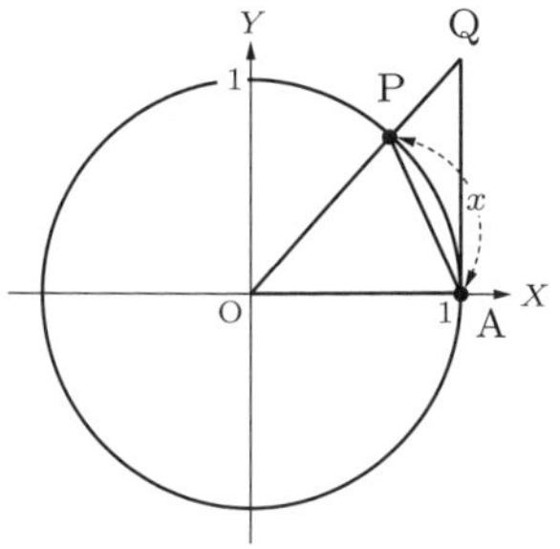

$$\frac{1}{2}\sin x < \frac{x}{2} < \frac{1}{2}\tan x$$

図 2.6 $\displaystyle\lim_{x\to 0}\frac{\sin x}{x}=1$ の証明

よって, $\sin x < x < \tan x$ が成立する. 逆数をとり $\sin x$ を掛けると

$$\cos x < \frac{\sin x}{x} < 1 \tag{2.7}$$

が得られ, $\displaystyle\lim_{x\to 0}\cos x=1$ なので, $\displaystyle\lim_{x\to +0}\frac{\sin x}{x}=1$ となる. また, $-\dfrac{\pi}{2}<x<0$ のときも $\dfrac{\sin x}{x}=\dfrac{\sin(-x)}{(-x)}$ と表せば, 上の不等式 (2.7) が正しいことがわかる. よって,

$x \to -0$ のときも $\dfrac{\sin x}{x} \to 1$ であることがわかる．以上より，極限式 (2.6) が得られる．　　　　　　　　　　　　　　　　　　　　　　　　　　　□

例題 2.12 次の極限を求めよ．

(1) $\displaystyle\lim_{x\to 0} \frac{\sin 3x}{x}$　　　　(2) $\displaystyle\lim_{x\to 0} \frac{1-\cos x}{x^2}$

解答 (1) $t = 3x$ とすると

$$\lim_{x\to 0} \frac{\sin 3x}{x} = 3 \lim_{x\to 0} \frac{\sin 3x}{3x} = 3 \lim_{t\to 0} \frac{\sin t}{t} = 3.$$

(2) $1 - \cos^2 x = \sin^2 x$ を用いる．

$$\lim_{x\to 0} \frac{1-\cos x}{x^2} = \lim_{x\to 0} \frac{(1-\cos x)(1+\cos x)}{x^2(1+\cos x)} = \lim_{x\to 0} \frac{1-\cos^2 x}{x^2(1+\cos x)}$$

$$= \lim_{x\to 0} \frac{\sin^2 x}{x^2(1+\cos x)} = \lim_{x\to 0} \frac{1}{1+\cos x}\left(\frac{\sin x}{x}\right)^2 = \frac{1}{2}.$$

問 2.8 次の極限を求めよ．

(1) $\displaystyle\lim_{x\to 0} \frac{\sin 2x}{\sin 4x}$　　　(2) $\displaystyle\lim_{x\to 0} \frac{1-\cos 2x}{x^2}$　　　(3) $\displaystyle\lim_{x\to 0} \frac{x\sin x}{1-\cos x}$

(4) $\displaystyle\lim_{x\to \infty} x\sin\frac{1}{x}$　　　(5) $\displaystyle\lim_{x\to 0} \frac{\sin x^2}{x}$　　　(6) $\displaystyle\lim_{x\to 0} \frac{\sin\sqrt{x}}{x}$

---------------------- 練習問題 **2.4** ----------------------

1. 次の極限を求めよ．

(1) $\displaystyle\lim_{x\to 0} \frac{\sinh x}{x}$　　　(2) $\displaystyle\lim_{x\to 0} \frac{\cosh x - 1}{x^2}$　　　(3) $\displaystyle\lim_{x\to 0} \frac{\sinh 2x}{\tanh 3x}$

2. 次の極限を求めよ．

(1) $\displaystyle\lim_{x\to 0} \frac{\mathrm{Arcsin}\, x}{x}$　　　(2) $\displaystyle\lim_{x\to 0} \frac{\mathrm{Arcsin}\, 2x}{\mathrm{Arctan}\, 3x}$　　　(3) $\displaystyle\lim_{x\to 0} \frac{\log(x+\sqrt{x^2+1})}{x}$

3. 指数関数の極限について以下の各問いに答えよ．

(1) すべての $x \in \mathbb{R}$ について，次の極限式が成り立つことを示せ．

$$\lim_{n\to\infty} \left(1+\frac{x}{n}\right)^n = e^x$$

(2) (1) と定理 2.5 の証明で示した不等式を用いて $0 < x < 2$ について

$$1 + x \leqq e^x \leqq 1 + x + \frac{x^2}{2\left(1-\dfrac{x}{2}\right)} \tag{2.8}$$

が成り立つことを示せ．

(3) (2) を用いて定理 2.15 を証明せよ．

4. 単位円に内接する正 n 角形の 1 辺の長さを l_n として，単位円周の長さ L は極限式

$$L = \lim_{n \to \infty} n l_n$$

によって定まることを認めて，以下の各問いに答えよ．

(1) 正 n 角形の辺により切り取られる弧の長さ $\dfrac{L}{n}$ を s_n とおくと

$$\lim_{n \to \infty} \frac{l_n}{s_n} = 1$$

が成り立つことを示せ．

(2) $x_n = \dfrac{L}{2n}$ とすると次の極限式が成り立つことを示せ．

$$\lim_{n \to \infty} \frac{\sin x_n}{x_n} = 1$$

(3) (2) 用いて定理 2.16 を証明せよ (ヒント：$x > 0$ で $x \to 0$ とするとき，x に応じて $x_n \leqq x < x_{n-1}$ を満たす n を選ぶ)．

2.5 数学解析の基礎

数列の収束 (再考)

　今までは，数列 $\{a_n\}$ について，n を大きくすると，ある値 a に限りなく近づくとき，$\{a_n\}$ は a に収束するといい

$$\lim_{n \to \infty} a_n = a \quad \text{または} \quad a_n \to a$$

と表すということで話を進めてきた．しかし，「ある値 a に限りなく近づく」というだけの定性的な言葉ではあまり明確でない．たとえば，a との距離が 10^{-90} ならば「近づいた」といえるか，10^{-30} ならばどうかと言うような議論は，先に「近い」ということを決めておかないと無意味である．そこで，先に d という距離を定めて，d より近い距離ならば「近い」と判断することにして，ある n_0 (d に依存する) より先の a_n すべてがその範囲内に入ればよいとしよう．現実世界ではコンピュータの計算精度，顕微鏡や望遠鏡の解像度などで d の限界があるが，数学理論の世界では限界がない．さらに，d が任意に取れるということにすれば，d をどんどん小さくすることができ，「限りなく近づく」ことが表せるといえる．

　このようにして，$\{a_n\}$ が a に収束することは次のように定義される．また，無限大への発散についても同様に定義される．

定義 2.1（数列の収束と発散）

収束 数列 $\{a_n\}$ において，任意の $d > 0$ について，以下を満たす自然数 n_0 が定まるとき，a_n は a に収束するという[6].

$$n \geqq n_0 \quad \text{ならば} \quad |a_n - a| < d \quad \text{が成立する}$$

(正の) 無限大に発散： 任意の $d > 0$ について，以下を満たす自然数 n_0 が定まるとき，a_n は ∞ に発散するという.

$$n \geqq n_0 \quad \text{ならば} \quad a_n > d \quad \text{が成立する}$$

この定義にしたがえば，数列の収束・発散を明確に示すことができる.

例題 2.13 定義により，次の極限式が成り立つことを確かめよ.

(1) $\displaystyle\lim_{n \to \infty} \frac{2n + 1}{5n + 2} = \frac{2}{5}$　　(2) $\displaystyle\lim_{n \to \infty} \frac{1}{\sqrt{n}} = 0$

(3) $\displaystyle\lim_{n \to \infty} \log n = \infty$

解答 (1) $a_n = \dfrac{2n + 1}{5n + 2} = \dfrac{2}{5} + \dfrac{1}{5(5n + 2)}$ より以下の不等式が成立する.

$$\left| a_n - \frac{2}{5} \right| = \frac{1}{5(5n + 2)} \leqq \frac{1}{25n}$$

よって，任意の $d > 0$ について $n_0 > \dfrac{1}{25d}$ を満たす整数 n_0 をとれば（$\dfrac{1}{25n} < d$ を解く），$n \geqq n_0$ のとき $\left| a_n - \dfrac{2}{5} \right| \leqq \dfrac{1}{25n} < d$ が成り立ち，極限式が示された.

(2) $|a_n| = \dfrac{1}{\sqrt{n}}$ より，任意の $d > 0$ について $n_0 > \dfrac{1}{d^2}$ を満たす整数 n_0 をとれば（$\dfrac{1}{\sqrt{n}} < d$ を解く），$n \geqq n_0$ のとき $\left| \dfrac{1}{\sqrt{n}} \right| < d$ が成り立つ.

(3) 任意の $d > 0$ について $n_0 > e^d$ を満たす整数 n_0 をとれば，$n \geqq n_0$ のとき $\log n > d$ が成り立つ.

例題 2.14 数列 $\{a_n\}$ と $\{b_n\}$ が $\displaystyle\lim_{n \to \infty} a_n = a,$　$\displaystyle\lim_{n \to \infty} b_n = b$ を満たせば

(1) $\displaystyle\lim_{n \to \infty} (a_n + b_n) = a + b,$　(2) $\displaystyle\lim_{n \to \infty} ca_n = ca$ $(c : 実数)$

が成り立つことを定義 2.1 に基づいて示せ.

解答 定義により，任意の $d > 0$ についてある n_0 が定まり，$n \geqq n_0$ のとき $|a_n - a| < d,$　$|b_n - b| < d$．よって，

---

[6] $|a_n - a| \leqq d$ としてもよいが，収束性を否定する場面で $|a_n - a| \geqq d$ となった方が都合がよい場合が多い.

(1) $n \geqq n_0$ のとき，$|(a_n + b_n) - (a + b)| \leqq |a_n - a| + |b_n - b| < 2d$ が成り立ち，d は任意なので極限式が示された．

(2) $c = 0$ ならば明らかである．$c \neq 0$ のときは $|ca_n - ca| = |c(a_n - a)| = |c||a_n - a| < |c|d$ であるので極限式が示された．

注意　定義の文言に従えば，(1) では $|(a_n + b_n) - (a + b)| \leqq |a_n - a| + |b_n - b| < d$ を示す必要があるが，そのためには最初に $|a_n - a| < \dfrac{d}{2}$，$|b_n - b| < \dfrac{d}{2}$ となるように n_0 を選んでおけばよい．これは形式の瑣末な部分なので，今後は「d は任意」ということで定義に従ったと考える．(2) では $\dfrac{d}{|c|}$ とすればよい．

> **問 2.9**　定義により，次の極限式が成り立つことを確かめよ.
>
> (1) $\displaystyle\lim_{n \to \infty} \frac{1}{n^2} = 0$　　　(2) $\displaystyle\lim_{n \to \infty} e^n = \infty$　　　(3) $\displaystyle\lim_{n \to \infty} n \sin \frac{1}{n} = 1$

数列の収束を厳密に定義しておくと，たとえば次のような例題が示される.

例題 2.15　数列 $\{a_n\}$ が a に収束すれば，以下の極限式が成り立つことを示せ.

$$\lim_{n \to \infty} \frac{a_1 + a_2 + \cdots + a_n}{n} = a$$

解答　$b_n = a_n - a$ とおくと，$\dfrac{a_1 + a_2 + \cdots + a_n}{n} = \dfrac{b_1 + b_2 + \cdots + b_n}{n} + a$ が成り立つので，以下のことを示せばよい.

$$\lim_{n \to \infty} b_n = 0 \quad \text{ならば} \quad \lim_{n \to \infty} \frac{b_1 + b_2 + \cdots + b_n}{n} = 0$$

収束の定義より，任意の $d > 0$ について，ある自然数 n_0 が定まり，$n \geqq n_0$ ならば $|b_n| < d$. よって，$\left| \dfrac{b_{n_0} + \cdots + b_n}{n} \right| < \left(1 - \dfrac{n_0 - 1}{n} \right)d < d$ を用いると

$$\left| \frac{b_1 + b_2 + \cdots + b_n}{n} \right| < \left| \frac{b_1 + b_2 + \cdots + b_{n_0-1}}{n} \right| + d$$

ここで，n_1 を十分に大きくとり，$n \geqq n_1$ ならば $\left| \dfrac{b_1 + b_2 + \cdots + b_{n_0-1}}{n} \right| < d$ を満たすようにすると，$n \geqq n_1$ のとき

$$\left| \frac{b_1 + b_2 + \cdots + b_n}{n} \right| < 2d$$

が成立する．d は任意なので証明された.

関数の収束と連続性 (再考)

関数の収束についても，変数 x を a と異なる値をとるようにして a に限りなく近づけるとき，$f(x)$ の値が一定の値 l に限りなく近づくということで進めて

きたが再考が必要である．考え方は数列の場合と同じなので，関数の極限と連続性は次のように定義される．

定義 2.2（関数の収束と連続性）

収束の定義：　関数 $f(x)$ が $x = a$ の近くの a を除く範囲で定義されているとする．任意の $d > 0$ について，以下を満たす $h > 0$ が定まるとき，x が a に限りなく近づくとき $f(x)$ は l に**収束する**という．

$$0 < |x - a| < h \quad \text{ならば} \quad |f(x) - l| < d \quad \text{が成立する}$$

連続性の定義：　関数 $f(x)$ が $x = a$ の近くで定義されているとする．任意の $d > 0$ について，以下を満たす $h > 0$ が定まるとき，$f(x)$ は $x = a$ において**連続である**という．

$$0 \leqq |x - a| < h \quad \text{ならば} \quad |f(x) - f(a)| < d \quad \text{が成立する}$$

連続性の定義の中で $0 \leqq |x - a| < h$ の条件は $|x - a| < h$ でよいが，収束の定義との対比で $0 \leqq$ を加えた．また，これらの定義は「ε-δ 論法」と言われ，普通は d, h の代わりに ε, δ が用いられるが，文字 ε, δ に特別な意味はない．

例題 2.16　連続性の定義より，次の関数は連続関数であることを示せ．

(1) $y = \sin x$　　　　(2) $y = x^2$　　　　(3) $y = e^x$

解答　(1) 三角関数の和を積に直す公式より，以下の不等式がなりたつ．

$$|\sin x - \sin a| = 2\left|\cos\frac{x+a}{2}\sin\frac{x-a}{2}\right| \leqq 2\left|\sin\frac{x-a}{2}\right|$$

が成り立つ．2.4 節で示したように，$0 < x < \dfrac{\pi}{2}$ ならば $0 < \sin x < x$ が成立するので，$2\left|\sin\dfrac{x-a}{2}\right| \leqq |x - a|$ である．よって，任意の $d > 0$ について $|h| = d$ とすると，$|x - a| < h$ ならば $|\sin x - \sin a| < d$ となるので，任意の a において連続である．

(2) $|x^2 - a^2| = |x + a||x - a|$ であることを用いる．$|x - a|$ は十分に小さく 1 より小さいとしてよいので，$|x + a| = |x - a + 2a| \leqq 2|a| + 1$．よって，任意の $d > 0$ について $h = \dfrac{d}{2|a| + 1}$ とすると，$|x - a| < h$ ならば $|x^2 - a^2| < d$ となるので，任意の a において連続である[7]．

---

[7] このように h は a に依存してよい．また，後の「一様連続」（49 ページ）を参照．

(3) $x \geqq a$ のときは $|e^x - e^a| = e^a|e^{x-a} - 1| = e^a(e^{|x-a|} - 1)$ であり，$x < a$ のとき
は $|e^x - e^a| = e^x|1 - e^{a-x}| \leqq e^a(e^{|x-a|} - 1)$ であることを用いる．$|x - a| \leqq 1$ とし
てよいので，練習問題 2.4.3(2) の式 (2.8) で x を $|x - a|$ に置き換えると

$$0 \leqq e^{|x-a|} - 1 \leqq |x - a| + |x - a|^2 \leqq 2|x - a|$$

となり，任意の $d > 0$ について $h = \dfrac{e^{-a}}{2}d$ とすると，$|e^x - e^a| < d$ となる．よって，
任意の a において連続である．

問 2.10 連続性の定義 2.2 より，次の関数は連続関数であることを示せ．いずれも，
定義域を $x > 0$ とする．

    (1) $y = \sqrt{x}$ (2) $y = \dfrac{1}{x}$ (3) $y = \log x$

次の例題は 47 ページの定理 2.10(前半) の証明に使われる．

例題 2.17 関数 $f(x)$ が $x = a$ の近くで定義されていて，$x = a$ において
連続ならば，以下のことが成立する．

    $f(a) < k$ ならば，十分に小さい h_0 について $f(a + h_0) < k$

解答 点 $x = a$ における連続の定義より，$d = \dfrac{k - f(a)}{2}$ について $h > 0$ が定まり，
$|x - a| < h$ のとき $|f(x) - f(a)| < d$．よって，このとき $f(x) - f(a) < d$ より，

$$k - f(x) > k - f(a) - d = k - f(a) - \frac{k - f(a)}{2} = \frac{k - f(a)}{2} > 0$$

よって，$|h_0| < h$ を満たす h_0 は $f(a + h_0) < k$ となる．

上限と下限

実数全体 $\mathbb{R}$ の部分集合 A について，ある数 m があって，すべての $x \in A$
が $x \leqq m$ を満たすとき，A は**上に有界**であるといい，m を (ひとつの) **上界**と
いう．同様に，すべての $x \in A$ が $l \leqq x$ を満たすとき，A は**下に有界**である
といい，l を (ひとつの) **下界**という．集合が上に有界かつ下に有界であること
と，集合が有界であることは同値である．

定理 2.17 $\mathbb{R}$ の部分集合 A が上に有界ならば上界の最小値が存在し，下
に有界ならば下界の最大値が存在する．

証明は，後の定理 2.18 において定理 2.2 を用いて行われる．この定理で得ら

れた，集合 A の最小の上界を**上限**といい，最大の下界を**下限**という．上限と下限は (この順に) 以下のような記号で表される．

$$\sup A \quad \text{または} \quad \sup_{x \in A} x, \quad \inf A \quad \text{または} \quad \inf_{x \in A} x$$

また，上限・下限の条件が長いときは，$\sup x : x \in A$ のように表すこともある．例題 2.18 の集合では

$$\sup[0,1) = 1, \quad \inf\left\{\frac{1}{n} \,\middle|\, n = 1, 2, \ldots\right\} = 0.$$

集合 A に最大が存在すれば，最大は上界であって，かつ上界のうちの最小値である．すなわち，最大は上限で，同様に最小は下限である．

例題 2.18　以下の集合について，それぞれの上限と下限を求めよ．

(1) $[0, 1)$　　　(2) $\left\{\dfrac{1}{n} \,\middle|\, n = 1, 2, \ldots\right\}$

解答　(1) 下限は最小値の 0. 上界全体の集合は $[1, \infty)$ で最小値は 1 である．よって，上限は 1.

(2) 上限は最大値の 1. 明らかに 0 は下界である．任意の正数 a に対して，$0 < \dfrac{1}{n} < a$ を満たす n が存在するので，a は下界ではない．よって，0 が下界の最大値で下限となる[8].

問 2.11　以下の集合について，それぞれの上限と下限を求めよ．

(1) $\left\{\dfrac{n+1}{n} \,\middle|\, n = 1, 2, \ldots\right\}$　　　(2) $\left\{\dfrac{n-1}{n} \,\middle|\, n = 1, 2, \ldots\right\}$

(3) $\left\{0 < x < \sqrt{2} \,\middle|\, x \text{ は有理数}\right\}$　　　(4) $\left\{x \in (0, 1) \,\middle|\, x \text{ は無理数}\right\}$

上限と下限の存在

定理 2.18　$\mathbb{R}$ の部分集合 A について：

(1) A が上に有界ならば，上限 (上界の最小値) m_∞ が存在し，

　　$b_n \in A,\ \lim_{n \to \infty} b_n = m_\infty$ を満たす単調増加数列 $\{b_n\}$ が存在する．

(2) A が下に有界ならば，下限 (下界の最大値) l_∞ が存在し，

　　$a_n \in A,\ \lim_{n \to \infty} a_n = l_\infty$ を満たす単調減少数列 $\{a_n\}$ が存在する．

証明　集合 A を上に有界として上界の最小値を示す．下界の最大値についても同様で

---

[8] 日常語では最大・最小と上限・下限が混用されるが，数学では区別して用いる．

ある．数列 $\{b_n\}$ と $\{m_n\}$ を以下のように定義する．

最初に m_1 をとして 1 つの上界をとり，$b_1 \in A$ (任意の数) とする．

次に，$c_2 = \dfrac{1}{2}(b_1 + m_1)$ とおき，c_2 が A の上界ならば，$m_2 = c_2, b_2 = b_1$ と定義する．c_2 が上界でないときは，ある $b_2' \in A$ で $c_2 \leqq b_2'$ を満たすものが存在するので，$m_2 = m_1, b_2 = b_2'$ とする．いずれの場合でも $b_1 \leqq b_2 \leqq m_2 \leqq m_1$ で

$$0 \leqq m_2 - b_2 \leqq \frac{1}{2}(m_1 - b_1)$$

が成立することに注意する．

さらに，$c_3 = \dfrac{1}{2}(b_2 + m_2)$ とおき，c_3 が A の上界ならば，$m_3 = c_3, b_3 = b_2$ と定義する．c_3 が上界でないときは，ある $b_3' \in A$ で $c_3 \leqq b_3'$ を満たすものが存在するので，$m_3 = m_2, b_3 = b_3'$ とする．いずれの場合でも $b_1 \leqq b_2 \leqq b_3 \leqq m_3 \leqq m_2 \leqq m_1$ で，次の不等式が成立する．

$$0 \leq m_3 - b_3 \leqq \frac{1}{2}(m_2 - b_2) \leqq \frac{1}{2^2}(m_1 - b_1)$$

この手順をくり返すと，上界の単調減少列 $\{m_n\}$ と A の単調減増加列 $\{b_n\}$ で

$$0 \leqq m_n - b_n \leqq \frac{1}{2^{n-1}}(m_1 - b_1)$$

を満たすものが得られる．

数列 $\{m_n\}$ は単調減少で $b_1 \leqq m_n \leqq m_1$ を満たすので，定理 2.2 より，極限値 m_∞ をもつ．これが，最小の上界であることを示す．m_n は A の上界であるので，任意の $x \in A$ に対して，$x \leqq m_n$ が成り立つので，定理 2.4 より $x \leqq m_\infty$．ゆえに，m_∞ は A の上界である．さらに，もし m_∞ より小さな上界 m' が存在したとすれば

$$\frac{1}{2^{N-1}}(m_1 - b_1) < m_\infty - m'$$

を満たす N を選ぶと以下の不等式が成立し，m' が上界であることに矛盾する．

$$b_N > m_N - \frac{1}{2^{N-1}}(m_1 - b_1) \geqq m_N - (m_\infty - m') \geqq m'$$

よって，m_∞ は最小の上界である．最後に，$\{b_n\}$ は単調増加数列で $\displaystyle\lim_{n \to \infty} b_n = \lim_{n \to \infty} m_n = m_\infty$ が成り立つことに注意する．　　　　　　　　□

上述の定理 2.18 の証明には定理 2.2 を用いた．逆に，定理 2.18 を用いれば定理 2.2 を証明できる (問とする)．すなわち，これら 2 つの定理は同値な定理である．以前に述べたように，定理 2.2 は実数の基本であるので，この定理も実数の基本である．上限・下限は単調数列の収束より使いやすいので，実数の基本に関わることには上限・下限を用いるのが便利である．

問 2.12　上の定理 2.18 を用いて定理 2.2 を証明せよ．

ここで，実数の基本についてもう少し説明を加えよう．**実数**は有理数と無理数からなるとした．これらの数を小数点表示すると，有理数は有限小数か循環小数であり，無理数は循環しない無限小数になる．$\sqrt{2}$ を小数点表示すると

$$\sqrt{2} = 1.41421356\cdots$$

と無限に続く．これを用いて，数列 $\{a_n\}$ を次のように定義する．

$$a_1 = 1.4$$
$$a_2 = 1.41$$
$$a_3 = 1.412$$
$$a_4 = 1.4121$$
$$\vdots$$
$$a_7 = 1.4121356$$
$$\vdots$$

a_n は $\sqrt{2}$ を小数点表示の小数第 n 桁目で切った数とする．この有界単調増加数列 a_n は $\sqrt{2}$ に収束するが，もし，有理数の集合 $\mathbb{Q}$ のみを考えると $\mathbb{Q}$ の中に極限値はなく，扱う数としては不十分である．では，無理数と合わせた実数で有界単調数列をつくれば極限値があるかと問うと，定理 2.2 がそれを保証するものであり，このような性質を**実数の完備性** (後の項「コーシー列・実数の完備性」を参照) といわれる．

また，実数は**数直線**であるとした．この数直線をある点を境に小さい値の部分 A と大きい値の部分 B の2つに分けてみよう．すなわち，任意の $a \in A$, $b \in B$ に対して，$a < b$ が成り立つとする．このとき，分ける点 c は存在するのであろうか．数直線は連続的につながっているので分ける点はあると言えるが，実際，集合 A の上限を考えれば，それが分ける点 c であり，定理 2.17 がそれを保証することになる．有理数の集合 $\mathbb{Q}$ を分ける場合は集合 $\mathbb{Q}$ には分ける点がない場合 ($\sqrt{2}$ で分ける場合など) があり，連続的につながらずに切れた集合とみることができる．このように実数は連続的につながったものとみることができ，このような性質を実数の連続性といわれる．

定理 2.9 (最大値・最小値の定理 (32 ページ)) の証明

　関数 $y = f(x)$ が区間 I で定義されているとする．ある正数 M があって，すべての $x \in I$ について $|f(x)| \leqq M$ が成り立つとき，$f(x)$ は**有界**または**有界関**

数であるという. また, 関数の値の上限, 下限をそれぞれ $\sup_{x \in I} f(x), \inf_{x \in I} f(x)$ などと表す. すなわち

$$\sup_{x \in I} f(x) = \sup\{f(x) \mid x \in I\}, \quad \inf_{x \in I} f(x) = \inf\{f(x) \mid x \in I\}$$

2つの定理に分けて証明を行う.

定理 2.19 (定理 2.9 の前半) 有界閉区間 $[a, b]$ で定義された連続関数 $f(x)$ は有界である.

証明 区間 $[a, b]$ で連続関数 $y = f(x)$ が定義されているとする. $x \to a + 0$ のときに $f(x) \to f(a)$ より, $f(x)$ は $x = a$ の近くで有界である. $\mathbb{R}$ の部分集合 L を以下のように定義すると, 十分小さい $h_0 > 0$ ならば $a + h_0 \in L$ である.

$$L = \{t \in [a, b] \mid 区間 [a, t] において f(x) は有界 \}$$

L は有界集合なので, 上限 $c = \sup L > a$ が存在する. ここで, $c < b$ と仮定すると, 定理 2.18 より c に収束する単調増加数列 $\{x_n\}$ $(x_n \in L)$ が存在する. $f(x)$ は連続関数なので, $x_n \to c$ のとき $f(x_n) \to f(c)$. また, $f(x)$ は $x = c$ において連続なので, 十分小さい $h_0 > 0$ ならば $c + h_0 \in L$ である. よって, c は上限ではないことになり矛盾である. したがって, $c = b$ で, $f(x)$ は $x = b$ の近くで有界なので, $[a, b]$ 全体で有界である. $\qquad\square$

定理 2.20 (定理 2.9 の後半) (最大値・最小値の定理) 有界閉区間 $[a, b]$ で定義された連続関数 $f(x)$ は, その区間で最大値と最小値をもつ.

証明 定理 2.19 (定理 2.9 の前半) より関数は有界なので, $m = \sup f(x)$, $l = \inf f(x)$ が存在する. もし, ある $x_0 \in [a, b]$ で $f(x_0) = m$ ならば, m が最大値である. もし, $f(x) < m$ $(x \in [a, b])$ ならば, $g(x) = \dfrac{1}{m - f(x)}$ は区間 $[a, b]$ で連続関数である. ところが, m が上限であることより, $f(x)$ の値は m に任意に近く取ることができ, 連続関数 $g(x)$ が $[a, b]$ で有界であることに反する. よって, ある点で値 m をとり最大値が存在する. 最小値についても同様である. $\qquad\square$

上の定理は, ハイネ・ボレルの被覆定理 2.23 を用いても証明できる.

中間値定理 (32 ページ) の証明

定理 2.21 (定理 2.10) (中間値定理) 区間 $[a, b]$ で定義された連続関数 $f(x)$ が $f(a) \neq f(b)$ を満たすとき, $f(a)$ と $f(b)$ の間の任意の値 k について

$$f(c) = k, \quad c \in (a, b)$$

を満たす点 $x = c$ が少なくとも 1 つ存在する.

証明　定理 2.19 (定理 2.9 の前半) の証明と同様である. $f(a) < k < f(b)$ としても一般性を失わない. $x \to a + 0$ のときに $f(x) \to f(a)$ より, $f(x)$ は $x = a$ の近くで $f(x) < k$ を満たす. $\mathbb{R}$ の部分集合 L を以下のように定義すると, 十分小さい $h_0 > 0$ ならば $a + h_0 \in L$ である.

$$L = \{ t \in [a, b] \mid \text{区間 } [a, t] \text{ において } f(x) < k \text{ を満たす} \}$$

L は有界集合なので, 上限 $c = \sup L > a$ が存在する. $f(b) > k$ より $c < b$ である. 定理 2.18 より c に収束する単調増加数列 $\{x_n\}$ $(x_n \in L)$ が存在する. $f(x)$ は連続関数なので, $x_n \to c$ のとき $f(x_n) \to f(c)$. ここで $f(c) < k$ ならば $f(x)$ は $x = c$ において連続なので, 十分小さい $h_0 > 0$ について $c + h_0 \in L$ である. よって, c は上限ではないことになり矛盾である. 一方, $f(c) > k$ ならば, 十分小さい $h_0 < 0$ について $c + h_0 \notin L$ である. こちらも c が上限であることに反する. したがって, $f(c) = k$ である. □

区間縮小法とハイネ・ボレルの被覆定理

定理 2.22 (区間縮小法)　有界な閉区間 $I_n = [a_n, b_n]$ の列が $I_n \supset I_{n+1}$ を満たすとする. つまり, $a_1 \leqq a_2 \leqq \cdots \leqq a_n \leqq a_{n+1} \leqq \cdots \leqq b_{n+1} \leqq b_n \leqq \cdots \leqq b_2 \leqq b_1$ とする.

(1) $\cap_{n=1}^{\infty} I_n \neq \emptyset$ である.

さらに, $\lim_{n \to \infty} (b_n - a_n) = 0$ とすると, ただ 1 つの実数 α が定まり,

(2) $\cap_{n=1}^{\infty} I_n = \{\alpha\}$, $\lim_{n \to \infty} a_n = \lim_{n \to \infty} b_n = \alpha$ である.

証明　(1) 数列 $\{a_n\}$, $\{b_n\}$ はともに有界な単調数列だから, 定理 2.2 より極限をもつ. $\lim_{n \to \infty} a_n = \alpha$, $\lim_{n \to \infty} b_n = \beta$ とする. $a_n \leqq \alpha \leqq \beta \leqq b_n$ だから, α, β は全ての I_n に含まれる.

(2) $a_n \leqq \alpha \leqq \beta \leqq b_n$ であり, $\lim_{n \to \infty} (b_n - a_n) = 0$ だから, $\alpha = \beta$ であり, 定理を得る. □

定理 2.23 (ハイネ・ボレルの被覆定理[9])　有界閉区間 $I = [a, b]$ が無限個の開区間で覆われるとき, つまり, 有界閉区間 I が無限個の開区間の和集合に含まれるとする. このとき, この無限個の開区間の中から有限個の開区間を選んで, 有界閉区間 I が, その有限個の開区間で覆われるようにできる.

---

[9] この定理は「有界区間 $[a, b]$ はコンパクトである.」と表現できる. 第 5 章の「補足：コンパクト性・コンパクト集合」(232 ページ) を参照.

証明 背理法で示す. 有界閉区間 $I = [a, b]$ が無限個の開区間で覆われるとき, その無限個の開区間から, どのように選んでも有限個の開区間で覆われるようにはできないとする. 有界閉区間 $I = [a, b]$ を 2 等分して得られる 2 つの区間 $[a, \frac{a+b}{2}]$, $[\frac{a+b}{2}, b]$ の少なくとも 1 つは, 有限個の開区間を選んで被覆することはできない. そのような閉区間をこの 2 つの閉区間のから選んで $I_1 = [a_1, b_1]$ と置く. 有界閉区間 $I_1 = [a_1, b_1]$ を 2 等分して得られる 2 つの区間 $[a_1, \frac{a_1+b_1}{2}]$, $[\frac{a_1+b_1}{2}, b_1]$ の少なくとも 1 つは, 有限個の開区間を選んで被覆することはできない. そのような閉区間をこの 2 つの閉区間のから選んで $I_2 = [a_2, b_2]$ と置く. この操作を繰り返し, $I_n = [a_n, b_n]$ を得る. つくり方から $I_n \supset I_{n+1}$ かつ $\lim_{n \to \infty} (b_n - a_n) = \frac{1}{2^n}(b - a) = 0$ である. 前定理 2.22 (2) より, $\lim_{n \to \infty} a_n = \lim_{n \to \infty} b_n = \alpha$ は全ての I_n に含まれる. I は無限個の開区間で覆われているが, その中でこの α を被覆する開区間の 1 つを $J = (s, t)$ とすると, $s < \alpha < t$ であり, $d = \frac{1}{2} \min\{\alpha - s, t - \alpha\}$ とすると近傍 $J_d = (\alpha - d, \alpha + d)$ は $J_d \subset J$ である. また, 一方, 十分大きな自然数 N が存在して $n \geq N$ なる全ての自然数 n に対して, $I_n = [a_n, b_n] \subset J_d$ とできる. つまり, $I_n = [a_n, b_n] \subset J$ となり, 矛盾が導かれた. $\qquad \square$

一様連続性

連続関数 $f(x)$ が閉区間 $[a, b]$ で定義され, 任意の $d > 0$ について, 以下を満たす $h > 0$ が定まるとき, 関数 $f(x)$ は**一様連続**であるという.

$|x - x'| < h$ を満たす任意の x, x' について $|f(x) - f(x')| < d$ が成立する.

例題 2.19 次の (1) と (2) を示せ.

(1) $y = \sin x$ は $\mathbb{R}$ 全体で一様連続である.

(2) $y = \dfrac{1}{x}$ は $[1, \infty)$ で一様連続であるが, $(0, 1]$ では一様連続ではない.

解答 (1) 定理 2.16 の証明で見たように, 不等式 $|\sin x| \leq |x|$ が成立するので

$$|\sin x - \sin x'| \leq 2 \left| \sin \frac{x - x'}{2} \right| \leq |x - x'|.$$

よって, $h = d$ とすればよいので, $y = \sin x$ は $\mathbb{R}$ で一様連続である.

(2) $x, x' \in [1, \infty)$ とすると

$$\left| \frac{1}{x'} - \frac{1}{x} \right| = \frac{|x - x'|}{xx'} \leq |x - x'|$$

よって, $h = d$ とすればよいので一様連続である.

また, $x, x' \in (0, 1], 0 < x' < x$ とすると

$$\left| \frac{1}{x'} - \frac{1}{x} \right| = \frac{|x - x'|}{xx'} \geqq \frac{|x' - x|}{x^2}$$

が成り立つので，与えられた $d > 0$ について，x に応じて $h > 0$ を決めなければならない．よって，$(0, 1]$ では一様連続ではない．

一様連続と普通の連続とを区別するのは難しいかもしれないが，連続性は 1 点 $x = a$ における性質であるのに対して，一様連続性は定義されている区間全体における性質である．この一様連続性に関して，次の定理が成り立つ．

定理 2.24（有界閉区間での連続関数の一様連続性） 有界閉区間 $I = [a, b]$ で定義された連続関数 $f(x)$ は区間 I で一様連続である．

証明 区間 $I = [a, b]$ の任意の点 p において関数 $f(x)$ は連続であるので，任意の $d > 0$ に対して正数 $h(d; p)$ が定まり，$|x - p| < h(d; p)$ を満たすすべての $x \in I$ について $|f(x) - f(p)| < \dfrac{d}{2}$ が成り立つ．ここで，$B(p) = \left\{ x \in \mathbb{R} \mid |x - p| < \dfrac{h(d; p)}{2} \right\}$ と定義すると

$$I \subset \bigcup_{p \in I} B(p) : \quad \text{すべての点 } p \text{ についての和集合}$$

であるので，ハイネ・ボレルの定理 2.23 より，有限個の点 $p_1, \ldots, p_n$ があって $I \subset B(p_1) \cup \cdots \cup B(p_n)$ とできる．

ここで，$h_{\min} = \min\{h(d; p_1), \ldots, h(d; p_n)\}$ とおくと，任意の $x, x' \in I$ で $|x - x'| < \dfrac{h_{\min}}{2}$ を満たすものについて，$x \in B(p_j)\,(1 \leqq j \leqq n)$ とすると

$$|x' - p_j| \leqq |x' - x| + |x - p_j| < \frac{h_{\min}}{2} + \frac{h(d; p_j)}{2} \leqq h(d; p_j).$$

よって，$|f(x') - f(p_j)| < \dfrac{d}{2}$ がなりたつので

$$|f(x) - f(x')| \leqq |f(x) - f(p_j)| + |f(p_j) - f(x')| < \frac{d}{2} + \frac{d}{2} = d.$$

以上により $f(x)$ は区間 I で一様連続であることが分かる． $\qquad \square$

この定理はボルツァーノ・ワイエルシュトラスの定理 (練習問題 2.5 の 3) を用いて証明することもできる．

問 2.13 次の関数は $\mathbb{R}$ 全体で一様連続であることを示せ．

(1) $y = \dfrac{1}{x^2 + 1}$ 　　　(2) $y = |x|$ 　　　(3) $y = \sqrt{|x|}$

コーシー列・実数の完備性

定義 2.1 では数列の収束の定義を記述したが．この定義では収束の極限の値を知る必要がある．たとえば，定理 2.2 で単調増加数列が収束することを示す

とき，極限値として，数列の全項のつくる集合の上限を準備する．極限が具体的に分らない場合や，極限値を知らなくても数列が収束するか否かを判定したいとき，以下に述べるコーシーの収束判定条件は重要である．ただ，この本では，コーシー列は知らなくても読めるように書かれている．

定義 2.3（コーシー列とコーシーの収束判定条件）

条件 (C)　数列 $\{a_n\}$ において，任意の $d > 0$ について，以下を満たす自然数 n_0 が存在する

$$m \geqq n_0, \ n \geqq n_0 \ \text{ならば} \quad |a_m - a_n| < d \quad \text{が成立する}$$

コーシー列：　条件 (C) を満たす数列 $\{a_n\}$ を**コーシー列**といい，条件 (C) を**コーシーの収束判定条件**という．

定理 2.25（実数の完備性）　数列 a_n が収束するための必要十分条件は数列 a_n がコーシー列であることである．

「コーシー列は必ず収束する」　このことを**実数の完備性**という．

定義 2.1 は数列が収束するとはどういうことかを記述し，この定理，つまりコーシーの収束判定条件は，数列が収束するのはどういう場合か，数列が収束するのはどういうときかを記述している．

条件 (C) とはどういう条件なのかを知るために，46 ページにある具体的な例で見てみよう．a_n は $\sqrt{2}$ を十進数として表し，その小数点表示の小数第 n 桁目で切った数とする．つまり $a_1 = 1.4$，$a_2 = 1.41$，$a_3 = 1.412$ $\cdots$ である．ここで，条件 (C) の任意の正数 d としては大きな数を選ぶことに意味がないので十分小さな数を選ぶ．$d = 10^{-n_0}$ とする．$m \geqq n_0, n \geqq n_0$ とすれば，$|a_m - a_n| < d$ の意味は明らかである．a_m と a_n は少数点以下第 n_0 桁までは一致するから，その差は $d = 10^{-n_0}$ 未満となる．区間 $[a_{n_0}, a_{n_0} + 10^{-n_0}]$ の中に $n \geqq n_0$ である a_n がすべて含まれる．n_0 を大きく選び，つまり，$d = 10^{-n_0}$ をどんどん小さくできるから，a_n の存在する区間をどんどん絞り込める．a_n は収束して $\sqrt{2}$ を十進数として表している．

証明　（収束列ならばコーシー列である）　a_n は収束列で，$\lim_{n \to \infty} a_n = a$ とする．収束の定義から任意の $d > 0$ について，以下を満たす自然数 n_0 が定まり

$$n \geqq n_0 \ \text{ならば} \quad |a_n - a| < d/2 \quad \text{が成立する}.$$

$n, m \geqq n_0$ であれば，$|a_m - a_n| < |a_n - a| + |a_n - a| < d/2 + d/2 = d$ より，a_n はコーシー列となる．

（コーシー列ならば収束列である）　a_n をコーシー列とする．まず，コーシー列 a_n は有界である．実際，$d = 1$ とすると，n_0 が定まり，$m = n_0$ として $n \geqq n_0$ であれば，$|a_n - a_{n_0}| < 1$ となる．$|a_n| \leqq |a_n - a_{n_0}| + |a_{n_0}| < |a_{n_0}| + 1$　つまり

$$|a_n| < \max\{|a_1|, |a_2|, \cdots, |a_{n_0}|, |a_{n_0}| + 1\}$$

a_n は有界であるから，集合 $\{a_n, a_{n+1}, a_{n+2}, \cdots\}$ の上限 S_n と下限 L_n が存在する．区間 $I_n = [L_n, S_n]$ は $I_n \supset I_{n+1}$ である．任意の $d > 0$ について，以下を満たす自然数 n_0 が定まり，$n, m \geqq n_0$ であれば，$|a_m - a_n| < d$ であるから，区間縮小法により $\displaystyle\lim_{n\to\infty} L_n = \lim_{n\to\infty} S_n = a$ となる a が存在する．$\displaystyle\lim_{n\to\infty} a_n = a$ であり a_n は収束列．　□

（完備性の説明）：人間は自然数から始め，整数，有理数と数の世界を拡げてきた．有理数の世界から実数の世界に行くとき，コーシーは，各項が有理数からなる数列でコーシー列となる数列 (これを基本列という) をもって 1 つの実数を定めることにしたのである．正確には 0 に収束する基本列はたくさんあるので，それらを同一視することが必要であるが，基本列が有理数に収束することもあるが，$\sqrt{2}$ を十進数として表し，その小数点表示の小数第 n 桁目で切ってつくった基本列は有理数の世界には収まらない．そのような場合も新たな数，つまり実数として認めるわけである．感覚的には十進数で数字を表すとき，その小数点表示の小数第 n 桁目で切った数を第 n 項とする数列を考えると，各項は有理数でコーシー列であるから基本列であり，これが 1 つの実数である．第 n 項といっても無限にあるから，自分の一生を懸けても確認できないのだが、これを 1 つの実数として認めるわけである．こうしておくと無理数という穴がない数直線が得られる．completeness とは完備性と訳している．フランスのホテルで complet と書かれていれば満室を意味する．com とは一緒に plet とは満たしているという状態を表している．これを完備というわけである．有理数だけでは空室のあった数直線を埋めて満室にしたわけであるが，空室 (無理数) は無限にあり，基本列は有理数を使って空室の位置を示していると思えばよい．

　このように，コーシー列を用いて実数の定義をして，実数の完備性の定理をもとにして始めて，定理 2.2 を証明することができる．定理 2.2 と定理 2.22 (区間縮小法)，定理 2.25 (実数の完備性) の 3 つの命題は同値であり，この中の 1 つをもとにして他の 2 つの命題を示すことができる．詳しくは [15] 高木「解析概論」などに譲る．

補足：上極限，下極限　コーシー列に限らず，一般の有界数列 a_n に対し，定理 (実数の完備性) の証明に現れた集合 $\{a_n, a_{n+1}, a_{n+2}, \cdots\}$ の上限 S_n (単調

減少数列) と下限 L_n (単調増加数列) の極限をそれぞれ数列 a_n の上極限と下極限といい，次のように記す．

$$\limsup_{n\to\infty} a_n = \overline{\lim} \, a_n = \lim_{n\to\infty} S_n \qquad \text{上極限}$$

$$\liminf_{n\to\infty} a_n = \underline{\lim} \, a_n = \lim_{n\to\infty} L_n \qquad \text{下極限}$$

例 $a_n = (-1)^n,\quad \overline{\lim}\, a_n = 1 \quad,\ \underline{\lim}\, a_n = -1$

数列 $\{a_n\}$ が上に有界でないときは $\overline{\lim}\, a_n = \infty$

数列 $\{a_n\}$ が下に有界でないときは $\underline{\lim}\, a_n = -\infty$

と定義しておくと，任意の数列 $\{a_n\}$ に対して上極限，下極限が存在する．定理 (実数の完備性) の証明を見れば分かるように，数列 $\{a_n\}$ が収束するとは $\overline{\lim} a_n = \underline{\lim}\, a_n$ となることであり，その共通の値が $\lim_{n\to\infty} a_n$ である．

また，数列 a_n, b_n が，収束する場合 $\lim_{n\to\infty}(a_n+b_n) = \lim_{n\to\infty} a_n + \lim_{n\to\infty} b_n$ であるが，数列 a_n, b_n の収束性にかかわらず，それら数列の上極限と下極限は存在し，それぞれ次が成り立つ．

$$\overline{\lim}\,(a_n+b_n) \leqq \overline{\lim}\, a_n + \overline{\lim}\, b_n$$

$$\underline{\lim}\,(a_n+b_n) \geqq \underline{\lim}\, a_n + \underline{\lim}\, b_n$$

実際，$a_n = (-1)^n$, $b_n = (-1)^{n+1}$ とすると，$a_n+b_n = 0$ であり，$\overline{\lim}\, a_n = \overline{\lim}\, b_n = 1$ かつ $\underline{\lim}\, a_n = \underline{\lim}\, b_n = -1$ だから，この不等式が成り立つ．

———————————— **練習問題 2.5** ————————————

1. 数列 $\{a_n\}$ と $\{b_n\}$ が $\lim_{n\to\infty} a_n = a$, $\lim_{n\to\infty} b_n = b$ を満たせば

$$(1)\ \lim_{n\to\infty} a_n b_n = ab \qquad (2)\ \lim_{n\to\infty} \frac{a_n}{b_n} = \frac{a}{b}\ (b\neq 0)$$

が成り立つことを収束の定義 2.1 に基づいて示せ．

2. 関数 $f(x)$ が $x = a$ の近くで定義されているとき，$f(x)$ が $x = a$ で連続であることは，a に収束する任意の数列 $\{a_n\}$ について

$$\lim_{n\to\infty} f(a_n) = f(a)$$

が成り立つことと同値であることを示せ．

3. 有界数列は収束する部分列を含むことを示せ (ボルツァーノ・ワイエルシュトラスの定理).

4. 有界開区間 (a,b) において一様連続な関数はこの区間で有界であることを示せ．逆に，有界開区間 (a,b) において連続な関数が有界であれば一様連続であるか．

3

微分とその応用

3.1 微分係数と導関数

関数の中でもっとも基本的なものは比例関係 $y = Ax$ である。ほとんどの関数が「微かく分けて局所的に見ると極限的にはこの $y = Ax$ と見なせる」というのが微分の考え方である。

定義 3.1（関数の微分可能性） 点 a を含む開区間 I で定義された関数 $y = f(x)$ が $x = a$ で**微分可能**であるとは、極限 $\displaystyle\lim_{x \to a} \frac{f(x) - f(a)}{x - a}$ が存在することをいう。また、その極限を $\boldsymbol{f'(a)}$ で表し、

$$f'(a) = \lim_{x \to a} \frac{f(x) - f(a)}{x - a} = \lim_{h \to 0} \frac{f(a + h) - f(a)}{h} \quad (h = x - a)$$

(3.1)

を関数 $f(x)$ の $x = a$ における**微分係数**という（$\boldsymbol{y'(a)}$ とも記す）。また、直線 $y = f(a) + f'(a)(x - a)$ を曲線 $C : y = f(x)$ の上の点 $(a, f(a))$ における曲線 C の**接線**という。

区間 I の各点で、関数 $f(x)$ が微分可能であるとき、関数 $f(x)$ は区間 I で微分可能であるという。

定理 3.1 関数 $y = f(x)$ が $x = a$ で微分可能ならば、$x = a$ で連続である。

証明　　$\displaystyle\lim_{x \to a} f(x) = \lim_{x \to a} \left(f(a) + \frac{f(x) - f(a)}{x - a}(x - a) \right) = f(a)$ 　　□

関数 $y = f(x)$ が区間 I で微分可能
であるとき，$x \in I$ に対して微分係数
$f'(x)$ を対応させる関数ができる．こ
れを $\boldsymbol{f(x)}$ の**導関数**といい，$\boldsymbol{f'(x)}$ と
表す．

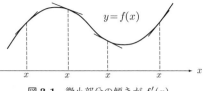

図 3.1 微小部分の傾きが $f'(x)$

$$f'(x) = \lim_{h \to 0} \frac{f(x+h) - f(x)}{h} \tag{3.2}$$

導関数は次のようにも記す．

$$f'(x) = \frac{d}{dx} f(x) = \frac{dy}{dx} = y'$$

関数 $f(x)$ の微分係数や導関数 $f'(x)$ を求めることを $\boldsymbol{f(x)}$ **を微分する**という．

例題 3.1　次の関数 $f(x)$ の $x = 0$ における微分係数を求めよ．

(1)　$f(x) = x$　　　　(2)　$f(x) = |x|$

解答　(1) $\displaystyle \lim_{h \to 0} \frac{f(0+h) - f(0)}{h} = \lim_{h \to 0} \frac{h}{h} = 1$

(2) $\displaystyle \lim_{h \to 0} \frac{f(0+h) - f(0)}{h} = \lim_{h \to 0} \frac{|h|}{h}$ であり，$\displaystyle \lim_{h \to +0} \frac{f(0+h) - f(0)}{h} = 1$，

$\displaystyle \lim_{h \to -0} \frac{f(0+h) - f(0)}{h} = -1$ となり，極限値は存在しない．微分可能でない．

注意　$\displaystyle f'_+(a) = \lim_{h \to +0} \frac{f(a+h) - f(a)}{h}$，　$\displaystyle f'_-(a) = \lim_{h \to -0} \frac{f(a+h) - f(a)}{h}$

をそれぞれ**右微分係数**，**左微分係数**という．2 つの極限値 $f'_+(a)$，$f'_-(a)$ が存在しても
一致しないことがある．それが上の例題 (2) である．2 つの極限値 $f'_+(a)$，$f'_-(a)$ が存
在し等しいとき，この値が $f'(a)$ であり，微分可能である．

例題 3.2　実数全体で定義された次の関数 $f(x)$ を (3.2) を用いて微分し，
関数 $f(x)$ の導関数 $f'(x)$ となることを確かめよ．

(1)　$(x^n)' = nx^{n-1}$ (n : 正の整数)　　　　(2)　$(e^x)' = e^x$

(3)　$(\sin x)' = \cos x$　　　　(4)　$(\cos x)' = -\sin x$

解答　(1)　$\displaystyle (x+h)^n - x^n = \sum_{k=1}^{n} {}_nC_k x^{n-k} h^k$ より，(3.2) 式を用いると

$$(x^n)' = \lim_{h \to 0} \sum_{k=1}^{n} {}_nC_k x^{n-k} h^{k-1} = {}_nC_1 x^{n-1} = nx^{n-1}$$

(2)　$(e^x)' = \lim_{h \to 0} \dfrac{e^{x+h} - e^x}{h} = e^x \lim_{h \to 0} \dfrac{e^h - 1}{h} = e^x$

(3)　$(\sin x)' = \lim_{h \to 0} \dfrac{\sin(x+h) - \sin x}{h} = \lim_{h \to 0} \dfrac{2}{h} \sin \dfrac{h}{2} \cos\left(x + \dfrac{h}{2}\right) = \cos x$

(4)　$(\cos x)' = \lim_{h \to 0} \dfrac{\cos(x+h) - \cos x}{h} = \lim_{h \to 0} \dfrac{-2}{h} \sin \dfrac{h}{2} \sin\left(x + \dfrac{h}{2}\right) = -\sin x$

問 3.1 (3.2) を用いて $y = \dfrac{1}{x}$ を微分せよ.

例（接線） 曲線 $y = f(x) = x^3$ の点 $(1, f(1))$ における接線の方程式は $f(1) = 1$, $f'(1) = 3$ であるから，$y = 1 + 3(x - 1)$. つまり，$y = 3x - 2$ である.

微分可能性と 1 次近似

(3.1) 式の意味を詳しく説明する.

$h = \Delta x$, $f(a + h) - f(a) = \Delta y$ と記し，Δx を x の増分，Δy を y の増分という．$\dfrac{\Delta y}{\Delta x}$ を，a と $a + \Delta x$ の間の区間における y の平均変化率という.

曲線 $C : y = f(x)$ 上の 1 点 $P(a, f(a))$ を通る直線の中で，点 P の近傍で曲線 C を "一番近似" している直線とはなにかについて考える．点 P を通る直線は 1 次関数を用いて一般に $y = f(a) + A(x - a)$ と表すことができるから，定数 A をどのように選べばよいかという問題である．点 P と曲線 C 上の 1 点 $Q(a + \Delta x, f(a + \Delta x))$ とを結ぶ直線 ℓ の傾き A は $\dfrac{f(a + \Delta x) - f(a)}{\Delta x} = \dfrac{\Delta y}{\Delta x}$ で平均変化率である．また，直線 ℓ の方程式は $y = f(a) + \dfrac{\Delta y}{\Delta x}(x - a)$ である．点 Q を点 P に近づけたときの直線の極限が存在したら，その時の直線 ℓ の傾き A は

$$A = f'(a) = \lim_{\Delta x \to 0} \dfrac{\Delta y}{\Delta x} \quad \text{である.} \tag{3.3}$$

このように，曲線 $C : y = f(x)$ の点 $P(a, f(a))$ での接線 $y = f(a) + f'(a)(x - a)$ が得られるが，この接線は点 $x = a$ の近傍で曲線 $C : y = f(x)$ を最も近似する直線となり，接線の方程式 $y = f(a) + f'(a)(x - a)$ は関数 $y = f(x)$ を最も近似する 1 次関数 (これを求めることを **1 次近似する**といい，この 1 次式を **1 次近似式**，あるいは**近似 1 次式**という) となるのである．これを確かめるために，(3.1) 式をもう少し詳しく見てみよう.

$$\epsilon(x) = \dfrac{f(x) - f(a)}{x - a} - f'(a) \quad \text{とおく.}$$

$$f(x) = f(a) + f'(a)(x - a) + \epsilon(x)(x - a), \quad \lim_{x \to a} \epsilon(x) = 0 \tag{3.4}$$

この式は関数 $y = f(x)$ と1次関数 $y = \ell(x) = f(a) + f'(a)(x - a)$(接線の方程式)との差が $|f(x) - \ell(x)| = |\epsilon(x)(x - a)|$ で $\lim_{x \to a} \epsilon(x) = 0$ であることを示している.
一方, $B \neq f'(a)$ に対して, 点 $\mathrm{P}(a, f(a))$ を通る直線 $y = \ell_B(x) = f(a) + B(x - a)$ と $y = f(x)$ との $|f(x) - \ell_B(x)|$ 差を考

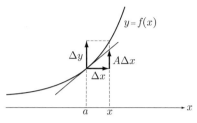

図3.2 $x = a$ における微分係数 A

えてみる. $f(x) = f(a) + B(x - a) + (f'(a) - B + \epsilon(x))(x - a)$ であるから, x を a の十分近くにとると ($|f'(a) - B| > 2|\epsilon(x)|$ となるようにとる),

$$
\begin{aligned}
|f(x) - \ell_B(x)| &= |(f'(a) - B + \epsilon(x))(x - a)| \\
&\geqq \Big||f'(a) - B| - |\epsilon(x)|\Big| \cdot |(x - a)| \\
&> |\epsilon(x)| \cdot |(x - a)| = |f(x) - \ell(x)|
\end{aligned}
$$

となり, 接線の方程式が関数 $y = f(x)$ を最も近似する1次関数となる. したがって (3.3) 式は Δx が小さいとき Δy は $A\Delta x$ で近似されることを示している.

普通, $x - a = dx$, $y - f(a) = dy$ で表し, この近似1次式 $dy = f'(a)\, dx$ を $f(x)$ の $x = a$ における**微分**という. このことが $f'(a)$ を微分係数とよぶ理由である. 以上より, 次のことが成り立つ.

定理 3.2(関数の微分可能性) $y = f(x)$ について, 次の (1)〜(5) は同値, あるいは言い換えである.

(1) $x = a$ において微分可能である.

(2) $x = a$ における微分係数 $f'(a)$ が存在する.

(3) $x = a$ において1次近似できる.

(4) $x = a$ における微分が存在する.

(5) $x = a$ において接線を引くことができる.

注意 記号 $\dfrac{dy}{dx}$ は伝統的に $dy\,dx$ と読む. 分数として分母分子から d を通分してはいけない. 分母 dx, 分子 dy を無限小として数学的に合理的に意味づける試みが為されてきた. $x = a$ における1次元余接空間の基底 dx の $f'(a)$ 倍が dy であると現在では考える. また nonstanndard analysis などの見方もある.

> **例題 3.3**　関数 $y = f(x) = \sqrt{x}$ の $x = 1$ における微分係数を求めよ．また，点 $(1, f(1))$ における接線の方程式を求めよ．

解答　微分係数は $f'(1) = \lim_{x \to 1} \dfrac{f(x) - f(1)}{x - 1}$

$= \lim_{x \to 1} \dfrac{\sqrt{x} - 1}{(\sqrt{x} - 1)(\sqrt{x} + 1)} = \lim_{x \to 1} \dfrac{1}{\sqrt{x} + 1}$

$= \dfrac{1}{2}$ であり，$f(1) = 1$ より，接線の方程式

は $y = 1 + \dfrac{1}{2}(x - 1) = \dfrac{1}{2}(x + 1)$ である．

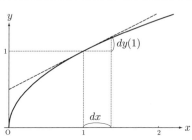

問 3.2　$y = x^3$ の $x = 1$ における近似 1 次式を求めよ．

図 3.3　$y = \sqrt{x}$ のグラフ (実線) と $(1, 1)$ における接線 $y = \dfrac{1}{2}(x + 1)$ (破線)

────────── 練習問題 3.1 ──────────

1.　次の関数の $x = 0$ における微分可能性を調べよ．

(1) $f(x) = \begin{cases} 0 & (x < 0) \\ x & (x \geqq 0) \end{cases}$
　　　　(2) $f(x) = \begin{cases} 0 & (x < 0) \\ x^2 & (x \geqq 0) \end{cases}$

(3) $f(x) = \begin{cases} x \sin \dfrac{1}{x} & (x \neq 0) \\ 0 & (x = 0) \end{cases}$
　(4) $f(x) = \begin{cases} \dfrac{x}{1 + e^{\frac{1}{x}}} & (x \neq 0) \\ 0 & (x = 0) \end{cases}$

2.　次の問いに答えよ．

(1) 関数 $f(x) = \dfrac{1}{x^n}$ (n：自然数) の導関数を定義に従って求めよ．

(2) 曲線 $y = \dfrac{1}{x^n}$ (n：自然数) 上の点 P における接線と x 軸との交点を Q，y 軸との交点を R とするとき，$\dfrac{\mathrm{PR}}{\mathrm{PQ}} = n$ を示せ．

3.　グラフが右図のように表される関数 $f(x)$ ($0 \leqq x \leqq 10$) に対して，$f'(x)$ のグラフの概形を描け．

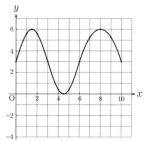

4.　$y = f(x)$ が $x = a$ において微分可能であり，$f'(a) \neq 0$ ならば，曲線 $y = f(x)$ の点 $(a, f(a))$ における法線の方程式は $y = f(a) - \dfrac{1}{f'(a)}(x - a)$ であることを示せ．

5.　次の曲線 $y = f(x)$ の点 $(1, f(1))$ における接線と法線の方程式を求めよ．

(1) $f(x) = x^2 + x + 1$　　　(2) $f(x) = x^n$ (n：自然数)

6.　関数 $f(x), g(x)$ はともに点 $x = a$ において微分可能であるとする．

(1) $\displaystyle\lim_{x\to a}\frac{x^2 f(a)-a^2 f(x)}{x-a}=2af(a)-a^2 f'(a)$ が成り立つことを示せ.

(2) $\displaystyle\lim_{x\to a}\frac{f(a)g(x)-g(a)f(x)}{x-a}$ を $f(a)$, $g(a)$, $f'(a)$, $g'(a)$ で表せ.

7. 関数 $f(x)$ は 0 を含む区間で定義された偶関数で, $f'(0)$ が存在するとき, $f'(0)=0$ であることを示せ.

8. 関数 $f(x)$ は $x=a$ において微分可能とする. このとき, $c_n < a < b_n$ で, $b_n \to a$ $(n\to\infty)$, $c_n \to a$ $(n\to\infty)$ である任意の数列 $\{b_n\}$, $\{c_n\}$ に対して, $\displaystyle\lim_{n\to\infty}\frac{f(b_n)-f(c_n)}{b_n-c_n}=f'(a)$ を示せ.

3.2 導関数の計算

一般に, 与えられた関数を微分するには, いくつかの基本的関数の導関数についての公式と微分計算に関する定理とを適当に組み合わせて計算する.

本節では, 基本的な関数の導関数の公式と微分計算の基礎的な定理を以下に述べ, その使い方を例題などを用いて説明する.

基本的な関数の導関数

まず基本的な関数の導関数をまとめておく.

公式 3.1（基本的な関数の導関数） α を実数, a を正の実数とする.

$$(x^\alpha)' = \alpha x^{\alpha-1} \qquad (\cos x)' = -\sin x$$

$$(e^x)' = e^x \qquad (\tan x)' = \frac{1}{\cos^2 x}$$

$$(a^x)' = a^x \log a \qquad (\mathrm{Arcsin}\,x)' = \frac{1}{\sqrt{1-x^2}}$$

$$(\log x)' = \frac{1}{x} \qquad (\mathrm{Arccos}\,x)' = \frac{-1}{\sqrt{1-x^2}}$$

$$(\sin x)' = \cos x \qquad (\mathrm{Arctan}\,x)' = \frac{1}{1+x^2}$$

公式 3.1 の $(e^x)'$, $(\sin x)'$, $(\cos x)'$ は, 前節で得られた. 残りのものは, 後で説明する逆関数の微分や対数微分法の項で示す. まず四則演算についての公式を示しておく.

公式 3.2 (四則演算の導関数)　関数 $f(x)$, $g(x)$ が区間 I でともに微分可能であるとき，その和，差，積，商も区間 I で微分可能で以下のことが成り立つ.

(1) $(cf)' = cf'$　(c は定数)　　　　(2) $(f \pm g)' = f' \pm g'$

(3) $(fg)' = f'g + fg'$

(4) $\left(\dfrac{f}{g}\right)' = \dfrac{f'g - fg'}{g^2}$　(ただし $g(x) \neq 0$　$x \in I$)

証明　導関数の定義式 (3.2) を用いて証明できる．たとえば，(3) は以下のようにする．

$$\frac{f(x+h)g(x+h) - f(x)g(x)}{h} = \frac{f(x+h) - f(x)}{h} \cdot g(x+h) + f(x) \cdot \frac{g(x+h) - g(x)}{h}$$

と変形して，$h \to 0$ とすれば (3) が得られる．　　　　　□

例題 3.4　次を示せ.

(1) $(\tan x)' = \dfrac{1}{\cos^2 x}$　　　　　(2) $(fgh)' = f'gh + fg'h + fgh'$

解答　(1) $\left(\dfrac{\sin x}{\cos x}\right)' = \dfrac{(\sin x)' \cos x - \sin x (\cos x)'}{\cos^2 x} = \dfrac{\sin^2 x + \cos^2 x}{\cos^2 x} = \dfrac{1}{\cos^2 x}$

(2) $(fgh)' = (fg)'h + (fg)h' = (f'g + fg')h + fgh' = f'gh + fg'h + fgh'$

問 3.3　(1) 数学的帰納法と上の公式 3.2 (3) を用いて，n が正の整数のとき，$(x^n)' = nx^{n-1}$ を示せ．ただし，$n = 1$ の場合，微分の定義を用いよ．

(2) 上の公式 3.2 (4) を用いて，n が負の整数のとき，$(x^n)' = nx^{n-1}$ を示せ．

次の合成関数の微分法 (連鎖律) は，よく使われる重要な公式である．

公式 3.3 (合成関数の導関数)　関数 $y = f(x)$ は x の区間 I で微分可能，関数 $z = g(y)$ は y の区間 J で微分可能とする．$f(I) \subset J$ ならば，合成関数 $z = g\bigl(f(x)\bigr)$ は x の関数として区間 I で微分可能で以下のことが成り立つ.

$$z' = g'\bigl(f(x)\bigr)f'(x) \qquad \frac{dz}{dx} = \frac{dz}{dy}\frac{dy}{dx} \qquad (3.5)$$

証明　任意に点 $a(\in I)$ をとり，$b = f(a) \in J$ とする．$f(x)$ は微分可能であるから $\epsilon = \dfrac{f(a+h) - f(a)}{h} - f'(a)$ とすると $\lim\limits_{h \to 0} \epsilon = 0$ である．

$$f(a+h) = f(a) + h(f'(a) + \epsilon) \quad (h \to 0 \text{ のとき } \epsilon \to 0) \qquad \text{同様に,}$$
$$g(b+k) = g(b) + k(g'(b) + \hat{\epsilon}) \quad (k \to 0 \text{ のとき } \hat{\epsilon} \to 0)$$

このとき $f(a+h) = f(a) + k$, つまり, $k = h(f'(a) + \epsilon)$ とおくと

$$g(f(a+h)) - g(f(a)) = g(f(a) + k) - g(f(a)) = g(b+k) - g(b)$$
$$= k(g'(b) + \hat{\epsilon}) = h(f'(a) + \epsilon)(g'(b) + \hat{\epsilon})$$

この最後の式の両辺を h で割り $h \to 0$ とすると, $k \to 0$ であるから $\epsilon, \hat{\epsilon} \to 0$ より (3.5) 式を得る. □

公式 3.3 (3.5) 式についてコメントしておく. 2 つの比例関係にある現象を考える. y が u に比例し比例定数が A であり, u が x に比例し比例定数が B であるとき, y が x に比例し比例定数は AB となることはよく知られている. 導関数は関数を瞬間的に 1 次関数としてとらえたときの比例定数であるから, (3.5) 式が成り立つことは直観的に理解される.

例題 3.5 次の関数 $f(x)$ の導関数を求めよ.

(1) $f(x) = (x^2 + 1)^3$ （2) $f(x) = xe^{2x}$ （3) $f(x) = \dfrac{x}{1 + x^2}$

解答 (1) $f'(x) = 3(x^2 + 1)^2 \cdot 2x = 6x(x^2 + 1)^2$.

(2) 積の公式より, $f'(x) = 1 \cdot e^{2x} + x \cdot 2e^{2x} = (1 + 2x)e^{2x}$.

(3) 商の公式より, $f'(x) = \dfrac{1 \cdot (1 + x^2) - x \cdot 2x}{(1 + x^2)^2} = \dfrac{1 - x^2}{(1 + x^2)^2}$.

問 3.4（導関数の計算） 次の関数 $f(x)$ の導関数を求めよ.

(1) $f(x) = (x^3 + 1)^3$ （2) $f(x) = xe^{x^2 + 1}$ （3) $f(x) = \dfrac{1 - x^2}{1 + x^2}$

対数微分法

指数関数やいくつかの関数の積や商で表される関数の導関数を求めるのに **対数微分法**という方法がある. $f(x) \neq 0$ とする. 合成関数の微分法によれば $(\log|f(x)|)' = \dfrac{f'(x)}{f(x)}$ である (対数の導関数は例題 3.8 (63 ページ) を参照). これより $f'(x) = f(x)(\log|f(x)|)'$ である. これを利用する. 例題で説明する.

例題 3.6（対数微分法） α を実数, a を正の実数とする. 次を示せ.

(1) $(x^\alpha)' = \alpha x^{\alpha - 1}$ $(x > 0)$ （2) $(a^x)' = a^x \log a$

(3) $(x^x)' = x^x(1 + \log x)$ $(x > 0)$

解答 (1) $y = x^\alpha$ とおく．両辺の対数をとると $\log y = \alpha \log x$．両辺を微分して $\dfrac{y'}{y} = \dfrac{\alpha}{x}$ より，$y' = \alpha x^{-1} \cdot y = \alpha x^{\alpha-1}$

(2) $y = a^x$ とおく．両辺の対数をとると $\log y = x \log a$．両辺を微分して $(\log y)' = \log a$ を得る．$y' = y (\log y)' = a^x \log a$

(3) $y = x^x$ とおく．両辺の対数をとると $\log y = x \log x$．両辺を微分して $(\log y)' = 1 + \log x$ を得る．$y' = y (\log y)' = x^x (1 + \log x)$

問 3.5 上の例と同様の方法で，次の関数 $f(x)$ の導関数を求めよ.

(1) $f(x) = \left(1 + \dfrac{1}{x}\right)^x$ 　　(2) $f(x) = x^{\tan x}$ 　$(x > 0)$

(3) $f(x) = (x + 1)(x + 2)^2 (x + 3)^3$

逆関数の微分

$y = \sqrt{x}$ は $y = x^2$ の逆関数であり，$y = \operatorname{Arcsin} x$ は $y = \sin x$ の逆関数である．もとの関数の導関数がわかっているとき，逆関数の導関数は次の公式で求めることができる.

公式 3.4（逆関数の導関数） 関数 $y = f(x)$ が区間 I で微分可能で単調な関数であるとする．$f'(x) \neq 0$ ならば，逆関数 $y = g(x)$ も微分可能で

$$g'(x) = \frac{1}{f'(y)} \tag{3.6}$$

が成り立つ．ただし，$y = g(x) \Leftrightarrow x = f(y)$ である.

証明 任意に点 $a(\in I)$ をとる．$b = f(a)$ とする．つまり $g(b) = a$ である.
$g(b + h) = a + k = g(b) + k$ とおくと，$f(a + k) = b + h = f(a) + h$ である.
$h \to 0$ のとき $k \to 0$ であり，$f'(a) \neq 0$ であるから

$$g'(b) = \lim_{h \to 0} \frac{g(b + h) - g(b)}{h} = \lim_{k \to 0} \frac{k}{h} = \lim_{k \to 0} \frac{k}{f(a + k) - f(a)} = \frac{1}{f'(a)} \qquad \square$$

例題 3.7（逆関数の微分） $(\sqrt{x})' = \dfrac{1}{2\sqrt{x}}$ を示せ.

解答 $y = \sqrt{x}$ $(x > 0)$ を考える．$x = y^2$ は $y > 0$ で単調かつ $(y^2)' = 2y \neq 0$ であるから，

$$(\sqrt{x})' = \frac{1}{(y^2)'} = \frac{1}{2y} = \frac{1}{2\sqrt{x}}$$

例題 3.8（対数関数の微分）$(\log x)' = \dfrac{1}{x}$ を示せ.

解答 $y = \log x \ (x > 0)$ を考える. $x = e^y$ は単調かつ $(e^y)' = e^y \neq 0$ であるから,

$$(\log x)' = \frac{1}{(e^y)'} = \frac{1}{e^y} = \frac{1}{x}$$

例題 3.9（逆三角関数の微分）次を示せ.

(1) $(\mathrm{Arcsin}\, x)' = \dfrac{1}{\sqrt{1 - x^2}} \quad (|x| < 1)$

(2) $(\mathrm{Arccos}\, x)' = \dfrac{-1}{\sqrt{1 - x^2}} \quad (|x| < 1)$

(3) $(\mathrm{Arctan}\, x)' = \dfrac{1}{1 + x^2}$

解答 (1) $y = \mathrm{Arcsin}\, x$ とおく. $-\dfrac{\pi}{2} \leqq y \leqq \dfrac{\pi}{2}$ で $x = \sin y$ は単調である.

$$(\mathrm{Arcsin}\, x)' = \frac{1}{(\sin y)'} = \frac{1}{\cos y} = \frac{1}{\sqrt{1 - \sin^2 y}} = \frac{1}{\sqrt{1 - x^2}}$$

(2) $y = \mathrm{Arccos}\, x$ とおく. $0 \leqq y \leqq \pi$ で $x = \cos y$ は単調である.

$$(\mathrm{Arccos}\, x)' = \frac{1}{(\cos y)'} = \frac{-1}{\sin y} = \frac{-1}{\sqrt{1 - \cos^2 y}} = \frac{-1}{\sqrt{1 - x^2}}$$

(3) $y = \mathrm{Arctan}\, x$ とおく. $-\dfrac{\pi}{2} < y < \dfrac{\pi}{2}$ で $x = \tan y$ は単調である.

$$(\mathrm{Arctan}\, x)' = \frac{1}{(\tan y)'} = \cos^2 y = \frac{1}{1 + \tan^2 y} = \frac{1}{1 + x^2}$$

問 3.6 逆関数の微分法を用いて, $f(x) = \sqrt[3]{x} \ (x > 0)$ の導関数を求めよ.

──────────── **練習問題 3.2** ────────────

1. 次の関数の導関数を求めよ. $a \ (> 0)$ と b は定数とする.

(1) $\mathrm{Arcsin}\, \dfrac{x}{a} \quad (|x| \leqq a)$ 　　(2) $\mathrm{Arccos}\, \dfrac{x}{a} \quad (|x| \leqq a)$ 　　(3) $\mathrm{Arctan}\, \dfrac{x}{a}$

(4) $\dfrac{1}{2} \log \dfrac{x - a}{x + a} \quad (|x| > a)$ 　　(5) $\dfrac{e^{ax}}{a^2 + b^2}((a+b)\sin(bx) + (a-b)\cos(bx))$

(6) $\dfrac{1}{2}(x\sqrt{a^2 - x^2} + a^2 \mathrm{Arcsin}\, \dfrac{x}{a}) \quad (|x| \leqq a)$ 　　(7) $\log(x + \sqrt{x^2 + a^2})$

(8) $\dfrac{1}{2}(x\sqrt{x^2 + a^2} + a^2 \log(x + \sqrt{x^2 + a^2}))$

(9) $\log|x + \sqrt{x^2 - a^2}| \quad (|x| \geqq a)$

(10) $\dfrac{1}{2}(x\sqrt{x^2 - a^2} - a^2 \log(x + \sqrt{x^2 - a^2})) \quad (x \geqq a)$

2. 次の関数の導関数を求めよ.

(1) $(\log(\log x))^3$ $(x > 1)$ (2) $\cos(e^{-x^2})$

(3) $2^{\mathrm{Arccos}\, x}$ $(|x| \leqq 1)$ (4) $(\sin x)^{\tan x}$ (5) $\mathrm{Arccos}\, \dfrac{x^2 - 1}{x^2 + 1}$

(6) $\mathrm{Arctan}\, \dfrac{4\cos x}{3 + 5\sin x}$ (7) $\log \dfrac{1 + x + x^2}{1 - x + x^2}$

3. $a > 0$ とする. 2つの放物線 $y^2 = 4ax$, $x^2 = 4ay$ に共通な接線の方程式を求めよ.

4. α が n 次方程式 $f(x) = 0$ の m 重根であるとき, α は $(n-1)$ 次方程式 $f'(x) = 0$ の $(m-1)$ 重根であることを示せ. $n \geqq m > 1$ とする.

5. 第2章 2.2節で説明した双曲線関数について, 次の等式が成り立つことを示せ.

(1) $(\sinh x)' = \cosh x$ (2) $(\cosh x)' = \sinh x$ (3) $(\tanh x)' = \dfrac{1}{\cosh^2 x}$

6. 逆関数の微分法を用いて, 次の等式が成り立つことを示せ.

(1) $(\mathrm{Arcsinh}\, x)' = \dfrac{1}{\sqrt{x^2 + 1}}$ $(-\infty < x < \infty)$

(2) $(\mathrm{Arccosh}\, x)' = \dfrac{1}{\sqrt{x^2 - 1}}$ $(1 < x)$

(3) $(\mathrm{Arctanh}\, x)' = \dfrac{1}{1 - x^2}$ $(-1 < x < 1)$

7. 次の関数 $f(x)$ の導関数 $f'(x)$ を $g'(x)$ を用いて表せ.

(1) $f(x) = e^{g(x)}$ (2) $f(x) = g(e^x)$ (3) $f(x) = \log|g(x)|$

(4) $f(x) = g(\log|x|)$ (5) $f(x) = \sin g(x)$ (6) $f(x) = g(\sin x)$

8. $k > 0$ とする. $\log(x+1) - kx = 0$ となる正の解 x は存在するか.

3.3 平均値の定理と応用

　この節では, 微分法によって導かれた導関数についてのいくつかの応用について述べる. 導関数は関数 $f(x)$ を各 x において1次近似したときの傾きを表すので, 関数の変化の様子をとらえるのに有効であり, このことを明確にするのが平均値の定理である. さらに平均値の定理を一般化したにコーシーの平均値の定理を用いて, 極限計算に有用なロピタルの定理を得る.

　まず, 与えられた関数がどこで極値を取るかという極値問題を扱う. 極値の定義から始めよう.

定義 3.2（極値） 1 変数関数 $f(x)$ は区間 $I = [a, b]$ で連続とする.

点 $x = c\,(a < c < b)$ を含む十分小さな開区間 $J\,(J \subset I)$ において

$f(x) < f(c)\,(x \neq c)$ となるとき $f(x)$ は点 $x = c$ で**極大値** $f(c)$ を取る.

$f(x) > f(c)\,(x \neq c)$ となるとき $f(x)$ は点 $x = c$ で**極小値** $f(c)$ を取る.

と定義する. それぞれの場合, 点 $x = c$ を**極大点**, **極小点**という[1]. また, 極大値と極小値をまとめて**極値**という.

点 $x = c$ として区間の端点 a, b を考える場合は, 点 $x = c$ を含む十分小さな開区間 J との区間 $[a, b]$ の共通部分を上の定義の J とする.

定理 3.3（極値の必要条件） 関数 $f(x)$ は開区間 I で微分可能とする. このとき, 区間 I の一点 $x = c$ で $f(x)$ が極値を取れば $f'(c) = 0$ である.

証明 $f(c)$ が極大値とする. $x = c$ を含む十分小さな区間 J において, $f(c)$ が極大値であるから, 十分小さな h に対して $f(c + h) - f(c) \leqq 0$.

$$f'(c) = \lim_{h \to +0} \frac{f(c + h) - f(c)}{h} \leqq 0\,, \quad f'(c) = \lim_{h \to -0} \frac{f(c + h) - f(c)}{h} \geqq 0$$

となり, $f'(c) = 0$ が導かれる. また極小値を取るときも同様に示される. □

注意 この定理の逆は一般には成立しない. すなわち, $f'(c) = 0$ となっても, 関数 $f(x)$ は点 $x = c$ で極値を取るとは限らない.

一般に導関数の零点, つまり $f'(c) = 0$ となる点 $x = c$ は関数 $f(x)$ の**停留点**といわれる. 停留点で $f(x)$ が極値を取るか否かは増減表を見て確認する.

問 3.7（停留点） 次の関数の停留点を求め, 極値を取るか否かを確かめよ.
(1) $y = x^2$　　　(2) $y = x^3$

ロルの定理・平均値の定理・コーシの平均値の定理を説明する.

定理 3.4（ロルの定理） 関数 $f(x)$ は区間 $[a, b]$ で連続, かつ (a, b) で微分可能とする. このとき, $f(a) = f(b)$ ならば $f'(c) = 0$ となる c が a と b の間に少なくとも 1 つ存在する.

---

[1] 曲線が媒介変数や陰関数で表示されるときは, グラフ上の点を極大点, 極小点という場合がある.

証明　$f(x)$ がある区間 $J \subset [a, b]$ において定数であれば定理は明白である．それ以外の場合を考える．連続関数の性質 (定理 2.9) より関数 $f(x)$ は最大値 M と最小値 m をもつ．$f(x)$ が恒等的に定数でないならば m または M は $f(a) = f(b)$ と異なる．M の方が異なるとしよう．このとき $f(c) = M$ となる c が a と b の間にある．$f(c)$ は極大値であるから前定理より $f'(c) = 0$ が導かれる．　　　　　　□

> **例題 3.10**（ロルの定理の応用　解の存在）実数係数の n 次方程式 $f(x) = a_n x^n + a_{n-1} x^{n-1} + \cdots + a_0 = 0$ が n 個の相異なる実根をもつとき，$n-1$ 次方程式 $f'(x) = 0$ も $n-1$ 個の相異なる実根をもつことを示せ．

解答　$f(x) = 0$ の n 個の相異なる実根を $\alpha_1 < \alpha_2 < \cdots < \alpha_n$ として，各区間 $[\alpha_k, \alpha_{k+1}]$ で $y = f'(x)$ にロルの定理を用いる．

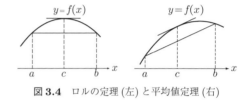

図 3.4　ロルの定理 (左) と平均値定理 (右)

> **定理 3.5**（平均値の定理）関数 $f(x)$ は区間 $[a, b]$ で連続，かつ (a, b) で微分可能とする．このとき
> $$\frac{f(b) - f(a)}{b - a} = f'(c) \tag{3.7}$$
> となる c が a と b の間に少なくとも 1 つ存在する．以下のように記してもよい．
> $$f(b) - f(a) = f'(c)(b - a) \tag{3.8}$$
> $b - a = h$ とおく．このとき $\theta\,(0 < \theta < 1)$ が存在して次式が成立する．
> $$f(a + h) = f(a) + f'(a + \theta h)h \quad (0 < \theta < 1) \tag{3.9}$$

注意 1　(3.7) 式の左辺は点 $(a, f(a))$ と点 $(b, f(b))$ を通る直線の傾きを表し，$f(x)$ の区間 $[a, b]$ における平均変化率 (平均値) ともいわれる．右辺は点 $(c, f(c))$ における接線の傾きを示す．図 3.4 を参照．

注意 2　ロルの定理は $f(a) = f(b)$ の場合の平均値の定理である．

注意 3　ロルの定理・平均値の定理において，(a, b) で微分可能であるという条件は重要である (問 3.8 参照).

> **問 3.8**（平均値の定理）区間 $[-1, 1]$ で定義された次の関数のグラフを描き，平均値の定理が成り立つかを確かめよ．
>   (1) $y = |x|$　　　　(2) $y = |x|^{\frac{3}{2}}$

定理 3.6（コーシーの平均値の定理）関数 $f(x)$ と $g(x)$ は区間 $[a, b]$ で連続，かつ (a, b) で微分可能とする．$g(a) \neq g(b)$ かつ区間 (a, b) で $g'(x) \neq 0$ ならば

$$\frac{f(b) - f(a)}{g(b) - g(a)} = \frac{f'(c)}{g'(c)} \tag{3.10}$$

となる c が a と b の間に少なくとも 1 つ存在する．

注意 平均値の定理は $g(x) = x$ の場合のコーシーの平均値の定理である．

証明 $F(x) = f(x) - f(a) - \dfrac{f(b) - f(a)}{g(b) - g(a)}(g(x) - g(a))$ とおくと，$F(a) = F(b) = 0$ であり，また $F'(x) = f'(x) - \dfrac{f(b) - f(a)}{g(b) - g(a)}g'(x)$ である．これらより，ロルの定理を用いると (3.10) が得られる． □

例題 3.11 次の関数に対し，平均値の定理が成り立つ c を a, b で表せ．

(1) $y = x^2$ (2) $y = x^3$

解答 (1) $f(b) - f(a) = b^2 - a^2 = (b - a)(a + b) = f'(c)(b - a) = 2c(b - a)$ であるから $2c = a + b$．つまり，$c = \dfrac{a + b}{2}$．

(2) $f(b) - f(a) = b^3 - a^3 = (b - a)(a^2 + ab + b^2) = f'(c)(b - a) = 3c^2(b - a)$ であるから，$3c^2 = a^2 + ab + b^2$．よって，$c = \pm\dfrac{\sqrt{a^2 + ab + b^2}}{\sqrt{3}}$．ただし，$c \in (a, b)$．

問 3.9 放物線上の 2 点 P, Q を結ぶ直線に平行な直線が点 R においてこの放物線と接するとき，P, Q の中点と R を通る直線は y 軸に平行であるか y 軸に一致することを示せ．

例題 3.12（不等式への応用） 平均値の定理を用いて，次の不等式を示せ．

(1) $|\sin\beta - \sin\alpha| \leqq |\beta - \alpha|$ (2) $\sin x \leqq x \ (x \geqq 0)$,

(3) $\log(1 + x) < x \ (x > 0)$

解答 (1) $f(x) = \sin x,\ a = \alpha,\ b = \beta$ として平均値の定理を用いると

$\dfrac{\sin\beta - \sin\alpha}{\beta - \alpha} = \cos c$ であり，$|\cos c| \leqq 1$ より不等式を得る．

(2) (1) で $\alpha = 0,\ \beta = x$ として，符号を考慮して不等式を得る．

(3) $f(x) = \log(1 + x),\ a = 0,\ b = x,\ 0 < c < x$ として平均値の定理を用い，

$\dfrac{\log(1 + x) - \log 1}{x - 0} = \dfrac{\log(1 + x)}{x} = f'(c) = \dfrac{1}{1 + c} < 1$ より不等式を得る．

平均値の定理より関数の増減，増減表の基本となる次の定理を得る．

定理 3.7（関数の増加・減少） 関数 $f(x)$ は区間 $[a,b]$ で連続，かつ (a,b) で微分可能とする．このとき次のことが成り立つ．

(1) (a,b) で $f'(x) > 0$ ならば，$f(x)$ は $[a,b]$ で真に増加である．

(2) (a,b) で $f'(x) < 0$ ならば，$f(x)$ は $[a,b]$ で真に減少である．

(3) (a,b) で $f'(x) \equiv 0$ ならば，$f(x)$ は $[a,b]$ で定数である．

証明 $a < x_1 < x_2 < b$ である任意の 2 点 x_1, x_2 をとり，区間 $[x_1, x_2]$ においてあらためて平均値の定理 (3.8) 式を適用すると

$$f(x_2) - f(x_1) = f'(c)(x_2 - x_1) \quad (x_1 < c < x_2)$$

となるから (1) の場合は $f'(c) > 0$, $x_2 - x_1 > 0$ より，$f(x_2) - f(x_1) > 0$ となり，真に単調増加．他の場合も同様であり，上の (1)，(2)，(3) が成り立つ．　□

系（極値の必要十分条件：増減表の基本） 関数 $f(x)$ は停留点 $c\,(f'(c) = 0)$ を境として，$f'(x)$ の符号が正から負に変われば極大値 $f(c)$，負から正に変われば極小値 $f(c)$ を取る．

注意 一点 $x = c$ で $f'(c) > 0$ が分かっているとき，点 $x = c$ の近傍で単調増加であるとは言えない．次に例を挙げておく．

$$f(x) = \begin{cases} x + x^2 \sin \dfrac{1}{x^2} & (x \neq 0) \\ 0 & (x = 0) \end{cases} \tag{3.11}$$

$f'(0) = 1 > 0$ である．しかし $f'(x)$ は次のようになり，$x = 0$ の近傍で正になったり負になったりする．

$$f'(x) = 1 + 2x \sin \frac{1}{x^2} - \frac{2}{x} \cos \frac{1}{x^2}$$

問 3.10（関数の極値と増減） 次の関数 $f(x)$ の増減と極値を調べよ．
$$f(x) = \sin 2x - 2 \sin x \quad (-\pi \leq x \leq \pi)$$

問 3.11（不等式の証明） $x > 0$ のとき，不等式 $x - \dfrac{x^3}{6} < \sin x < x$ を示せ．

不定形の極限

コーシーの平均値の定理を用い，極限の計算で有用なロピタルの定理を示す．極限の計算はすでに第 2 章で説明したが，たとえば $\lim_{x \to 0} \dfrac{\sin x}{x}$ のように分子も分母も共に 0 となるような場合は特別な工夫が必要となる．このような極限を

不定形の極限という. 不定形の極限にはいろいろなパターンがある. まず最も基本的なものを取り上げる.

> **定理 3.8（ロピタルの定理）** $x = a$ の近くで定義された関数 $f(x)$ と $g(x)$ はともに微分可能で, $g'(x) \neq 0$ とする. さらに, 次の2つの条件
>
> (1) $\displaystyle \lim_{x \to a} f(x) = 0, \quad \lim_{x \to a} g(x) = 0$
>
> (2) $\displaystyle \lim_{x \to a} \frac{f'(x)}{g'(x)}$ が存在する
>
> を満たしているならば, $\displaystyle \lim_{x \to a} \frac{f(x)}{g(x)}$ が存在し $\displaystyle \lim_{x \to a} \frac{f'(x)}{g'(x)}$ に等しい.

証明 $f(a) = 0$, $g(a) = 0$ とすると[2], $f(x)$, $g(x)$ はコーシーの平均値の定理 3.6 の条件を満たしている. よって,

$$\frac{f(x)}{g(x)} = \frac{f(x) - f(a)}{g(x) - g(a)} = \frac{f'(c)}{g'(c)}.$$

ここで c は x と a の間の数であるから, $x \to a$ のとき $c \to a$ となる. よって定理の結果が成立する. □

> **例題 3.13（不定形の極限の例）** $\displaystyle \lim_{x \to 0} \frac{e^x - \cos x}{x} = 1$ を示せ.

解答 $f(x) = e^x - \cos x$, $g(x) = x$ とおくと, $\displaystyle \lim_{x \to 0} f(x) = 0$, $\displaystyle \lim_{x \to 0} g(x) = 0$ かつ $g'(x) = 1 \neq 0$ である. さらに,

$$\lim_{x \to 0} \frac{f'(x)}{g'(x)} = \lim_{x \to 0} \frac{e^x + \sin x}{1} = 1$$

となり, ロピタルの定理の条件をすべて満たすので, $\displaystyle \lim_{x \to 0} \frac{f(x)}{g(x)} = \lim_{x \to 0} \frac{f'(x)}{g'(x)} = 1$.

> **定理 3.9（ロピタルの定理の他のパターン）** 定理 3.8 (ロピタルの定理) の条件 (1) の替わりに
>
> $$(1)' \quad \lim_{x \to a} f(x) = \pm\infty, \quad \lim_{x \to a} g(x) = \pm\infty$$
>
> としても結果は正しい. ただし, 複号はいずれか1つどれを選んでもよい. さらに $x \to a$ の替わりに $x \to \infty$ や $x \to -\infty$, あるいは右極限 $x \to a + 0$, 左極限 $x \to a - 0$ としてもよい.

証明は [7] 笠原「微分積分学」を参照.

---

[2] 一般には, $f(x)$, $g(x)$ は $x = a$ で定義されていない.

例題 **3.14** (不定形の極限の例)　$\displaystyle \lim_{x \to +0} x^x$ を求めよ.

解答　$y = x^x$ とおくと, $\log y = x \log x = \dfrac{\log x}{1/x}$ となり, 定理 3.9 を使うと,

$$\lim_{x \to +0} \log y = \lim_{x \to +0} \frac{\log x}{1/x} = \lim_{x \to +0} \frac{1/x}{-1/x^2} = \lim_{x \to +0} (-x) = 0$$

となる. よって, $\displaystyle \lim_{x \to +0} x^x = \lim_{x \to +0} y = 1$.

問 3.12　次の極限を求めよ.

(1) $\displaystyle \lim_{x \to 0} \frac{\sin x}{x}$
　　　　(2) $\displaystyle \lim_{x \to 0} \frac{1 - \cos x}{x^2}$
　　　　(3) $\displaystyle \lim_{x \to \infty} x^{\frac{1}{x}}$

$\displaystyle \lim_{x \to a} f(x) = 0 \ (+\infty)$ ならば, $f(x)$ は x が a に近づくとき**無限小 (無限大)** であるという. $f(x)$, $g(x)$ がともに x が a に近づくとき無限小 (無限大) である場合, その無限小 (無限大) を比較する方法に**ランダウの記号 (o)** がある.

定義 3.3 (ランダウの記号)　点 $x = a$ の近傍で定義された関数 $f(x)$, $g(x)$ がともに, $x \to a$ のとき無限小 (無限大) とする.

$$\lim_{x \to a} \frac{f(x)}{g(x)} = 0 \quad \text{のとき,} \quad f(x) = o(g(x)) \ \ (x \to a)$$

と書き, $f(x)$ は $g(x)$ より小さい無限小 (無限大) という. o はスモール・オーとよび, **ランダウの記号**[3]いう. $x \to a$ が自明の時は, $(x \to a)$ を省略してよい. $g(x)$ として $(x - a)^n$ (n は自然数) を用いる場合が多い. また, $\displaystyle \lim_{x \to a} f(x) = 0$ のとき, $g(x) = 1$ と考えて, $f(x) = o(1) \ \ (x \to a)$ と表す. このことより, $o(g(x))$ の代わりに $o(1)g(x)$ と書くこともある.

$f(x) = g(x) + o(h(x)) \ \ (x \to a)$ とは $\displaystyle \lim_{x \to a} \frac{f(x) - g(x)}{h(x)} = 0$ のことで,

$f(x) = g(x) \cdot o(h(x)) \ \ (x \to a)$ とは $\displaystyle \lim_{x \to a} \frac{f(x)}{g(x)h(x)} = 0$ のことである.

例題 3.15　以下を示せ.

(1) $1 - \cos x = o(x) \ \ (x \to 0)$
　　　　(2) $x - \sin x = o(x^2) \ \ (x \to 0)$

---

[3] E. ランダウ (1877-1938), ドイツの数学者. 解析的整数論と複素関数論の分野に主な業績がある他に, P. ベルナイス, H. ボーア, A. オストロフスキー, C. ジーゲル等の著名な数学者達の学位論文を指導した. 1933 年にナチスにより大学を追放された.

解答 ロピタルの定理より，(1) $\lim_{x\to 0}\dfrac{1-\cos x}{x}=\lim_{x\to 0}\dfrac{\sin x}{1}=0$　(2) $\lim_{x\to 0}\dfrac{x-\sin x}{x^2}=$

$\lim_{x\to 0}\dfrac{1-\cos x}{2x}=\lim_{x\to 0}\dfrac{\sin x}{2}=0$

また，$x\to 0$ のとき，次が成り立つ．なお，A は定数 (負でもよい) を表す．

(1) $A\cdot o(x^n)=o(x^n)$　　　(2) $m>n$ ならば，$x^m+o(x^n)=o(x^n)$

(3) $m\geqq n$ ならば，$o(x^m)+o(x^n)=o(x^n)$

(4) $x^m\cdot o(x^n)=o(x^{m+n})$　　　(5) $o(x^m)\cdot o(x^n)=o(x^{m+n})$

注意 ランダウの記号を含む等式では，左辺に現れるものは右辺の量になっているということで，通常の等号「=」とは違う．$o(k(x))=o(h(x))$ から $k(x)=h(x)$ が従うわけではなく，$o(x^m)+o(x^n)=o(x^n)$ から $o(x^m)=0$ が従うわけではない．

「$f(x)$ が $x=a$ で微分可能」とは，ランダウの記号を用いると

$$f(x)=f(a)+f'(a)(x-a)+o(x-a)\quad(x\to a)$$

のように表され，これを標語的に記すと

$$x\fallingdotseq a\ \text{ならば}\quad f(x)\fallingdotseq f(a)+f'(a)(x-a)$$

ここで，$g(x)=g(a)+g'(a)(x-a)+o(x-a)\ (x\to a)$ として次式が成り立つが，確認は問として，上の (1) から (5) を用いて確かめよ．

$$f(x)g(x)=f(a)g(a)+\big(f(a)g'(a)+f'(a)g(a)\big)(x-a)$$
$$+o(x-a)\quad(x\to a)$$

例題 3.16　次を示せ．

$$(1-2x+o(x^2))\cdot(1-2x^2+o(x^2))=1-2x-2x^2+o(x^2)$$

解答　左辺 $=(1-2x+o(x^2))\cdot(1-2x^2+o(x^2))$
$=1\cdot(1-2x^2+o(x^2))-2x\cdot(1-2x^2+o(x^2))+o(x^2)\cdot(1-2x^2+o(x^2)$
$=1-2x^2+o(x^2)-(2x-4x^3+o(x^3))+o(x^2)-o(x^4)+o(x^4)$
$=1-2x-2x^2+o(x^2)$

問 3.13　例題 3.15 にならい，$x\to 0$ のとき次の関数を $o(x^n)$ の形のランダウの記号を用いて表せ．ただし，n は自然数とする．

(1) $x\cos x-x+\dfrac{1}{2}x^3$　　　(2) $\tan x-x-\dfrac{1}{3}x^3$　　　(3) $\dfrac{x}{1-x}-x-x^2-x^3$

───────────── 練習問題 3.3 ─────────────

1. 次の極限を求めよ.

(1) $\displaystyle\lim_{x\to 0}\frac{\cosh x-1}{x^2}$　　(2) $\displaystyle\lim_{x\to 0}\frac{\cos 2x+3\sin^2 x-1}{x^2}$　　(3) $\displaystyle\lim_{x\to 0}(\cos x)^{\frac{1}{x}}$

(4) $\displaystyle\lim_{x\to\infty}\frac{x^2}{\sin x-x}$

2. 次の不等式を示せ.

(1) $1-\dfrac{x^2}{2}\leqq\cos x\leqq 1$　　(2) $\dfrac{x}{1+x^2}<\mathrm{Arctan}\,x<x\quad(x>0)$

(3) $x-\dfrac{x^2}{2}<\log(1+x)<x\quad(x>0)$

3. 次の命題が正しければ証明し, 誤っていれば反例を示せ. $f(x),g(x)$ は区間 I で微分可能であり, かつ, その導関数は連続とする.

(1) 点 $x=a(\in I)$ で $f'(a)=g'(a)=f(a)=g(a)=0$ とする. $f(x)$, $g(x)$ が共に $x\neq 0$ で $f(x),g(x)\neq 0$ かつ $x=a$ で極値を取らないならば, $f(x)g(x)$ は点 $x=a$ で極値を取る.

(2) 区間 I で $f'(x)<g'(x)$ であれば, 区間 I で $f(x)<g(x)$ が成り立つ.

4. $f(a)=a$ となる数 a を関数 f の不動点という. すべての x について $f(x)$ は微分可能で $f'(x)\neq 1$ ならば, 不動点は存在しても高々 1 つであることを示せ.

5. 関数 $f(x)=x^{21}+x^{11}+x+1$ は極値をもたないことを示せ.

6. 3 つの関数

$$f(x)=\begin{cases}x^4\sin\dfrac{1}{x} & (x\neq 0\text{ のとき})\\ 0 & (x=0\text{ のとき})\end{cases}\qquad g(x)=\begin{cases}x^4\left(2+\sin\dfrac{1}{x}\right) & (x\neq 0\text{ のとき})\\ 0 & (x=0\text{ のとき})\end{cases}$$

$$h(x)=\begin{cases}x^4\left(-2+\sin\dfrac{1}{x}\right) & (x\neq 0\text{ のとき})\\ 0 & (x=0\text{ のとき})\end{cases}$$

について, 次の問いに答えよ.

(1) $f'(0)=0$, $g'(0)=0$, $h'(0)=0$ であることを示せ.

(2) $f(x)$, $g(x)$, $h(x)$ すべてについて, $x=0$ の近くで導関数の符号が無限回変わることを示せ.

(3) $x=0$ において, $g(x)$ は極小となり $h(x)$ は極大となることを示せ.

(4) $x=0$ において, $f(x)$ は極大でも極小でもないことを示せ.

7. $\displaystyle\lim_{x\to\infty}f'(x)=k$ (k は定数) のとき, 任意の a に対して, 次の式が成り立つことを示せ.
$$\lim_{x\to\infty}\{f(x+a)-f(x)\}=ka$$

8. 方程式 $x-\log_a x=0$ が解をもつための a の条件を求めよ.

9. 楕円 $\dfrac{x^2}{a^2}+\dfrac{y^2}{b^2}=1$ 上の点 $\mathrm{P}(a\cos t,b\sin t)$ $\left(0<t<\dfrac{\pi}{2}\right)$ の接線と x 軸, y 軸との交点をそれぞれ A, B とするとき, $\overline{\mathrm{AB}}$ の最小値を求めよ.

10. $x\to 0$ のとき, 次の式が成り立つことを示せ. ただし, m,n は 0 以上の整数.

(1) $o(x^m)o(x^n) = o(x^{m+n})$

(2) $m \leqq n$ のとき, $o(x^m) + o(x^n) = o(x^m)$

(3) $o\big((o(x^m))^n\big) = o(x^{mn})$

11. $p > 1$, $\dfrac{1}{p} + \dfrac{1}{q} = 1$, $a, b > 0$ とする.

(1) 関数 $f(x) = \dfrac{x^p}{p} + \dfrac{1}{q} - x$ $(x \geqq 0)$ について, $f(x) \geqq 0$ $(x \geqq 0)$ を示せ.

(2) $ab \leqq \dfrac{a^p}{p} + \dfrac{b^q}{q}$ (ヤングの不等式) を示せ. (ヒント:(1) で $x = a b^{-\frac{q}{p}}$)

3.4 テイラーの定理と応用

これまでに,連続関数や微分可能な関数とその導関数について学んできた.

$$x \fallingdotseq a \implies f(x) \fallingdotseq f(a) \qquad \text{(定数で近似:連続)}$$

$$x \fallingdotseq a \implies f(x) \fallingdotseq f(a) + f'(a)(x - a) \qquad \text{(1 次式で近似:微分可能)}$$

いずれも標語的に言うと上のようになる.点 $x = a$ の近傍で $f(x)$ を 2 次式,さらに n 次式で近似するとどのようになるのかに答えるのがテイラーの定理である.そのための準備として高次導関数が必要となる.

$f(x)$ が区間 I で微分可能であるとする.$x = c \in I$ で,その導関数 $f'(x)$ が微分可能であるとき $f(x)$ は $x = c$ で 2 回微分可能であるといい,その微分係数を $f''(c)$, $\dfrac{d^2f}{dx^2}(c)$ などと表す.区間 I の各点で $f(x)$ が 2 回微分可能であるとき,$f(x)$ は区間 I で 2 回微分可能であるという.このとき $f''(x)$ は区間 I での x の関数である.これを $f(x)$ の 2 次導関数といい,$f''(x)$, $\dfrac{d^2f}{dx^2}(x)$ などと記す.$f''(x)$ を求めることを 2 回微分するという.

同様に $f(x)$ を何回も微分して得られる関数を**高次導関数**といい,これらを $\{f'(x)\}' = f''(x)$, $\{f''(x)\}' = f'''(x)$, $\cdots$ と表す.一般に $n \geqq 0$ である整数 n に対して,関数 $y = f(x)$ を n 回微分して得られる関数を **n 次導関数**とよび,$y^{(n)}$, $f^{(n)}(x)$, $\dfrac{d^n y}{dx^n}$, $\dfrac{d^n f}{dx^n}(x)$ などと表す.$n = 0$ のときは $f^{(0)}(x) = f(x)$ と決めておく.通例,$n = 1, 2, 3$ のときは $f'(x)$, $f''(x)$, $f'''(x)$ で表し,$n \geqq 4$ については $f^{(4)}(x)$, $f^{(5)}(x)$, $\cdots$ と表すことが多い.

例題 3.17 (n 次導関数) n を自然数とする.

(1) $f(x) = x^3$ のとき,$f^{(n)}(x)$ を求めよ.

(2) $f(x) = \dfrac{2}{x^2-1}$ のとき，次を示せ．

$$f^{(n)}(x) = (-1)^n n! \left(\dfrac{1}{(x-1)^{n+1}} - \dfrac{1}{(x+1)^{n+1}} \right)$$

解答 (1) $f'(x) = 3x^2$, $f''(x) = 6x$, $f'''(x) = 6$, $f^{(n)}(x) = 0$ $(n \geqq 4)$

(2) $f(x) = \dfrac{2}{x^2-1} = \dfrac{1}{x-1} - \dfrac{1}{x+1}$ と問 3.3 の結果 $((x^n)' = nx^{n-1}$, n は整数$)$ に注意して，数学的帰納法を用いると，

(i) $n = 1$ のとき，$f'(x) = \dfrac{-1}{(x-1)^2} - \dfrac{-1}{(x+1)^2}$ で成立．

(ii) $n-1$ のとき，成立するとすると

$$f^{(n-1)}(x) = (-1)^{n-1}(n-1)! \left(\dfrac{1}{(x-1)^n} - \dfrac{1}{(x+1)^n} \right)$$

(iii) n のとき，$f^{(n)}(x) = \{ f^{(n-1)}(x) \}'$

$$= (-1)^{n-1}(n-1)! \left(\dfrac{-n}{(x-1)^{n+1}} - \dfrac{-n}{(x+1)^{n+1}} \right)$$

$$= (-1)^n n! \left(\dfrac{1}{(x-1)^{n+1}} - \dfrac{1}{(x+1)^{n+1}} \right)$$

公式 3.5（n 次導関数） n を自然数とする．

(1) $f(x) = e^x$ のとき，$f^{(n)}(x) = e^x$

(2) $f(x) = \log x$ のとき，$f^{(n)}(x) = \dfrac{(-1)^{n-1}(n-1)!}{x^n}$

(3) $f(x) = \sin x$ のとき，$f^{(n)}(x) = \sin \left(x + \dfrac{n\pi}{2} \right)$

(4) $f(x) = \cos x$ のとき，$f^{(n)}(x) = \cos \left(x + \dfrac{n\pi}{2} \right)$

問 3.14（n 次導関数） 公式 3.5 を証明せよ．
（ヒント：公式 3.1 と n についての数学的帰納法を用いる．）

問 3.15（n 次導関数） 次の関数の n 次導関数を求めよ．

(1) $y = \log(1+x)$ (2) $y = (1+x)^\alpha$ (3) $y = \dfrac{1}{x^2-5x+6}$ (4) $y = e^{2x}$

関数 $f(x)$ が n 回微分可能であるとき，n 次導関数 $f^{(n)}(x)$ が存在する．さらに，この n 次導関数 $f^{(n)}(x)$ が連続であることを**連続的微分可能**といい，そのような関数が有用であることが多い．

定義 3.4 (C^n 級関数) n を 0 以上の整数とする．区間 I で定義された関数 $f(x)$ が C^n 級関数あるいは単に C^n 級であるとは，n 回微分可能であって，さらに n 次導関数 $f^{(n)}(x)$ が連続であることをいう．区間 I で C^n 級関数全体のつくる集合を $C^n(I)$ と記す．ただし，C^0 級関数とは連続関数のこととする．また，すべての n について微分可能であるとき C^∞ 級関数という．

問 3.16 (n 次導関数) 次の関数は C^n 級であるが，$n+1$ 回微分可能でない．n を求めよ．ただし，k は自然数とする．

(1) $y = x|x|$　　　　(2) $y = x|x|^k$　　　　(3) $y = x^k|x|$

次に，関数の積の高次導関数を考える．$f(x)$, $g(x)$ はともに何回でも微分可能な関数とする．$y = f(x)g(x)$ とおくと公式 3.2 (3) より，$y' = f'(x)g(x) + f(x)g'(x)$ であった．さらにこれを微分すると，$y'' = (f''g + f'g') + (f'g' + fg'') = f''g + 2f'g' + fg''$ となる．同様にして，$y''' = f'''g + 3f''g' + 3f'g'' + fg'''$ である．一般に，次の公式が成り立つ．

公式 3.6 (ライプニッツの公式) 関数 $f(x)$, $g(x)$ の積 $y = f(x)g(x)$ について

$$y^{(n)} = \sum_{k=0}^{n} {}_n\mathrm{C}_k f^{(n-k)}(x) g^{(k)}(x) \tag{3.12}$$

が成り立つ．ただし，${}_n\mathrm{C}_k$ は 2 項係数で ${}_n\mathrm{C}_k = \dfrac{n!}{k!(n-k)!}$ である．

例題 3.18 (ライプニッツの公式の例) $y = x\sin x$ のとき，次を示せ．
$$y^{(n)} = x\sin\left(x + \frac{n\pi}{2}\right) + n\sin\left(x + \frac{n-1}{2}\pi\right).$$

解答 $y^{(n)} = \displaystyle\sum_{k=0}^{n} {}_n\mathrm{C}_k (x)^{(k)}(\sin x)^{(n-k)}$ となるが，$k \geqq 2$ のとき $(x)^{(k)} = 0$ より

$y^{(n)} = {}_n\mathrm{C}_0 x(\sin x)^{(n)} + {}_n\mathrm{C}_1 \cdot 1 \cdot (\sin x)^{(n-1)} = x\sin\left(x + \dfrac{n\pi}{2}\right) + n\sin\left(x + \dfrac{n-1}{2}\pi\right)$

問 3.17 (ライプニッツの公式の証明) 公式 3.6 の式 (3.12) を n についての数学的帰納法で証明せよ．

問 3.18（ライプニッツの公式の例）次の関数の n 次導関数を求めよ.

(1) $y = xe^x$ (2) $y = x^2 \cos x$ (3) $y = (x^2 + 2x)\sin x$

問 3.19（ライプニッツの公式の応用）$f(x) = \text{Arctan}\, x$ とする. $f^{(n)}(0)$ を求めよ.
（ヒント: $(1 + x^2)f'(x) = 1$ にライプニッツの公式を用いる. ）

テイラーの定理

まず, 2 次導関数から始めよう. 2 回微分可能な関数 $f(x)$ を点 $x = a$ の近傍で 2 次式で近似してみよう.

$$x \fallingdotseq a \implies f(x) \fallingdotseq f(a) + f'(a)(x - a) + A(x - a)^2 \tag{3.13}$$

A をどのように決めれば最良の近似になるか. 等しいのであれば値のみならずその導関数も等しいはずである. この式の両辺を微分してみよう.

$$x \fallingdotseq a \implies f'(x) \fallingdotseq f'(a) + 2A(x - a)$$

2 回微分可能な関数 $f(x)$ は $f'(x)$ が $x = a$ で微分可能であるから

$$x \fallingdotseq a \implies f'(x) \fallingdotseq f'(a) + f''(a)(x - a)$$

2 式が一致するためには $2A = f''(a)$ つまり $A = \dfrac{f''(a)}{2}$ でなければならない.

$$x \fallingdotseq a \implies f(x) \fallingdotseq f(a) + f'(a)(x - a) + \frac{f''(a)}{2}(x - a)^2$$

このことを正確に述べよう.

定理 3.10（テイラーの定理（2 次の場合））関数 $f(x)$ は区間 I で 2 回微分可能とする. I の 2 点 $a,\ b$ に対し

$$f(b) = f(a) + f'(a)(b - a) + \frac{f''(c)}{2!}(b - a)^2$$

を満たす c が a と b の間に存在する. 次の形で用いることが多い.

$$f(x) = f(a) + f'(a)(x - a) + \frac{f''(c)}{2!}(x - a)^2 \quad c は a と x の間の数$$

注意 ランダウの記号を用いると次のように表される.

$$f(x) = f(a) + f'(a)(x - a) + \frac{f''(a)}{2!}(x - a)^2 + o\big((x - a)^2\big) \quad (x \to a)$$

証明 この節の最初の (3.13) 式の右辺で x を b に a を x とした関数 $F(x)$ を考える.

$$F(x) = f(x) + f'(x)(b - x) + A(b - x)^2 \tag{3.14}$$

ここで $F(a) = F(b)$ となるように A を定める. すなわち, (3.13) の近似式が $x = b$ で等式になるようにする. そうすると,「$F(a) = F(b)$ だから, $F'(c) = 0$ なる c が a と

b の間に存在する.」(ロルの定理)

$$F'(x) = f'(x) - f'(x) + f''(x)(b-x) - 2A(b-x) = (f''(x) - 2A)(b-x)$$

より, $A = \dfrac{f''(c)}{2}$ となる. 以上より

$$f(b) = f(a) + f'(a)(b-a) + \frac{f''(c)}{2}(b-a)^2 \quad (a < c < b) \qquad \square$$

この定理の式は次のように書き直せる.

$$f(x) - (f(a) + f'(a)(x-a)) = \frac{f''(c)}{2!}(x-a)^2$$

つまり, 曲線 $C : y = f(x)$ と曲線 C 上の点 P $(a, f(a))$ における接線 $L : y = f(a) + f'(a)(x-a)$ との差が右辺であり, 2次導関数で表現できている. 次に, 幾何学的に, 曲線 C とその接線 L の差, 位置関係を見ていこう.

定義 3.5(曲線の凹凸・変曲点) 区間 I で $f(x)$ は微分可能とする. 曲線 $C : y = f(x)$ 上の点 P$(a, f(a))$ の近傍において, 点 P を除いて曲線 C の方が点 P における接線 $L : y = f(a) + f'(a)(x-a)$ より上に (下に) あるとき, 曲線 C は点 P で**下に凸** (上に凸) であるという. 点 P の前後で C が L の上から下, あるいは, 下から上と変化するとき, 点 P は曲線 C の**変曲点**であるという. 区間 I の各点で曲線 C が下に凸 (上に凸) であるとき, 曲線 C は区間 I で下に凸 (上に凸) であるという.

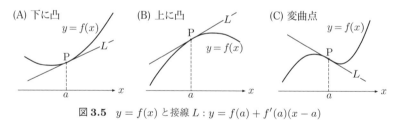

図 **3.5** $y = f(x)$ と接線 $L : y = f(a) + f'(a)(x-a)$

例1 放物線 $y = Ax^2$ は $A > 0$ $(A < 0)$ のとき各点 (a, a^2) で下に凸 (上に凸).

例2 $y = x^3$ は $x > 0$ $(x < 0)$ で下に凸 (上に凸). 原点は変曲点である.

定理 3.11(曲線の凹凸の判定) 関数 $y = f(x)$ が区間 I で 2 回微分可能であるとき, 次のことが成り立つ.

(1) 区間 I で $f''(x) > 0$ ならば下に凸である.

(2) 区間 I で $f''(x) < 0$ ならば上に凸である.

証明 (1) テイラーの定理 $f(x) = f(a) + f'(a)(x-a) + \dfrac{1}{2}f''(c)(x-a)^2$ より,
$f''(c) > 0$ ならば $f(x) > f(a) + f'(a)(x-a)$ $(x \neq a)$ であるから, 定義 3.5 より
$f(x)$ は下に凸である. (2) $f''(x) < 0$ のときも同様にして示される. □

定理 3.12 (極大・極小の十分条件) 区間 I で 2 回微分可能な関数 $f(x)$ の
停留点 $x = a$ $(f'(a) = 0)$ において

(1) $f''(a) > 0$ ならば, $f(x)$ は $x = a$ で極小値を取る.

(2) $f''(a) < 0$ ならば, $f(x)$ は $x = a$ で極大値を取る.

(3a) $f''(a) = 0$ のとき $x = a$ の前後で $f''(x) > 0$ $(x \neq a)$ ならば, $f(x)$
は $x = a$ で極小値を取る.

(3b) $f''(a) = 0$ のとき $x = a$ の前後で $f''(x) < 0$ $(x \neq a)$ ならば, $f(x)$
は $x = a$ で極大値を取る.

(3c) $f''(a) = 0$ のとき $x = a$ の前後で $f''(x)$ の符号が変わるならば, 点
$(a, f(a))$ は変曲点であり, 極値は取らない.

証明 (1) $f'(a) = 0$ で $f''(a) > 0$ とする. x が a に十分近ければ $f''(c) > 0$ で

$$f(x) - (f(a) + f'(a)(x-a)) = f(x) - f(a) = \frac{f''(c)}{2!}(x-a)^2 > 0 \quad (x \neq a)$$

より $f(x) - f(a) > 0$ $(x \neq a)$ であり, $f(x)$ は $x = a$ で極小値を取る.
(2) $f''(a) < 0$ の場合も同様にして極大値を取ることがわかる.
(3) 増減表を考えればよい. □

このように関数の極値や凹凸を調べるのに 2 次導関数が有効である.

例題 3.19 (関数の極値と凹凸) 関数 $f(x) = x^4 - 4x^3$ の増減や凹凸を調
べ, 曲線 $y = f(x)$ の概形を描け.

解答 $f'(x) = 4x^3 - 12x^2$ より, $f'(x) = 0$ と
なる x は $0, 3$. また, $f''(x) = 12x^2 - 24x$ よ
り, $f''(x) = 0$ となる x は $0, 2$. これらから増
減・凹凸表をつくると以下のようになる. 表よ
り, 変曲点は $(0, 0)$ と $(2, -16)$ である.

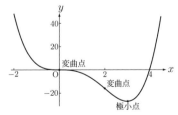

図 3.6 $y = x^4 - 4x^2$ のグラフ

x	$\cdots$	0	$\cdots$	2	$\cdots$	3	$\cdots$
y'	$-$	0	$-$	$-$	$-$	0	$+$
y''	$+$	0	$-$	0	$+$	$+$	$+$
y	下に凸 $\searrow$	変曲点 0	上に凸 $\searrow$	変曲点 -16	下に凸 $\searrow$	極小 -27	下に凸 $\nearrow$

さらに 3 回微分可能な関数 $f(x)$ を点 $x = a$ の近傍で次のようにおいて 3 次式で近似してみる.

$$f(x) \fallingdotseq f(a) + f'(a)\,(x-a) + \frac{f''(a)}{2}\,(x-a)^2 + B(x-a)^3$$

B をどのように決めれば最良の近似になるか. もし関数 $f(x)$ と近似式が等しいのであれば値のみならず導関数, さらに 2 次導関数も等しいはずである. 両辺を 2 回微分してみる.

$$f''(x) \fallingdotseq f''(a) + 2 \cdot 3 B(x-a)$$

$f''(x)$ は微分可能であるから

$$f''(x) \fallingdotseq f''(a) + f'''(a)\,(x-a)$$

この 2 式から $2 \cdot 3 B = f'''(a)$. つまり $B = \dfrac{f'''(a)}{2 \cdot 3}$ となり,

$$f(x) \fallingdotseq f(a) + f'(a)\,(x-a) + \frac{f''(a)}{2}\,(x-a)^2 + \frac{f'''(a)}{2 \cdot 3}\,(x-a)^3$$

3 回微分可能だと 3 次式で近似できる. n 回微分可能な関数に対してこの考えを進めてゆくと, 後のテイラーの定理が得られる. 次の定義から始めよう.

定義 3.6 (**n 次テイラー近似式** (または, **テイラー多項式**)) 関数 $f(x)$ は区間 I で ℓ 回微分可能とし, $a \in I$ とする. 関数 $f(x)$ の点 $x = a$ での **n 次テイラー近似式** (または, **テイラー多項式**) $p_n(x)$ $(n \leqq \ell)$ とは次をいう.

$$p_n(x) = f(a) + f'(a)(x-a) + \frac{f''(a)}{2!}(x-a)^2 + \cdots + \frac{f^{(n)}(a)}{n!}(x-a)^n$$

$$(3.15)$$

特に, $a = 0$ の場合, **n 次マクローリン近似式** (または, **マクローリン多項式**) という.

> **例題 3.20**（多項式のテイラー近似式）$f(x) = x^3 - 5x^2 + 10x - 1$ の $x = 1$ におけるテイラー近似式 $p_3(x)$ を求めよ.

解答 $f'(x) = 3x^2 - 10x + 10$, $f''(x) = 6x - 10$, $f'''(x) = 6$, $f^{(k)}(x) = 0 \ (k \geqq 4)$ より $n = 3$ として適用すると

$$p_3(x) = 5 + 3(x - 1) + \frac{-4}{2!}(x - 1)^2 + \frac{6}{3!}(x - 1)^3 = f(x)$$

となる. $f(x) = p_3(x) = 5 + 3(x - 1) - 2(x - 1)^2 + (x - 1)^3$ である. n 次多項式の場合, $p_n(x)$ は $f(x)$ を $(x - a)$ のべきの多項式に書き直しただけである.

問 3.20（テイラー近似式）$f(x)$ を n 次多項式とする. $f(x) = p_n(x)$ を示せ.

> **例題 3.21**（テイラー近似式）$f(x) = \sin x$ の $x = \pi$ において 3 次テイラー近似式 $p_3(x)$ を求めよ.

解答 $f'(x) = \cos x$, $f''(x) = -\sin x$, $f'''(x) = -\cos x$ であるから $a = \pi$, $n = 3$ として計算すると以下の通り.

$$p_3(x) = 0 + (-1)(x - \pi) + \frac{0}{2!}(x - \pi)^2 + \frac{1}{3!}(x - \pi)^3 = -(x - \pi) + \frac{1}{6}(x - \pi)^3$$

問 3.21（テイラー近似式）次の関数の指示された x において 3 次テイラー近似式を求めよ.
(1) $f(x) = \log x \quad (x = 1)$ $\qquad$ (2) $f(x) = \sqrt{x + 1} \quad (x = 0)$

テイラー近似式 $p_n(x)$ が点 $x = a$ の近傍で $f(x)$ をどの程度近似しているかが重要である. 次の定理の漸近展開では誤差 $f(x) - p_n(x)$ の評価はないが, 計算の見通しがよくなり有用である. その後, 誤差評価 $f(x) - p_n(x)$ を扱う.

ランダウの記号を用いた**テイラー近似式による n 位の漸近展開**は以下の通りである.

> **定理 3.13**（テイラー近似式による関数の漸近展開）関数 $f(x)$ を区間 I で C^n 級関数とするとき, 次式が成り立つ. これを $f(x)$ の $x = a$ における **n 位の漸近展開**という.
>
> $$f(x) = p_n(x) + o((x - a)^n) \quad (x \to a) \tag{3.16}$$

注意　多項式は 4 則演算でできているから計算可能である。　関数 $f(x)$ が点 $x = a$ の近傍で n 回微分可能ということは，テイラー近似式 $p_n(x)$ という計算可能な n 次多項式で近似できるということである。

証明　ロピタルの定理を繰り返し，n 回適用すると，$p_n^{(n)}(x) = f^{(n)}(a)$ に注意して，

$$\lim_{x \to a} \frac{f(x) - p_n(x)}{(x-a)^n} = \cdots = \lim_{x \to a} \frac{f^{(n)}(x) - f^{(n)}(a)}{n!} = 0 \qquad \square$$

n 次マクローリン近似式による漸近展開の例を挙げる。

例題 3.22(e^x の原点における漸近展開)　e^x は C^∞ 級関数であり，$f^{(n)}(x) = e^x$ で $f^{(n)}(0) = 1$ であるから，$x \to 0$ のとき，次の式が成り立つことを示せ。

$$e^x = 1 + x + o(x), \quad e^x = 1 + x + \frac{x^2}{2!} + o(x^2), \quad e^x = 1 + x + \frac{x^2}{2!} + \frac{x^3}{3!} + o(x^3)$$

解答　ロピタルの定理がそれぞれ 1 回，2 回，3 回適用できることを確かめて，

$$\lim_{x \to 0} \frac{e^x - (1+x)}{x} = \lim_{x \to 0} \frac{(e^x - (1+x))'}{(x)'} = \lim_{x \to 0} \frac{e^x - 1}{1} = 0$$

$$\lim_{x \to 0} \frac{e^x - (1 + x + \frac{x^2}{2!})}{x^2} = \lim_{x \to 0} \frac{(e^x - (1 + x + \frac{x^2}{2!}))''}{(x^2)''} = \lim_{x \to 0} \frac{e^x - 1}{2} = 0$$

$$\lim_{x \to 0} \frac{e^x - (1 + x + \frac{x^2}{2!} + \frac{x^3}{3!})}{x^3} = \lim_{x \to 0} \frac{(e^x - (1 + x + \frac{x^2}{2!} + \frac{x^3}{3!}))'''}{(x^3)'''} = \lim_{x \to 0} \frac{e^x - 1}{6} = 0$$

例題 3.23（$\sin x, \cos x$ の原点における **3 位の漸近展開**）　これらの関数は C^∞ 級関数である。$x \to 0$ のとき，次の式が成り立つことを示せ。

$$\sin x = x - \frac{1}{6}x^3 + o(x^3), \qquad \cos x = 1 - \frac{1}{2}x^2 + o(x^3)$$

解答　ロピタルの定理が 3 回適用できることを順次確かめて，

$$\lim_{x \to 0} \frac{\sin x - (x - \frac{x^3}{6})}{x^3} = \lim_{x \to 0} \frac{(\sin x - (x - \frac{x^3}{6}))'''}{(x^3)'''} = \lim_{x \to 0} \frac{-\cos x + 1}{6} = 0$$

$$\lim_{x \to 0} \frac{\cos x - (1 - \frac{x^2}{2})}{x^3} = \lim_{x \to 0} \frac{(\cos x - (1 - \frac{x^2}{2}))'''}{(x^3)'''} = \lim_{x \to 0} \frac{\sin x}{6} = 0$$

例題 3.24（漸近展開の応用）　漸近展開を利用して次の極限を求めよ。

(1) $\displaystyle \lim_{x \to 0} \frac{x - \sin x}{x^3}$　　　(2) $\displaystyle \lim_{x \to 0} \frac{1 - \cos x}{e^x + e^{-x} - 2}$

解答　(1) $\dfrac{x - \sin x}{x^3} = \dfrac{x - \left(x - \frac{1}{6}x^3 + o(x^3)\right)}{x^3} = \dfrac{1}{6} + \dfrac{o(x^3)}{x^3} \to \dfrac{1}{6}$ $(x \to 0)$.

(2) $\dfrac{1 - \cos x}{e^x + e^{-x} - 2} = \dfrac{1 - \left(1 - \frac{1}{2}x^2 + o(x^3)\right)}{1 + x + \frac{x^2}{2} + o(x^2) + 1 - x + \frac{x^2}{2} + o(x^2) - 2}$

$\qquad\qquad = \dfrac{\frac{1}{2} + \frac{o(x^3)}{x^2}}{1 + \frac{o(x^2)}{x^2}} \to \dfrac{1}{2}$ $(x \to 0)$.

問 3.22（漸近展開の応用）　漸近展開を利用して次の極限を求めよ.

(1) $\displaystyle\lim_{x \to 0} \dfrac{\log(1 + x) - x}{x^2}$ 　　(2) $\displaystyle\lim_{x \to 0} \dfrac{(e^x - 1)\sin x}{x^2}$

次に，誤差評価 $f(x) - p_n(x)$ を行う. 誤差評価のため $f(x)$ はもう 1 回微分可能であるとする. つまり $f(x)$ は区間 I で $(n + 1)$ 回微分可能とする.

定理 3.14（テイラーの定理）　関数 $f(x)$ は区間 I で $(n + 1)$ 回微分可能とする. I の 2 点 a, b に対し，次の式を満たす c が a と b の間に存在する.

$$f(b) = f(a) + f'(a)(b - a) + \frac{f''(a)}{2!}(b - a)^2 + \cdots + \frac{f^{(n)}(a)}{n!}(b - a)^n + R_{n+1}$$

$$\tag{3.17}$$

$$\text{つまり}\quad f(b) = p_n(b) + R_{n+1} \tag{3.18}$$

ここで，$R_{n+1} = \dfrac{f^{(n+1)}(c)}{(n+1)!}(b - a)^{n+1}$ であり，**$(n + 1)$ 次剰余項**という.

また，　$c = a + \theta(b - a)$ 　$(0 < \theta < 1)$ と表すこともできる.

証明　(3.17) 式の右辺で，$R_{n+1} = A(b - a)^{n+1}$ と置き，a を x に置き替えた次の関数 $F(x)$ を考える.

$$F(x) = f(x) + f'(x)(b - x) + \frac{f''(x)}{2!}(b - x)^2 + \cdots + \frac{f^{(n)}(x)}{n!}(b - x)^n + A(b - x)^{n+1}$$

$F(a) = F(b) = f(b)$ となるよう A を定めることにする. すると，$F(x)$ に対してロルの定理を用いることができて $F'(c) = 0$ となる c が a と b の間に存在する.

$F'(x) = \dfrac{f^{(n+1)}(x)}{n!}(b - x)^n - (n + 1)A(b - x)^n$ だから，(3.17) 式が得られる.　□

通常 (3.17) 式において b の替わりに x と置いたものをテイラー展開という. これをあらためて書いておく.

定理 3.15（有限次テイラー展開）　関数 $f(x)$ は区間 I で $(n+1)$ 回微分可能とする．I の点 a を固定するとき，任意の $x \in I$ に対して

$$f(x) = f(a) + f'(a)(x-a) + \frac{f''(a)}{2!}(x-a)^2 + \cdots + \frac{f^{(n)}(a)}{n!}(x-a)^n$$

$$+ \frac{f^{(n+1)}(c)}{(n+1)!}(x-a)^{n+1} \quad (3.19)$$

を満たす c が a と x の間に存在する．また，$c = a + \theta(x-a)$ $(0 < \theta < 1)$ と表すこともできる．

(3.19) 式を関数 $f(x)$ の $x = a$ における**テイラーの公式**または，**$x = a$ における有限次テイラー展開**という．また，$R_{n+1} = \dfrac{f^{(n+1)}(c)}{(n+1)!}(x-a)^{n+1}$ を **$(n+1)$ 次剰余項**という．

$x = 0$ におけるテイラーの公式を特に**マクローリンの公式**という．x と 0 の間にある数は θx $(0 < \theta < 1)$ と表せることに注意すると有限次マクローリン展開は次のようになる．

定理 3.16（有限次マクローリン展開）　関数 $f(x)$ は $x = 0$ を含む区間 I で $(n+1)$ 回微分可能とするとき，任意の $x \in I$ に対して

$$f(x) = f(0) + f'(0)x + \frac{f''(0)}{2!}x^2 + \cdots + \frac{f^{(n)}(0)}{n!}x^n + \frac{f^{(n+1)}(\theta x)}{(n+1)!}x^{n+1}$$

$$(3.20)$$

を満たす θ $(0 < \theta < 1)$ が存在する．

いくつかの基本的な関数の有限次マクローリン展開を示しておく．これらは公式 3.5 や問 3.15 から得ることができる．

対数関数 $\log x$ については $x = 1$ における有限次テイラー展開が重要になる．したがって $\log(1+x)$ を有限次マクローリン展開することになる．

公式 3.7（基本的な関数の有限次マクローリン展開）

任意の実数 x について

(1) $e^x = 1 + x + \dfrac{1}{2!}x^2 + \cdots + \dfrac{1}{n!}x^n + \dfrac{e^{\theta x}}{(n+1)!}x^{n+1}$ $(0 < \theta < 1)$

(2) $\sin x = x - \dfrac{1}{3!}x^3 + \dfrac{1}{5!}x^5 + \cdots + \dfrac{(-1)^m}{(2m+1)!}x^{2m+1} + R_{2m+2}$

(3) $\cos x = 1 - \dfrac{1}{2!}x^2 + \dfrac{1}{4!}x^4 + \cdots + \dfrac{(-1)^m}{(2m)!}x^{2m} + R_{2m+1}$

(4) $\log(1+x) = x - \dfrac{1}{2}x^2 + \dfrac{1}{3}x^3 - \cdots + \dfrac{(-1)^{n-1}}{n}x^n + R_{n+1}$

(5) α を任意の実数とする.

$$(x+1)^\alpha = 1 + \alpha x + \binom{\alpha}{2}x^2 + \binom{\alpha}{3}x^3 + \cdots + \binom{\alpha}{n}x^n + R_{n+1}$$

ただし, $\dbinom{\alpha}{n} = \dfrac{\alpha(\alpha-1)\cdots(\alpha-n+1)}{n!}$

問 3.23（剰余項の問）　次の問いに答えよ.
(1) 公式 3.7 (2), (3) の剰余項 R_{2m+2}, R_{2m+1} をそれぞれ求めよ.
(2) 公式 3.7 (4), (5) の剰余項 R_{n+1} をそれぞれ求めよ.

　有限次マクローリン展開 (3.20) は, 点 $x = 0$ における $f(x)$ とその各階導関数の情報 $(f(0), f'(0), f''(0), \cdots)$ によって $f(x)$ を多項式で近似するものである. さらに, $n \to \infty$ のとき $R_{n+1} \to 0$ となるような x については, n をどんどん大きくすれば任意の精度で近似値を得ることができる.

例題 3.25（$\sqrt{5}$ の近似値）　$\sqrt{5} = 2\sqrt{1 + \dfrac{1}{4}}$ に注意して, $f(x) = \sqrt{1+x}$ のマクローリン展開を利用して $\sqrt{5}$ の近似値を求めよ.

解答

$$
\begin{aligned}
\sqrt{1+x} &= 1 + \frac{1}{2}x + R_2 &&(n=1 \text{ のとき}) \\
&= 1 + \frac{1}{2}x - \frac{1}{8}x^2 + R_3 &&(n=2 \text{ のとき}) \\
&= 1 + \frac{1}{2}x - \frac{1}{8}x^2 + \frac{1}{16}x^3 + R_4 &&(n=3 \text{ のとき})
\end{aligned}
$$

であるから, $x = \dfrac{1}{4}$ として, 剰余項を無視すると次のようになる.

$$
\begin{aligned}
\sqrt{5} &\fallingdotseq 2(1 + \frac{1}{8}) = 2.25 &&(n=1 \text{ のとき}) \\
&\fallingdotseq 2(1 + \frac{1}{8} - \frac{1}{128}) = 2.2343\cdots &&(n=2 \text{ のとき}) \\
&\fallingdotseq 2(1 + \frac{1}{8} - \frac{1}{128} + \frac{1}{1024}) = 2.2363\cdots &&(n=3 \text{ のとき})
\end{aligned}
$$

問 3.24 ($\sqrt[3]{30}$ **の近似値**) 例題 3.25 と同様にして，$\sqrt[3]{30}$ の近似値を求めよ．

e^x の n 次マクローリン展開における剰余項は $R_{n+1} = \dfrac{e^{\theta x}}{(n+1)!} x^{n+1}$ である

が，第 2 章の極限の項で示したように，任意の a に対して $\displaystyle\lim_{n\to\infty} \dfrac{a^n}{n!} = 0$ とな

るから，$n \to \infty$ のとき $R_{n+1} \to 0$ となり級数 $1 + x + \dfrac{x^2}{2!} + \dfrac{x^3}{3!} + \cdots$ は収束

する．

　$f(x)$ が区間 I で C^∞ 級の場合，テイラーの定理より無限級数をつくること

はできるが，その級数が収束しているか否かはわからない．また，収束したと

してももとの $f(x)$ に等しいか否かもわからない．しかし，この問題はテイラー

の定理において剰余項 R_{n+1} が誤差 $f(x) - p_n(x)$ であるから，$\displaystyle\lim_{n\to\infty} R_{n+1} = 0$

ということが分かれば解決される．

定理 3.17（テイラー展開）$f(x)$ が区間 I で C^∞ 級であり，$\displaystyle\lim_{n\to\infty} R_{n+1} = 0$
であるなら

$$f(x) = \sum_{k=0}^{\infty} \frac{f^{(k)}(a)}{k!} (x-a)^k \tag{3.21}$$

と展開される．この右辺の級数を点 $x = a$ を中心とした**テイラー級数**とい
い，$f(x)$ をこのように級数で表すことを，$f(x)$ を点 a で**テイラー展開**す
るという．この式は右辺の級数の収束する範囲でのみ成立する．$a = 0$ の
テイラー級数を**マクローリン級数**といい，$f(x)$ をマクローリン級数に表す
ことを**マクローリン展開**するという．マクローリン展開は**ベキ級数展開**と
もよばれる．

例題 3.26（基本的な関数のマクローリン展開（ベキ級数展開））
　次の式を示せ．
 (1) 任意の x について

$$e^x = \sum_{n=0}^{\infty} \frac{1}{n!} x^n$$

 (2) 任意の x について

$$\sin x = \sum_{m=0}^{\infty} \frac{(-1)^m}{(2m+1)!} x^{2m+1} \qquad \cos x = \sum_{m=0}^{\infty} \frac{(-1)^m}{(2m)!} x^{2m}$$

(3) $|x| < 1$ である x について

$$\frac{1}{1-x} = \sum_{n=0}^{\infty} x^n$$

(4) 任意の実数 α に対して次が成り立つ.

$$(1+x)^\alpha = \sum_{n=0}^{\infty} \binom{\alpha}{n} x^n \qquad (-1 < x < 1)$$

これを一般化された2項展開という.

解答 (1), (2) 公式 3.7 より, マクローリン展開を得る.

(3) $f(x) = \dfrac{1}{1-x}$ とおく. $f^{(n)}(x) = n!(1-x)^{-(n+1)}$ より, マクローリン展開を得る.

(4) $f(x) = (1+x)^\alpha$ を考え, $f^{(n)}(x)$ を求め, マクローリン展開する.

$$f'(x) = \alpha(1+x)^{\alpha-1}, \ f''(x) = \alpha(\alpha-1)(1+x)^{\alpha-2}, \ \cdots,$$

$$f^{(n)}(x) = \alpha(\alpha-1) \ \cdots (\alpha-n+1)(1+x)^{\alpha-n}$$

ニュートン法 (漸近展開の応用)

関数 $f(x)$ の零点 ($f(x) = 0$ となる x のこと) の近似値を求める方法にニュートン法がある. $x = a$ の近くでは $f(x)$ はほぼ $f(a) + f'(a)(x-a)$ であるから, $f(x) = 0$ は1次方程式 $f(a) + f'(a)(x-a) = 0$ となり, $f'(a) \neq 0$ であれば解は $x = a - \dfrac{f(a)}{f'(a)}$ である. これが零点の第1候補である. 詳しく見ていこう.

$x = x_1$ における接線 $y = f'(x_1)(x-x_1) + f(x_1)$ と x 軸の交点は $x_2 = x_1 - \dfrac{f(x_1)}{f'(x_1)}$ となり, 零点の第2候補である. x_1 に対して x_2 を対応させる関数を $N(x)$ とする. すなわち, $N(x) = x - \dfrac{f(x)}{f'(x)}$ とするとき, 次の定理 3.18 が成り立つ.

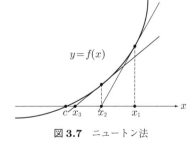

図 3.7 ニュートン法

定理 3.18 (ニュートン法) 関数 $f(x)$ の零点 $x = c$ の近くに初期値 a_1 を とり, 漸化式 $a_{n+1} = a_n - \dfrac{f(a_n)}{f'(a_n)} = N(a_n)$ によって数列 $\{a_n\}$ を定める とき, $\displaystyle\lim_{n \to \infty} a_n = c$ である.

証明 $f(x)$ の $x = c$ における漸近展開を
$$f(x) = A(x - c)^m + B(x - c)^{m+1} + o(1)(x - c)^{m+1} \quad (x \to c)$$
とする. ただし $m \geqq 1$ で, A は 0 でない定数である.
$$f'(x) = mA(x - c)^{m-1}\bigl(1 + o(1)\bigr)$$
となるから, x が c に十分に近いとき $f'(x) \neq 0$ となり, x に対して $N(x)$ が定まる. $N(x)$ を $x = c$ で漸近展開すると,
$$N(x) = x - \frac{A(x - c)^m + B(x - c)^{m+1} + o(1)(x - c)^{m+1}}{mA(x - c)^{m-1}\bigl(1 + o(1)\bigr)}$$
$$= \begin{cases} c - \dfrac{B}{A}(x - c)^2 + o(1)(x - c)^2 & (m = 1 \text{ のとき}) \\[2mm] c + \dfrac{m - 1}{m}(x - c) + o(1)(x - c) & (m \geqq 2 \text{ のとき}) \end{cases}$$
となる. したがって, 初期値 a_1 を c に十分に近くにとれば, $\bigl|N(a_1) - c\bigr| < k|a_1 - c|$ となるように k $(0 < k < 1)$ をとることができる. これを繰り返すと, $n = 1, 2, \cdots$ について $|a_{n+1} - c| < k^n |a_1 - c|$ となり定理が示される. $\qquad\square$

例題 3.27 (ニュートン法の例) $f(x) = x^2 - 2$ の零点としての $\sqrt{2}$ の近 似値を求めよ.

解答 $a_1 = 2$ として, 以下 $a_{n+1} = N(a_n) = a_n - \dfrac{f(a_n)}{f'(a_n)} = \dfrac{a_n}{2} + \dfrac{1}{a_n}$ $(n \geqq 1)$ にし たがって a_n の値を求めると表のようになる.

n	1	2	3	4	5
a_n	2	1.5	1.4166666667	1.4142156863	1.4142135624

凸関数と不等式

　区間 I で定義された 関数 $f(x)$ のグラフ, つまり曲線 $y = f(x)$ は一般には, 区間 I の一部の小区間では上に凸であったり, また別の小区間では下に凸で あったりする. 区間 I 全体で上に (下に) 凸のとき, 関数 $f(x)$ は上に (下に) 凸 であるという. まず, 凸関数について定義しておく.

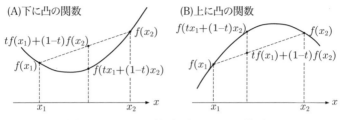

(A)下に凸の関数 (B)上に凸の関数

図 3.8 下に凸な関数 (左) と上に凸な関数 (右)

定義 3.7（凸関数）区間 I で定義された連続関数 $y = f(x)$ が I において下に凸であるとは，$I \ni x_1,\ x_2\ (x_1 < x_2)$ である任意の $x_1,\ x_2$ について次のことが成り立つことをいう.

　区間 $(x_1,\ x_2)$ において，曲線 $y = f(x)$ が 2 点 $\mathrm{A}(x_1,\ f(x_1))$, $\mathrm{B}(x_2,\ f(x_2))$ を結ぶ線分 AB より下にある．すなわち，$0 < t < 1$ である任意の t に対し，

$$(\text{☆}) \qquad f(tx_1 + (1 - t)x_2) \leqq tf(x_1) + (1 - t)f(x_2)$$

が成り立つ.

　上に凸については，不等号を逆に考えることによって定義される.

注意 式 (☆) で等号が成立しないとき，狭義凸関数という.

　この凸性の定義は連続関数に対する定義であるが，前述の定義 3.5 は微分可能な関数についての凸性の定義である．図を描けば直感的には，微分可能な関数に対して 2 つの凸性の定義の同等性は明白である．その同等性の証明はこの節の最後に定理 3.20 として挙げておくので必要なら参照されたい．また，凸関数の定義の中の不等式 (☆) を繰り返し使い，次の形で用いることが多い.

定理 3.19（イェンセンの不等式）連続関数 $f(x)$ は区間 I で下に凸とする.
$x_j \in I$ かつ $t_j > 0\ (j = 1, 2, \cdots, n)$ で $\displaystyle\sum_{j=1}^{n} t_j = 1$ ならば，次が成り立つ.

$$f\Big(\sum_{j=1}^{n} t_j x_j\Big) \leqq \sum_{j=1}^{n} t_j f(x_j)$$

そこで，どのような関数が凸関数なのか，簡単に確かめられる定理 3.11 「関

数 $y = f(x)$ が区間 I で 2 回微分可能であるとき，区間 I で $f''(x) > 0$ ならば下に凸である.」を用いる.

例題 3.28（相加平均と相乗平均の不等式（重みあり））

$x_j > 0,\ t_j > 0 \quad (j = 1, 2, \cdots, n),\quad \displaystyle\sum_{j=1}^{n} t_j = 1$ とする.

$$\sum_{j=1}^{n} t_j x_j \geqq \prod_{j=1}^{n} x_j{}^{t_j}$$

特に $t_j = \dfrac{1}{n}$ として，$\quad \dfrac{1}{n}\displaystyle\sum_{j=1}^{n} x_j \geqq \prod_{j=1}^{n} x_j^{\frac{1}{n}} = (x_1 x_2 \cdots x_n)^{\frac{1}{n}}$

解答 $f(x) = \log x \ (x > 0)$ とおくと $f''(x) = -x^{-2} < 0$ で上に凸である. 定理 3.19 のイェンセンの不等式を用いるが，上に凸で不等号は逆向きになる.

問 3.25（ジョルダンの不等式）$\quad \dfrac{\sin x}{x} \geqq \dfrac{2}{\pi} \quad \left(0 < x \leqq \dfrac{\pi}{2}\right) \quad$ を示せ.

（ヒント：$f(x) = \dfrac{2x}{\pi} - \sin x$ とおく. ）

上の例題 3.28 で $n = 2,\ t_1 = \dfrac{1}{p},\ t_2 = \dfrac{1}{q},\ \left(\dfrac{1}{p} + \dfrac{1}{q} = 1\right),\ x_1 = a^p,\ x_2 = b^q$ として，次のヤングの不等式を得る.

例題 3.29（ヤングの不等式）$a, b > 0,\quad p, q > 1,\quad \dfrac{1}{p} + \dfrac{1}{q} = 1$ とする.

$$\dfrac{a^p}{p} + \dfrac{b^q}{q} \geqq ab$$

例題 3.30（ヘルダーの不等式）$a = (a_1, a_2, \cdots, a_n),\ b = (b_1, b_2, \cdots, b_n)$

に対し $(a, b) = \displaystyle\sum_{j=1}^{n} a_j b_j,\ |a|_p = \left(\sum_{j=1}^{n} |a_j|^p\right)^{\frac{1}{p}},\ |b|_q = \left(\sum_{j=1}^{n} |b_j|^q\right)^{\frac{1}{q}}$

とおく. $p, q > 1,\quad \dfrac{1}{p} + \dfrac{1}{q} = 1$ とする.

$$|a|_p \cdot |b|_q = \left(\sum_{j=1}^{n} |a_j|^p\right)^{\frac{1}{p}} \cdot \left(\sum_{j=1}^{n} |b_j|^q\right)^{\frac{1}{q}} \geqq \sum_{j=1}^{n} a_j b_j = (a, b)$$

解答 $\lambda a = (\lambda a_1, \lambda a_2, \cdots, \lambda a_n),\ \mu b = (\mu b_1, \mu b_2, \cdots, \mu b_n)$ に対し
$|\lambda a|_p = \lambda |a|_p,\ |\mu b|_q = \mu |b|_q,\ (\lambda a, \mu b) = \lambda \mu (a, b)$ であるから，
$|a|_p = |b|_q = 1$ として示せばよい.

ヤングの不等式より $\dfrac{|a_j|^p}{p} + \dfrac{|b_j|^q}{q} \geqq |a_j||b_j|$ $(j = 1, 2, \cdots, n)$.   総和をとると

$$\sum_{j=1}^{n}\Big(\dfrac{|a_j|^p}{p} + \dfrac{|b_j|^q}{q}\Big) \geqq \sum_{j=1}^{n}|a_j||b_j| \geqq \sum_{j=1}^{n}a_j b_j = (a, b)$$

一方，$\displaystyle\sum_{j=1}^{n}\Big(\dfrac{|a_j|^p}{p} + \dfrac{|b_j|^q}{q}\Big) = \dfrac{1}{p}\sum_{j=1}^{n}|a_j|^p + \dfrac{1}{q}\sum_{j=1}^{n}|b_j|^q = \dfrac{1}{p} + \dfrac{1}{q} = 1 = |a|_p|b|_q$

であるので不等式を得る．

例題 3.31（ミンコフスキーの不等式）

$x = (x_1, x_2, \cdots, x_n),\ y = (y_1, y_2, \cdots, y_n)$ に対し，

$$|x|_p = \Big(\sum_{j=1}^{n}|x_j|^p\Big)^{\frac{1}{p}},\ |y|_p = \Big(\sum_{j=1}^{n}|y_j|^p\Big)^{\frac{1}{p}},\ |x+y|_p = \Big(\sum_{j=1}^{n}|x_j + y_j|^p\Big)^{\frac{1}{p}}$$

とおく．$p \geqq 1$ のとき，次の不等式が成立つ．

$$|x|_p + |y|_p \geqq |x+y|_p$$

解答 $\displaystyle (|x+y|_p)^p = \sum_{j=1}^{n}|x_j + y_j|^p = \sum_{j=1}^{n}|x_j + y_j||x_j + y_j|^{p-1}$

$$\leqq \sum_{j=1}^{n}(|x_j||x_j + y_j|^{p-1} + |y_j||x_j + y_j|^{p-1})$$

$p = 1$ のときは明らかである．$p > 1$ のときヘルダーの不等式より

$$\leqq |x|_p\Big(\sum_{j=1}^{n}|x_j + y_j|^{(p-1)q}\Big)^{\frac{1}{q}} + |y|_p\Big(\sum_{j=1}^{n}|x_j + y_j|^{(p-1)q}\Big)^{\frac{1}{q}}$$

ここで，$\dfrac{1}{p} + \dfrac{1}{q} = 1$ より $(p-1)q = p$，$\dfrac{1}{q} = \dfrac{p-1}{p}$ である．これらに注意すれば，

$$\Big(\sum_{j=1}^{n}|x_j + y_j|^{(p-1)q}\Big)^{\frac{1}{q}} = \Big(\sum_{j=1}^{n}|x_j + y_j|^p\Big)^{\frac{1}{q}} = (|x+y|_p)^{p-1}$$

となり，$(|x+y|_p)^p \leqq (|x|_p + |y|_p)(|x+y|_p)^{p-1}$ を得る．$|x+y|_p \neq 0$ なら，この両辺を $(|x+y|_p)^{p-1}$ で除せばよい．$|x+y|_p = 0$ のときは自明．

最後に，関数の凸性の定義を明確にするために次の定理を述べておく．

定理 3.20（関数の凸性）関数 $y = f(x)$ が区間 I で微分可能であるとき，次の $(1), (2), (3)$ は同値である．

(1) 区間 I において下に凸である．

(2) 曲線 $y = f(x)$ は，$y = f(x)$ のグラフ上の任意の点における接線より

も上にある.

(3) グラフ上の 3 点 $P_1(x_1, y_1)$, $P_2(x_2, y_2)$, $P_3(x_3, y_3)$ $(x_1 < x_2 < x_3)$ について, 次の式が成り立つ.

$$\frac{y_2 - y_1}{x_2 - x_1} < \frac{y_3 - y_2}{x_3 - x_2}$$

証明 (1)⇒(3) を示す. 直線 P_1P_3 の方程式は $y = y_1 + \dfrac{y_3 - y_1}{x_3 - x_1}(x - x_1)$.
(1) より点 P_2 は直線 P_1P_3 の下にあるから, $y_2 < y_1 + \dfrac{y_3 - y_1}{x_3 - x_1}(x_2 - x_1)$. したがって, $\dfrac{y_2 - y_1}{x_2 - x_1} < \dfrac{y_3 - y_1}{x_3 - x_1}$ が成り立つ. また同じ直線 P_1P_3 の方程式を $y = y_3 + \dfrac{y_3 - y_1}{x_3 - x_1}(x - x_3)$ と表すと,

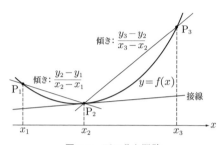

図 3.9 下に凸な関数

同様にして $\dfrac{y_2 - y_3}{x_2 - x_3} > \dfrac{y_3 - y_1}{x_3 - x_1}$ が成り立つ. 以上より

$$\frac{y_2 - y_1}{x_2 - x_1} < \frac{y_3 - y_1}{x_3 - x_1} < \frac{y_2 - y_3}{x_2 - x_3} \tag{3.22}$$

よって (3) の不等式が成り立つ. また, $x_1 < x_2 < x_3$ より (3) の不等式から (3.22) が得られることに注意しておく.

次に (3)⇒(2) を示す. $x > a$ の x に対して, $a < a + h < a + h_1 < x$ を満たす h, h_1 をとり, グラフ上の 4 点 A, B, C, P を

$$A(a, f(a)), \ B(a+h, f(a+h)), \ C(a+h_1, f(a+h_1)), \ P(x, f(x))$$

とする. 3 点 A, B, C, と 3 点 A, C, P, のそれぞれに対して (3.22) の左の不等式を適用すると

$$\frac{f(a+h) - f(a)}{h} < \frac{f(a+h_1) - f(a)}{h_1} < \frac{f(x) - f(a)}{x - a}$$

ここで, 左の不等式に対して $h \to +0$ とすると

$$f'(a) \leqq \frac{f(a+h_1) - f(a)}{h_1} < \frac{f(x) - f(a)}{x - a}$$

よって, $x > a$ のとき $f'(a)(x - a) + f(a) < f(x)$ が成り立つ. $x < a$ のときは (3.22) の右の不等式を用いることによって同じ結果を得る. よって (3)⇒(2) が示された.

最後に, (2)⇒(1) の対偶命題を示す. (1) を否定すると, 区間 I の x_1, x, x_2 に対応する 3 点 $P(x_1, f(x_1))$, $Q(x, f(x))$, $R(x_2, f(x_2))$ $(x_1 < x < x_2)$ が存在して, Q は線分 PR 上にあるかまたは線分 PR より上にある. このとき, 点 Q を通る直線で, 2 点 P, R の両方の点よりも下にあるようなものは存在しない. すなわち点 Q を通る接線を考えるとき (2) が成り立たない. よって (2)⇒(1) が示された. □

—————————— 練習問題 **3.4** ——————————

1. 次の曲線の増減，極値，変曲点，凹凸を調べ，曲線の概形を描け．

(1) e^{-x^2} (2) $\dfrac{1}{\sqrt{x}}e^{-\frac{x}{2}}$ $(x > 0)$ (3) $xe^{-\frac{x}{2}}$ $(x > 0)$ (4) $\dfrac{x}{\log x}$ $(x > 0)$

2. 次の関数の $x = a$ におけるテイラー展開を求めよ．

(1) e^x (2) $\dfrac{1}{(x-1)(x-2)}$ (3) $\dfrac{1}{(x-2)^2}$ (4) xe^x

3. 次の関数のマクローリン展開を示せ．

(1) $\cosh x = \displaystyle\sum_{n=0}^{\infty} \dfrac{1}{(2n)!} x^{2n}$ (2) $\sinh x = \displaystyle\sum_{n=0}^{\infty} \dfrac{1}{(2n+1)!} x^{2n+1}$

4. C^2 級関数 $f(x)$ に対して，$\Delta^2 f = f(x+2h) - 2f(x+h) + f(x)$ とするとき，$\displaystyle\lim_{h \to 0} \dfrac{\Delta^2 f}{h^2} = f''(x)$ を示せ．

5. $f(x) = e^{\mathrm{Arcsin}\, x}$ のとき，$f^{(n)}(0)$ $(n = 0, 1, 2, \cdots)$ を求めよ．

6. 漸近展開を用いて，次の極限値を求めよ．

(1) $\displaystyle\lim_{x \to 0} \dfrac{(e^x - 1 - x)\log(1+x)}{\sin x - x}$ (2) $\displaystyle\lim_{x \to \infty} \left\{ x - x^2 \log\left(1 + \dfrac{1}{x}\right) \right\}$

7. 次の式を示せ．

$$(1+x)^{\frac{1}{x}} = e\left(1 - \dfrac{1}{2}x + \dfrac{11}{24}x^2 - \dfrac{7}{16}x^3 + o(x^3) \right) \quad (x \to 0)$$

8. $\alpha > 1$ とする．$a_k > 0$ $(k = 1, 2, \cdots, n)$ に対して，不等式

$$(a_1 + a_2 + \cdots + a_n)^{\alpha} \leqq n^{\alpha-1}(a_1^{\alpha} + a_2^{\alpha} + \cdots + a_n^{\alpha})$$

が成り立つことを示せ．(ヒント：ヘルダーの不等式を用いる．)

9. 周の長さが一定である三角形のうちで面積が最大であるのは正三角形であることを，ヘロンの公式と相加平均と相乗平均の不等式 (例題 3.28) を用いて証明せよ．

10. ニュートン法を用いて，次の関数 $f(x)$ の零点の近似値を求めよ．また，用いたニュートン法の漸化式を示せ．近似値の計算には電卓等を用いてもよい．

(1) $f(x) = x^3 - 2$ (2) $f(x) = \cos x - x$

3.5 平面曲線と平面運動

平面曲線

高等学校で直線や円，放物線などいろいろな曲線について学んできたが，ここでは平面曲線とはなにかということをもう少し深く考えてみよう．平面曲線の**媒介変数表示 (パラメータ表示**ともいう) について説明する．まず，いくつかの例を挙げよう．

例1　相異なる 2 点 (p_1, q_1), (p_2, q_2) を通る直線 L は

$$L = \{(x, y) \mid x = p_1 + t(p_2 - p_1),\ y = q_1 + t(q_2 - q_1);\ -\infty < t < +\infty\}$$

この直線の方向ベクトルは $^t(p_2 - p_1, q_2 - q_1)$ である.

例2　点 (p, q) を通る直線 L は

$$L = \{(x, y) \mid x = p + t\lambda,\ y = q + t\mu;\ -\infty < t < +\infty\}\quad (\lambda^2 + \mu^2 = 1)$$

ここで, α を x 軸と L のなす角, β を y 軸と L のなす角とすると,

$\lambda = \cos\alpha$, $\mu = \cos\beta$ $(0 \leqq \alpha, \beta \leqq \pi)$ であり, これを**方向余弦**という.

例3　原点を中心とした半径 1 の円の上半分 C は

$$C = \{(x, y) \mid x = t,\ y = \sqrt{1 - t^2}\ ;\ -1 \leqq t \leqq 1\}$$

　一般に, 区間 $I = [a, b]$ で定義された C^1 級の 2 つの関数 $x = x(t)$, $y = y(t)$ $(t \in I)$ の組 $(x, y) = (x(t), y(t))$ の xy 平面における像を, **媒介変数 (パラメーター)**t を用いて表示される **平面曲線** C という.

$$C = \{(x, y) \mid x = x(t),\ y = y(t);\ t \in I\}$$

また, この平面曲線 C 上の点 $\mathrm{P}\big(x(c), y(c)\big)$ $(c \in I)$ において $^t(x'(c), y'(c))$ を**接ベクトル**という (これに直交するベクトルを**法線ベクトル**といい, それらの大きさ 1 のベクトルをそれぞれ**単位接ベクトル**, **単位法線ベクトル**という). 接ベクトルが零ベクトル $\vec{0}$ でないとき, 点 P は**通常点**であるといい, 点 P における接線の方程式は次で与えられる.

$$x = x(c) + tx'(c),\ y = y(c) + ty'(c)\quad -\infty < t < +\infty$$

通常点でない点を**特異点**といい, 曲線 C が特異点をもたないとき, 曲線 C は**滑らか**であるという. $t = a$ に対応する点 $\mathrm{A}(x(a), y(a))$ を**始点**, $t = b$ に対応する点 $\mathrm{B}\big(x(b), y(b)\big)$ を**終点**といい, 始点と終点が一致するとき, 曲線 C は**閉曲線**であるという. $a \leqq t_1 < t_2 \leqq b$ であるが, $(x(t_1), y(t_1)) = (x(t_2), y(t_2))$ であるとき, この点を曲線 C の**重複点**という. 重複点のない閉曲線を**単純閉曲線 (ジョルダン曲線)** という. つまり, 自分自身と交わらない閉曲線である.

　平面曲線 C 上の 2 点 $\mathrm{P}\big(x(c), y(c)\big)$ と点 $\mathrm{Q}\big(x(c+h), y(c+h)\big)$ を通る直線 L の方程式は例 1 によれば $x = x(c) + t(x(c+h) - x(c))$, $y = y(c) + t(y(c+h) - y(c))$ である. 点 Q が点 P に近づくとき, つまり, $h \to 0$ のとき, 直線 L の方向ベクトルは $\displaystyle\lim_{h \to 0} \frac{1}{h}\,{}^t((x(c+h) - x(c)), (y(c+h) - y(c))) = {}^t(x'(c), y'(c))$ となり,

接ベクトルの定義が得られる.

例 4　原点を中心とした半径 1 の円, つまり単位円 C は
$$C = \{(x,y) \mid x = \cos t,\ y = \sin t;\quad 0 \leqq t \leqq 2\pi\}$$
と表される. 点 A$(1,0)$ は始点であり終点でもある. 円は閉曲線である. また, 単位円上の点 $(\cos t, \sin t)$ における接ベクトルは $^t(-\sin t, \cos t)$ である.

例 5　曲線 $C : y = f(x)\ (x \in I)$ は $x = t, y = f(t)\ (t \in I)$ としてパラメータ表示でき, 平面曲線である. このとき, 接ベクトルは $^t(x'(t), y'(t)) = {}^t(1, f'(t))$ であり, 特異点はもたない. 点 P$(x(c), y(c))\ (c \in I)$ における接線の方程式は
$$x = c + t,\ y = f(c) + tf'(c)\quad (-\infty < t < +\infty)\quad である.$$
ここから t を消去すると
$$y = f(c) + f'(c)(x - c)$$
となり, この章の最初に定義した接線の方程式と一致する.

　以上をベクトル表示するために
$\boldsymbol{x} = \begin{bmatrix} x \\ y \end{bmatrix},\ \boldsymbol{x}(t) = \begin{bmatrix} x(t) \\ y(t) \end{bmatrix}\ (t \in I),\ \dfrac{d\boldsymbol{x}}{dt} =$
$\boldsymbol{x}'(t) = \begin{bmatrix} x'(t) \\ y'(t) \end{bmatrix}\ (t \in I)$ とおくと, 平面曲線
C は $\boldsymbol{x} = \boldsymbol{x}(t)$ で表せ, 通常点 P での接線の
方程式は次のように表される.

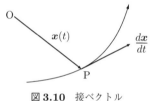

図 3.10　接ベクトル

$$\boldsymbol{x} = \boldsymbol{x}(c) + t\boldsymbol{x}'(c) \tag{3.23}$$

　平面曲線 $x = x(t), y = y(t)\ (t \in I)$ が $x'(t) \neq 0$ のとき, $x = x(t)$ は単調で逆関数 $t = x^{-1}(x)$ が存在するから, $y = y(x^{-1}(x))$ と表される. 一般に次のことが成り立つ.

定理 3.21　C^1 級曲線 $x = x(t), y = y(t)$ に対して, $x'(t) \neq 0$ のとき次が成り立つ.
$$\frac{dy}{dx} = \frac{\frac{dy}{dt}}{\frac{dx}{dt}} = \frac{y'(t)}{x'(t)} \qquad \frac{d^2y}{dx^2} = \frac{x'(t)y''(t) - x''(t)y'(t)}{(x'(t))^3}$$

証明　$y = y(x^{-1}(x))$ に連鎖律 (合成関数の微分法) を用いて次を得る.
$\dfrac{dy}{dx} = y'(x^{-1}(x))\,(x^{-1}(x))'$. この式に, 逆関数の微分法による $(x^{-1}(x))' = \dfrac{1}{x'(t)}$ を用いればよい. 最後の式は $\dfrac{d^2y}{dx^2} = \dfrac{d}{dt}\left(\dfrac{dy}{dx}\right) \cdot \dfrac{dt}{dx}$ に注意すればよい. □

例題 **3.32**　曲線 $C : \begin{cases} x = t^2 \\ y = t^3 - 3t \end{cases}$ $(-\infty < t < \infty)$ について，次の問い
に答えよ.

(1) 接線が y 軸に平行となるような C 上の点を求めよ.

(2) C 上の点 $A(3,0)$ における接線の方程式を求めよ.

(3) 曲線 C の概形を描け.

解答　(1) $\boldsymbol{x} = \begin{bmatrix} t^2 \\ t^3 - 3t \end{bmatrix}$ とすると，$\dfrac{d\boldsymbol{x}}{dt} =$

$\begin{bmatrix} 2t \\ 3t^2 - 3 \end{bmatrix}$ である. これが y 軸と平行となるのは
x 成分が 0 となるときだから，$t = 0$. よって，
$x = 0$，$y = 0$ より，求める点は原点 $(0,0)$ である.

(2) 点 $A(3,0)$ に対応する t は，$t^2 = 3$ より，$t =$
$\pm\sqrt{3}$ であり，重複点である. このとき，$\dfrac{d\boldsymbol{x}}{dt}\big(\pm$

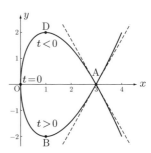

図 3.11　曲線 C (実線)，点 A での接線 (破線)，極小点 B，極大点 D

$\sqrt{3}\big) = \pm 2\sqrt{3}\begin{bmatrix} 1 \\ \pm\sqrt{3} \end{bmatrix}$ (複号同順) である. よっ
て，(3.23) 式より，接線の方程式のベクトル表示は

$\boldsymbol{x} = \begin{bmatrix} 3 \\ 0 \end{bmatrix} + \begin{bmatrix} 1 \\ \pm\sqrt{3} \end{bmatrix} \cdot t$ となる. すなわち，求める接線の方程式は $\begin{cases} x = 3 + t \\ y = \pm\sqrt{3}t \end{cases}$ であ
り，パラメータを消去すると $y = \pm\sqrt{3}(x - 3)$ となる.

(3) $x = t^2$ より曲線は $x \geqq 0$ の領域にある. x は t の関数として偶関数，y は t の
関数として奇関数であるから，$t > 0$ のときの曲線と $t < 0$ のときの曲線は x 軸
に関して対称である. よって，$t > 0$ のときの曲線を $y = y(x)$ として考えてみる.
$\dfrac{dy}{dx} = \dfrac{y'(t)}{x'(t)} = \dfrac{3t^2 - 3}{2t}$，$\dfrac{d^2y}{dx^2} = \dfrac{3t^2 + 3}{4t^3}$. したがって，$t > 0$ における $y = f(x)$ の
グラフとしての停留点は $\dfrac{dy}{dx} = 0$ より，$t = 1$ のときで曲線上の点 $B(1, -2)$ であり (図

3.11)，この点で $\dfrac{d^2y}{dx^2} = \dfrac{3}{2} > 0$ であるから点 B は極小点である. また，すべての $t > 0$

に対して $\dfrac{d^2y}{dx^2} > 0$ であるから，下に凸であり，変曲点はない. $t < 0$ の $y = f(x)$ のグ
ラフは対称から，点 $D(1, 2)$ は極大点である. 問 (1)，(2) の結果を含めて，曲線 C の概
形は図 3.11 になる. また，接ベクトルが零ベクトル $\vec{0}$ になることはなく，特異点はない.

この節では，平面曲線の定義で $x = x(t), y = y(t)$ に C^1 級を仮定したが，連
続性のみを仮定して得られる曲線を**連続曲線**という. 連続曲線は正方形を埋め

尽くすことで知られるペアノ曲線や，各点で接線をもたないコッホ曲線などのフラクタルと関係した色々な曲線を含みこの本で取り扱う範囲を超えているので C^1 級を仮定した．

これ以降，$x(t), y(t)$ は区間 I で C^2 級関数と仮定する．$\boldsymbol{x}''(t) = {}^t(x''(t), y''(t))$ と記す．$\boldsymbol{x}(t)$ を点 $t = a \, (\in I)$ の周りでテーラー展開して次を得る．

$$\boldsymbol{x}(t) = \boldsymbol{x}(a) + (t-a)\boldsymbol{x}'(a) + \frac{(t-a)^2}{2}\boldsymbol{x}''(a) + o((t-a)^2)$$

例題 3.33 点 $A(x(a), y(a))$ が曲線 $C : \boldsymbol{x} = \boldsymbol{x}(t) \, (t \in I)$ の通常点 $(\boldsymbol{x}'(a) \neq \vec{0})$ の**変曲点**であるためには，次の (i) または (ii) が成り立たなければならない．

 (i) $\boldsymbol{x}''(a) = \vec{0}$

 (ii) $\boldsymbol{x}''(a)$ と $\boldsymbol{x}'(a)$ とが平行，つまり，同じ方向である．

解答 $\boldsymbol{x}''(a) \neq \vec{0}$ かつ $\boldsymbol{x}''(a)$ と $\boldsymbol{x}'(a)$ とが平行でないとすると，点 A の近傍の曲線 C 上の点は，点 A における接線 $\boldsymbol{x} = \boldsymbol{x}(a) + (t-a)\boldsymbol{x}'(a)$ からほぼ $\frac{1}{2}(t-a)^2\boldsymbol{x}''(a)$ 移動した点にあり，$(t-a)^2 > 0$ であるから，接線で2分された領域の同じ側に留まる．よって，変曲点でないことがわかり，結果を得る．

また，$y = y(x)$ のグラフで見ると変曲点では $\dfrac{d^2y}{dx^2} = 0$ であった．したがって，$\dfrac{d^2y}{dx^2} = \dfrac{dt}{dx}\dfrac{d}{dt}\left(\dfrac{dy}{dx}\right) = \dfrac{x'y'' - y'x''}{x'^3} = 0$ であり，この分子が 0 であることが $\boldsymbol{x}''(a)$ と $\boldsymbol{x}'(a)$ とが平行であることと同値であることからもわかる．

次に特異点を分類する．ここでは，$x(t), y(t)$ は区間 I で C^3 級関数と仮定する．特異点 $\boldsymbol{x}'(a) = \vec{0}$ を満たす点 $A(x(a), y(a))$ の周りでテーラー展開し，次を得る．

$$\boldsymbol{x}(t) = \boldsymbol{x}(a) + \frac{(t-a)^2}{2}\boldsymbol{x}''(a) + \frac{(t-a)^3}{6}\boldsymbol{x}'''(a) + o((t-a)^3)$$

特に，2次まででみると次のようになる．

$$\boldsymbol{x}(t) = \boldsymbol{x}(a) + \frac{(t-a)^2}{2}\boldsymbol{x}''(a) + o((t-a)^2)$$

この主要部は $\boldsymbol{x}(t) = \boldsymbol{x}(a) + \dfrac{(t-a)^2}{2}\boldsymbol{x}''(a)$ であるから，$\boldsymbol{x}''(a) \neq \vec{0}$ であれば，$(t-a)^2 > 0$ だから，この主要部は点 A を端点とする半直線 L である．

(1) $\boldsymbol{x}''(a) \, (\neq \vec{0})$ と $\boldsymbol{x}'''(a) \, (\neq \vec{0})$ が平行でない場合，特異点 A は**尖点**である．

このとき, L を延長した直線 $\ell:\ \boldsymbol{x}(\lambda)=\boldsymbol{x}(a)+\lambda\boldsymbol{x}''(a)\ (\lambda\in\mathbb{R})$ は点 A における曲線 C の接線という. 曲線 C は直線 ℓ の両側にある (図 3.12(1)).

説明 $(t-a)^3$ は $t=a$ を挟み正から負の値に変わる. そのため, 曲線 C は点 A で折り返すのだが, 直線 ℓ の一方の側から点 A に入り, 反対側へ出ていく. 曲線 C は点 A で直線 ℓ の両側から 2 曲線 (説明上 2 曲線というが, 合わせて 1 曲線 C である) が合流するように見え, 点 A で尖っているので**尖点** (第 1 種尖点ともいう) という.

(2) $\boldsymbol{x}''(a)(\neq\vec{0})$ と $\boldsymbol{x}'''(a)\ (\neq\vec{0})$ が平行の場合, 特異点 A は**嘴点**である. このとき, L を延長した直線 $\ell:\ \boldsymbol{x}(\lambda)=\boldsymbol{x}(a)+\lambda\boldsymbol{x}''(a)\ (\lambda\in\mathbb{R})$ は点 A における曲線 C の接線という. 曲線 C は直線 ℓ の片側にある (図 3.12 (2)).

説明 この場合, $\boldsymbol{x}(t)=\boldsymbol{x}(a)+\dfrac{(t-a)^2}{2}\boldsymbol{x}''(a)+o((t-a)^2)$ である. そのため, 曲線 C は点 A で折り返すのだが, 直線 ℓ の一方の側から点 A に入り, 同じ側へ出ていく. 曲線 C は点 A で直線 ℓ の片側から 2 曲線 (説明上 2 曲線というが, 合わせて 1 曲線 C である) が合流するように見え, 点 A で嘴のように尖っているので**嘴点** (第 2 種尖点ともいう) という.

(3) この曲線の 2 次のテーラー展開の主要部を除いたもの $\boldsymbol{x}(t)-\Big(\boldsymbol{x}(a)+\dfrac{(t-a)^2}{2}\boldsymbol{x}''(a)\Big)$ が $(t-a)$ の偶関数の場合, この曲線 C は点 A で折り返し, 折り返し点である特異点 A は曲線 C の**終止点**といわれる (図 3.12 (3)). 3 次以上の項がない場合, 曲線 C は点 A を端点とする半直線である.

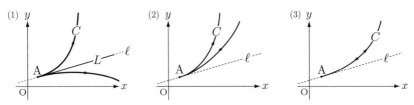

図 3.12 曲線の特異点の分類: (1) 尖点 (第 1 種尖点). (2) 嘴点 (第 2 種尖点). (3) 終止点

問 3.26 次の曲線の概形を描け.

(1) $\begin{cases} x=t^2-2t \\ y=t+1 \end{cases}\ (-\infty<t<\infty)$　　　(2) $\begin{cases} x=\sin t \\ y=\sin 2t \end{cases}\ (0\leqq t\leqq 2\pi)$

極座標

平面上の点 P の位置を示すための xy 座標系は，原点から x 軸方向に進んだ距離 x と y 軸方向に進んだ距離 y の組み (x, y) で表示するものである.

これに対し，**極**とよばれる基準となる点 O と**始線**とよばれる O から延びる半直線 OX が

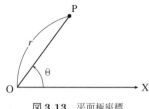

図 3.13　平面極座標

定められた平面上の点 P の位置を，O からの距離 r と OX からの角 θ によって $P(r, \theta)$ のように表示する方法を**極座標表示**という．直交座標系を xy 座標系と言うように，極座標系を $r\theta$ 座標系と言うことがある．$(x, y) \neq (0, 0)$ のとき，点 P の xy 座標系による座標 (x, y) と $r\theta$ 座標系による座標 (r, θ) との間には次の関係がある.

$$\begin{cases} x = r\cos\theta \\ y = r\sin\theta \end{cases} \iff \begin{cases} r = \sqrt{x^2 + y^2} \\ \theta = \mathrm{Arctan}\dfrac{y}{x} \end{cases}$$

これらの関係により，極座標で表された曲線 $r = f(\theta)$ については，

$\begin{cases} x = f(\theta)\cos\theta \\ y = f(\theta)\sin\theta \end{cases}$ とおくことにより，θ をパラメータとする媒介変数表示された曲線として対応すればよい.

例題 3.34　xy 平面において，極座標表示された曲線 $r = 1 + \cos\theta$ $(0 \leq \theta < 2\pi)$ (**カージオイド**とよばれる) 上の点で，接線が y 軸に平行になるものを求めよ.

解答 $\begin{cases} x = (1 + \cos\theta)\cos\theta \\ y = (1 + \cos\theta)\sin\theta \end{cases}$ より，$\begin{cases} \dfrac{dx}{d\theta} = -\sin\theta(1 + 2\cos\theta) \\ \dfrac{dy}{d\theta} = \cos\theta + \cos^2\theta - \sin^2\theta \end{cases}$．接線が y

軸に平行になるのは $\dfrac{dx}{d\theta} = -\sin\theta(1 + 2\cos\theta) = 0$,
すなわち，$\theta = 0, \pi, \dfrac{2}{3}\pi, \dfrac{4}{3}\pi$ のときである．この
内 $\theta = \pi$ のときは $\dfrac{dy}{d\theta} = 0$ となるので除外される．
よって，求める点は $\theta = 0, \dfrac{2}{3}\pi, \dfrac{4}{3}\pi$ に対応する 3 点
$(2, 0), \left(-\dfrac{1}{4}, \pm\dfrac{\sqrt{3}}{4}\right)$ である.

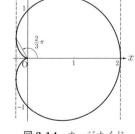

図 3.14　カージオイド

直線運動

数直線上を運動する点 P の時刻 t における位置を x とすると，x は t の関数である．この関数を $x = x(t)$ とすると，時刻が t から $t + \Delta t$ までの $x(t)$ の変化の割合 $\dfrac{x(t+\Delta t) - x(t)}{\Delta t}$ は平均速度であり，$\Delta t \to 0$ としたときの極限値を，時刻 t における点 P の**速度**という．P の速度を $v(t)$ とすると，$v(t) = \dfrac{dx}{dt} = x'(t)$ である．速度 v の絶対値 $|v|$ を点 P の**速さ**という．さらに，速度 $v(t)$ に対して，$\alpha(t) = \lim\limits_{\Delta \to 0} \dfrac{v(t+\Delta t) - v(t)}{\Delta t}$ を時刻 t における点 P の**加速度**という．すなわち，$\alpha = \dfrac{dv}{dt} = \dfrac{d^2 x}{dt^2}$ である．また，$|\alpha|$ を**加速度の大きさ**という．

加速度が一定の運動を等加速度運動という．このとき加速度を α とすると，速度は初速度を v_0 として $v(t) = v_0 + \alpha t$ である．また，点 P の時刻 t における位置は $x(t) = x_0 + v_0 t + \dfrac{1}{2}\alpha t^2$ となる．ただし，x_0 は初期時刻 $t = 0$ における位置である．これらは微分することにより確かめることができる．

> **例題 3.35（直線上の運動）** 初速度 $v_0 = 3\,(\mathrm{m/sec})$，加速度 $\alpha = 2\,(\mathrm{m/sec}^2)$ で直線運動する動点 P が 5 秒間に動いた距離を求めよ．

解答 点 P の初期時刻における位置を x_0，時刻 t における位置を $x(t)$ とすると，$x(t) = x_0 + v_0 t + \dfrac{1}{2}\alpha t^2$ より，5 秒間に動いた距離は $x(5) - x_0 = 3 \times 5 + \dfrac{1}{2} \times 2 \times 5^2 = 40$．よって，40 m である．

問 3.27 直線道路を走行している車がブレーキを掛けて停止した．ブレーキを掛け始めてから停止するまで 10 秒掛かり，この間毎秒 2 m の割合で減速した．以下の問いに答えよ．
(1) ブレーキを掛け始めたときの速度を求めよ．
(2) ブレーキを掛け始めてから停止するまでどれだけの距離を進んだか．

問 3.28 直線道路において，停止している車が一定の加速度で加速しながら 50 m 進んだ時の速度は秒速 30 m であった．加速度はいくらか．

平面運動

直線上の運動の向きは一定の方向だけであるが，平面上の運動はあらゆる方向を考えなければならない．そのためにベクトルを用いる必要がある．座標平面上の点 P に対し，原点 O から点 P に向かう有向

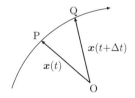

図 3.15 平面上の点の運動

線分 $\overrightarrow{\text{OP}}$ を表すベクトル $\boldsymbol{x}$ を点 P の**位置ベクトル**という．点 P の座標が (x, y) であるとき，ベクトル $\boldsymbol{x}$ を成分表示すると $\boldsymbol{x} = \begin{bmatrix} x \\ y \end{bmatrix}$ となる．点 P が時刻 t とともに動くとき，位置ベクトル $\boldsymbol{x}$ も変化するので $\boldsymbol{x}(t)$ と表す．成分表示すると，$\boldsymbol{x}(t) = \begin{bmatrix} x(t) \\ y(t) \end{bmatrix}$ となる．時刻が t から $t + \Delta t$ に変わるとき，ベクトル $\boldsymbol{x}(t)$ はベクトル $\boldsymbol{x}(t + \Delta t)$ に変化する．すなわち $\boldsymbol{x}(t) = \overrightarrow{\text{OP}}$，$\boldsymbol{x}(t + \Delta t) = \overrightarrow{\text{OQ}}$ とすると，$\boldsymbol{x}(t + \Delta t) - \boldsymbol{x}(t) = \overrightarrow{\text{PQ}}$ である．したがって，変化の割合は

$$\frac{\overrightarrow{\text{PQ}}}{\Delta t} = \frac{\boldsymbol{x}(t + \Delta t) - \boldsymbol{x}(t)}{\Delta t}$$

となる．ここで，$\Delta t \to 0$ としたときの極限を動点 P の**速度**，あるいは**速度ベクトル**といい，$\boldsymbol{v}(t)$ で表す．すなわち，

$$\boldsymbol{v}(t) = \lim_{\Delta t \to 0} \frac{\overrightarrow{\text{PQ}}}{\Delta t} = \lim_{\Delta t \to 0} \frac{\boldsymbol{x}(t + \Delta t) - \boldsymbol{x}(t)}{\Delta t}$$

である．これを $\dfrac{d\boldsymbol{x}}{dt}$ と書く．また，

$$\lim_{\Delta t \to 0} \frac{\boldsymbol{x}(t + \Delta t) - \boldsymbol{x}(t)}{\Delta t} = \lim_{\Delta t \to 0} \frac{1}{\Delta t} \begin{bmatrix} x(t + \Delta t) - x(t) \\ y(t + \Delta t) - y(t) \end{bmatrix}$$

より $\boldsymbol{v}(t)$ を成分で表すと，

$$\boldsymbol{v}(t) = \frac{d\boldsymbol{x}}{dt} = \begin{bmatrix} x'(t) \\ y'(t) \end{bmatrix}$$

となる．速度ベクトル $\boldsymbol{v}$ の大きさを**速さ**といい，$|\boldsymbol{v}(t)|$ で表す．すなわち，$|\boldsymbol{v}(t)| = \sqrt{\left(\dfrac{dx}{dt}\right)^2 + \left(\dfrac{dy}{dt}\right)^2}$ である．

　以上から分かるように，座標平面上の動点 P の位置ベクトル $\boldsymbol{x}(t)$ の時刻 $t = a$ から時刻 $t = b$ までの軌跡が平面曲線であり，速度ベクトルが曲線の接ベクトルである．

　同様にして，速度 $\boldsymbol{v}(t)$ の瞬間的な変化の割合を**加速度**または**加速度ベクトル**といい，$\boldsymbol{\alpha}(t)$ で表す．すなわち

$$\boldsymbol{\alpha}(t) = \frac{d\boldsymbol{v}}{dt} = \frac{d^2\boldsymbol{x}}{dt^2} = \begin{bmatrix} x''(t) \\ y''(t) \end{bmatrix}$$

である．また，加速度ベクトル $\boldsymbol{\alpha}(t)$ の大きさを**加速度の大きさ**といい，$|\boldsymbol{\alpha}(t)|$ で表す．$|\boldsymbol{\alpha}(t)| = \sqrt{\left(\dfrac{d^2 x}{dt^2}\right)^2 + \left(\dfrac{d^2 y}{dt^2}\right)^2}$ である．

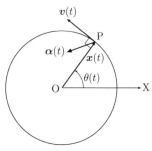

図 3.16　平面上の円運動

例（円運動） 原点 O を中心とし，半径 R の円周上を動く点 P の運動を考える．時刻 t において $\boldsymbol{x}(t) = \overrightarrow{\mathrm{OP}}$ とすると，点 P の座標は $(R\cos\theta, R\sin\theta)$ と表されるから，$\boldsymbol{x}(t) = R\begin{bmatrix} \cos\theta(t) \\ \sin\theta(t) \end{bmatrix}$ である．したがって，速度は $\boldsymbol{v}(t) = R\theta'(t)\begin{bmatrix} -\sin\theta(t) \\ \cos\theta(t) \end{bmatrix}$ となる．このことより，$\boldsymbol{v}(t) \perp \boldsymbol{x}(t)$ であることがわかる．$\dfrac{d\theta}{dt} = \theta'(t)$ を**角速度**という．加速度は $\boldsymbol{\alpha}(t) = R\theta''(t)\begin{bmatrix} -\sin\theta(t) \\ \cos\theta(t) \end{bmatrix} - R\left(\theta'(t)\right)^2\begin{bmatrix} \cos\theta(t) \\ \sin\theta(t) \end{bmatrix}$ となる．角速度が一定値のとき**等速円運動**という．このとき $\theta''(t) = 0$ より，$\theta'(t) = \omega$ とおくと，$\boldsymbol{\alpha} = -\omega^2\boldsymbol{x}$ となり加速度は動点 P から円の中心に向かう方向である．

上の例のように，平面運動の場合は，速さが一定であっても運動の方向が変化するとき加速度が生じる．運動の方向について，速度 $\boldsymbol{v}$ と加速度 $\boldsymbol{\alpha}$ には次の関係がある．まず記号の注意を与えておく．2 つのベクトル $\boldsymbol{a} = \begin{bmatrix} a_1 \\ a_2 \end{bmatrix}$，$\boldsymbol{b} = \begin{bmatrix} b_1 \\ b_2 \end{bmatrix}$ に対して，$|\boldsymbol{a}\ \boldsymbol{b}|$ は行列式 $\begin{vmatrix} a_1 & b_1 \\ a_2 & b_2 \end{vmatrix}$ を表す．

定理 3.22 座標平面上の動点 P の位置ベクトル $\boldsymbol{x}$ に対し，速度 $\dfrac{d\boldsymbol{x}}{dt}$ を $\boldsymbol{v}$，加速度 $\dfrac{d^2\boldsymbol{x}}{dt^2}$ を $\boldsymbol{\alpha}$ とするとき，次のことが成り立つ (図 3.17 参照).

(a) $|\boldsymbol{v}\ \boldsymbol{\alpha}| > 0$ のとき，動点 P は左に曲がる.

(b) $|\boldsymbol{v}\ \boldsymbol{\alpha}| < 0$ のとき，動点 P は右に曲がる.

(c) $|\boldsymbol{v}\ \boldsymbol{\alpha}| = 0$ のとき，動点 P の方向は変化しない.

問 3.29 上の定理 3.22 を証明せよ.

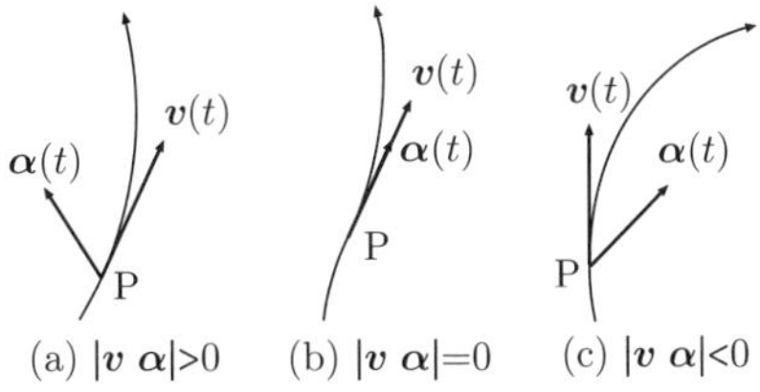

例 位置ベクトルが $\boldsymbol{x} = \begin{bmatrix} t \\ t^3 \end{bmatrix}$ である動点 P は $x = t,\ y = t^3$ より，曲線 $y = x^3$ 上を $x = -\infty$ から $x = \infty$ に向かって動く．速度は $\boldsymbol{v} = \begin{bmatrix} 1 \\ 3t^2 \end{bmatrix}$，

(a) $|\boldsymbol{v}\ \boldsymbol{\alpha}|>0$　(b) $|\boldsymbol{v}\ \boldsymbol{\alpha}|=0$　(c) $|\boldsymbol{v}\ \boldsymbol{\alpha}|<0$

図 3.17 速度と加速度

加速度は $\boldsymbol{\alpha} = \begin{bmatrix} 0 \\ 6t \end{bmatrix}$ であるから，$|\boldsymbol{v}\ \boldsymbol{\alpha}| = \begin{vmatrix} 1 & 0 \\ 3t^2 & 6t \end{vmatrix} = 6t$ となる．したがって，

$x < 0 \ (t < 0)$ のときは右に曲がり，$x > 0 \ (t > 0)$ のときは左に曲がる．また，$x = 0 \ (t = 0)$ のときは，瞬間的に，直線的に動く．

問 3.30 高さ $h \,(\mathrm{m})$ の位置から速さ $v_0 \,(\mathrm{m/sec})$ で仰角 θ で物体を打ち出した．t 秒後の物体の位置を $\big(x(t), y(t)\big)$ とする．$x(0) = 0$, $y(0) = h$ である．重力加速度の大きさは一定で g とし，重力以外の力は働かないものとして以下の問いに答えよ．
(1) $x(t)$, $y(t)$ を t の式で表せ．
(2) 最高点に到達する時刻 t_1 と，そのときの高さを求めよ．
(3) 地表到達時に最も遠くに達するための仰角 θ が満たす条件を求めよ．

曲率と曲率半径

平面曲線の曲率と曲率半径について述べる前に 2 つの曲線の接触を定義する．

定義 3.8（n 次の接触） 点 $x = a$ を含む区間 I で定義された関数 $f(x)$, $g(x)$ はともに C^n 関数とする．$f(x) - g(x) = o(x - a)^n$ つまり

$$f^{(k)}(a) = g^{(k)}(a) \quad (k = 0, 1, 2, \cdots, n)$$

が成立するとき，2 つの平面曲線 $y = f(x)$, $y = g(x)$ は **n 次の接触を** するという．また，$f^{(n+1)}(a) \neq g^{(n+1)}(a)$ が成立するとき，2 つの曲線 $y = f(x)$, $y = g(x)$ はちょうど **n 次の接触をする**という．

例 点 $x = a$ を含む区間 I で定義された関数 $f(x)$ と点 $x = a$ における $f(x)$ の n 次テイラー近似式 $p_n(x)$ は n 次の接触をする．

定義 3.9（曲率・曲率半径） 点 $x = a$ を含む区間 I で定義された C^2 関数 $f(x)$ による平面曲線 $C : y = f(x)$ に点 $x = a$ で接する円で最大の次数で接触する円を**曲率円** (接触円ともいう)，その中心 (α, β) を**曲率中心**という．その半径 ρ を**曲率半径**といい，その逆数 $\kappa = \dfrac{1}{\rho}$ を**曲率**という．

平面曲線 C に対し，曲率中心の軌跡 C' を曲線 C の**縮閉線**という．また，もとの曲線 C を曲線 C' の**伸開線**という．

公式 3.8 平面曲線 $C : y = f(x)$ の点 $x = a$ での曲率円の中心 (α, β), 曲率半径 ρ, 曲率 κ は次で与えられる．

$$\alpha = a - \frac{(1 + f'(a)^2)f'(a)}{f''(a)}, \quad \beta = f(a) + \frac{(1 + f'(a)^2)}{f''(a)}$$

$$\rho = \frac{(1 + f'(a)^2)^{\frac{3}{2}}}{|f''(a)|}, \quad \kappa = \frac{|f''(a)|}{(1 + f'(a)^2)^{\frac{3}{2}}}$$

平面曲線 C が媒介変数表示で $x = \xi(t)$, $y = \eta(t)$ と表されているときは，次で与えられる．

$$\alpha = \xi - \frac{(\xi'^2 + \eta'^2)\eta'}{\xi'\eta'' - \xi''\eta'}, \quad \beta = \eta + \frac{(\xi'^2 + \eta'^2)\xi'}{\xi'\eta'' - \xi''\eta'},$$

$$\rho = \frac{(\xi'^2 + \eta'^2)^{\frac{3}{2}}}{|\xi'\eta'' - \xi''\eta'|}, \quad \kappa = \frac{|\xi'\eta'' - \xi''\eta'|}{(\xi'^2 + \eta'^2)^{\frac{3}{2}}}$$

証明　円 $(x - \alpha)^2 + (y - \beta)^2 = \rho^2$ の両辺を x で微分すると，$(x - \alpha) + (y - \beta)y' = 0$. もう一度微分して，$1 + y'^2 + (y - \beta)y'' = 0$. 2 次の接触をするから，$y' = f'(a)$, $y'' = f''(a)$ として，α, β, ρ について解けばよい．　　□

例題 3.36　(1) 曲線 $y = x^2$ の曲率中心 (α, β)，曲率半径 ρ を求めよ．
(2) 曲線 $y = x^3$ の曲率中心 (α, β)，曲率半径 ρ を求めよ．

解答　(1) $y = x^2$, $y' = 2x$, $y''(x) = 2$ であるから，$\alpha = x - \dfrac{(1 + 4x^2) \cdot 2x}{2} = -4x^3$,

$\beta = x^2 + \dfrac{1 + 4x^2}{2} = \dfrac{1}{2} + 3x^2$, $\rho = \dfrac{1}{2}(1 + 4x^2)^{\frac{3}{2}}$

(2) $\alpha = \dfrac{1}{2}x - \dfrac{9}{2}x^5$, $\beta = \dfrac{5}{2}x^3 + \dfrac{1}{6x}$, $\rho = \dfrac{1}{6|x|}(1 + 9x^4)^{\frac{3}{2}}$

問 3.31　(1) 曲線 $y = x^2$ 上の点での曲率が最大となるような点を求めよ．
(2) 曲線 $y = x^3$ 上の点での曲率が最大となるような点を求めよ．

例題 3.37　サイクロイド $x = t - \sin t$, $y = 1 - \cos t$　$(-\infty < t < \infty)$ の曲率中心 (α, β)，曲率半径 ρ を求めよ．

解答　$x' = 1 - \cos t$, $y' = \sin t$ であるから，$x'^2 + y'^2 = 2(1 - \cos t)$, $x'y'' - x''y' = \cos t - 1$ より，$\alpha = t + \sin t$, $\beta = \cos t - 1$, $\rho = \sqrt{8(1 - \cos t)}$ である．

このサイクロイドの縮閉線は $x = t + \sin t$, $y = \cos t - 1$ であり，もとのサイクロイドと合同なサイクロイドである．

問 3.32　次の曲線の曲率中心 (α, β)，曲率半径 ρ，曲率 κ を求めよ．また，縮閉線の方程式を求めよ．

(1) 楕円 $\dfrac{x^2}{a^2} + \dfrac{y^2}{b^2} = 1$　　　　(2) 双曲線 $\dfrac{x^2}{a^2} - \dfrac{y^2}{b^2} = 1$

(3) 放物線 $y^2 = 4ax$　　$(a > 0)$

問 3.33　(1)　平面曲線 C が極方程式 $r = f(\theta)$ で与えられているとき，$x = r\cos\theta$, $y = r\sin\theta$ に注意して，曲率半径が $\rho = \dfrac{(r^2 + r'^2)^{\frac{3}{2}}}{|r^2 + 2r'^2 - rr''|}$ であることを示せ．

(2)　連珠形 $r^2 = a^2\cos 2\theta$　$(a > 0,\ r > 0)$ の点 (r, θ) での曲率半径が $\rho = \dfrac{a^2}{3r}$ であることを示せ．

─────────────── 練習問題 3.5 ───────────────

1.　媒介変数 t を用いて表された次の平面曲線から t を消去して，x, y に関する方程式を求めよ．

(1) $x = \sin t + \cos t$, $y = \sin 2t$　　　　(2) $x = 3\sin t$, $y = 4(1 - \cos t)$

(3) $x = \tan t$, $y = \dfrac{2\sin 2t}{2 + 5\sin t\cos t}$　　　　(4) $x = \cos^3 t$, $y = \sin^3 t$

2.　サイクロイド $x = a(t - \sin t)$, $y = a(1 - \cos t)$　$(a > 0)$ の概形を描け．$t = \dfrac{\pi}{2}$, $t = \pi$ に対応する曲線上の点における接線の方程式を求めよ．

3.　平面曲線 $x = t - t^3$, $y = 1 - t^4$ の概形を描け．t の関数としての x, y の増減表をつくり，点の動き方を調べ，$\dfrac{d^2y}{dx^2}$ を求めよ．また，$\dfrac{d^2y}{dx^2}$ の符号を調べ，曲線の凹凸や変曲点を調べよ．

4.　動点 P が $x = \dfrac{3}{1 + t^2}$, $y = \dfrac{3t}{1 + t^2}$　$(-\infty < t < \infty)$ の運動をするとき，その軌跡を求めよ．また速度ベクトルを求めよ．

5.　デカルトの正葉線 $x = \dfrac{3t}{1 + t^3}$, $y = \dfrac{3t^2}{1 + t^3}$ について，以下の問いに答えよ．

(1) (x, y) が第1象限にあるときの t の範囲を求めよ．

(2) 直線 $y = x$ に関して対称であることを示せ．

(3) 接線が水平となるとき，および垂直となるときの接点を求めよ．

(4) 直線 $y = -x - 1$ が漸近線であることを示せ．

(5) この曲線の概形を描け．

6.　リサージュ曲線 $x = \cos t$, $y = \sin 2t$　$(0 \leqq t \leqq 2\pi)$ について，以下の問いに答えよ．

(1) x 軸および y 軸に関して対称であることを示せ．

(2) この曲線上の動点 P$(\cos t,\ \sin 2t)$ が左に曲がるときの t の範囲を求めよ．

(3) この曲線の概形を描け.

7. 平面上の点 P の位置ベクトルが $\boldsymbol{x}_1 = \begin{bmatrix} 2\cos t \\ 3\sin t \end{bmatrix}$ で，点 Q の位置ベクトルが
$\boldsymbol{x}_2 = \begin{bmatrix} 1 + \sin t \\ -3 + \cos t \end{bmatrix}$ のとき，以下の問いに答えよ.

(1) これら 2 点 P, Q の軌跡 (曲線) を図示し，交点の数を求めよ.

(2) 点 P と点 Q は重なることがあるか. 重なるときはその位置を求めよ.

(3) 点 Q の位置ベクトルが $\boldsymbol{x}_2 = \begin{bmatrix} 1 + \sin t \\ 3 + \cos t \end{bmatrix}$ のとき，(2) の問いに答えよ.

8. 次の極座標表示された曲線上の，指定された θ に対応する点における接線の方程式を求めよ.

(1) $r = 2\cos\theta$ $\left(\theta = \dfrac{\pi}{3}\right)$ (2) $r = \dfrac{1}{\theta}$ $\left(\theta = \dfrac{\pi}{4}\right)$

9. 極座標で与えられた曲線 $r = [a\cos\theta + b\sin\theta]_+$ $(0 \leqq \theta \leqq 2\pi)$ は，$|a| + |b| \neq 0$ ならば，円を表すことを示し，その円の中心と半径を求めよ. ただし，$[x]_+ = x$ $(x \geqq 0)$, 0 $(x < 0)$ である.

10. 数直線上を運動する点 P の位置 x が，時刻 t の関数として $x = t^3 - 6t^2 + 9t$ で表されるとき，以下の問いに答えよ.

(1) 時刻 t における点 P の速度を求めよ.

(2) 点 P の速度が 0 となるときの時刻を求めよ.

(3) 点 P が正の方向に運動している時刻を求めよ.

(4) $t = 0$ から $t = 5$ まで動いた距離 (道のり) を求めよ.

(5) 時刻 $t = 4$ における加速度を求めよ.

11. 中心が原点にあり，半径が 1 の円周上にある点 P が一定の角速度 ω で正の向きに回転している. x 軸上にある点 Q が点 P と長さ ℓ の棒でつながっているとき，点 Q が x 軸上を動く速度および加速度を求めよ. ただし，$\ell > 1$ で時刻 $t = 0$ のときの点 P, Q の位置はそれぞれ $(1, 0)$, $(\ell + 1, 0)$ とする.

4

積分とその応用

4.1 積分の定義と微積分の基本公式

前章では関数 $F(x)$ の導関数 $F'(x)$ について，その定義，一般的性質，計算法，および応用について学んだ．本章では逆に，関数 $f(x)$ が与えられたとき，$F'(x) = f(x)$ となる関数 $F(x)$ について学ぶ．$F'(x) = f(x)$ となる関数 $F(x)$ を関数 $f(x)$ の**原始関数**または**不定積分**という．たとえば，$\sin x$ の導関数は $\cos x$ なので，$\cos x$ の不定積分は $\sin x$ である．不定積分は微分の逆演算である．このとき，関数 $f(x)$ はその不定積分 $F(x)$ をもつのかという問題がある．区間 I で連続な関数 $f(x)$ はその不定積分 $F(x)$ をもつことを後述する．

本章では，もう一つ，面積の定義である定積分について学ぶ．面積とは天与のものでなく，人間がその歴史の中で創ってきたものである．直線で囲まれた平面図形の面積は小学校以来学んできた．曲線で囲まれた図形の面積をどう定義するかに答えるため，定積分 (リーマン積分といわれる) に至る．

この定積分と不定積分は深く結びつく．それを示すのが次の**微分積分学の基本定理** (ニュートン・ライプニッツの公式) である．

$$\int_a^b f(x)\,dx = F(b) - F(a) \qquad \text{微分積分学の基本定理}$$

実際，高校では左辺の定積分を右辺の不定積分の区間 $I = [a, b]$ の両端での値の差で定義している．この定義で微分から受け継いでいる不定積分の計算や応用には広く対応できる．さらに，区間 $I = [a, b]$ で定義された連続な非負関数 $f(x)$ $(\geqq 0)$ に対して，曲線 $y = f(x)$ と x 軸，および y 軸に平行な 2 直線 $x = a$, $x = b$ で囲まれた図形の面積をこの定積分の値で定義している．しか

しながら，この不定積分から始めて定積分を定義し面積を与える方法は，第6章での多変数関数の場合には不定積分が存在しないのでうまくいかない．そこで，逆に面積あるいは体積を使って定積分を定義する．あるいは，リーマン和と呼ばれるものに極限操作を加えて定積分を定義することになる．

面積とはなにかということは，小学校で習う長方形や三角形，多角形などは基本として，曲線で囲まれた図形の面積については自明でない．我々の抱いている面積のもつべき性質を次にあげておく．

平面図形 A に対し，その面積といわれる非負の値 $m(A)$ を対応させる m は次の3つの性質をもつ[1].

面積の性質

(i)（加法性）：図形 A を2つの共通部分をもたない図形 A_1, A_2 に分けたとき，2つの図形の面積の和 $m(A_1) + m(A_2)$ は A の面積 $m(A)$ に等しい．

(ii)（正値性）：図形 A の面積 $m(A)$ は A の部分図形 B の面積 $m(B)$ より大きいか等しい．空集合 $\emptyset$ の面積 $m(\emptyset) = 0$ とする．

(iii) 長方形の面積 $=$（縦）$\times$（横）.

まず，曲線で囲まれた平面図形として，区間 $I = [a, b]$ で定義された連続な非負関数 $f(x)$ $(\geqq 0)$ に対して，曲線 $y = f(x)$ と x 軸，および y 軸に平行な2直線 $x = a$, $x = b$ で囲まれた図形の面積の存在を仮定して話を進める．上の3性質をもつ面積の，区

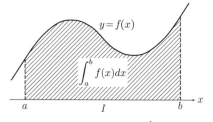

図 4.1 区間 I 上の定積分 $\displaystyle\int_a^b f(x)\,dx$

分求積法によるリーマン積分の定義はこの章の 4.4 節で考える．まず，存在を仮定した平面図形の面積で定積分を定義する．

定義 4.1（非負関数の定積分） 区間 $I = [a, b]$ で定義された連続な非負関数 $f(x)$ $(\geqq 0)$ に対して，曲線 $y = f(x)$ と x 軸，および y 軸に平行な2直

---

[1] 性質 $(i), (ii)$ をもつ m をジョルダン測度という．

線 $x = a$, $x = b$ で囲まれた図形の面積を**関数 $f(x)$ の区間 I 上の定積分**といい, $\displaystyle\int_a^b f(x)\,dx$ で表す.

非負とは限らない一般の関数の定積分については, 次のように定義する.

定義 4.2（連続関数の定積分）　区間 $I = [a, b]$ で定義された連続関数 $f(x)$ の最小値を m_f とし, $\tilde{f}(x) = f(x) - m_f$ とするとき, $f(x)$ の区間 I における**定積分**を次のように定義する.

$$\int_a^b f(x)\,dx = \int_a^b \tilde{f}(x)\,dx + m_f(b - a) \tag{4.1}$$

注意 1　一般の連続関数の区間 I 上の定積分とは曲線 $y = f(x)$ と x 軸, および y 軸に平行な 2 直線 $x = a$, $x = b$ で囲まれた図形のうち x 軸よりも上にある部分の面積を正, x 軸よりも下にある部分の面積を負として足し合わせたものである.

注意 2　$f(x) \leqq g(x)$ ならグラフ $y = f(x), y = g(x)$ と 2 直線 $x = a, x = b$ で囲まれた図形の面積は $\displaystyle\int_a^b (g(x) - f(x))\,dx$ で与えられる.

$\displaystyle\int_a^b f(x)\,dx$ の性質

上の定義の定積分 $\displaystyle\int_a^b f(x)\,dx$ は次の性質 (1), (2), (3) をもつ.

(1) 区間 $I = [a, b]$ を 2 つの区間 $I_1 = [a, c]$ と $I_2 = [c, b]$ に分けるとき（図 4.2 参照. なお積分区間が変われば定積分を定める最小値 m_f は変わる),

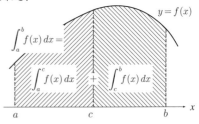

図 4.2　定積分 $\displaystyle\int_a^b f(x)\,dx$ の性質
(1) 区間に関する加算性

$$\int_a^b f(x)\,dx = \int_a^c f(x)\,dx + \int_c^b f(x)\,dx \quad (\text{区間に関する加法性}) \tag{4.2}$$

(2) $f(x) \leqq g(x)$ のとき, $\displaystyle\int_a^b f(x)\,dx \leqq \int_a^b g(x)\,dx$ （順序保存性：正値性)

(3) $f(x)$ が定数 $C (\geqq 0)$ のとき, $\displaystyle\int_a^b f(x)\,dx = \int_a^b C\,dx = C(b - a)$

$\alpha, \beta \in I$ とする. 定積分の定義より明らかに $\displaystyle\int_\alpha^\alpha f(x)\,dx = 0$ であり,

$$\int_\beta^\alpha f(x)\,dx = -\int_\alpha^\beta f(x)\,dx \tag{4.3}$$

と約束すると, a, b の大小によらず定積分が定義される. この約束と定積分の

定義からの性質 (1),(2) 等をまとめると次のようになる.

定理 4.1（定積分の性質） $f(x)$, $g(x)$ は区間 $I = [a,b]$ で定義された連続な関数とする. このとき, 以下のことが成り立つ.

(1) $\displaystyle \int_b^a f(x)\,dx = -\int_a^b f(x)\,dx$

(2) 任意の α, β, $\gamma \in I$ について,
$$\int_\alpha^\beta f(x)\,dx = \int_\alpha^\gamma f(x)\,dx + \int_\gamma^\beta f(x)\,dx$$

(3) $f(x) \leqq g(x)$ のとき, $\displaystyle \int_a^b f(x)\,dx \leqq \int_a^b g(x)\,dx$

(4) $\displaystyle \left| \int_a^b f(x)\,dx \right| \leqq \int_a^b |f(x)|\,dx$

注意 $\displaystyle \int_a^b f(x)\,dx = \int_a^b f(t)\,dt$　　定積分の値は積分変数の文字によらない.

問 4.1（定積分の性質） この定理 4.1 (4) を確かめよ.
（ヒント：$-|f(x)| \leqq f(x) \leqq |f(x)|$）

次の定理より, 図 4.3 のように, 底辺が区間 $I = [a,b]$ で, 面積が $\displaystyle \int_b^a f(x)\,dx$ と等しい長方形の高さを h として, $f(c) = h$ となるような c が a と b の間に存在する.

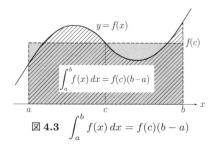

図 **4.3** $\displaystyle \int_a^b f(x)\,dx = f(c)(b-a)$

定理 4.2（積分の平均値の定理） $f(x)$ は区間 $I = [a,b]$ で定義された連続関数とする. このとき
$$\int_a^b f(x)\,dx = f(c)(b-a) = f(a + \theta(b-a))(b-a) \quad (0 < \theta < 1)$$
となる $c = a + \theta(b-a)$ が a と b の間に存在する.

証明　区間 I での $f(x)$ の最大値, 最小値をそれぞれ M_f, m_f とする. $m_f \leqq f(x) \leqq M_f$ と定理 4.1 (3) より $\displaystyle \int_a^b m_f\,dx \leqq \int_a^b f(x)\,dx \leqq \int_a^b M_f\,dx$ であるから $m_f(b-a) \leqq \displaystyle \int_a^b f(x)\,dx \leqq M_f(b-a)$ が成り立つ. 中間値の定理 2.10 より

$m_f \leqq \dfrac{1}{b-a} \displaystyle\int_a^b f(x)\,dx = f(c) \leqq M_f$ となる c が a と b の間に存在する. □

定義 4.3（関数の不定積分と原始関数） 区間 $I = [a,b]$ で定義された連続関数 $f(x)$ に対し，$c, x \in I$ として，

$$F(x) = \int_c^x f(t)\,dt$$

によって定める関数 $F(x)$ を $f(x)$ の **不定積分** という.

また，$G'(x) = f(x)$ となるような関数 $G(x)$ を $f(x)$ の **原始関数** という.

定理 4.3（微分積分学の基本定理 1） 関数 $f(x)$ は区間 $I = [a,b]$ で定義された連続関数とする. このとき $f(x)$ の不定積分 $F(x) = \displaystyle\int_c^x f(t)\,dt$ は微分可能であり，$x \in (a,b)$ について次が成り立つ.

$$F'(x) = f(x)$$

つまり，$f(x)$ の不定積分 $F(x)$ は $f(x)$ の原始関数である[2].

注意 伝統的に不定積分は c, x を省略して次のように表すことが多い.

$$F(x) = \int^x f(t)\,dt \quad \text{あるいは} \quad F(x) = \int f(x)\,dx$$

証明 定理 4.1 (1)，(2) より

$$\frac{F(x+h) - F(x)}{h} = \frac{1}{h}\left\{ \int_c^{x+h} f(t)\,dt - \int_c^x f(t)\,dt \right\} = \frac{1}{h}\int_x^{x+h} f(t)\,dt$$

となる. 定理 4.2 より，$0 < \theta < 1$ である θ が存在して (右の図 4.4 を参照)

$$\frac{1}{h}\int_x^{x+h} f(t)\,dt = f(x + \theta h)$$

$f(x)$ は連続であるから，$h \to 0$ とすると，$F'(x) = f(x)$ を得る. □

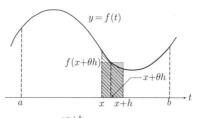

図 4.4 $\displaystyle\int_x^{x+h} f(t)\,dt = f(x + \theta h)h$

$G_1(x)$, $G_2(x)$ がともに $f(x)$ の原始関数であるとき，$\big(G_1(x) - G_2(x)\big)' = f(x) - f(x) = 0$ であるから，$G_1(x) - G_2(x) = $ 定数 となる. このことより次の定理が成り立つ.

---

[2] $f(x) = e^x$ について，定義 4.3 から，$G(x) = e^x + 1$ は $f(x)$ の原始関数であるが，$f(x)$ の不定積分 $\displaystyle\int_c^x e^t dt = e^x - e^c \ (e^c > 0)$ では表せない. しかし，定数だけの違いなので，不定積分の定義で定数 C を加えたものにすれば，不定積分と原始関数は同じになる.

定理 4.4（微分積分学の基本定理 2）　$f(x)$ は区間 $I = [a, b]$ で定義された連続関数とし，$\alpha, \beta \in I$ とする．$f(x)$ の任意の原始関数 $G(x)$ は不定積分 $+ C$(定数) と表される．つまり，$G(x) = F(x) + C$ であり，次が成り立つ．

$$\int_\alpha^\beta f(x)\,dx = G(\beta) - G(\alpha) \quad (\text{右辺を } \big[G(x)\big]_\alpha^\beta \text{ と書く})$$

証明　定理 4.3 より，不定積分 $F(x) = \displaystyle\int_\alpha^x f(t)\,dt$ は $f(x)$ の原始関数である．したがって，$f(x)$ の 2 つの原始関数の差は定数であるので，$G(x) = F(x) + C$（C は定数）となる．$x = \alpha$ のとき $F(\alpha) = 0$ であるから，$C = G(\alpha)$．よって $F(x) = \displaystyle\int_\alpha^x f(t)\,dt = G(x) - G(\alpha)$ となる．ここで $x = \beta$ とおくと定理の結果を得る．　□

$f(x)$ は $f'(x)$ の原始関数であるから次の定理が得られる．微積分の基本定理をこの形で用いられる場合がある．

定理 4.5（微分積分学の基本定理 3）　関数 $f(x)$ は区間 $I = [a, b]$ で定義された C^1 級関数とし，$x, \alpha \in I$ とする．このとき，次の式が成り立つ．

$$\int_\alpha^x f'(t)\,dt = f(x) - f(\alpha)$$

定義 4.3 では定積分を用いて不定積分を定義した．この不定積分は原始関数であるが，前ページの脚注 2 にあるように全ての原始関数を表すことはできない場合がある．そこでこの定積分で定めた不定積分に定数 C を加えたものを改めて不定積分とする．この意味で，今後不定積分と原始関数は同じものとし

$$\int f(x)\,dx$$

で表す．$f(x)$ の不定積分を求めることを，$f(x)$ を**積分する**という．たとえば $(\sin x)' = \cos x$ であるから，定数を考慮して $\displaystyle\int \cos x\,dx = \sin x + C$ と書き表す．ここに，C は定数で**積分定数**とよばれる．積分定数 C はしばしば省略されることがあり，不定積分を含む等式は定数の差を除いて等しいことを示す．

積分することは微分することの逆演算であるから，第 3 章で説明した導関数の公式が利用できる．たとえば，微分演算の線形性から積分についても同様に線形性が成り立つ．

定理 4.6（積分の線形性） $f(x)$, $g(x)$ は共に区間 $I = [a, b]$ で定義された連続関数とし，k を定数とするとき，次のことが成り立つ．

(1) $\displaystyle \int \{kf(x)\}\, dx = k \int f(x)\, dx$

(2) $\displaystyle \int \{f(x) + g(x)\}\, dx = \int f(x)\, dx + \int g(x)\, dx$

基本的な関数の不定積分（原始関数）

微分積分学の基本定理より，積分の計算は原始関数 (の 1 つ) を求めればよい．そのためには基本的な関数の不定積分を覚える必要があるので，以下にまとめておく．

公式 4.1（基本的な関数の不定積分） α, k を実数，a を正の実数とする．

$$\int x^\alpha\, dx = \frac{1}{\alpha + 1}\alpha x^{\alpha+1}\ \ (\alpha \neq -1) \qquad \int \frac{1}{x}\, dx = \log|x|$$

$$\int e^x\, dx = e^x \qquad \int a^x\, dx = \frac{1}{\log a}a^x$$

$$\int \sin x\, dx = -\cos x \qquad \int \cos x\, dx = \sin x$$

$$\int \tan x\, dx = -\log|\cos x| \qquad \int \frac{1}{\cos^2 x}\, dx = \tan x$$

$$\int \frac{1}{\sqrt{a^2 - x^2}}\, dx = \text{Arcsin}\,\frac{x}{a} \qquad \int \frac{1}{\sqrt{x^2 + k}}\, dx = \log\left|x + \sqrt{x^2 + k}\right|$$

$$\int \frac{1}{x^2 + a^2}\, dx = \frac{1}{a}\text{Arctan}\,\frac{x}{a} \qquad \int \frac{1}{x^2 - a^2}\, dx = \frac{1}{2a}\log\left|\frac{x - a}{x + a}\right|$$

問 4.2（不定積分表） 右辺を微分することにより，上の各公式が成り立つことを確かめよ．

問 4.3（定積分の計算） 次の定積分の値を求めよ．

(1) $\displaystyle \int_1^3 (x^2 + 2x - 3)\, dx$ 　　　 (2) $\displaystyle \int_0^1 (x + 2)(x - 3)\, dx$ 　　　 (3) $\displaystyle \int_1^4 \frac{1}{\sqrt{x}}\, dx$

(4) $\displaystyle \int_0^1 \frac{1}{\sqrt{4 - x^2}}\, dx$

例題 4.1 (コーシー・シュワルツの不等式) $f(x)$, $g(x)$ は区間 $= [a, b]$ で連続とする. 次の不等式が成り立つ. 等号は $f(x) = kg(x)$ (k は定数) のとき成り立つ.

$$\left| \int_a^b f(x)g(x)\, dx \right| \le \sqrt{\int_a^b |f(x)|^2\, dx} \cdot \sqrt{\int_a^b |g(x)|^2\, dx}$$

解答 $h(t) = \displaystyle\int_a^b \{f(x) + tg(x)\}^2 dx$ を t の 2 次式とみると $h(t) \ge 0$ が成り立つ. 判別式を考えれば, 不等式を得る.

注意 コーシー・シュワルツの不等式は, 数列 $\{a_n\}$, $\{b_n\}$ の場合は次のようになる.

$$\left| \sum_{i=1}^n a_i b_i \right| \le \sqrt{\sum_{i=1}^n a_i^2} \cdot \sqrt{\sum_{i=1}^n b_i^2}$$

また, 上式は右辺が収束する場合, $n \to \infty$ としても成り立つ.

問 4.4 上の例題の解答はその方針を示している. 式で示して解答せよ.

例題 4.2 m, n を整数とする. 次の定積分の値を求めよ.

(1) $\displaystyle\int_{-\pi}^{\pi} \sin mx \sin nx\, dx$　　(2) $\displaystyle\int_{-\pi}^{\pi} \cos mx \cos nx\, dx$

(3) $\displaystyle\int_{-\pi}^{\pi} \sin mx \cos nx\, dx$

解答 三角関数の整数倍 ($\cos 0 = 1$ を除く) 周期にわたる積分は 0 であることに注意すれば, m, $n \ge 1$ の場合, 以下を得る (その他の場合は問いとする).

(1) $\displaystyle\int_{-\pi}^{\pi} \sin mx \sin nx\, dx = \frac{1}{2} \int_{-\pi}^{\pi} \left(\cos(m-n)x - \cos(m+n)x \right) dx = \begin{cases} 0 & m \ne n \\ \pi & m = n \end{cases}$

(2) $\displaystyle\int_{-\pi}^{\pi} \cos mx \cos nx\, dx = \frac{1}{2} \int_{-\pi}^{\pi} \left(\cos(m-n)x + \cos(m+n)x \right) dx = \begin{cases} 0 & m \ne n \\ \pi & m = n \end{cases}$

(3) $\displaystyle\int_{-\pi}^{\pi} \sin mx \cos nx\, dx = \frac{1}{2} \int_{-\pi}^{\pi} \left(\sin(m+n)x + \sin(m-n)x \right) dx = 0$

────────────── 練習問題 **4.1** ──────────────

1. 次の定積分の値を求めよ.

(1) $\displaystyle\int_1^4 \sqrt{x}\, dx$　　(2) $\displaystyle\int_0^1 10^x\, dx$　　(3) $\displaystyle\int_0^{\frac{\pi}{4}} \tan x\, dx$

(4) $\displaystyle\int_0^{\frac{\pi}{3}} \frac{1}{\cos^2 x}\, dx$　　(5) $\displaystyle\int_0^{\frac{1}{2}} \frac{1}{\sqrt{1-x^2}}\, dx$　　(6) $\displaystyle\int_{-1}^1 \frac{1}{\sqrt{1+x^2}}\, dx$

(7) $\displaystyle\int_{-1}^{1} \frac{1}{1+x^2}\,dx$　　　(8) $\displaystyle\int_{-1}^{1} \frac{1}{4-x^2}\,dx$　　　(9) $\displaystyle\int_{-1}^{1} \frac{\tan x}{\sqrt{1+x^4}}\,dx$

2. 次の計算の誤りを見つけよ.

$$\int_{-1}^{3} \frac{1}{x^2}\,dx = \left[-\frac{1}{x} \right]_{-1}^{3} = -\frac{1}{3} - 1 = -\frac{4}{3}$$

3. グラフが右図のように表される関数 $f(x)$ $(0 \leq x \leq 8)$ のグラフに対して, $F(x) = \displaystyle\int_{0}^{x} f(t)\,dt$ について, 次の問いに答えよ.

(1) $F(x)$ が極小となる x の値を求めよ.

(2) $F(x)$ が最大となる x の値を求めよ.

(3) $F(x)$ が下に凸となる区間を求めよ.

(4) $F(x)$ のグラフの概形を描け.

4. 次の関数 $f(x)$ の導関数を求めよ.

(1) $f(x) = \displaystyle\int_{0}^{x} \sqrt{1+t^2}\,dt$　　　(2) $f(x) = \displaystyle\int_{0}^{x^2} \sqrt{1-t^2}\,dt$

(3) $f(x) = \displaystyle\int_{0}^{2x+1} \frac{2}{t^2-1}\,dt$　　　(4) $f(x) = \displaystyle\int_{x}^{2x} \frac{t^2-1}{t^2+1}\,dt$

(5) $f(x) = \displaystyle\int_{0}^{x} (x-t)\cos t\,dt$

5. $x > 0$ のすべての x について, $6 + \displaystyle\int_{a}^{x} \frac{f(t)}{t}\,dt = 3\sqrt[3]{x}$ となる $f(x)$ と a を求めよ.

6. (ヘルダーの不等式)　$p > 1,\ \dfrac{1}{p} + \dfrac{1}{q} = 1$ とする. また, $f(x),\ g(x)$ は区間 $[a,b]$ で定義された連続関数とする. 以下を示せ. なお, (2) で $p = q = 2$ とすれば, コーシー・シュワルツの不等式になる.

(1) $\displaystyle\int_{a}^{b} |f(x)g(x)|dx \leq \frac{1}{p}\int_{a}^{b} |f(x)|^p dx + \frac{1}{q}\int_{a}^{b} |g(x)|^q dx$

　　(ヒント:例題 3.29 のヤングの不等式を用いる.)

(2) $\left| \displaystyle\int_{a}^{b} f(x)g(x)\,dx \right| \leq \left(\int_{a}^{b} |f(x)|^p dx \right)^{\frac{1}{p}} \left(\int_{a}^{b} |g(x)|^q dx \right)^{\frac{1}{q}}$ (ヘルダーの不等式)

　　(ヒント:(1) に $\hat{f}(x) = \dfrac{f(x)}{c_f},\ \hat{g}(x) = \dfrac{g(x)}{c_g}$ を適用する. ただし,

　　$c_f = \left(\displaystyle\int_{a}^{b} |f(x)|^p dx \right)^{\frac{1}{p}},\ c_g = \left(\int_{a}^{b} |g(x)|^q dx \right)^{\frac{1}{q}}$)

7. 区間 $[a,b]$ において連続な関数 $f(x)$ が, $f(x) \geq 0$ かつ $\displaystyle\int_{a}^{b} f(x)\,dx = 1$ であるとき, 不等式

$$\left(\int_{a}^{b} xf(x)\,dx \right)^2 < \int_{a}^{b} x^2 f(x)\,dx$$

を満たすことを示せ. (ヒント:コーシー・シュワルツの不等式を用いる.)

4.2 さまざまな積分の計算

前節で積分の定義と基本的な性質と公式について説明したが，ここでは，まず置換積分と部分積分について学び，それらを用いての特有の計算手法について説明する．さらに有理関数や無理関数の積分，漸化式を用いる方法や応用上重要な三角関数を含む積分について順次解説する．

置換積分

合成関数の微分法 (連鎖律) に対応する積分の公式として，置換積分の公式がある．$f(x)$ は区間 $I = [a, b]$ で連続な関数とし，$F(x)$ は $f(x)$ の不定積分とする $(F(x) = \displaystyle\int f(x)\,dx)$．$x = g(t)$ は区間 $J = [\alpha, \beta]$ で C^1 級関数とし，$a = g(\alpha)$, $b = g(\beta)$, $g(J) \subset I$ とする．次の**置換積分**の公式が成り立つ．

公式 4.2 (置換積分) (1) $\displaystyle\int f(x)\,dx = \int f\big(g(t)\big)g'(t)\,dt$

(2) $\displaystyle\int_a^b f(x)\,dx = \int_{g(\alpha)}^{g(\beta)} f(x)\,dx = \int_\alpha^\beta f\big(g(t)\big)g'(t)\,dt$

(3) $\displaystyle\int F'(g(x))g'(x)\,dx = F(g(x)),\quad \int_\alpha^\beta F'(g(x))g'(x)\,dx = \Big[F(g(x))\Big]_\alpha^\beta$

(4) $\displaystyle\int f(Ax + B)\,dx = \frac{1}{A}F(Ax + B)\quad (A \neq 0)$

(5) $\displaystyle\int \frac{g'(x)}{g(x)}\,dx = \log|g(x)|\quad (g(x) \neq 0)$

(6) $\displaystyle\int \{g(x)\}^n g'(x)\,dx = \frac{\{g(x)\}^{n+1}}{n+1}\quad (n \neq -1)$

証明 (1) この公式は $\displaystyle\int^{g(t)} f(x)\,dx = \int^t f(g(t))g'(t)\,dt$ を意味する．

$F(g(t)) = \displaystyle\int^{g(t)} f(x)\,dx$ とおくと，連鎖律より，$\dfrac{d}{dt}F\big(g(t)\big) = F'\big(g(t)\big)g'(t)$

$= f\big(g(t)\big)g'(t)$．よって，$F(g(t)) = \displaystyle\int^t f(g(t))g'(t)\,dt$

(2) (1) より $f\big(g(t)\big)g'(t)$ の原始関数は $F\big(g(t)\big)$ であるから

$$\int_\alpha^\beta f(g(t))g'(t)\,dt = \Big[F(g(t))\Big]_\alpha^\beta = \Big[F(x)\Big]_a^b = \int_a^b f(x)\,dx$$

(3) 前半は，公式 (1) の右辺で $f(g(t))$ を $F'(g(t))$ に置き換え，積分変数の文字を t から x にしたもの．後半は，公式 (2) の証明の式で積分変数を x にしたもの．

(4),(5),(6) の証明では，$F(t)$, $g(x)$ を以下のようにおき，公式 (3) を使う．

(4) $F'(t) = f(t)$, $t = g(x) = Ax + B$ (5) $F(t) = \log|t|$, $F'(t) = \dfrac{1}{t}$, $t = g(x)$

(6) $F(t) = \dfrac{t^{n+1}}{n+1}$, $F'(t) = t^n$, $t = g(x)$ □

注意 (1) は $\dfrac{dx}{dt} = g'(t)$ から，形式的に $dx = g'(t)\,dt$ として dx を $g'(t)\,dt$ に置き換えた形である．計算ではこれを利用するとよい．

例題 4.3（置換積分） 次の不定積分，あるいは定積分の値を求めよ．

(1) $I_1 = \displaystyle\int (3x-1)^4\,dx$ 　　(2) $I_2 = \displaystyle\int_0^1 \sqrt{1-x^2}\,dx$

(3) $I_3 = \displaystyle\int_0^2 x\sqrt{1+x^2}\,dx$

解答 (1) $3x-1 = t$ とおく．$x = \dfrac{1}{3}(t+1)$, $dx = \dfrac{1}{3}dt$ である．公式 4.2 (1) より

$$I_1 = \int t^4 \cdot \frac{1}{3}\,dt = \frac{1}{3} \cdot \frac{t^5}{5} = \frac{1}{15}(3x-1)^5$$

(2) $x = g(t) = \sin t$ $\left(0 \leqq t \leqq \dfrac{\pi}{2}\right)$ と置くと，公式 4.2 (2) より，

$$I_2 = \int_0^{\frac{\pi}{2}} \sqrt{1-\sin^2 t}\,(\sin t)'\,dt = \int_0^{\frac{\pi}{2}} \cos^2 t\,dt = \int_0^{\frac{\pi}{2}} \frac{1+\cos 2t}{2}\,dt = \frac{\pi}{4}$$

(3) $f(t) = F'(t) = \sqrt{t}$, $t = g(x) = 1+x^2$ と置く．$F(t) = \dfrac{2}{3}t^{\frac{3}{2}}$, $g'(x) = 2x$ である．

公式 4.2 (3) より，$I_3 = \dfrac{1}{2}\displaystyle\int_0^2 F'(g(x))g'(x)\,dx = \dfrac{1}{2}\left[\dfrac{2}{3}(1+x^2)^{\frac{3}{2}}\right]_0^2 = \dfrac{1}{3}(5\sqrt{5}-1)$

問 4.5（置換積分） 次の不定積分を置換積分を用いて求めよ．

(1) $\displaystyle\int \frac{1}{\sqrt{4x-1}}\,dx$ 　　(2) $\displaystyle\int x\sqrt{x+1}\,dx$ 　　(3) $\displaystyle\int \tan x\,dx$

(4) $\displaystyle\int \frac{1}{\sqrt{a^2-x^2}}\,dx$ 　　(5) $\displaystyle\int \frac{1}{x^2+a^2}\,dx$

例題 4.4（置換積分） 次の等式を示せ．$f(x)$ は連続関数とする．

(1) $\displaystyle\int_0^{\frac{\pi}{2}} f(\sin x)\,dx = \int_0^{\frac{\pi}{2}} f(\cos x)\,dx$

　　たとえば $\displaystyle\int_0^{\frac{\pi}{2}} \sin^n x\,dx = \int_0^{\frac{\pi}{2}} \cos^n x\,dx$

(2) $\displaystyle\int \frac{2x}{(1+x^2)^n}\,dx = \frac{1}{(1-n)(1+x^2)^{n-1}}$ 　$(n = 2,3,4,\cdots)$

(3) $\displaystyle\int \frac{dx}{a+e^x} = \frac{x}{a} - \frac{1}{a}\log|a+e^x|$ 　$(a \neq 0)$

解答 (1) $x = g(t) = \dfrac{\pi}{2} - t$ と置く. $dx = -dt$, $g(0) = \dfrac{\pi}{2}$, $g(\dfrac{\pi}{2}) = 0$, $\sin(\dfrac{\pi}{2} - t) = \cos t$ に注意して, 公式 4.2 (2) を使う.

(2) $f(t) = F'(t) = t^{-n}$, $t = g(x) = x^2 + 1$ と置く. $F(t) = \dfrac{1}{(1-n)\,t^{n-1}}$, $g'(x) = 2x$ に公式 4.2 (3) を使う.

(3) $t = e^x$ と置く. 左辺 $= \displaystyle\int \frac{dt}{(a+t)t} = \frac{1}{a}\int \Big(\frac{1}{t} - \frac{1}{a+t}\Big) dt = \frac{1}{a}(\log t - \log|a+t|)$

問 4.6（置換積分） $f(x)$ は連続関数とする. 次の等式を示せ.

(1) $f(x)$ が偶関数とすると $\displaystyle\int_{-\alpha}^{\alpha} f(x)\,dx = 2\int_{0}^{\alpha} f(x)\,dx$

(2) $f(x)$ が奇関数とすると $\displaystyle\int_{-\alpha}^{\alpha} f(x)\,dx = 0$

(3) $\displaystyle\int_{0}^{\pi} x f(\sin x)\,dx = \frac{\pi}{2}\int_{0}^{\pi} f(\sin x)\,dx = \pi\int_{0}^{\frac{\pi}{2}} f(\sin x)\,dx$

(4) $\displaystyle\int_{0}^{\pi} x\cos^{2n} x \sin x\,dx = \frac{\pi}{2n+1}$ $\qquad (n = 1, 2, 3, \cdots)$

部分積分

微分法の積の公式に対応する積分の公式として部分積分の公式がある. $f(x)$ は連続関数で, $F(x)$ を $f(x)$ の不定積分とし, $g(x)$ は C^1 級関数とする. このとき, 次の**部分積分の公式 4.3** が成り立つ.

公式 4.3（部分積分） (1) $\displaystyle\int f(x)g(x)\,dx = F(x)g(x) - \int F(x)g'(x)\,dx$

(2) $\displaystyle\int_{a}^{b} f(x)g(x)\,dx = \Big[F(x)g(x)\Big]_{a}^{b} - \int_{a}^{b} F(x)g'(x)\,dx$

(3) $\displaystyle\int g(x)\,dx = xg(x) - \int xg'(x)\,dx$ $\quad$（(1) で $f(x) = 1$, $F(x) = x$ とした）

例題 4.5（部分積分） 次の定積分の値を求めよ.

(1) $\displaystyle\int_{0}^{1} x\,e^{2x}\,dx$ $\qquad$ (2) $\displaystyle\int_{1}^{2} \log x\,dx$ $\qquad$ (3) $\displaystyle\int_{0}^{\pi} x\cos x\,dx$

解答 (1) 公式 4.3 (2) を用いると, $\displaystyle\int e^{2x}\,dx = \frac{1}{2}e^{2x}$ より, $\displaystyle\int_{0}^{1} x\,e^{2x}\,dx$

$= \Big[x \cdot \dfrac{1}{2}e^{2x}\Big]_{0}^{1} - \displaystyle\int_{0}^{1} 1 \cdot \dfrac{1}{2}e^{2x}\,dx = \dfrac{1}{2}e^2 - \dfrac{1}{2}\Big[\dfrac{1}{2}e^{2x}\Big]_{0}^{1} = \dfrac{1}{4}(e^2 + 1)$

(2) $f(x) = 1$ として，公式 4.3 (2) を用いると，$\displaystyle\int_1^2 \log x\,dx = \int_1^2 1 \cdot \log x\,dx$

$\displaystyle = \Big[x \log x \Big]_1^2 - \int_1^2 x \cdot \frac{1}{x}\,dx = 2\log 2 - \Big[x \Big]_1^2 = 2\log 2 - 1$

(3) $\displaystyle\int_0^\pi x \cos x\,dx = \int_0^\pi x\,(\sin x)'\,dx = \Big[x \sin x \Big]_0^\pi - \int_0^\pi \sin x\,dx = \Big[\cos x \Big]_0^\pi = -2$

例題 4.6（部分積分） 次の不定積分を部分積分により確認せよ．

(1) $\displaystyle\int \log x\,dx = x \log x - x$

(2) $\displaystyle\int \mathrm{Arcsin}\,x\,dx = x\,\mathrm{Arcsin}\,x + \sqrt{1 - x^2}$

(3) $\displaystyle\int \mathrm{Arctan}\,x\,dx = x\,\mathrm{Arctan}\,x - \frac{1}{2}\log(1 + x^2)$

解答 (1) $\displaystyle\int \log x\,dx = \int 1 \cdot \log x\,dx = x \log x - \int x \cdot \frac{1}{x}\,dx = x \log x - x$

(2), (3) $(\mathrm{Arcsin}\,x)' = \dfrac{1}{\sqrt{1 - x^2}}$，$(\mathrm{Arctan}\,x)' = \dfrac{1}{1 + x^2}$ に注意して，(1) と同様に部分積分をする．さらに，置換積分をする．

> **問 4.7（部分積分）** 上の例題 4.6 (2) と (3) を式で示して，確認せよ．

例題 4.7（部分積分） 次の不定積分を部分積分により確認せよ．

(1) $\displaystyle I = \int \sqrt{a^2 - x^2}\,dx = \frac{1}{2}\Big(x\sqrt{a^2 - x^2} + a^2\,\mathrm{Arcsin}\frac{x}{a} \Big)$

(2) $\displaystyle J = \int \sqrt{x^2 + k}\,dx = \frac{1}{2}\Big(x\sqrt{x^2 + k} + k \log |x + \sqrt{x^2 + k}| \Big)$

解答 (1) $\displaystyle I = \int 1 \cdot \sqrt{a^2 - x^2}\,dx = x\sqrt{a^2 - x^2} + \int \frac{x^2 - a^2 + a^2}{\sqrt{a^2 - x^2}}\,dx$

$\displaystyle I = x\sqrt{a^2 - x^2} - I + \int \frac{a^2}{\sqrt{a^2 - x^2}}\,dx$ より結果を得る．

(2) $\left(\sqrt{x^2 + k} \right)' = \dfrac{x}{\sqrt{x^2 + k}}$ に注意して，(1) と同様にすると右辺に $-J$ の項が現れ，結果を得る．

> **問 4.8（部分積分）** 上の例題 4.7 (2) を式で示して，確認せよ．

積分の計算

どういう関数の不定積分が初等関数を用いて表現することができるのか．こ

れから，それが可能な場合をいくつか列挙していく．今ではコンピュータの数学のアプリを用いれば，これらの不定積分の結果をみることは容易であることが多い．自分で手計算で積分を実行する機会も少なくなってきている．しかし，積分が式で表示できるかの見極めやある程度の計算能力は必要であろう．ここでは有理関数の積分，無理関数の積分など特有の方法で行う積分の計算手法について説明する．さらに漸化式を用いる方法や応用上重要な三角関数を含む積分について順次解説する．

有理関数の積分

$P(x)$, $Q(x)$ を多項式とするとき $\displaystyle\int \frac{P(x)}{Q(x)}\,dx$ を**有理関数の積分**という．有理関数 $\dfrac{P(x)}{Q(x)}$ は，割り算と部分分数展開によって，次の3つのタイプの関数の和に変形できる．

(1) 多項式関数　　(2) $\dfrac{p}{(x+a)^m}$　　(3) $\dfrac{px+q}{(x^2+ax+b)^m}$　　$(a^2-4b<0)$

(1) 多項式関数の不定積分はまた多項式である．(2) 不定積分は同じ形の有理関数か，$m=1$ の場合は対数関数である．(3) 後で説明するが，不定積分は同じ形の有理関数か，逆正接関数である．

以上より，有理関数の不定積分は有理関数，対数関数，逆正接関数およびそれらの合成関数である．以下いくつかの例によって解説する．

例題 4.8（有理関数の積分）次の不定積分を求めよ．

(1) $\displaystyle\int \frac{1}{x^2-a^2}\,dx$　$(a>0)$　　(2) $\displaystyle\int \frac{x+4}{x^2-x-2}\,dx$

(3) $\displaystyle\int \frac{2x}{(x-1)(x^2+1)}\,dx$

解答　(1) $\dfrac{1}{x^2-a^2} = \dfrac{1}{(x-a)(x+a)} = \dfrac{1}{2a}\left(\dfrac{1}{x-a} - \dfrac{1}{x+a}\right)$ となるので,

$$\int \frac{1}{x^2-a^2}\,dx = \frac{1}{2a}\int \frac{dx}{x-a} - \int \frac{dx}{x+a}$$

$$= \frac{1}{2a}(\log|x-a| - \log|x+a|) + C = \frac{1}{2a}\log\left|\frac{x-a}{x+a}\right| + C$$

(2) $\dfrac{x+4}{x^2-x-2} = \dfrac{x+4}{(x-2)(x+1)} = \dfrac{A}{x-2} + \dfrac{B}{x+1}$ とおいて定数 A, B を求めると, $A=2$, $B=-1$ となる．よって,

$$\int \frac{x+4}{x^2-x-2}\,dx = 2\int \frac{dx}{x-2} - \int \frac{dx}{x+1} = 2\log|x-2| - \log|x+1| + C$$

(3) $\dfrac{2x}{(x-1)(x^2+1)} = \dfrac{A}{x-1} + \dfrac{Bx+C}{x^2+1}$ とおいて定数 $A,\ B,\ C$ を求めると,

$A=1,\ B=-1,\ C=1$ となる. よって,

$$\int \frac{2x}{(x-1)(x^2+1)}\,dx = \int \frac{dx}{x-1} - \int \frac{x-1}{x^2+1}\,dx$$

$$= \int \frac{dx}{x-1} - \frac{1}{2}\int \frac{2x}{x^2+1}\,dx + \int \frac{dx}{x^2+1}$$

$$= \log|x-1| - \frac{1}{2}\log|x^2+1| + \mathrm{Arctan}\,x + C$$

問 4.9（有理関数の積分） 次の不定積分を求めよ.

(1) $\displaystyle\int \frac{x^2+2x}{x+1}\,dx$ 　　　 (2) $\displaystyle\int \frac{1}{x(x+1)^2}\,dx$ 　　　 (3) $\displaystyle\int \frac{x^2-5x+4}{(x+1)(x^2+4)}\,dx$

無理関数の積分

　無理関数の積分を取り扱う一般的な方法は無いが, $\sqrt[n]{ax+b}$ を含む有理関数 や $\sqrt{ax^2+bx+c}$ を含む有理関数の積分を扱う. $P(x,y), Q(x,y)$ を x,y の多 項式としたとき, $R(x,y) = \dfrac{Q(x,y)}{P(x,y)}$ を x,y の有理関数という. 以下のような 場合は, 一般的には有理関数の積分に帰着できる. しかし, 個々の問題に対し ては簡便な方法を見つける方がよい.

(1) $R(x,\ \sqrt[n]{ax+b})$ の不定積分

　$t = \sqrt[n]{ax+b}$ と置くと, $t^n = ax+b$ であるから, t の有理関数の不定積分 に変換することができる.

例題 4.9（無理関数の積分） 不定積分 $\displaystyle\int \frac{\sqrt{x+1}}{x}\,dx$ を求めよ.

解答 $t = \sqrt{x+1}$ とおくと, $x = t^2-1$ より $dx = 2t\,dt$ であるから,

$$\int \frac{\sqrt{x+1}}{x}\,dx = \int \frac{t}{t^2-1}\cdot 2t\,dt = \int \left(2 + \frac{1}{t-1} - \frac{1}{t+1}\right) dt$$

$$= 2t + \log|t-1| - \log|t+1|$$

$$= 2\sqrt{x+1} + \log|\sqrt{x+1}-1| - \log|\sqrt{x+1}+1| + C$$

(2) $R\left(x,\ \sqrt[n]{\dfrac{ax+b}{cx+d}}\right)$ の不定積分 $(ad-bc \neq 0)$

$t = \sqrt[n]{\dfrac{ax+b}{cx+d}}$ と置く. $x = \dfrac{dt^n - b}{-ct^n + a}$ より $dx = \dfrac{n(ad - bc)t^{n-1}}{(-ct^n + a)^2} dt$

だから, t の有理関数の不定積分に変換することができる.

(3) $R(x, \sqrt{ax^2 + bx + c})$ の不定積分

(i) **$a > 0$ の場合** $t = \sqrt{a}x + \sqrt{ax^2 + bx + c}$ と置けば,

$$x = \frac{t^2 - c}{b + 2\sqrt{a}t}, \qquad \sqrt{ax^2 + bx + c} = t - \frac{\sqrt{a}(t^2 - c)}{b + 2\sqrt{a}t},$$

$$dx = \frac{2\left(\sqrt{a}\left(c + t^2\right) + bt\right)}{(b + 2\sqrt{a}t)^2} dt$$

となり, t の有理関数の不定積分に帰着する.

(ii) **$a < 0$ の場合** $ax^2 + bx + c$ の判別式が負であれば, 根号の中が負になるので, 判別式は正である. $ax^2 + bx + c = a(x - \alpha)(x - \beta)$ $(\alpha < \beta)$ と因数分解できる. x $(\alpha < x < \beta)$ に対して根号内が正になり, このような x に対して, $\sqrt{ax^2 + bx + c} = \sqrt{a(x - \alpha)(x - \beta)} = (x - \alpha)\sqrt{\dfrac{a(x - \beta)}{x - \alpha}}$

となり, (2) の $R\left(x, \sqrt[n]{\dfrac{ax+b}{cx+d}}\right)$ の不定積分に帰着できる.

例題 4.10 (**無理関数の積分**) 次の不定積分を求めよ. ただし, $k \neq 0$.

(1) $\displaystyle\int \frac{1}{\sqrt{x^2 + k}} dx$ \qquad (2) $\displaystyle\int \sqrt{x^2 + k}\, dx$

解答 (1) $t = x + \sqrt{x^2 + k}$ とおく. このとき, $x = \dfrac{t^2 - k}{2t}$ より $\sqrt{x^2 + k} = \dfrac{t^2 + k}{2t}$,

$dx = \dfrac{t^2 + k}{2t^2} dt$ となる. よって,

$$\int \frac{1}{\sqrt{x^2 + k}} dx = \int \frac{2t}{t^2 + k} \cdot \frac{t^2 + k}{2t^2} dt = \log|t| = \log\left|x + \sqrt{x^2 + k}\right| + C$$

(2) (1) と同様に $t = x + \sqrt{x^2 + k}$ とおくと, $\displaystyle\int \sqrt{x^2 + k}\, dx = \int \frac{(t^2 + k)^2}{4t^3} dt$

$= \dfrac{1}{4}\displaystyle\int \left(t + \frac{2k}{t} + \frac{k^2}{t^3}\right) dt = \dfrac{1}{4}\left(\dfrac{t^2}{2} + 2k\log|t| - \dfrac{k^2}{2t^2}\right)$ より次を得る.

$$\int \sqrt{x^2 + k}\, dx = \frac{1}{2}\left(x\sqrt{x^2 + k} + k\log\left|x + \sqrt{x^2 + k}\right|\right) + C$$

問 4.10 (**無理関数の積分**) 不定積分 $\displaystyle\int \frac{1}{x\sqrt{1 - x^2}} dx$ を次の 2 通りの置き換えによって, それぞれ θ の積分, t の積分で表せ.

(1) $x = \sin\theta$ $\left(-\dfrac{\pi}{2} \leqq \theta \leqq \dfrac{\pi}{2}\right)$

(2) $\sqrt{1 - x^2} = t(1 - x)$, すなわち $t = \sqrt{\dfrac{1 + x}{1 - x}}$

積分における漸化式

$\displaystyle\int \sin^n x\,dx,\ \int \frac{1}{(x^2+1)^n}\,dx$ などの積分は，$n=0$ や $n=1$ のときの結果から一般の n についての積分を求めるための漸化式をつくり計算する．

例題 4.11（漸化式） 不定積分 $I_n = \displaystyle\int \cos^n x\,dx\ (n=0,\,1,\,2,\,\cdots)$ について，次の漸化式が成り立つことを示せ．
$$I_n = \frac{1}{n}\cos^{n-1}x\cdot\sin x + \frac{n-1}{n}I_{n-2} \quad (n\geqq 2)$$

解答 $n\geqq 2$ とする．$I_n = \displaystyle\int \cos^{n-1}x\cdot\cos x\,dx$ を部分積分すると，
$$I_n = \cos^{n-1}x\cdot\sin x - \int (n-1)\cos^{n-2}x\cdot(-\sin x)\cdot\sin x\,dx$$
$$= \cos^{n-1}x\cdot\sin x + (n-1)\int \cos^{n-2}x\cdot(1-\cos^2 x)\,dx$$
より上の漸化式を得る．

例題 4.12（漸化式） 定積分 $J_n = \displaystyle\int_0^{\frac{\pi}{2}}\cos^n x\,dx = \int_0^{\frac{\pi}{2}}\sin^n x\,dx$
$(n=0,\,1,\,2,\,\cdots)$ について，次の式が成り立つことを示せ．

(1) 漸化式 $J_n = \dfrac{n-1}{n}J_{n-2} \quad (n\geqq 2)$

(2) $J_n = \begin{cases} \dfrac{n-1}{n}\cdot\dfrac{n-3}{n-2}\cdots\dfrac{3}{4}\cdot\dfrac{1}{2}\cdot\dfrac{\pi}{2} & (n\geqq 2：偶数のとき),\ J_0 = \dfrac{\pi}{2} \\[2mm] \dfrac{n-1}{n}\cdot\dfrac{n-3}{n-2}\cdots\dfrac{4}{5}\cdot\dfrac{2}{3}\cdot 1 & (n\geqq 3：奇数のとき),\ J_1 = 1 \end{cases}$

解答 (1) $n\geqq 2$ に対して，前例題の結果に区間 $\left[0,\dfrac{\pi}{2}\right]$ の定積分を適用して，次の漸化式を得る．
$$J_n = \left[\frac{1}{n}\cos^{n-1}x\cdot\sin x\right]_0^{\frac{\pi}{2}} + \frac{n-1}{n}J_{n-2} = \frac{n-1}{n}J_{n-2}$$

(2) $J_0 = \displaystyle\int_0^{\frac{\pi}{2}}1\,dx = \frac{\pi}{2}$，$J_1 = \displaystyle\int_0^{\frac{\pi}{2}}\cos x\,dx = \Big[\sin x\Big]_0^{\frac{\pi}{2}} = 1$ より，(1) の漸化式を用いると (2) の結果が得られる．

公式 4.4（ウォーリスの公式）

$$\pi = 2\lim_{n\to\infty}\frac{1}{2n+1}\left(\frac{2\cdot 4\cdots(2n)}{3\cdot 5\cdots(2n-1)}\right)^2 = \lim_{n\to\infty}\frac{1}{n}\left(\frac{2^{2n}(n!)^2}{(2n)!}\right)^2$$

証明　例題 4.12 の結果を用いる. $0 < \cos^{n+1} x < \cos^n x \ (0 < x < \frac{\pi}{2})$ であり, $J_{n+1} < J_n$. J_n は単調減少列であるから, $J_{2n+1} < J_{2n} < J_{2n-1}$ が成り立つ. よって, 次の不等式より $n \to \infty$ とすれば公式の左半分を得る.

$$1 < \frac{J_{2n}}{J_{2n+1}} = (2n+1)\Big(\frac{(2n-1)\cdots 3 \cdot 1}{(2n)\cdots 4 \cdot 2}\Big)^2 \cdot \frac{\pi}{2} < \frac{J_{2n-1}}{J_{2n+1}} = \frac{2n+1}{2n}$$

次に $\dfrac{2 \cdot 4 \cdots (2n)}{3 \cdot 5 \cdots (2n-1)} = \dfrac{(2 \cdot 4 \cdots (2n))^2}{(3 \cdot 5 \cdots (2n-1))(2 \cdot 4 \cdots (2n))} = \dfrac{2^{2n}(n!)^2}{(2n)!}$ と変形し, $2 \lim\limits_{n\to\infty} \dfrac{n}{2n+1} = 1$ を考慮すれば, 公式の右半分を得る.　□

問 4.11（漸化式）定積分 $I_n = \displaystyle\int \frac{1}{(x^2 + a^2)^n}\, dx \ (n = 1, \ 2, \ \cdots)$ について, 次の式が成り立つことを示せ.

$$I_{n+1} = \frac{1}{2a^2 n}\frac{x}{(x^2+a^2)^n} + \frac{2n-1}{2a^2 n}I_n \quad (n \geqq 1), \qquad I_1 = \frac{1}{a}\mathrm{Arctan}\,\frac{x}{a}$$

例題 4.13（有理関数の積分）次の不定積分を求めよ.
$$I = \int \frac{2x+3}{(x^2+2x+2)^2}\, dx$$

解答　まず $(x^2 + 2x + 2)' = 2x + 2$ に注意して,

$$\frac{2x+3}{(x^2+2x+2)^2} = \frac{2x+2}{(x^2+2x+2)^2} + \frac{1}{(x^2+2x+2)^2} \quad \text{と分解する.}$$

右辺の第 1 項については, $t = x^2 + 2x + 2$ と置くと $\displaystyle\int \frac{1}{t^2}\, dt = \frac{-1}{t}$ に帰着される. 第 2 項については, $x^2 + 2x + 2 = (x+1)^2 + 1$ より, $u = x + 1$ と置くと $\displaystyle\int \frac{1}{(u^2+1)^2}\, du$ となるから問 4.11 の結果において $a = 1$, $n = 1$ の場合を適用すると,

$$\int \frac{1}{(u^2+1)^2}\, du = \frac{u}{2(u^2+1)} + \frac{1}{2}\mathrm{Arctan}\,u \quad \text{となる. 以上をまとめて, 整理すると次}$$

の結果を得る.

$$I = \frac{x-1}{2(x^2+2x+2)} + \frac{1}{2}\mathrm{Arctan}(x+1) + C$$

三角関数を含む積分：$R(\cos x, \sin x)$　　（$R(x, y)$ は x, y の有理式）

一般的には $t = \tan\dfrac{x}{2}$ と置き, $\cos x = \dfrac{1-t^2}{1+t^2}$, $\sin x = \dfrac{2t}{1+t^2}$, $dx = \dfrac{2dt}{1+t^2}$ となり. t の有理関数の積分に帰着される. 個々の問題には適当な簡便な方法を取る方がよい. 次に問題に応じた工夫をした積分の例を挙げる.

例題 4.14（三角関数の積分）不定積分 $\displaystyle\int \frac{1}{\cos x}\,dx$ を求めよ.

解答 $t = \tan\dfrac{x}{2}$ と置く. $\cos x = \dfrac{1-t^2}{1+t^2}$. $x = 2\operatorname{Arctan} t$ より $dx = \dfrac{2}{1+t^2}\,dt$ だから,

$$\int \frac{1}{\cos x}\,dx = \int \frac{2}{1-t^2}\,dt = \int\left(\frac{1}{1-t}+\frac{1}{1+t}\right)dt = \log\left|\frac{1+t}{1-t}\right| = \log\left|\frac{1+\tan\frac{x}{2}}{1-\tan\frac{x}{2}}\right|$$

別解 $\displaystyle\int \frac{1}{\cos x}\,dx = \int \frac{\cos x}{\cos^2 x}\,dx = \int \frac{\cos x}{1-\sin^2 x}\,dx$ と変形する. $t = \sin x$ とおく.

$$\int \frac{1}{\cos x}\,dx = \int \frac{1}{1-t^2}\,dt = \frac{1}{2}\int\left(\frac{1}{1-t}+\frac{1}{1+t}\right)dt = \frac{1}{2}\log\left|\frac{1+\sin x}{1-\sin x}\right|$$

———————————— 練習問題 4.2 ————————————

1. 次の不定積分, あるいは定積分の値を求めよ.

(1) $\displaystyle\int_{-1}^{1}(2x-1)^4\,dx$ 　　(2) $\displaystyle\int(\cos x+\sin x)^2\,dx$ 　　(3) $\displaystyle\int x(x^2+1)^3\,dx$

(4) $\displaystyle\int \frac{2x-3}{x^2-3x+2}\,dx$ 　　(5) $\displaystyle\int \frac{\log x}{x}\,dx$ 　　(6) $\displaystyle\int \frac{1}{x\log x}\,dx$

(7) $\displaystyle\int \frac{1}{1+x+x^2}\,dx$ 　　(8) $\displaystyle\int_0^{\frac{\pi}{4}}\sin^2 x\,dx$ 　　(9) $\displaystyle\int_0^{\pi}\sqrt{1+\cos x}\,dx$

(10) $\displaystyle\int_1^5\sqrt{3x+1}\,dx$ 　　(11) $\displaystyle\int_0^{\frac{\pi}{2}}x\sin 2x\,dx$ 　　(12) $\displaystyle\int_0^1 x\operatorname{Arctan} x\,dx$

(13) $\displaystyle\int e^{-x}\cos x\,dx$ 　　(14) $\displaystyle\int_0^1 \frac{x^3}{\sqrt{x^2+4}}\,dx$ 　　(15) $\displaystyle\int \cos(\log x)\,dx$

2. 次の不定積分, あるいは定積分の値を求めよ.

(1) $\displaystyle\int_1^2 \frac{1}{x(x+1)^2}\,dx$ 　　(2) $\displaystyle\int \frac{x^3-2x^2+5}{x^2-1}\,dx$ 　　(3) $\displaystyle\int_0^1 \frac{x}{x^2+4x+13}\,dx$

(4) $\displaystyle\int_0^1 \frac{3x^2+1}{x^3+x^2+x+1}\,dx$ (5) $\displaystyle\int \frac{1}{x^3+8}\,dx$ 　　(6) $\displaystyle\int \frac{x}{x^4+1}\,dx$

(7) $\displaystyle\int \frac{x^2}{x^4+1}\,dx$ 　　(8) $\displaystyle\int_{-1}^3 x\sqrt{2x+3}\,dx$ 　　(9) $\displaystyle\int_0^1 \sqrt{\frac{x}{2-x}}\,dx$

(10) $\displaystyle\int \frac{1}{x\sqrt{x-1}}\,dx$ 　　(11) $\displaystyle\int \frac{1}{x\sqrt{1+x+x^2}}\,dx$

(12) $\displaystyle\int \frac{1}{3\sin x-4\cos x}\,dx$ 　　(13) $\displaystyle\int_{\frac{\pi}{3}}^{\frac{\pi}{2}} \frac{1}{1+\cos x+\sin x}\,dx$

3. 置換積分により, 不定積分 $\displaystyle\int \frac{1}{x^7-x}\,dx$ を求めよ.

4. 次の各不定積分について, 漸化式が成り立つことを示せ.

(1) $I_n = \displaystyle\int x^n e^{-x}\,dx$ とする. $I_{n+1} = -x^{n+1}e^{-x}+(n+1)I_n$ $(n \geqq 0)$.

(2) $I_n = \displaystyle\int x^n e^{-x^2}\,dx$ とする. $I_{n+2} = -\dfrac{1}{2}x^{n+1}e^{-x^2}+\dfrac{n+1}{2}I_n$ $(n \geqq 0)$.

(3) $I_n = \displaystyle\int x^n \sin x \, dx$, $J_n = \displaystyle\int x^n \cos x \, dx$ とする.

$I_{n+1} = -x^{n+1} \cos x + (n+1) J_n$, $\quad J_{n+1} = x^{n+1} \sin x - (n+1) I_n$ $(n \geqq 0)$.

5. $\displaystyle\int_0^1 \left(\sqrt[3]{1-x^5} - \sqrt[5]{1-x^3} \right) dx = 0$ を示せ.

6. $n = 0, 1, 2, \cdots$ について, $I_n = \displaystyle\int_0^1 (1-x^2)^n \, dx$ とする. 以下の式を示せ.

(1) $I_n = \dfrac{2n}{2n+1} I_{n-1}$ $(n \geqq 1)$ $\qquad$ (2) $I_n = \dfrac{2^{2n}(n!)^2}{(2n+1)!}$

7. $n = 0, 1, 2, \cdots$ について, $I_n = \displaystyle\int_0^1 \dfrac{x^n}{1+x} \, dx$ とする. 以下の式を示せ.

(1) $\dfrac{1}{2(n+1)} \leqq I_n \leqq \dfrac{1}{n+1}$

(2) $I_n = \dfrac{1}{n} - \dfrac{1}{n-1} + \dfrac{1}{n-2} - \cdots + \dfrac{(-1)^{n-2}}{2} + (-1)^{n-1} + (-1)^n \log 2$

(3) $\displaystyle\lim_{n\to\infty} \sum_{k=1}^{n} \dfrac{(-1)^{k-1}}{k} = \log 2$

8. 不定積分 $\displaystyle\int \dfrac{1}{1-\cos x} \, dx$ を以下の方法で求めよ.

(1) $t = \tan\dfrac{x}{2}$ とおく.

(2) $1 - \cos x = 2\sin^2\dfrac{x}{2}$ を利用する.

(3) $\dfrac{1}{1-\cos x} = \dfrac{1+\cos x}{(1-\cos x)(1+\cos x)} = \dfrac{1+\cos x}{\sin^2 x}$ を利用する.

4.3 　広義積分

　前節までは有界閉区間 $I = [a,b]$ に
おける連続関数の定積分を考えてき
た. 本節では, 区間が有界でない場
合や関数がある点で無限に発散して
いる場合の定積分を定義する. これ
らはガンマ関数, 確率分布関数など
の基本となり, 応用上重要である.

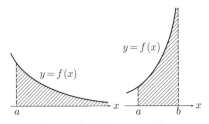

図 4.5 　広義積分の 2 つの形.
左：区間が有界でない. 右：関数が発散.

広義積分

　関数 $f(x)$ は半開区間 $[a, b)$ $(b$ は ∞ でもよい$)$ で連続とする. このとき $c < b$
である c に対して, 閉区間 $[a, c]$ における定積分の, c が左から b に近づくとき
の極限を考える. すなわち $\displaystyle\lim_{c\to b-0} \int_a^c f(x) \, dx$ が存在するときその極限値を

$$\int_a^b f(x)\,dx = \lim_{c \to b-0} \int_a^c f(x)\,dx \tag{4.4}$$

と表す．半区間 $(a, b]$（a は $-\infty$ でもよい）についても同様で

$$\int_a^b f(x)\,dx = \lim_{c \to a+0} \int_c^b f(x)\,dx \tag{4.5}$$

と表す．(4.4) や (4.5) のような積分を**広義積分**という．右辺の極限値が存在するとき**広義積分は収束する**といい，収束しないとき**広義積分は発散する**という．

例題 4.15（広義積分） 収束する例と発散する例を挙げる．

(1) $\displaystyle \int_1^\infty \frac{1}{x^2}\,dx = \lim_{c \to \infty} \int_1^c \frac{1}{x^2}\,dx = \lim_{c \to \infty} \left[\frac{-1}{x} \right]_1^c = \lim_{c \to \infty} \left(1 - \frac{1}{c} \right)$

$\qquad\qquad = 1 \quad$（収束）

(2) $\displaystyle \int_1^2 \frac{1}{\sqrt{x-1}}\,dx = \lim_{c \to 1+0} \int_c^2 \frac{1}{\sqrt{x-1}}\,dx = \lim_{c \to 1+0} \left[2\sqrt{x-1} \right]_c^2$

$\qquad\qquad = \lim_{c \to 1+0} (2 - 2\sqrt{c-1}) = 2 \quad$（収束）

(3) $\displaystyle \int_1^\infty \frac{1}{\sqrt{x}}\,dx = \lim_{c \to \infty} \int_1^c \frac{1}{\sqrt{x}}\,dx = \lim_{c \to \infty} \left[2\sqrt{x} \right]_1^c = 2 \lim_{c \to \infty} \left(\sqrt{c} - 1 \right)$

$\qquad\qquad = \infty \quad$（発散）

これらの例から分かるように，広義積分の収束・発散を見極めるのに大事なのは，区間が有界でないときは x が無限大に近づくときの関数のベキ指数であり，関数が有界でないときは関数の値が無限大に近づくときの関数の振る舞いがどんなベキ関数 (x^α) に近いかである．これをベキ関数の広義積分の場合にまとめておくと次を得る．

例題 4.16（ベキ関数の広義積分） (1) 区間が有界でない例．(2) 関数が有界でない例

(1) 広義積分 $\displaystyle \int_1^\infty \frac{1}{x^\alpha}\,dx$ は $\alpha > 1$ のとき収束し，$\alpha \leqq 1$ のとき発散する，

(2) 広義積分 $\displaystyle \int_0^1 \frac{1}{x^\alpha}\,dx$ は $\alpha < 1$ のとき収束し，$\alpha \geqq 1$ のとき発散する．

解答 $\dfrac{1}{x^\alpha} = x^{-\alpha}$ の不定積分は $\dfrac{x^{1-\alpha}}{1-\alpha}$ $(\alpha \neq 1)$, $\log x$ $(\alpha = 1)$ であるから，

(1) の場合：$x \to \infty$ で，$x^{1-\alpha}$ $(\alpha \neq 1)$, $\log x$ $(\alpha = 1)$ が発散するのは $\alpha \leqq 1$ のとき
であり，それ以外では収束．

(2) の場合：$x \to 0$ で，$x^{1-\alpha}$ $(\alpha \neq 1)$, $\log x$ $(\alpha = 1)$ が発散するのは $\alpha \geqq 1$ のときで
あり，それ以外では収束．

広義積分が収束するか発散するかを判別することは重要である．収束・発散
が既知である関数 $g(x)$ と比較して判定する．次の定理が基本的である．

定理 4.7（広義積分の収束判定） 関数 $f(x), g(x)$ は区間 (a, b) で連続とす
る．

(1) $|f(x)| \leqq g(x)$, かつ $\displaystyle\int_a^b g(x)\,dx$ が収束するような $g(x)$ が存在する

とき，広義積分 $\displaystyle\int_a^b f(x)\,dx$ は**絶対収束**する．$g(x)$ を**優関数**という．

(2) $f(x) \geqq 0$ とする．$0 \leqq g(x) \leqq f(x)$, かつ $\displaystyle\int_a^b g(x)\,dx$ が発散するよ

うな $g(x)$ が存在するとき，広義積分 $\displaystyle\int_a^b f(x)\,dx$ は発散する．

注意 広義積分 $\displaystyle\int_a^b |f(x)|\,dx$ が収束するとき，広義積分 $\displaystyle\int_a^b f(x)\,dx$ は**絶対収束**すると
いう．絶対収束する広義積分は収束する．

この定理 4.7 において $g(x)$ としてよく用いられるのがベキ関数である．ベ
キ関数の広義積分についての例題 4.16 の結果と合わせて，次の定理を得る．

定理 4.8（広義積分絶対収束の十分条件） 関数 $f(x)$ が次の条件を満たす

とき，広義積分 $\displaystyle\int_a^b f(x)\,dx$ は**絶対収束**する．

(1) 区間 $(a, b]$ で連続で，$\displaystyle\lim_{x \to a+0} (x-a)^\alpha |f(x)| = M < \infty$ となる $\alpha(< 1)$
が存在する．

(2) 区間 $[a, b)$ で連続で，$\displaystyle\lim_{x \to b-0} (b-x)^\alpha |f(x)| = M < \infty$ となる $\alpha(< 1)$
が存在する．

(3) 区間 $[a, \infty)$ で連続で，$\displaystyle\lim_{x \to \infty} x^\alpha |f(x)| = M < \infty$ となる $\alpha(> 1)$ が存
在する．

(4) 区間 $(-\infty, b]$ で連続で，$\displaystyle\lim_{x \to -\infty} |x|^\alpha |f(x)| = M < \infty$ となる $\alpha(> 1)$
が存在する．

問 4.12（広義積分絶対収束の十分条件）定理 4.8 を証明するとき，(1) − (4) それ ぞれで定理 4.7 の $g(x)$ として何をとればよいかを考えよ.

問 4.13（広義積分の収束・発散）次の広義積分の収束・発散を判定せよ.

(1) $\displaystyle\int_1^\infty \log x \, dx$　　　(2) $\displaystyle\int_0^{\frac{\pi}{2}} \frac{dx}{\sin x}$

例題 4.17（広義積分の応用例）級数の収束・発散.

$$\sum_{k=1}^\infty \frac{1}{k^\alpha} = 1 + \frac{1}{2^\alpha} + \frac{1}{3^\alpha} + \cdots = \begin{cases} \text{収束} & (\alpha > 1 \text{ のとき}) \\ \text{発散} & (\alpha \leqq 1 \text{ のとき}) \end{cases}$$

解答　$\alpha \leqq 0$ のとき，級数の発散は明らかである.

$\alpha > 0$ のとき，右図 4.6 より，a_n を

$$a_n = 1 + \frac{1}{2^\alpha} + \frac{1}{3^\alpha} + \cdots + \frac{1}{n^\alpha}$$

と置くと，$a_n - 1 < \displaystyle\int_1^n \frac{1}{x^\alpha} \, dx < a_n$.

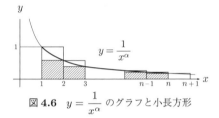

図 4.6　$y = \dfrac{1}{x^\alpha}$ のグラフと小長方形

(i) $\alpha > 1$ のとき：例題 4.16 (1) より，$\displaystyle\int_1^\infty \frac{1}{x^\alpha} \, dx$ が収束するので，数列 a_n は上に有界な単調増加数列である. したがって級数は収束する.

(ii) $\alpha \leqq 1$ のとき：例題 4.16 (1) より，$\displaystyle\int_1^\infty \frac{1}{x^\alpha} \, dx$ が発散するので，数列 a_n は発散する. つまり，級数は発散する.

開区間 (a, b) における積分

関数 $f(x)$ は区間 (a, b) で連続とする. $a < c < b$ である c に対して 2 つの広義積分 $\displaystyle\int_a^c f(x) \, dx, \int_c^b f(x) \, dx$ がともに収束するとき積分 $\displaystyle\int_a^b f(x) \, dx$ は**収束する**といい，その値を

$$\int_a^b f(x) \, dx = \int_a^c f(x) \, dx + \int_c^b f(x) \, dx$$

とする. この値は c の取り方によらない.

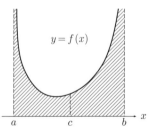

図 4.7　区間の両端で発散する 関数

例題 4.18（広義積分）　$\displaystyle\int_{-1}^1 \frac{1}{\sqrt{1 - x^2}} \, dx = \pi$ を示せ.

解答 $\displaystyle\int_{-1}^{1}\frac{1}{\sqrt{1-x^2}}\,dx = \int_{-1}^{0}\frac{1}{\sqrt{1-x^2}}\,dx + \int_{0}^{1}\frac{1}{\sqrt{1-x^2}}\,dx$ において,

$$\int_{-1}^{0}\frac{1}{\sqrt{1-x^2}}\,dx = \Big[\mathrm{Arcsin}\,x\Big]_{-1}^{0} = 0 - \Big(-\frac{\pi}{2}\Big) = \frac{\pi}{2}.$$

同様に $\displaystyle\int_{0}^{1}\frac{1}{\sqrt{1-x^2}}\,dx = \frac{\pi}{2}.$ よって, $\displaystyle\int_{-1}^{1}\frac{1}{\sqrt{1-x^2}}\,dx = \frac{\pi}{2}+\frac{\pi}{2} = \pi.$

注意 上の解答のように, 本来は

$$\int_{-1}^{0}\frac{1}{\sqrt{1-x^2}}\,dx = \lim_{c\to -1+0}\int_{c}^{0}\frac{1}{\sqrt{1-x^2}}\,dx$$

$$= \lim_{c\to -1+0}\Big[\mathrm{Arcsin}\,x\Big]_{c}^{0} = 0 - \Big(-\frac{\pi}{2}\Big) = \frac{\pi}{2}$$

とするべきところを簡単に $\displaystyle\int_{-1}^{0}\frac{1}{\sqrt{1-x^2}}\,dx = \Big[\mathrm{Arcsin}\,x\Big]_{-1}^{0}$ と書く場合が多い. この場合, $x=-1$ を代入することは $\displaystyle\lim_{x\to -1+0}\mathrm{Arcsin}\,x$ のことと解する.

問 4.14 (広義積分) 次の広義積分の値を求めよ.

(1) $\displaystyle\int_{0}^{1}\frac{1}{\sqrt{x(1-x)}}\,dx$
(2) $\displaystyle\int_{-\infty}^{\infty}\frac{1}{1+x^2}\,dx$

例題 4.19 (広義積分の応用：ガンマ関数) $s>0$ のとき, 次の広義積分が存在することを示せ.

$$\Gamma(s) = \int_{0}^{\infty}x^{s-1}e^{-x}dx$$

この $\Gamma(s)$ をオイラーの**ガンマ関数**という. ガンマ関数は次の性質をもつ.

$$\Gamma(s+1) = s\,\Gamma(s)$$

特に s が自然数 n なら $\Gamma(1)=1, \qquad \boldsymbol{\Gamma(n+1) = n!}$

解答 $f(x)=x^{s-1}e^{-x}$ と置く. 定理 4.8 の絶対収束の十分条件を 0 と ∞ の近傍で調べる.

まず, $x=0$ の近傍では, 定理 4.8 (1) で $\alpha = 1-s$ と置くと, $\alpha < 1$ であり,

$$\lim_{x\to +0}x^{\alpha}|f(x)| = \lim_{x\to +0}x^{1-s}x^{s-1}e^{-x} = \lim_{x\to +0}e^{-x} = 1$$

次に, ∞ の近傍では, 定理 4.8 (3) で $\alpha = 2$ と置くと, $\alpha > 1$ であり,

$$\lim_{x\to \infty}x^{\alpha}|f(x)| = \lim_{x\to \infty}x^2 x^{s-1}e^{-x} = \lim_{x\to \infty}x^{1+s}e^{-x} = 0$$

よって, 広義積分は存在する. また, $\displaystyle\Gamma(1) = \int_{0}^{\infty}e^{-t}dt = \Big[-e^{-t}\Big]_{0}^{\infty} = 1,$

$$\Gamma(s+1) = \int_{0}^{\infty}e^{-t}t^s dt = \Big[-e^{-t}t^s\Big]_{0}^{\infty} + s\int_{0}^{\infty}e^{-t}t^{s-1}dt = s\,\Gamma(s)$$

問 **4.15**（ベータ関数）$p, q > 0$ のとき，次の広義積分が存在することを示せ．

$$B(p, q) = \int_0^1 t^{p-1}(1-t)^{q-1} dt$$

この $B(p, q)$ をオイラーの**ベータ関数**という．なお，ベータ関数の性質については練習問題 4.3 の 9 を参照のこと．

問 **4.16**　$J_n = \int_0^{\frac{\pi}{2}} \sin^n x \, dx$（例題 4.12 参照）とする．次の関係式を示せ．

(1) $1 - x^2 < e^{-x^2} < \dfrac{1}{1+x^2}$ $(x \neq 0)$

(2) $\displaystyle\int_0^1 (1-x^2)^n dx < \int_0^\infty e^{-nx^2} dx = \frac{1}{\sqrt{n}} \int_0^\infty e^{-y^2} dy < \int_0^\infty \frac{dx}{(1+x^2)^n}$

(3) $\displaystyle\int_0^1 (1-x^2)^n dx = \int_0^{\frac{\pi}{2}} \cos^{2n+1}\theta \, d\theta = J_{2n+1}$

(4) $\displaystyle\int_0^\infty \frac{dx}{(1+x^2)^n} = \int_0^{\frac{\pi}{2}} \cos^{2n-2}\theta \, d\theta = J_{2n-2}$

（ヒント：変数変換 (2) $y = \sqrt{n}x$, (3) $x = \sin\theta$, (4) $x = \tan\theta$ を用いる．）

例題 4.20（ガウス積分）ウォーリスの公式 4.4 より，次のガウス積分を示せ．

$$G = \int_0^\infty e^{-x^2} dx = \frac{\sqrt{\pi}}{2} \qquad \text{または} \qquad \int_{-\infty}^\infty e^{-x^2} dx = \sqrt{\pi}$$

解答　前の問 4.16 (2), (3), (4) より，$\sqrt{n}\, J_{2n+1} < G < \sqrt{n}\, J_{2n-2}$ を得る．また，ウォーリスの公式 4.4 は $\dfrac{\pi}{2} = \lim_{n\to\infty}(2n+1)(J_{2n+1})^2 = \lim_{n\to\infty} \dfrac{2n+1}{n} \cdot n\,(J_{2n+1})^2$ と表せるので，$n \to \infty$ のとき，左辺 $\sqrt{n}J_{2n+1} \to \dfrac{\sqrt{\pi}}{2}$ である．一方，$\displaystyle\lim_{n\to\infty} \frac{J_{2n+1}}{J_{2n}} = 1$, $J_{2n} = \dfrac{2n-1}{2n}J_{2n-2}$ であるから，$\displaystyle\lim_{n\to\infty} \frac{J_{2n+1}}{J_{2n-2}} = 1$ より，ガウス積分を得る．

有限個の点を除いて連続な関数の広義積分

区間 (a, b) で定義された関数 $f(x)$ が n 個の点 $c_1, c_2, \cdots, c_n$ $(a = c_0 < c_1 < c_2 < \cdots < c_n < c_{n+1} = b)$ を除いて連続であり，広義積分 $\displaystyle\int_{c_j}^{c_{j+1}} f(x)\, dx$ がすべて収束するとき，広義積分 $\displaystyle\int_a^b f(x)\, dx$ を次で定義する．

$$\int_a^b f(x)\, dx = \sum_{j=0}^n \int_{c_j}^{c_{j+1}} f(x)\, dx$$

例（広義積分）

(1) $\displaystyle\int_{-1}^{1}\frac{1}{\sqrt{|x|}}dx = \lim_{c_1\to+0}\int_{-1}^{-c_1}\frac{1}{\sqrt{-x}}dx + \lim_{c_2\to+0}\int_{c_2}^{1}\frac{1}{\sqrt{x}}dx$

$\displaystyle\qquad\qquad\quad = \lim_{c_1\to+0}(-2\sqrt{c_1}+2) + \lim_{c_2\to+0}(2-2\sqrt{c_2}) = 4$

(2) $\displaystyle\int_{-1}^{1}\frac{1}{x}dx = \Big[\log|x|\Big]_{-1}^{1} = \log 1 - \log 1 = 0$ **誤り**

正しくは，$\displaystyle\int_{-1}^{1}\frac{1}{x}dx = \int_{-1}^{0}\frac{1}{x}dx + \int_{0}^{1}\frac{1}{x}dx$ であり，右辺の広義積分はと

もに発散する．したがって，広義積分 $\displaystyle\int_{-1}^{1}\frac{1}{x}dx$ は存在しない．

ガンマ関数の補足

ガンマ関数 $\Gamma(s)$ は $s > 0$ に対して定義されたものであるが，関係式 $\Gamma(s) = \dfrac{1}{s}\Gamma(s+1)$ により $-1 < s < 0$ に対しても定義することができる．同様の考えを繰り返すことにより，$\Gamma(s)$ は $s = 0, -1, -2, \cdots$ を除くすべての s に対して定義される．ガンマ関数のグラフは右図 4.8 のようになる．

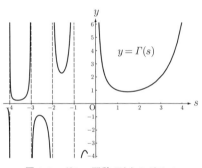

図 4.8 ガンマ関数 $\Gamma(s)$ のグラフ

問 4.17（広義積分） 次の広義積分の収束・発散を判定して，収束する場合はその値を求めよ．ここで，$n = 0, 1, 2$ とする．

(1) $\displaystyle\int_{0}^{1} x^n \log x\, dx$ (2) $\displaystyle\int_{-\infty}^{\infty}\frac{x^n}{1+x^2}dx$ (3) $\displaystyle\int_{0}^{\infty}\frac{x^n}{\sqrt{1+x^2}}dx$

———————————————— 練習問題 **4.3**————————————————

1. 次の広義積分の収束・発散を判定して，収束する場合はその値を求めよ．ただし，$a > 0$, $b > 0$ とする．さらに，(8) においては $a < b$ とする．

(1) $\displaystyle\int_{0}^{1}\frac{1}{\sqrt{x}}dx$ (2) $\displaystyle\int_{1}^{\infty}\frac{1}{x^3}dx$ (3) $\displaystyle\int_{0}^{3}\frac{dx}{x-1}$

(4) $\displaystyle\int_{0}^{\infty}\frac{1}{a^2+b^2x^2}dx$ (5) $\displaystyle\int_{1}^{\infty}\frac{\log x}{x}dx$ (6) $\displaystyle\int_{0}^{\infty}e^{-ax}\sin bx\, dx$

(7) $\displaystyle\int_{0}^{1}\frac{e^{-\frac{1}{x}}}{x^3}dx$ (8) $\displaystyle\int_{a}^{b}\frac{dx}{\sqrt{(x-a)(b-x)}}$ (9) $\displaystyle\int_{0}^{1}\sqrt{\frac{x}{1-x}}dx$

(10) $\displaystyle\int_0^\infty \frac{1}{x^3+1}\,dx$ (11) $\displaystyle\int_{-2}^2 \frac{1}{\sqrt{4-x^2}}\,dx$ (12) $\displaystyle\int_0^\infty \frac{1}{1+x\sqrt{x}}\,dx$

2. 次の広義積分の収束・発散を判定せよ.

(1) $\displaystyle\int_0^1 \frac{1}{1-x\sqrt{x}}\,dx$ (2) $\displaystyle\int_0^\infty e^{-x^2}\,dx$ (3) $\displaystyle\int_0^1 x^p \log x\,dx$

(4) $\displaystyle\int_1^\infty \frac{1}{\sqrt{x^2+1}}\,dx$ (5) $\displaystyle\int_0^{\frac{\pi}{2}} \frac{x-\sin x}{x^4}\,dx$ (6) $\displaystyle\int_0^\infty \frac{x^p}{1+x^2}\,dx$

(7) $\displaystyle\int_0^{\frac{\pi}{2}} \frac{\sqrt{x}}{\sin x}\,dx$ (8) $\displaystyle\int_0^1 \frac{\log x}{1-x}\,dx$ (9) $\displaystyle\int_0^\infty \sin x^2\,dx$

3. $1 < \alpha < 2$ のとき,広義積分 $\displaystyle\int_0^\infty \frac{\sin x}{x^\alpha}\,dx$ は絶対収束することを示せ.

4. 関数 $f(x)$ は $(-\infty,\ \infty)$ で連続とする.$\displaystyle\int_{-\infty}^\infty f(x)\,dx$ が収束するとき,任意の $a,\ b$ について,以下の等式が成り立つことを示せ.

$$\int_{-\infty}^a f(x)\,dx + \int_a^\infty f(x)\,dx = \int_{-\infty}^b f(x)\,dx + \int_b^\infty f(x)\,dx$$

5. $n = 1, 2, \cdots$ について,$I_n = \displaystyle\int_0^1 (-\log x)^{n-1}\,dx$ とする.以下の問いに答えよ.

(1) 右辺の広義積分が収束することを示せ.

(2) $I_{n+1} = n\,I_n$ を示せ.

(3) $I_n = \displaystyle\int_0^\infty x^{n-1}\,e^{-x}\,dx$ を示せ.

6. 広義積分 $I = \displaystyle\int_0^{\frac{\pi}{2}} \log(\sin x)\,dx$ について,以下の問いに答えよ.

(1) この広義積分 I は収束することを示せ.

(2) $I = \displaystyle\int_0^{\frac{\pi}{2}} \log(\cos x)\,dx$ を示せ. (3) $\displaystyle\int_0^\pi \log(\sin x)\,dx = 2I$ を示せ.

(4) (2), (3) を利用して,$I = -\dfrac{\pi}{2}\log 2$ を示せ.

7. 練習問題の 6.の結果を用いて,次の広義積分の値を求めよ.

(1) $\displaystyle\int_0^{\frac{\pi}{2}} \frac{x}{\tan x}\,dx$ (2) $\displaystyle\int_0^\pi \log(1+\cos x)\,dx$ (3) $\displaystyle\int_0^\pi x\log(\sin x)\,dx$

8. (ラプラス変換) 関数 $f(x)$ に対し $F(p) = \displaystyle\int_0^\infty e^{-px}f(x)\,dx\ (p > 0)$ を対応させることを**ラプラス変換**という.p の関数 $F(p)$ を関数 $f(x)$ の**ラプラス像**という.

(1) $|f(x)| \leqq Me^{cx}\ (M > 0,\ c$ は定数$)$ を満たす場合,広義積分 $F(p)$ の存在を調べよ.

(2) 次の関数のラプラス像を求めよ.

    (i) $\sin x$ (ii) $\cos x$ (iii) xe^{ax} (iv) $e^{ax}\sin bx$

    (v) $e^{ax}\cos bx$

9. (ベータ関数の性質) $p,\ q > 0$ に対して,$B(p,q) = \displaystyle\int_0^1 t^{p-1}(1-t)^{q-1}\,dt$ (ベータ関数) とする.次の等式が成り立つことを示せ.

(1) $B(p,q) = 2\displaystyle\int_0^{\frac{\pi}{2}} \cos^{2p-1}\theta \,\sin^{2q-1}\theta \,d\theta = \int_0^\infty \dfrac{t^{p-1}}{(1+t)^{p+q}}dt$

(2) m, n を自然数とする. $B(m+1, n+1) = \dfrac{m!n!}{(m+n+1)!}$

4.4 積分の応用

4.1 節では図形の面積の存在を仮定して, 連続関数の定積分を定義した. 区間 $I = [a,b]$ で定義された連続関数 $f(x)$ による直観的なイメージと面積のもっている性質に基づいて定積分を定義し, 基本的な定理を導いた. ここでは, 積分の応用を考えるために, 区間 I で定義された関数に対してつくられるリーマン和 (以下で説明) をもとにした定積分の見方が必要となる. 通例この考え方で定積分を定義される場合が多い.

区分求積による定積分

$f(x)$ を区間 $I = [a,b]$ で定義された連続関数とする. 区間 I の中に $n-1$ 個の点 $a = x_0 < x_1 < x_2 < \cdots < x_n = b$ を取り, 区間 I を n 個の小区間 $I_i = [x_{i-1}, x_i]$ に分割する. この分割のことを**区間 I の分割 Δ** といい, $\Delta = \{x_0, x_1, x_2, \cdots, x_n\}$ で表す. すなわち

$$\Delta : a = x_0 < x_1 < x_2 < \cdots < x_n = b$$

各 $x_i (0 \leqq i \leqq n)$ を**分点**といい. 小区間の最大幅を $|\Delta| = \max\limits_{1 \leqq i \leqq n} (x_i - x_{i-1})$ とする. さらに, 分割 Δ に分点を付け加えた分割 Δ' を分割 Δ の細分といい $\Delta' \supseteq \Delta$ と記す.

分割 Δ の各小区間 $[x_{i-1}, x_i]$ $(1 \leqq i \leqq n)$ から, 任意に 1 点 c_i $(i = 1, 2, \cdots, n)$ (小区間の**代表点**という) を選び出してつくった次の和 $\Sigma(\Delta)$ を分割 Δ に付随する**リーマン和** という.

$$\Sigma(\Delta) = \sum_{i=1}^n f(c_i)(x_i - x_{i-1})$$

小区間 $[x_{i-1}, x_i]$ $(1 \leqq i \leqq n)$ において $f(x)$ の最大値を M_i, 最小値を m_i とすれば, 各小区間 $[x_{i-1}, x_i]$ で $m_i \leqq f(c_i) \leqq M_i$ が成り立ち,

$$m_i(x_i - x_{i-1}) \leqq f(c_i)(x_i - x_{i-1}) \leqq M_i(x_i - x_{i-1})$$

が成り立つので, 左辺の総和を $s(\Delta)$, 右辺の総和を $S(\Delta)$ と置くと次を得る.

$$s(\Delta) = \sum_{i=1}^n m_i(x_i - x_{i-1}) \leqq \Sigma(\Delta) \leqq \sum_{i=1}^n M_i(x_i - x_{i-1}) = S(\Delta)$$

さらに,

$$\Delta' \supseteq \Delta \quad \text{ならば} \quad s(\Delta) \leqq s(\Delta') \leqq S(\Delta') \leqq S(\Delta)$$

が分かる. 分割を細かくすると $s(\Delta)$ は単調増加, $S(\Delta)$ は単調減少で, 共に有界であるから $s = \sup\{s(\Delta) \,|\, \text{すべての分割} \Delta\}$, $S = \inf\{S(\Delta) \,|\, \text{すべての分割} \Delta\}$ が存在する.

連続関数 $f(x)$ は閉区間で一様連続だから, $|\Delta| \to 0$ のとき, $M_i - m_i \to 0$ が i について一様に成り立ち, $s(\Delta), S(\Delta)$ は同一の値 $s = S$ に収束する. すなわち, 代表点 c_i の選び方によらず, 一つの極限値 $s = S$ に収束する. この極限値で区間 I における関数 $f(x)$ の定積分を定義する.

定義 4.4 Δ を区間 $I = [a, b]$ の分割とする. 区間 I で連続な関数 $f(x)$ に対して,

$$\int_a^b f(x)\,dx = \lim_{|\Delta| \to 0} \Sigma(\Delta) = \lim_{|\Delta| \to 0} \sum_{i=1}^{n} f(c_i)(x_i - x_{i-1}) \qquad (4.6)$$

を関数 $f(x)$ の定積分と定義する.

このようなリーマン和を用いた積分の定義を**リーマン積分**という. 区間を分割し $\Sigma(\Delta)$ で近似することを**区分求積法**という. 区間 I を n 等分し, $c_i = x_i$ に選ぶと, 高校で習った区分求積法になり, この場合を区分求積法ということも多い.

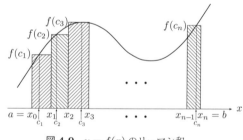

図 4.9 $y = f(x)$ のリーマン和

実際, 定積分をこの区分求積法に従って計算してみよう. 区間 I を n 等分し, $c_i = x_i$ とする. $x_i = c_i = a + i\Delta x$ $(\Delta x = \dfrac{b-a}{n})$ $i = 1, 2, \cdots, n$ と記す. 定積分は次の右辺の極限で求めることができる.

$$\int_a^b f(x)\,dx = \lim_{n \to \infty} \frac{b-a}{n} \sum_{i=1}^{n} f(x_i) = \lim_{n \to \infty} \sum_{i=1}^{n} f(x_i)\Delta x$$

リーマン和の説明ではよく上図 4.9 が用いられていて面積と直接関係するよ

うなイメージがあるが，定義自体には面積の概念はない．しかしながら，次に説明するように，定義 4.4 の定積分は面積を表すものになる．

面積とは

第 4 章のはじめに述べた面積のもつ基本的な性質 $(i) - (iii)$ に基づき，面積の定義を考えよう．リーマン積分の考え方が重要である．

区間 $I = [a, b]$ で連続な非負関数 $f(x)$ に対して，曲線 $y = f(x)$ と x 軸，および 2 直線 $x = a, x = b$ で囲まれた図形 A の面積について考える．小区間 $I_i = [x_{i-1}, x_i]$ を底辺とし，高さ m_i の長方形を R_i，高さ M_i の長方形を $\hat{R}_i$ とする（m_i, M_i は I_i での $f(x)$ の最小値，最大値）．図を描けば明らかに R_i を全部集めた $R = \cup_{i=1}^n R_i$ は A に含まれている．$\hat{R}_i$ を全部集めた $\hat{R} = \cup_{i=1}^n \hat{R}_i$ は A を含んでいる．A に対して面積 $m(A)$ を定義するなら，面積の性質 (i) と (iii) から R の面積は $s(\Delta)$，$\hat{R}$ の面積は $S(\Delta)$ であるので，面積の性質 (ii) から $s(\Delta) \leq m(A) \leq S(\Delta)$ が成り立たなければならない．この不等式の両辺は $|\Delta| \to 0$ のとき同じ極限値，すなわち区間 I における関数 $f(x)$ の定積分に近づく．だからこの定積分の値で図形 A の面積 $m(A)$ を定義する．

例題 4.21（区分求積法） $\displaystyle\int_0^1 x^2\, dx = \frac{1}{3}$ を区分求積法により示せ．

解答 区間 $[0,1]$ を n 等分し，小区間の右端を代表点 c_k にとると $x_k = c_k = \dfrac{k}{n}$ $(k = 1, 2, \cdots, n)$ となる．$S_n = \displaystyle\sum_{k=1}^n \frac{1}{n}\left(\frac{k}{n}\right)^2 = \frac{1}{n^3}\sum_{i=1}^n k^2 = \frac{n(n+1)(2n+1)}{6n^3}$ となる．

よって，$\displaystyle\int_0^1 x^2\, dx = \lim_{n\to\infty} S_n = \frac{1}{3}$ となり，$\displaystyle\int_0^1 x^2\, dx = \left[\frac{x^3}{3}\right]_0^1 = \frac{1}{3}$ と一致する．

問 4.18（区分求積法） $\displaystyle\int_0^1 x^3\, dx$ を区分求積法の定義にしたがって求めよ．

これから，リーマン積分の応用として，平面曲線の長さ，平面における図形の面積，および回転体の体積と側面積について説明する．

平面曲線の長さ

面積の存在は天与のものでなかったと同様，平面曲線の長さも自明なものでなく定義すべきものである．リーマン積分の考え方で同様に定義できる．

曲線 $y = f(x)$ の場合

区間 $I = [a, b]$ で定義された C^1 級関数 $f(x)$ により与えられた平面上の曲線 $C : y = f(x)$ に対して，区間 $I = [a, b]$ の分割 $\Delta : a = x_0 < x_1 < x_2 < \cdots < x_n = b$ に対応する曲線上の点 $P_i(x_i, f(x_i))$ $(0 \leqq i \leqq n)$ を順次結んで得られる折れ線の長さ $L(\Delta)$ を曲線 C の長さの近似値と考える．分割の幅を小さくするとき極限が存在すれば，その極限値を曲線 C の長さ L としていいであろう．

$$L(\Delta) = \sum_{i=1}^{n} \overline{P_{i-1} P_i} = \sum_{i=1}^{n} \sqrt{(x_i - x_{i-1})^2 + \{f(x_i) - f(x_{i-1})\}^2}$$

$$= \sum_{i=1}^{n} \sqrt{1 + \left\{ \frac{f(x_i) - f(x_{i-1})}{x_i - x_{i-1}} \right\}^2} (x_i - x_{i-1})$$

平均値の定理より，$\dfrac{f(x_i) - f(x_{i-1})}{x_i - x_{i-1}} = f'(c_i)$ となる c_i $(x_{i-1} < c_i < x_i)$ が存在する．

$$L(\Delta) = \sum_{i=1}^{n} \sqrt{1 + f'(c_i)^2} (x_i - x_{i-1}).$$

これは関数 $\sqrt{1 + f'(x)^2}$ $(a \leqq x \leqq b)$ のリーマン和であるから，小区間の最大幅 $|\Delta|$ が 0 に近づくときの極限を考えれば，次の公式 4.5 の式 (4.7) を得る．

公式 4.5（曲線の長さ 1） 曲線 $C : y = f(x)$ $(a \leqq x \leqq b)$ の長さ L は次で与えられる．

$$L = \int_a^b \sqrt{1 + f'(x)^2} \, dx \tag{4.7}$$

パラメータ表示された曲線の場合

平面曲線を表すのに，より一般的な方法として第 3 章 4 節で説明したパラメーター (媒介変数) 表示がある．パラメータ表示された曲線の長さは次の公式で与えられる．この公式も前の公式 4.5 とほぼ同様に証明できる．

公式 4.6（曲線の長さ 2） $x(t), y(t)$ を区間 $[\alpha, \beta]$ で定義された C^1 級関数とする．曲線 $\begin{cases} x = x(t) \\ y = y(t) \end{cases}$ $(\alpha \leqq t \leqq \beta)$ の長さ L は次の式で与えられる．

$$L = \int_\alpha^\beta \sqrt{\left(\frac{dx}{dt}\right)^2 + \left(\frac{dy}{dt}\right)^2}\, dt \tag{4.8}$$

極座標表示された曲線の場合

同じく 3.4 節で述べた極座標表示された曲線 $r = f(\theta)$ については，曲線の

パラメータ表示 $\begin{cases} x = r\cos\theta = f(\theta)\cos\theta \\ y = r\sin\theta = f(\theta)\sin\theta \end{cases}$ より，

$$x' = \big(f(\theta)\cos\theta\big)' = f'(\theta)\cos\theta - f(\theta)\sin\theta,$$

$$y' = \big(f(\theta)\sin\theta\big)' = f'(\theta)\sin\theta + f(\theta)\cos\theta$$

であり，これらを公式 4.6 の式 (4.8) に代入して，次の公式を得る．

公式 4.7（曲線の長さ 3） $f(\theta)$ を区間 $[\alpha, \beta]$ で定義された C^1 級関数とする．曲線 $r = f(\theta)$ $(\alpha \leqq \theta \leqq \beta)$ の長さ L は次の式で与えられる．

$$L = \int_\alpha^\beta \sqrt{f(\theta)^2 + f'(\theta)^2}\, d\theta \tag{4.9}$$

例題 4.22（曲線の長さ） 次の曲線の長さ L を求めよ．

(1) 懸垂線： $y = \dfrac{1}{2}(e^x + e^{-x})$ $(0 \leqq x \leqq 1)$

(2) 渦巻線： $\begin{cases} x = e^t \cos t \\ y = e^t \sin t \end{cases}$ $(0 \leqq t \leqq 2\pi)$

(3) カージオイド： $r = 1 + \cos\theta$ $(0 \leqq \theta \leqq 2\pi)$

(4) 楕円： $\begin{cases} x = a\cos t \\ y = b\sin t \end{cases}$ $(0 \leqq t \leqq 2\pi,\ \ 0 < a < b)$

(5) レムニスケート： $r = a\sqrt{2\cos 2\theta}$ $\left(0 \leqq \theta \leqq \dfrac{\pi}{4},\ \ 0 < a\right)$

解答 　(1) $1 + \left(\dfrac{dy}{dx}\right)^2 = 1 + \dfrac{1}{4}(e^x - e^{-x})^2 = \dfrac{1}{4}(e^x + e^{-x})^2$ より，公式 4.5 の式

(4.7) を用いると，

$$L = \int_0^1 \sqrt{1 + \left(\frac{dy}{dx}\right)^2}\, dx = \frac{1}{2}\int_0^1 (e^x + e^{-x})\, dx = \frac{1}{2}\Big[e^x - e^{-x}\Big]_0^1 = \frac{1}{2}\left(e - \frac{1}{e}\right)$$

(2) $\left(\dfrac{dx}{dt}\right)^2 + \left(\dfrac{dy}{dt}\right)^2 = e^{2t}(\cos t - \sin t)^2 + e^{2t}(\sin t + \cos t)^2 = 2e^{2t}$ より，公式 4.6

の式 (4.8) を用いると,

$$L = \int_0^{2\pi} \sqrt{\left(\frac{dx}{dt}\right)^2 + \left(\frac{dy}{dt}\right)^2} \, dt = \sqrt{2} \int_0^{2\pi} e^t \, dt = \sqrt{2}(e^{2\pi} - 1)$$

(3) $f(\theta)^2 + \left(f'(\theta)\right)^2 = 2 + 2\cos\theta = 4\cos^2\dfrac{\theta}{2}$ より, 公式 4.7 の式 (4.9) を用いると,

$$L = \int_0^{2\pi} \sqrt{f(\theta)^2 + f'(\theta)^2} \, d\theta = \int_0^{2\pi} \sqrt{4\cos^2\frac{\theta}{2}} \, d\theta = 4\int_0^{\pi} \cos\frac{\theta}{2} \, d\theta = 8$$

(4) $L = \displaystyle\int_0^{2\pi} \sqrt{a^2\sin^2 t + b^2\cos^2 t} \, dt = b\int_0^{2\pi} \sqrt{1 - k^2\sin^2 t} \, dt$

$k(>0)$ は $0 < k^2 = \dfrac{b^2 - a^2}{b^2} < 1$ であり, **楕円の離心率**という.

$E(k, t) = \displaystyle\int_0^t \sqrt{1 - k^2\sin^2 t} \, dt$ は**第 2 種楕円積分**と言われ, 初等関数では表せない.

(5) $L = \displaystyle\int_0^{\frac{\pi}{4}} \sqrt{2a^2\cos 2\theta + 2a^2\dfrac{\sin^2 2\theta}{\cos 2\theta}} \, d\theta = \int_0^{\frac{\pi}{4}} \dfrac{\sqrt{2}a \, d\theta}{\sqrt{\cos 2\theta}} = \sqrt{2}a\int_0^{\frac{\pi}{4}} \dfrac{d\theta}{\sqrt{1 - 2\sin^2\theta}}$

$F(k, t) = \displaystyle\int_0^t \dfrac{dt}{\sqrt{1 - k^2\sin^2 t}}$ は**第 1 種楕円積分**と言われ, 初等関数では表せない.

問 4.19（曲線の長さ）次の曲線の長さを求めよ.

(1) 放物線：$y = \dfrac{1}{2}x^2 \quad (0 \leqq x \leqq 1)$

(2) サイクロイド：$\begin{cases} x = t - \sin t \\ y = 1 - \cos t \end{cases} \quad (0 \leqq t \leqq 2\pi)$

(3) アルキメデスのらせん：$r = \theta \quad (0 \leqq \theta \leqq \pi)$

　同じ平面曲線に対し媒介変数表示の仕方は無数にある. その中で, 特に**標準媒介変数**による**標準媒介変数表示**について述べる. C^1 級平面曲線 $C : y = f(x)$ 上に定点 $\mathrm{A}(a, f(a))$ をとり, 曲線 C 上の点 $\mathrm{P}(x, f(x))$ までの曲線の長さ (弧長) を $s = s(x)$ とする. また, 点 P での接線と x 軸正の向きのなす角を $\theta = \theta(x)$ とする. このように, 曲線 C 上の点 P を定点 A から点 P までの弧長 (曲線の長さで正負をもつ) で点 P を特定できるので, この弧長 s を媒介変数として採用し, **標準媒介変数**という. 点 $\mathrm{P}(x(s), y(s))$ と表す. 実際, ラジアン s は単位円の標準媒介変数であり, $\mathrm{A}(1, 0)$ として, 反時計回りは正, 時計回りは負とし, $(x, y) = (\cos s, \sin s)$ と表す.

　曲線 C 上の点 P の近傍に, 曲線 C 上の点 Q をとり, 2 点 $\mathrm{P, Q}$ を結ぶ弧長 $\overparen{\mathrm{PQ}}$ を Δs とおく. 次に, 点 Q における接線と x 軸正の向きのなす角を $\theta + \Delta\theta$

とおく. $\dfrac{\Delta\theta}{\Delta s}$ は点 P の近傍で, 接線の方向の変化の度合, 緩急を表す. だから, $\kappa = \dfrac{d\theta}{ds}$ は曲線の点 P における曲線の曲がり方の変化の度合を示す. これが前に定義した曲率のもう一つの意味である. 実際, 曲線 C が半径 R の円の場合, $\Delta s = R\Delta\theta$ だから, $\kappa = \dfrac{1}{R}$ である.

公式 4.8（曲率 κ・曲率半径 ρ の公式）

$$\kappa = \frac{d\theta}{ds} = \frac{f''(x)}{(1 + f'(x)^2)^{\frac{3}{2}}}, \qquad \rho = \frac{ds}{d\theta} = \frac{(1 + f'(x)^2)^{\frac{3}{2}}}{f''(x)}$$

注意 この公式で, 点 P において曲線 C が上に凸であれば, $\kappa < 0$ であり, 下に凸であれば $\kappa > 0$ である. 曲率として, 絶対値をとった $|\kappa|$ を用いることが多い.

証明 $s = \displaystyle\int_a^x \sqrt{1 + y'^2}\, dx$ であるから, $\dfrac{ds}{dx} = \sqrt{1 + y'^2}$. また, $\dfrac{dy}{dx} = \tan\theta$ であるから, $\dfrac{d^2 y}{dx^2} = (1 + \tan^2\theta)\dfrac{d\theta}{dx} = (1 + y'^2)\dfrac{d\theta}{dx}$. 以上と $\dfrac{d\theta}{ds} = \dfrac{d\theta}{dx} \Big/ \dfrac{ds}{dx}$ より従う. $\square$

曲線 C の**標準媒介変数表示**つまり, 点 P $\boldsymbol{x}(s) = (x(s), y(s))$ について, 弦長 $|\mathrm{PQ}| = |\Delta\boldsymbol{x}|$ と弧長 $\overset{\frown}{\mathrm{PQ}} = \Delta s$ との比は点 Q が点 P に近づくとき 1 となるから, 次の $(*)$ の最初の式が成り立つ. また, $\Delta x = |\mathrm{PQ}|\cos\theta = \dfrac{|\Delta\boldsymbol{x}|}{\Delta s}\Delta s\cos\theta$, $\Delta y = |\mathrm{PQ}|\sin\theta = \dfrac{|\Delta\boldsymbol{x}|}{\Delta s}\Delta s\sin\theta$ だから, 次の $(*)$ の残りの式を得る.

$$(*) \qquad \left|\frac{d\boldsymbol{x}(s)}{ds}\right| = 1, \qquad \frac{dx}{ds} = \cos\theta, \quad \frac{dy}{ds} = \sin\theta$$

標準媒介変数 s で表される質点の s を時間とした運動速度 $\boldsymbol{v}(s) = \dfrac{d\boldsymbol{x}(s)}{ds}$ は $|\boldsymbol{v}(s)| = 1$ をいつもを満たし, 単位接ベクトルである. $|\boldsymbol{v}(s)|^2 = \boldsymbol{v}(s)\cdot\boldsymbol{v}(s) = 1$ の両辺を s で微分して, $2\boldsymbol{v}'(s)\cdot\boldsymbol{v}(s) = 0$ を得る. つまり, 等速運動では, 加速度ベクトル $\boldsymbol{a}(s) = \boldsymbol{v}'(s)$ は速度ベクトル $\boldsymbol{v}(s)$ と直交し, 加速度方向の単位ベクトル $\boldsymbol{n}(s)$ は単位法線ベクトルであり, 次で与えられる.

$$\boldsymbol{n}(s) = \frac{\boldsymbol{v}'(s)}{|\boldsymbol{v}'(s)|}, \qquad \boldsymbol{v}'(s) = \frac{d\boldsymbol{v}(s)}{ds} = \frac{d^2\boldsymbol{x}(s)}{ds^2}$$

平面図形の面積, 空間図形の体積

区間 $I = [a, b]$ で連続な非負関数 $f(x)$ のつくる曲線 $y = f(x)$ と x 軸, 2 直線 $x = a, x = b$ で囲まれた図形の面積は定積分 $\displaystyle\int_a^b f(x)\, dx$ となることを学んだ. ここでは, より一般の平面図形の面積や空間図形の体積と, カバリエリの原理について学ぶ. まず, 平面図形から始める.

公式 **4.9**（グラフで囲まれた図形の面積） 2つの曲線 $y = f(x)$, $y = g(x)$ があって，$g(x) \leqq f(x)$ $(a \leqq x \leqq b)$ のとき，

図形 $D = \{(x, y) \mid g(x) \leqq y \leqq f(x), a \leqq x \leqq b\}$

の面積 S は次の式で与えられる．

$$S = \int_a^b \{f(x) - g(x)\}\, dx \tag{4.10}$$

例題 **4.23**（図形の面積） 放物線 $y = x^2$ と直線 $y = x + 2$ によって囲まれた図形の面積 S を求めよ．

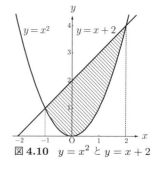

図 **4.10** $y = x^2$ と $y = x + 2$

解答 右図のように，この図形に対応する x の範囲は $-1 \leqq x \leqq 2$ である．このとき $x^2 \leqq x + 2$ であるから，上の公式 4.9 の式 (4.10) より

$$S = \int_{-1}^{2} (x + 2 - x^2)\, dx = \left[\frac{x^2}{2} + 2x - \frac{x^3}{3}\right]_{-1}^{2} = \frac{9}{2}$$

与えられた空間図形 (立体) の平行な 2 平面 α, β の間に挟まれた部分 Ω の体積を V とする．この V をリーマン積分の考え方を用いて次のように定義する．

定義 **4.5**（立体の体積） 2 平面 α, β に垂直な直線を 1 つとり，x 軸とする．x 軸と平面 α, β との交点をそれぞれ a, b $(a < b)$ とし，座標が x である点 P を通り，x 軸に垂直な平面 γ による立体 Ω の切断面の面積を $S(x)$ とする．このとき立体 Ω の体積 V を次の定積分で与える．

$$V = \int_a^b S(x)\, dx$$

注意 この体積の定義の考えは次の通りである．区間 $I = [a, b]$ の分割 Δ を考える．$\Delta : a = x_0 < x_1 < x_2 < \cdots < x_n = b$ である．各分点 x_i を通り x 軸に垂直な平面 γ_i でこの立体 Ω を分割する．2 平面 γ_{i-1} と γ_i で挟まれた立体 Ω の部分立体 Ω_i の体積 V_i はほぼ $S(x_i)(x_i - x_{i-1})$ である．

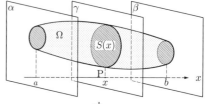

図 **4.11** 定積分 $\displaystyle\int_a^b S(x)\, dx$ による立体の体積

このとき, $\Sigma(\Delta) = \sum_{i=1}^{n} S(x_i)(x_i - x_{i-1}) \to V \quad (|\Delta| \to 0)$ と考えられる.

例題 4.24 高さ 1 で, 底面の半径が 1 である円柱を, その底面の直径を通り, 底面と 45 度の傾きをなす平面で 2 つに分割する. 小さい方の部分の体積を求めよ.

解答 円柱を 2 つに分割する平面と底面の交わりの直線を x 軸とする. 底面の円の中心は x 軸上にあるので, 中心を原点とする. x 軸に垂直な平面による切口は直角二等辺三角形であるので (図 4.12 参照).

$S(x) = \dfrac{1}{2}\sqrt{1 - x^2} \times \sqrt{1 - x^2}$. よって,

$V = \displaystyle\int_{-1}^{1} \dfrac{1}{2}(1 - x^2)\, dx = \dfrac{1}{2}\left[x - \dfrac{x^3}{3}\right]_{-1}^{1} = \dfrac{2}{3}$

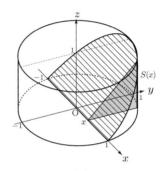

図 4.12 円柱と平面の切り口

いろいろな図形の面積や立体の体積を求める方法にガバリエリの原理がある. それは微分積分が現れるより前から知られており, 微分積分の考えにつながるものである.

カバリエリの原理 (平面図形の場合) xy 平面において, 2 直線 $x = a$, $x = b$ $(a < b)$ に挟まれた 2 つの平面図形 A, B を, 直線 $x = t$ $(a \leqq t \leqq b)$ で切ったときの切り口の長さ $A(t), B(t)$ がいつも等しければ, つまり任意の t に対して $A(t) = B(t)$ が成り立てば, 2 つの図形 A, B の面積は等しい (下図 4.13 を参照).

公式 4.9 の式 (4.10) をカバリエリの原理から眺めてみると次のようになる. 図形 D の $x = t$ で切った切口の長さは $A(t) = f(t) - g(t)$ であり, 曲線 $y = f(x) - g(x)$ と x 軸, 2 直線 $x = a$, $x = b$ で囲まれた図形 B の切口の長さも $B(t) = f(t) - g(t)$ であるから, 図形 D の面積 S と図形 B の面積 (式 (4.10) の右辺) は同じになる.

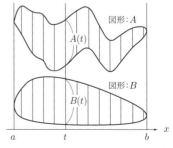

図 4.13 カバリエリの原理 (平面図形)

カバリエリの原理 (空間図形の場合) xyz 空間において, x 軸に垂直な 2 平面 $\alpha : x = a$, $\beta : x = b\ (a < b)$ の間に挟まれた 2 つの立体形 Ω_1, Ω_2 を平面 α, β に平行な平面 $\gamma : x = t\ (a \leqq t \leqq b)$ によって切ったときの断面積 $S_1(t), S_2(t)$ がすべての t について等しいなら, 2 つの立体 Ω_1, Ω_2 の体積は同じである (下図 4.14 を参照).

次の例題 4.25 (2) で直円錐の体積を求めるが, カバリエリの原理 (空間図形の場合) を利用すると, 底面積 S と高さ h が共に等しい円錐や三角錐, 四角錐はすべて同じ体積になり, それらの 1 つの体積が分かればよいことになる. 実際, 1 辺が $2h$ の立方体を頂点が立方体の中心で底面が各面の 6 つの同じ四角錐に分割し, さらに, その 1 つ

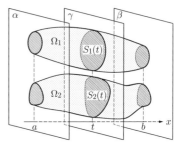

図 4.14　カバリエリの原理 (空間図形)

の四角錐 $\Omega\left(\text{体積}\ \dfrac{4h^3}{3}\right)$ の頂点を通る平面で底面を $k\left(=\dfrac{S}{4h^2}\right)$ 倍の大きさになるように切り取れば, その体積は四角錐 Ω の k 倍になり, 体積は $\dfrac{1}{3}Sh$ である.

公式 4.10 (回転体の体積)　区間 $[a, b]$ で連続な関数 $f(x)$ のつくる曲線 $y = f(x)$ と x 軸, 2 直線 $x = a, x = b$ で囲まれた図形が x 軸の周りに 1 回転してできる回転体の体積 V は $S(x) = \pi f(x)^2$ であるから

$$V = \pi \int_a^b f(x)^2\, dx = \pi \int_a^b y^2\, dx$$

例題 4.25　(1) 半径 r の球の体積 V は　$V = \dfrac{4}{3}\pi r^3$

(2) 底面の半径 r, 高さ h の直円錐の体積 V は　$V = \dfrac{1}{3}\pi r^2 h$

解答　(1) 半径 r の円は円 $x^2 + y^2 = r^2$ の上半分 $y = \sqrt{r^2 - x^2}$ と x 軸で囲まれた半円が x 軸の周りに 1 回転してできるから

$$V = \pi \int_{-r}^r y^2 dx = 2\pi \int_0^r (r^2 - x^2)\, dx = 2\pi \left[r^2 x - \frac{1}{3}x^3 \right]_0^r = \frac{4}{3}\pi r^3$$

(2) 問題の直円錐は 原点を通る直線 $y = \dfrac{r}{h}x$ と x 軸，直線 $x = h$ で囲まれた三角形を x 軸の周りに 1 回転してできるから

$$V = \pi \int_0^h y^2 dx = \pi \int_0^h \frac{r^2}{h^2}x^2 dx = \pi \frac{r^2}{h^2}\left[\frac{x^3}{3}\right]_0^h = \frac{1}{3}\pi r^2 h$$

問 4.20（回転体の体積） 次の曲線で囲まれた図形を x 軸の周りに 1 回転して得られる回転体の体積 V を求めよ．

(1) 楕円 $\dfrac{x^2}{a^2} + \dfrac{y^2}{b^2} = 1$ $(y \geqq 0)$

(2) 円環体 $x^2 + (y - b)^2 = a^2$ $(0 < a < b)$

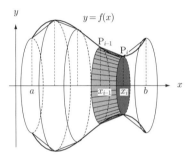

図 4.15 回転体の側面積

回転体の側面積

区間 $[a,b]$ で定義された非負の C^1 級関数 $f(x)$ のつくる曲線 $y = f(x)$ $(a \leqq x \leqq b)$ が x 軸の周りに 1 回転してできる回転面の面積 S を次のように定義する．

区間 $I = [a,b]$ で定義された非負の C^1 級関数 $f(x)$ により与えられた曲線 $C : y = f(x)$ に対して，区間 $I = [a,b]$ の分割 $\Delta : a = x_0 < x_1 < x_2 < \cdots < x_n = b$ に対応する曲線上の点 $\mathrm{P}_i\bigl(x_i, f(x_i)\bigr)$ $(0 \leqq i \leqq n)$ を順次結んで得られる折れ線を x 軸の周りに 1 回転してできる回転面の面積を考える．線分 $\overline{\mathrm{P}_{i-1}\mathrm{P}_i}$ の x 軸の周りに 1 回転してできる直円錐台の側面積 S_i は次の公式で求められる

$$(\text{直円錐台の側面積}) = \frac{(\text{両底面の周の和})}{2} \times (\text{斜高})$$

つまり， $\quad S_i = \dfrac{2\pi(f(x_{i-1}) + f(x_i))}{2} \times \overline{\mathrm{P}_{i-1}\mathrm{P}_i} \quad$ であるから，

$$S_i = \pi(f(x_{i-1}) + f(x_i))\sqrt{(f(x_{i-1}) - f(x_i))^2 + (x_{i-1} - x_i)^2}$$

$$= \pi(f(x_{i-1}) + f(x_i))\sqrt{\frac{(f(x_{i-1}) - f(x_i))^2}{(x_{i-1} - x_i)^2} + 1}\,(x_i - x_{i-1})$$

曲線の長さの定義のときと同様に，平均値の定理より，c_i $(x_{i-1} < c_i < x_i)$ が存在して

$$S_i = \pi(f(x_{i-1}) + f(x_i))\sqrt{(f'(c_i))^2 + 1}\,(x_i - x_{i-1})$$

であるから，

$$S = \lim_{|\Delta| \to 0}\sum_{i=1}^n S_i = \lim_{|\Delta| \to 0}\sum_{i=1}^n \pi(f(x_{i-1}) + f(x_i))\sqrt{(f'(c_i))^2 + 1}\,(x_i - x_{i-1})$$

$$= 2\pi \int_a^b f(x)\sqrt{1 + (f'(x))^2}dx$$

以上より，次の公式が得られる．

公式 4.11（回転体の側面積 1）区間 $[a,b]$ で連続な非負関数 $f(x)$ $(\geqq 0)$ の
つくる曲線 $y = f(x)$ $(a \leqq x \leqq b)$ が x 軸の周りに 1 回転してできる回転
面の面積 S は，

$$S = 2\pi \int_a^b f(x)\sqrt{1 + (f'(x))^2}dx = 2\pi \int_a^b y\sqrt{1 + (y')^2}dx$$

例題 4.26（回転体の側面積）半径 a の球の表面積 S は $S = 4\pi a^2$ である．

解答 半径 a の球は半径 a の上半円 $y = \sqrt{a^2 - x^2}$ と x 軸によって囲まれた図形を x
軸の周りに 1 回転して出来る回転体であり，その側面積 S を求める．

$1 + (y')^2 = 1 + \dfrac{x^2}{a^2 - x^2} = \dfrac{a^2}{a^2 - x^2}$ であるから，公式より

$$S = 2\pi \int_{-a}^a \sqrt{a^2 - x^2} \cdot \frac{a}{\sqrt{a^2 - x^2}}\, dx = 2\pi a \int_{-a}^a dx = 4\pi a^2.$$

球の表面積：アルキメデスの定理

半径 R の球面は上半円：$x^2 + y^2 = R^2$ $(y \geqq 0)$ の回転体である．方程式の
両辺を x で微分すると $y' = -\dfrac{x}{y}$ と表
されるので，2 平面 $x = a$，$x = b$ で挟
まれた部分の表面積は以下のように計
算される．

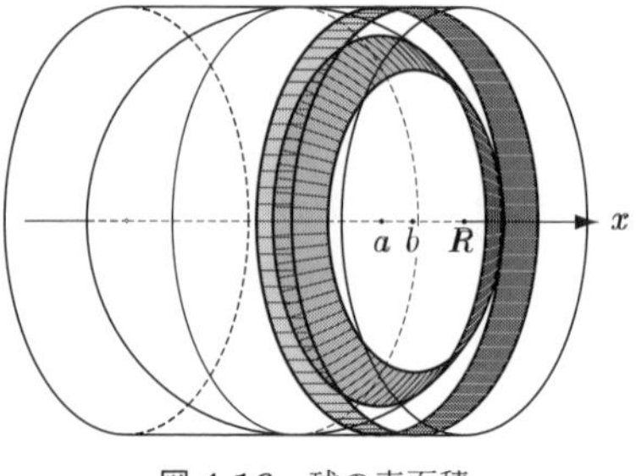

図 4.16　球の表面積

$$S = 2\pi \int_a^b y\sqrt{1 + \frac{x^2}{y^2}}\, dx$$

$$= 2\pi \int_a^b \sqrt{y^2 + x^2}\, dx = 2\pi R \int_a^b dx = 2\pi R(b - a)$$

この結果が表すところは，図 4.16 に示すとおり，球に外接する円柱を底面が
x 軸に垂直になるようにとったとき，$x = a$ と $x = b$ で挟まれた部分では，球
の表面積と円柱の側面積が等しくなるという驚異的な事実である[3]．

---

[3] アルキメデス (B.C. 287? - B.C. 212) は，シチリア島のシラクサの生まれで，数学，物理
学，天文学，工学の各分野で偉大な業績を重ねた，古代ギリシア・ローマ時代における第一

問 4.21（回転体の側面積）次の曲線を x 軸の周りに 1 回転して出来る回転面の面積 S を求めよ.

(1) 楕円 $\dfrac{x^2}{a^2} + \dfrac{y^2}{b^2} = 1\ (0 < b < a)$ の $y \geqq 0$ の部分. 離心率 $e = \sqrt{1 - \dfrac{b^2}{a^2}}$ を用いよ.

(2) 円環体 $x^2 + (y - b)^2 = a^2\ (0 < a < b)$

平面曲線がパラメータ表示されている場合も, 回転体の側面積の公式は同様に示すことができる.

公式 4.12（回転体の側面積 2）$x(t), y(t)$ を区間 $[\alpha, \beta]$ で定義された C^1 級関数とする. 曲線 $C : x = x(t), y = y(t)\ (\alpha \leqq t \leqq \beta)$ を x 軸の周りに 1 回転してできる回転面の面積 S は次で与えられる. $(x(t), y(t)$ の符号に関わらない表現を挙げておく)

$$S = 2\pi \int_\alpha^\beta \sqrt{\left(y\frac{dx}{dt}\right)^2 + \left(y\frac{dy}{dt}\right)^2}\ dt$$

また, 曲線 C を y 軸の周りに 1 回転してできる回転面の面積 S' は次で与えられる.

$$S' = 2\pi \int_\alpha^\beta \sqrt{\left(x\frac{dx}{dt}\right)^2 + \left(x\frac{dy}{dt}\right)^2}\ dt$$

例題 4.27（側面積）アステロイド：$x = a\cos^3\theta,\ y = a\sin^3\theta\quad (0 \leqq \theta \leqq \dfrac{\pi}{2})$ を x 軸の周りに 1 回転してできる回転面の面積 S を求めよ.

解答
$$\begin{aligned}
S &= 2\pi \int_0^{\frac{\pi}{2}} \sqrt{(yx')^2 + (yy')^2}\,d\theta \\
&= 2\pi \int_0^{\frac{\pi}{2}} \sqrt{9a^4(\cos^4\theta\sin^8\theta + \cos^2\theta\sin^{10}\theta)}\,d\theta \\
&= 2\pi \int_0^{\frac{\pi}{2}} 3a^2\cos\theta\sin^4\theta\,d\theta = 6\pi a^2 \int_0^1 t^4\,dt = \frac{6\pi}{5}a^2
\end{aligned}$$

問 4.22（側面積）サイクロイド：$x = a(\theta - \sin\theta),\ y = a(1 - \cos\theta)\quad (0 \leqq \theta \leqq 2\pi)$ を x 軸の周りに 1 回転してできる回転面の面積 S を求めよ.

級の科学者である. この定理について, アルキメデスは現代でも通用するような証明を書き遺したと言われ, また, 墓には球と外接する円柱が刻まれているとのことである.

————————————————————— 練習問題 **4.4** —————————————————————

1. 次の関数の指定された区間について，区間を n 等分し，リーマン和 S_n をつくれ．ただし，代表点は小区間の右端とする．さらに，定積分を計算し，$\displaystyle\lim_{n\to\infty} S_n$ の値を求めよ．

(1) $f(x) = \sqrt{x}$，　区間：$[0, 1]$ (2) $f(x) = \dfrac{1}{x}$，　区間：$[1, 2]$

2. 右図のグラフは 2 台の車 A，B の速度変化を表している．同じ地点から同時に出発したとして，次の問いに答えよ．

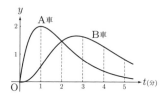

(1) 2 分後，どちらの車が先行しているか．

(2) 4 分後，どちらの車が先行しているか．

(3) 2 台の車が並走するのは，およそ何分後か．

(4) 2 曲線で囲まれた図形の面積は何を表しているか．

3. $\displaystyle\int_2^5 x^3\, dx$ を区分求積法で求めよ．ただし，区間 $[2, 5]$ を n 等分した小区間の右端を代表点とする．

4. 次の図形の面積 S を求めよ．

(1) 2 曲線 $y = \dfrac{1}{x}$，$y = \dfrac{1}{x^2}$ と直線 $x = 2$ によって囲まれた図形

(2) 楕円：$x = a\cos t$，$y = b\sin t$ $(0 \leqq t \leqq 2\pi,\ a > 0,\ b > 0)$ によって囲まれた図形

(3) カージオイド：$r = a(1 + \cos\theta)$ $(0 \leqq \theta \leqq 2\pi,\ a > 0)$ によって囲まれた図形

5. 次の曲線の長さを求めよ．ただし，$a > 0$ とする．

(1) 曲線：$y = \log x$ $(1 \leqq x \leqq \sqrt{3})$

(2) アステロイド：$x = a\cos^3 t$，$y = a\sin^3 t$ $(0 \leqq t \leqq 2\pi)$

(3) 等角らせん：$r = e^{-a\theta}$ $(0 \leqq \theta < \infty)$

6. 半径 a の 2 つの球の中心が，それぞれ相手の球体の表面にあるとき，共通部分の体積を求めよ．

7. $f(x)$ を区間 $I = [a, b]$ $(0 \leqq a < b)$ で定義された連続関数で，$f(x) \geqq 0$ とする．このとき，曲線 $y = f(x)$ と x 軸，および 2 直線 $x = a$，$x = b$ によって囲まれた図形を y 軸の周りに 1 回転してできる回転体の体積 V は次の式で与えられることを示せ．（これを円筒法という）

$$V = 2\pi \int_a^b x f(x)\, dx$$

8. 放物線 $y = x^2$ と直線 $y = x$ で囲まれた図形 D について，次の問いに答えよ．

(1) 図形 D の面積 S を求めよ．

(2) 図形 D を x 軸の周りに回転してできる回転体の体積 V_1 を求めよ．

(3) 図形 D を y 軸の周りに回転してできる回転体の体積 V_2 を求めよ．

9. 例題 3.32 の曲線 $C : x = t^2$，$y = t^3 - 3t$ がつくるループによって囲まれた図形に

ついて，次の問いに答えよ．
(1) 図形の面積を求めよ．
(2) x 軸の周りに回転してできる回転体の体積 V_1 を求めよ．
(3) y 軸の周りに回転してできる回転体の体積 V_2 を求めよ．

10. リサージュ：$x = \cos t$, $y = \sin 2t$ $(0 \leqq t \leqq 2\pi)$ が囲む図形 D について，次の問いに答えよ．
(1) 図形 D の面積 S を求めよ．
(2) 図形 D を x 軸の周りに回転してできる回転体の体積 V_1 を求めよ．
(3) 図形 D を y 軸の周りに回転してできる回転体の体積 V_2 を求めよ．

11. 曲線 $y = \sqrt{x}$ $(0 \leqq x \leqq 2)$ を x 軸の周りに回転してできる回転体の側面積 S を求めよ．

12. $a > 0$ とする．曲線 $y = e^{-x}$ $(0 \leqq x \leqq a)$ を x 軸の周りに回転してできる回転体の側面積 S_a を求めよ．さらに，$a \to \infty$ のときの極限値 S_∞ を求めよ．

13. 平面極座標により $r = r(\theta)$ $(0 \leqq \alpha \leqq \theta \leqq \beta \leqq \pi)$ で表された曲線を x 軸のまわりに回転してできる回転面の曲面積は

$$S = 2\pi \int_\alpha^\beta r(\theta) \sin\theta \sqrt{r(\theta)^2 + r'(\theta)^2}\, d\theta$$

で表されることを示せ．ただし $r(\theta) \geqq 0$ とする．

14. 上の練習問題の 13. の公式を用いて，次の曲線を x 軸のまわりに回転してできる回転面の曲面積を求めよ $(a > 0)$．
(1) カージオイド：$r = a(1 + \cos\theta)$
(2) レムニスケート：$r = a^2 \cos 2\theta$

4.5 数値積分

　ここまで様々な公式を用いての積分の計算方法を説明してきたが，実際には与えられた関数の積分を式で表すことができない場合が多い．たとえば確率・統計など応用上重要なガウス積分 $\displaystyle\int_{-\infty}^{\infty} e^{-x^2}\, dx$ に現れる関数 e^{-x^2} の不定積分 $\displaystyle\int e^{-x^2}\, dx$ を式で表示することはできない．そのため定積分の近似値の表を使う．4.3 節で述べたように定積分はリーマン和の極限であるから，区間 $[a, b]$ の分割を細かくすればいくらでも詳しい近似値を得ることができる．しかし，リーマン和は小区間において関数を一定の値 (定数) で近似したもので，いわば第 0 次近似である．これを 1 次式を用いて近似したものが第 1 次近似で**台形公式**と呼ばれるものであり，2 次式を用いて近似したものが第 2 次近似で**シンプソンの公式**と呼ばれるものである．シンプソンの公式は精度の高いもので実用にも使うことができる．また近似式を用いるとき，真の値との誤差評価が重要

である. このために第 3 章で学んだテイラーの定理の剰余項の別表現が必要となる. まずこれについて説明する.

テイラーの定理の剰余項

関数 $f(x)$ を区間 I で定義された C^∞ 級関数とする. 微積分学の基本定理を思い出そう. 点 $x = a$ は区間 I の点とする.

$$f(x) - f(a) = \int_a^x f'(t)\, dt$$

右辺の被積分関数を $f'(t) = f'(t) \cdot 1 = f'(t) \cdot \big(-(x - t) \big)'$ と考えて部分積分をすると,

$$\int_a^x f'(t)\, dt = \Big[f'(t) \cdot \big(-(x - t) \big) \Big]_a^x + \int_a^x f''(t) \cdot (x - t)\, dt.$$

以下これを繰り返すと次のようになる.

$$= f'(a)(x - a) + \left[f''(t) \cdot \left(\frac{-(x - t)^2}{2} \right) \right]_a^x + \int_a^x f'''(t) \cdot \frac{(x - t)^2}{2}\, dt$$

$$= f'(a)(x - a) + \frac{1}{2} f''(a)(x - a)^2 + \frac{1}{3!} f'''(a)(x - a)^3$$

$$+ \frac{1}{3!} \int_a^x f^{(4)}(t) \cdot (x - t)^3\, dt$$

$$= \cdots\cdots$$

よって, n を 0 以上の整数とするとき, 次の定理が成り立つ.

定理 4.9(テイラーの定理：剰余項の積分表示) 関数 $f(x)$ は区間 I で C^{n+1} 級関数とする. 点 $x = a$ は区間 I に含まれているとする. このとき, 次の等式が成り立つ.

$$f(x) = \sum_{k=0}^n \frac{1}{k!} f^{(k)}(a)(x - a)^k + \frac{1}{n!} \int_a^x f^{(n+1)}(t)(x - t)^n\, dt$$

$$= p_n(x) + R_{n+1}(x) \tag{4.11}$$

ここで, $\quad p_n(x) = \sum_{k=0}^n \frac{1}{k!} f^{(k)}(a)(x - a)^k,$

$$R_{n+1}(x) = \frac{1}{n!} \int_a^x f^{(n+1)}(t)(x - t)^n\, dt$$

なお, $R_{n+1}(x)$ を $(n + 1)$ 次剰余項の積分表示という.

以下, 本節で取り扱う関数 $f(x)$ は考えている区間で無限回微分可能, すな

わち C^∞ 級とする.

台形公式 (第 1 次近似)

区間 $[a,b]$ を n 等分し, 分点を x_k $(0 \leqq k \leqq n)$ とする. $x_0 = a$, $x_n = b$ である. 点 $P_k(x_k, f(x_k))$ $(0 \leqq k \leqq n)$ を順次結んでできる折れ線で曲線 $y = f(x)$ を近似するとき, 定積分 $I = \displaystyle\int_a^b f(x)\, dx$ の近似値 S_n は次式で与えられる.

公式 4.13 (台形公式) $y_k = f(x_k)$ $(0 \leqq k \leqq n)$ とする.

$$S_n = \frac{b-a}{2n}\left(y_0 + 2y_1 + 2y_2 + \cdots + 2y_{n-1} + y_n\right) \tag{4.12}$$

また, $M_2 = \displaystyle\max_{a \leqq x \leqq b}\left|f''(x)\right|$ とするとき, 誤差は次のように評価される.

$$\left|I - S_n\right| \leqq \frac{M_2(b-a)^3}{12n^2} \tag{4.13}$$

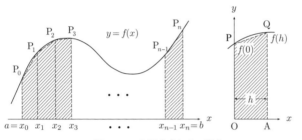

図 4.17 台形公式とその誤差

証明 前半は S_n が n 個の台形の面積の和であることからわかる. 後半を証明するため, $h = \dfrac{b-a}{n} > 0$ とし, 図 4.17 のように $x = 0$ の近くで関数 $f(x)$ を考える. 積分 $\displaystyle\int_0^h f(x)\, dx$ と, 4 点 $O(0,0)$, $P(0, f(0))$, $Q(h, f(h))$, $A(h, 0)$ を頂点する台形 OPQA の面積との誤差 $E(h)$ は $E(h) = \displaystyle\int_0^h f(x)\, dx - \frac{h}{2}\left(f(0) + f(h)\right)$ なので

$$E(x) = \int_0^x f(t)\, dt - \frac{x}{2}\left(f(0) + f(x)\right)$$

をマクローリン展開する. $E(0) = 0$ で, $E'(x) = f(x) - \dfrac{1}{2}\left(f(0) + f(x)\right) - \dfrac{x}{2}f'(x)$ より, $E'(0) = 0$ である. よって, (4.11) 式を $a = 0$, $x = h$, $n = 1$ として適用すると $E(h) = \displaystyle\int_0^h E''(t)(h-t)\, dt$ となる. $E''(x) = -\dfrac{x}{2}f''(x)$ より, $\left|E''(t)\right| \leqq \dfrac{t}{2}M_2$ $(0 \leqq t \leqq h)$ を用いて評価すると, $|E(h)| \leqq \dfrac{1}{2}M_2\displaystyle\int_0^h t(h-t)\, dt = \dfrac{1}{12}M_2 h^3$ である. したがって, このような誤差が n 個あることから, (4.13) を得る. $\qquad\square$

この台形公式を区間 $[1,2]$ において,対数関数 $f(x) = \log x$ に適用してウォーリスの公式を用いると,階乗を漸近評価する次のスターリングの公式を得る.

公式 4.14(スターリングの公式)

$$\lim_{n \to \infty} \frac{n!}{\sqrt{2\pi}\, n^{n+\frac{1}{2}}\, e^{-n}} = 1$$

証明 $a = 1$, $b = 2$, $f(x) = \log x$ とすると, $f''(x) = -x^{-2}$ より $M_2 = 1$ である.
$I = \displaystyle\int_1^2 \log x\, dx = 2\log 2 - 1$ であり, $x_k = 1 + \dfrac{k}{n}$ $(k = 0, 1, \cdots, n)$ より

$$S_n = \frac{1}{2n}\Big[\log 1 + 2\big\{ \log\big(1 + \frac{1}{n}\big) + \cdots + \log\big(1 + \frac{n-1}{n}\big)\big\} + \log 2 \Big]$$

$$nS_n = \sum_{k=1}^{n-1} \log \frac{n+k}{n} + \frac{1}{2}\log 2 = \sum_{k=1}^{n} \log \frac{n+k}{n} - \frac{1}{2}\log 2$$

$$= \log\Big(\frac{n!}{n!} \frac{(n+1)(n+2)\cdots(2n-1)(2n)}{n^n}\Big) - \frac{\log 2}{2} = \log \frac{(2n)!}{n^n\, n!} - \frac{\log 2}{2}$$

以上より, $|I - S_n| = \Big| 2\log 2 - 1 - \dfrac{1}{n}\big(\log \dfrac{(2n)!}{n^n\, n!} - \dfrac{\log 2}{2}\big)\Big| \leqq \dfrac{1}{12n^2}$ を得る.
この不等式の両辺を n 倍して, $n \to \infty$ とすれば, $1 = \log e$ として,次を得る.
$\displaystyle\lim_{n \to \infty} \big(n(2\log 2 - \log e) - \log \frac{(2n)!}{n^n\, n!} + \frac{\log 2}{2}\big) = 0$ より $\displaystyle\lim_{n \to \infty} \log \frac{e^n\,(2n)!}{2^{2n} n!\, n^n} = \log\sqrt{2}$
最後の式の両辺から $\log$ を取り除いて得られる $\displaystyle\lim_{n \to \infty} \frac{e^n\,(2n)!}{2^{2n} n!\, n^n} = \sqrt{2}$ に,ウォーリスの公式の両辺の根号を取った式 $\dfrac{\sqrt{\pi}}{\sqrt{2}} = \displaystyle\lim_{n \to \infty} \frac{2^{2n}(n!)^2}{\sqrt{2n}(2n)!}$ を乗じて,スターリングの公式を得る. □

シンプソンの公式(第2次近似)

台形公式は小区間において直線で近似する1次近似であるが,これを放物線で近似するのが**シンプソンの公式**である.放物線で近似するためには3点を与える必要があるので n を偶数とし,区間 $[a,b]$ を n 等分する.分点 x_k $(0 \leqq k \leqq n)$ に対し $y_k = f(x_k)$ $(0 \leqq k \leqq n)$ とする. $n = 2m$ と置き, $j = 1, 2, \cdots, m$ について,3点

$$\mathrm{P}_{2j-2}(x_{2j-2}, y_{2j-2}),\ \mathrm{P}_{2j-1}(x_{2j-1}, y_{2j-1}),\ \mathrm{P}_{2j}(x_{2j}, y_{2j})$$

を通る放物線によって曲線 $y = f(x)$ を近似するとき,定積分 $I = \displaystyle\int_a^b f(x)\, dx$ の近似値 S_n は次式で与えられる.

公式 4.15（シンプソンの公式）$n = 2m$, $y_k = f(x_k)$ $(0 \leqq k \leqq n)$ とする.

$$S_n = \frac{b-a}{6m} \left(y_0 + 4y_1 + 2y_2 + 4y_3 + \cdots + 2y_{2m-2} + 4y_{2m-1} + y_{2m}\right)$$

$$= \frac{b-a}{6m} \Big(y_0 + 4(y_1 + y_3 + \cdots + y_{2m-3} + y_{2m-1})$$
$$+ 2(y_2 + y_4 + \cdots + y_{2m-2}) + y_{2m}\Big) \tag{4.14}$$

また，$\left|f^{(4)}(x)\right| \leqq M_4$ とするとき，誤差評価は次の通りである.

$$\left|I - S_n\right| \leqq \frac{M_4(b-a)^5}{180n^4} \tag{4.15}$$

証明　前半は下記の補題 4.1 (4.16) において，$Y_0 = y_{2k-2}$, $Y_1 = y_{2k-1}$, $Y_2 = y_{2k}$ として，$k = 1, 2, \cdots, m$ について和をとると

$$S_n = \frac{h}{3} \sum_{k=1}^{m} \left(y_{2k-2} + 4y_{2k-1} + y_{2k}\right)$$

が得られる. ここで $h = \dfrac{b-a}{n}$ より，(4.14) が導かれる.

後半の誤差は，台形公式と同様の考え方で証明する. 補題の (4.16) より，誤差は

$$\int_{-h}^{h} f(x)\, dx - \frac{h}{3} \big(f(-h) + 4f(0) + f(h)\big)$$

なので $E(x) = \displaystyle\int_{-x}^{x} f(t)\, dt - \frac{x}{3} \big(f(-x) + 4f(0) + f(x)\big)$ をマクローリン展開する.

$\dfrac{d}{dx} \displaystyle\int_{-x}^{x} f(t)\, dt = f(x) + f(-x)$ などに注意して $E'(x)$, $E''(x)$, $E'''(x)$, $E^{(4)}(x)$ を計算すると，$E'(0) = 0$, $E''(0) = 0$, $E'''(0) = 0$ となる. したがって，(4.11) 式を $a = 0$, $x = h$, $n = 3$ として適用すると $E(h) = \dfrac{1}{3!} \displaystyle\int_0^h E^{(4)}(t)(h - t)^3\, dt$ となる.

$$E^{(4)}(x) = \frac{-1}{3}\big(f'''(x) - f'''(-x)\big) - \frac{x}{3}\big(f^{(4)}(x) + f^{(4)}(-x)\big)$$

において，$f'''(x) - f'''(-x) = \displaystyle\int_{-x}^{x} f^{(4)}(t)\, dt = 2x f^{(4)}(c)$ $(-x < c < x)$ に注意すると，$\left|E^{(4)}(t)\right| \leqq \dfrac{4}{3} M_4 t$ $(0 \leqq t \leqq h)$ と評価される. よって，

$$\left|E(h)\right| \leqq \frac{1}{3!} \times \frac{4}{3} M_4 \int_0^h t(h - t)^3\, dt = \frac{1}{6} \times \frac{4}{3} M_4 \frac{h^5}{20} = \frac{1}{90} M_4 h^5$$

となる. これを $m = \dfrac{n}{2}$ 倍すると (4.15) が得られる.　　□

補題 4.1 (3 点を通る放物線の面積)　下図のような 3 点 $P_0(-h, Y_0)$, $P_1(0, Y_1)$, $P_2(h, Y_2)$ を通る放物線 $y = px^2 + qx + r$ について，次の式が成り立つ．

$$\int_{-h}^{h} (px^2 + qx + r)\, dx = \frac{h}{3}(Y_0 + 4Y_1 + Y_2) \tag{4.16}$$

証明　$y = px^2 + qx + r$ に $x = -h$, $x = 0$, $x = h$ を代入すると，$Y_0 = ph^2 - qh + r$, $Y_1 = r$, $Y_2 = ph^2 + qh + r$ となる．

$$\int_{-h}^{h} (px^2 + qx + r)\, dx = 2\int_0^h (px^2 + r)\, dx = \frac{h}{3}(2ph^2 + 6r)$$

において，$2ph^2 + 6r$ を Y_0, Y_1, Y_2 で表すと上の式 (4.16) を得る． □

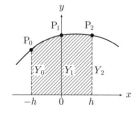

図 4.18　3 点を通る放物線と x 軸の間の斜線部の面積

例題 4.28　関数 $f(x) = \dfrac{4}{x^2 + 1}$ の区間 $[0, 1]$ における積分 $\displaystyle\int_0^1 \dfrac{4}{x^2 + 1}\, dx$ の近似値を求めよ．また，真の値からの誤差と誤差評価とを比較せよ．ただし，区間の分割数 n を $n = 4, 8, 16$ とする．

解答　$\displaystyle\int_0^1 \dfrac{4}{x^2 + 1}\, dx = \big[4\,\mathrm{Arctan}\,x\big]_0^1 = \pi$ の近似値になる．区間の分割数 n を，$n = 4, 8, 16$ として，それぞれリーマン和である第 0 次近似 (小区間における一定の値は左端の値を採用した)，第 1 次近似 (台形公式)，第 2 次近似 (シンプソンの公式) の結果 (π の近似値) と誤差，誤差評価を下の表に示

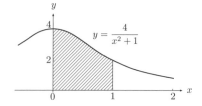

図 4.19　斜線部の面積は π

しておく．なお，$M_1 = \dfrac{3\sqrt{3}}{2}$, $M_2 = 8$, $M_4 = 96$ $\left(M_n = \max_{0 \le x \le 1} |f^{(n)}(x)|\right)$ である．

	第 0 次近似 (リーマン和：高さは左端)		
n	近似値	誤　差	誤差評価
4	3.381 176 5	0.24	0.32
8	3.263 988 5	0.12	0.16
16	3.203 441 6	0.062	0.081

	第 1 次近似 (台形公式)		
n	近似値	誤　差	誤差評価
4	3.131 176 7	-0.010	0.042
8	3.138 988 49	$-0.002 6$	0.010
16	3.140 941 61	$-0.000 65$	0.002 6
	第 2 次近似 (シンプソンの公式)		
n	近似値	誤　差	誤差評価
4	3.141 568 627 5	$-0.000 024$	0.002 1
8	3.141 592 502 5	$-0.000 000 15$	0.000 13
16	3.141 592 651 2	$-0.000 000 002 4$	0.000 008 1

$$\pi = 3.141\,592\,653\,589\,793\,238\cdots$$

例題 4.28 で見るように，誤差評価は誤差の絶対値がその値を超えることはないことを保証しているが，実際の誤差の絶対値はそれよりかなり小さい場合が多い．また，次の例題のように近似値は求められるが，誤差評価が発散する場合がある．

例題 4.29　積分 $I = 4\displaystyle\int_0^1 \sqrt{1-x^2}\,dx$ の近似値をシンプソンの公式を用いて求め，誤差について考察せよ．ただし，区間の分割数 $n = 16$ とする．

解答　$4\displaystyle\int_0^1 \sqrt{1-x^2}\,dx = \pi$ の近似値になる．区間の分割数 $n = 16$ について，シンプソンの公式を適用すると，$I = 3.13439766898$ となり，前の例題 4.28 に較べて誤差の絶対値 (0.0072) は大きい．誤差評価は，$\displaystyle\lim_{x\to 1}|f^{(4)}(x)| = \lim_{x\to 1}\left|\frac{12x^2+3}{(1-x^2)^{7/2}}\right| = \infty$ より，式 (4.15) において $M_4 = \infty$ となり，意味をなさないが，分割数を十分大きくすれば，誤差は小さくなる．

上の例題 4.29 にみるように台形公式やシンプソンの公式を用いる数値積分においては被積分関数の性質をある程度把握することが必要である．また，広義積分を含めた数値積分を精度高く行うためにも関数の性質の把握と計算の工夫が必要である．

―――――――――――――――――――――――― 練習問題 4.5 ――――――――――――――――――――――――

1. 区間 $[a, b]$ を n 等分したときの分点を $a = x_0 < x_1 < x_2 < \cdots < x_n = b$ とし，各分点の中点 $\overline{x}_k$ $(1 \leqq k \leqq n)$ を代表点とするとするリーマン和 S_n によって定積分 $I = \displaystyle\int_a^b f(x)\,dx$ の近似値を与える公式を**中点公式**という．

$$S_n = \frac{b-a}{n} \sum_{k=1}^{n} f(\overline{x}_k) \quad \left(x_k = a + \frac{b-a}{n}k,\ \overline{x}_k = \frac{x_{k-1} + x_k}{2} \right)$$

このとき，誤差は次のように評価されることを示せ．

$$\left| I - S_n \right| \leqq \frac{M_2 \, (b-a)^3}{24\, n^2}. \quad \text{ただし，} M_2 = \max_{a \leqq x \leqq b} \left| f''(x) \right|.$$

2. 関数 $f(x) = \dfrac{x}{x^2 + 1}$ の区間 $[0, 2]$ における積分 $I = \displaystyle\int_0^2 f(x)\,dx$ について，区間の分割数を $n = 10$ として，

   (1) 台形公式による近似値 T_{10}，   (2) 中点公式による近似値 M_{10}，

   (3) シンプソンの公式による近似値 S_{10}

をそれぞれ小数点以下第 6 位まで求めよ．また，真の値を求めて各近似値との誤差を比較せよ．

3. $f(x)$ は 3 次以下の多項式関数とするとき，シンプソンの公式は正確な積分値を与えることを示せ．

4. 右図のような池の面積を求めよ．ただし，2 m 毎に測った $a_1 \sim a_9$ (単位は m) は表の通りである．

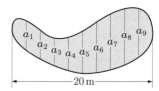

a_1	a_2	a_3	a_4	a_5	a_6	a_7	a_8	a_9
4.1	5.6	4.3	6.3	7.6	9.0	10.9	9.2	8.3

5. $I = \displaystyle\int_a^b f(x)\,dx$ に対して，S_n をシンプソンの公式による積分 I の近似値，T_n を台形公式による近似値とすると，$S_{2n} = \dfrac{4T_{2n} - T_n}{3}$ が成り立つことを示せ．

5

偏微分とその応用

　前章までは 1 変数関数のみを扱ってきた．本章では多変数関数とその微分について学ぶ．一般的には n 変数 $(x_1, x_2, \cdots, x_n)$ の関数を扱うべきだが，扱いが複雑に見えるので，主に 2 変数 (x, y) の関数を扱う．1 変数関数と 2 変数関数ではその取り扱いと結果が大きく異なるが，2 変数関数と 3 変数以上の多変数関数は大きな違いはなく，多くの場合 2 変数関数の結果をそのまま多変数の場合に拡張できる．関数の中で基本的な関数は 1 次関数である．第 3 章で述べた通り，ほとんどの関数が「微かく分けて局所的に見ると極限的には 1 次関数と見なせる」というのが微分の考え方であり，多変数になっても変わらない．先ず，多変数関数の基礎を学び，微分へと進む．高校で現在学習していない 2 変数の 1 次関数つまり平面の方程式を追加した．

5.1　平面と空間の領域

　一般的に n 個の独立変数 $x_1, x_2, \ldots, x_n$ の値に対して従属変数 y の値が定まることを，y は n 変数 $x_1, x_2, \ldots, x_n$ の関数であるといい，$y = f(x_1, x_2, \ldots, x_n)$ と表す．$n \geqq 2$ のとき，一般に n 変数関数を**多変数関数**という．独立変数を単に変数という．次に例を挙げる．2 変数の場合，x_1, x_2 の代わりに x, y を用いる．3 変数の場合は x, y, z である．

例 1　2 変数関数　(1) $z = f(x, y) = x + 2y + 3$　　　　　　　1 次関数

　(2) $z = f(x, y) = x^2 - 2xy + 3y^2 + 4x + 5y - 6$　　　　2 次関数

　(3) $z = f(x, y) = e^{xy} \sin(3x - 4y^2) - 5xy$

例 2　3 変数関数　(1) $w = f(x, y, z) = x + 2y + 3z - 4$　　　1 次関数

　(2) $w = f(x, y, z) = x^2 + 2y^2 + 3z^2 - 4xy + 5yz - 6zx$　　2 次関数

例 3　n 変数関数　(1) $y = f(x_1, x_2, \ldots, x_n) = \displaystyle\sum_{k=1}^{n} a_k x_k + c$ 1 次関数

関数の定義域：領域

　多変数関数において，変数 x, y または x, y, z が値をとる範囲を**定義域**という．1 変数関数では，定義域としては区間を考えれば十分であったが，多変数関数では定義域がいろいろな形をとる．本書では，定義域として**領域**を考える．この節で領域について説明する．

2 点間の距離

　これからは座標平面を $\mathbb{R}^2$，座標空間を $\mathbb{R}^3$ と表し，座標 (x, y) をもつ平面上の点 P を P(x, y)，座標 (x, y, z) をもつ空間内の点 P を P(x, y, z) と表す．2 点 A(a, b) と P(x, y) との**距離** $|\mathrm{AP}|$ (線分 AP の長さ) を

$$|\mathrm{AP}| = \sqrt{(x-a)^2 + (y-b)^2} = |\mathrm{PA}|$$

と定義する．空間の 2 点 A(a, b, c) と P(x, y, z) ならば

$$|\mathrm{AP}| = \sqrt{(x-a)^2 + (y-b)^2 + (z-c)^2}$$

となる．重要なことは，平面でも空間でも 2 点 A, P の距離は $|\mathrm{AP}|$ という記号で表される．これからは，主に平面の集合について学ぶが，ほとんどすべてのことが空間，または一般の n 次元空間について同様に成り立つ．

h 近傍

　点 A を中心とする半径 h の円の内部を，**点 A の h 近傍** といい $B_h(\mathrm{A})$ で表す．すなわち，$B_h(\mathrm{A}) = \{\mathrm{P} \in \mathbb{R}^2 \mid |\mathrm{AP}| < h\}$ である．半径 h の大きさが重要でないときは，単に**近傍**という．平面の集合や関数の性質は，近傍 (または h 近傍) を用いて表現される．

開集合・閉集合と境界点

　平面上の集合 D において，点 A $\in D$ に対し，ある $h > 0$ をとると $B_h(\mathrm{A}) \subset D$ が成り立つとき，A は D の**内点** (図 5.1 の点 A) であるという．D の内点全体を D の**内部**といい $\mathring{D}$ と表す．D が $D = \mathring{D}$ を満たすとき，すなわち内点のみから成るとき，D は**開集合**であるという (たとえば h 近傍は開集合である)．D の補集合 D^c の内点を D の**外点** (図 5.1 の点 C) といい，D の外点全体の集合を

D の **外部** という. D がある開集合 E の補集合 E^c であるとき, D は **閉集合** であるという. また, 原点を O とし, 正数 M が存在して $D \subset B_M(\mathrm{O})$ となるとき, 集合 D は **有界** であるという. つまり, 有界とは十分大きな円の中に含まれることである.

点 $\mathrm{B} \in \mathbb{R}^2$ に対し, 任意の $h > 0$ について $B_h(\mathrm{B})$ が D の点も D の補集合 D^c の点も含むとき, B は D の **境界点** (図 5.1 の点 B) であるという. D の境界点全体を D の **境界** といい ∂D と表す. 閉集合は内部と境界

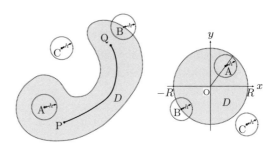

図 5.1　領域 : h 近傍, 内点 A, 境界点 B, 外点 C

の和集合である. D を含む最小の閉集合を D の **閉包** といい $\overline{D}$ と記す.

例題 5.1　半径 R の (開) 円板 $D = \{(x, y) \in \mathbb{R}^2 \mid x^2 + y^2 < R^2\}$ のすべての点は内点であり, D は開集合であることを示せ. また, D の境界・閉包はなにか.

解答　円板の任意の点を A とすると $|\mathrm{OA}| < R$ である. $|\mathrm{OA}| + h < R$ を満たす正数 h をとると $B_h(\mathrm{A}) \subset D$ であるので A は D の内点である (図 5.1 (右) を参照). 円周上の点 B は内点ではなく, $B_h(\mathrm{B}) \cap D \neq \emptyset$, $B_h(\mathrm{B}) \cap D^c \neq \emptyset$ を満たすので境界点である. つまり, 境界は円周 $\partial D = \{(x, y) \in \mathbb{R}^2 \mid x^2 + y^2 = R^2\}$ であり, 閉包は閉円板 $\overline{D} = \{(x, y) \in \mathbb{R}^2 \mid x^2 + y^2 \leqq R^2\}$ である.

連結性と領域

平面上の開集合 D の任意の 2 点 P, Q が, D の中で連続曲線で結ばれるとき, D は **連結** であるという (図 5.1). 連結な開集合を **領域** とい

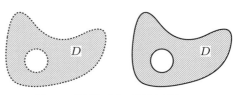

図 5.2　開領域 (左), 閉領域 (右)

い, 領域にその全ての境界を付け加えた集合, つまり領域の閉包を **閉領域** という. 閉領域は閉集合であり, 領域が開集合であることを強調して, 領域を **開領域** ともいう. 開領域か閉領域かが自明なときには単に領域と言うこともある.

また，有界な領域を**有界領域**という．粗くいえば，開領域とは図 5.2 (左) のように周の点が含まれない島，つまり単純閉曲線で囲まれた図形 (穴があいていてもよい)，または一続きの大陸のような無限に広がったものであり，境界を含まない．一方，閉領域とは図 5.2 (右) のように境界すべてを含めた図形である．本書では，多変数関数の定義域として開領域か閉領域のどちらかを用いることが多い．

註 (連結の定義)　本節で $\mathbb{R}^n$ の開集合が連結であることを定義したが，一般の集合についての連結の定義と関連事項を証明なしに述べておく．(証明等は [25] 松坂「集合・位相入門」を参照)

　$\mathbb{R}^n$ の集合 S が連結であるとは，互いに交わらない空でない 2 つの開集合 S_1, S_2 の直和で覆われないことである．つまり，次のような 2 つの開集合 S_1, S_2 が存在しないこと

$$S \subset S_1 \cup S_2,\ S \cap S_1 \neq \emptyset,\ S \cap S_2 \neq \emptyset,\ S_1 \cap S_2 = \emptyset$$

　補集合を考えることにより，「互いに交わらない空でない 2 つの閉集合 S_1, S_2 の直和に分解されないことである」と定義してもよい．粗く言うと，集合 S が 2 つまたは，2 つ以上の島からなるのではなく，1 つに島や大陸であるということである．

　本節で $\mathbb{R}^n$ の開集合の連結性の定義で用いた連結は「弧状連結」であり，それについて，次に述べる．$\mathbb{R}^n$ の集合 S の任意の 2 点 A,B が集合 S 内の連続曲線で結ばれるとき，集合 S は弧状連結であるという．一般に，「集合 S が弧状連結であれば連結である．」ことが知られている．この命題の逆は一般には成立しないのだが，空でない $\mathbb{R}^n$ の開集合では逆が成り立ち，次の結果が知られている．

定理　空でない $\mathbb{R}^n$ の開集合 S において，連結であることと弧状連結であることは同値である．

　弧状連結の定義の方が連結の定義より，初学者にはイメージし易いので，この定理から，$\mathbb{R}^n$ の開集合の連結の定義として弧状連結の定義を用いた．また，$\mathbb{R}^n$ の閉領域 D は連結である．

　$\mathbb{R}$ の区間は連結集合であり，逆に，空集合でない $\mathbb{R}$ の部分集合で連結なものは区間に限ることが知られている．つまり，連結という性質は区間を特徴づける性質である．$\mathbb{R}$ で定義された関数の定義域として，区間を用いたが，$\mathbb{R}^n$ で定義された関数の定義域として連結開集合，すなわち，領域を用いるのが自然である．連結集合の上で定義された連続関数の値域は連結集合であり，これから，中間値の定理などが従う．連結という概念は基本的なものである．

　単連結について補足しておく．一般の $\mathbb{R}^n$ では基本群などが必要なので，平面 $\mathbb{R}^2$ の集合について述べる．$\mathbb{R}^2$ の領域 D が単連結であるとは，領域 D 内の全ての閉曲線の内部が D に属することである．円環領域は単連結でなく，円盤は単連結である．粗くいって，穴が開いていない領域が単連結領域である．ここで，閉曲線の内部といったが，直感的に明らかであるが，数学的には次の Jordan 閉曲線の定理が必要であり，証明は大変である (証明には [24] 本間 他「幾何学的トポロジー」参照)．

定理（**Jordan の閉曲線定理**）　$\mathbb{R}^2$ の単純閉曲線 C は $\mathbb{R}^2$ を内，外2つの領域に分ける．もう少し丁寧に言うと，$\mathbb{R}^2$ から閉曲線 C を除くと残りの集合は2つの領域に分かれ，有界の領域は閉曲線 C の内部といわれ，もう一方は外部と言われる．閉曲線 C はこれらの2つの領域の境界となっている．

> **問 5.1**　次の集合で，開領域と閉領域を選べ．
>
> (1) $\{(x,y) \in \mathbb{R}^2 \,|\, y \geqq 0\}$　　　(2) $\{(x,y) \in \mathbb{R}^2 \,|\, x > 0, y > 0\}$
>
> (3) $(0,1] \times (0,1]$　　　(4) $[0,1] \times [0,1]$　　　(5) $[0,\infty) \times [0,\infty)$

──────────── **練習問題 5.1** ────────────

1.　$\mathbb{R}^2$ の集合で有限個の点からなる集合は閉集合であることを示せ．

2.　$\mathbb{R}^2$ の部分集合 E が閉集合であることは，以下と同値であることを示せ．

$$\text{点列}: \mathrm{P}_n \in E, \ \lim_{n\to\infty} \mathrm{P}_n = \mathrm{P} \ \text{ならば}^1 \ \mathrm{P} \in E$$

3.　$\mathbb{R}^2$ の部分集合 $E = \{(x,y) \in \mathbb{R}^2 \,|\, x,y \text{ は有理数で } 0 \leqq x,y \leqq 1 \text{ を満たす}\}$ のすべての点は境界点であることを示せ．

4.　$\mathbb{R}^2$ の部分集合 E が閉集合であるならば，E の境界点の集合 ∂E は E に含まれることを示せ．

5.　2つの開集合 E, F の和集合 $E \cup F$ と共通集合 $E \cap F$ はともに開集合であることを示せ．

6.　2つの閉集合 E, F の和集合 $E \cup F$ と共通集合 $E \cap F$ はともに閉集合であることを示せ．

5.2　多変数関数とグラフ

この節では，2変数関数を学ぶ．多変数関数の場合に同様に拡張される．座標平面の領域 D で定義された関数 $z = f(x,y)$ を理解するためグラフを考える．

> **定義 5.1**（**関数のグラフ**）関数 $z = f(x,y)$ の定義域を領域 D とするとき，座標空間 $\mathbb{R}^3$ の次の部分集合を**関数 $z = f(x,y)$ のグラフ**という．
>
> $$\{(x,y,f(x,y)) \,|\, (x,y) \in D\}$$

1変数関数 $y = f(x)$ はグラフを平面に曲線として描くことができた．2変数関数の場合，座標平面上の点 (x,y) が動くとき，点 $(x,y,f(x,y))$ 全体は座標空間の曲面を与える．そこで，関数 $z = f(x,y)$ のグラフつまり曲面をいかに

──────────────────────────

^{1} 点 P_n と点 P との距離 $d_n = |\mathrm{PP}_n|$ が $\displaystyle\lim_{n\to\infty} d_n = 0$ のとき，点列 P_n は点 P に収束するといい，$\displaystyle\lim_{n\to\infty} \mathrm{P}_n = \mathrm{P}$ と表す．

して平面上に視覚化するかを考える.

　一つの方法として，地図や天気図のよう
に等高線を用いて関数 $z = f(x, y)$ のグラ
フつまり曲面を表す. つまり, $f(x, y) = h$
となる平面曲線を座標平面内の定義域 D の
内部に描くことである. 色分けして描けば
分かり易い. もう一つの方法として本書で
用いる図のように鳥瞰図 (斜め遠方から見
た図) を描くことである (図 5.3). これら

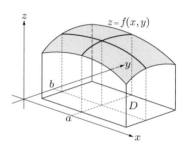

図 5.3　$z = f(x, y)$ のグラフと断面
に現れる曲線

の方法も助けとなるが，これから微積分学で行う方法では曲面の断面図を描く
ことにより，曲面を理解しようとする. つまり点 $(a, b) \in D$ の近傍では，平面
$x = a$ による曲面の断面に現れる曲線 $z = f(a, y)$, $x = a$ と, 平面 $y = b$ によ
る曲面の断面に現れる曲線 $z = f(x, b)$, $y = b$ を調べることを通じて，曲面を
理解しようとする.

　3 変数関数 $w = f(x, y, z)$ の場合, グラフ $\{(x, y, z, f(x, y, z)) \mid (x, y, z) \in D\}$
は 4 次元座標空間の部分集合になってしまうので，鳥瞰図などでは図示するこ
とはできない. 点 (a, b, c) の近傍で 3 曲線 $z = f(x, b, c)$, $z = f(a, y, c)$, $z =$
$f(a, b, z)$ を通じてグラフを理解する. 一般の多変数も同様である.

1 次関数

　2 変数関数においても，最も基本的で単純で重要な関数は 1 次関数である.
$z = \alpha x + \beta y + \gamma$ $(\alpha, \beta, \gamma:$ 定数) と表される関数を **1 次関数**という. 定義域
は $\mathbb{R}^2$ 全体である. 座標空間で考えると，方程式 $\alpha x + \beta y - z + \gamma = 0$ となり,
これは平面の方程式であり，この関数のグラフは点 $(0, 0, \gamma)$ を通り，法線ベク
トルを $^t(\alpha, \beta, -1)$ とする平面である.

　点 (a, b, c) を通る平面の方程式は次で与えられる.

$$z = f(x, y) = \alpha(x - a) + \beta(y - b) + c$$

　今, 変数 y を $y = b$ に固定して考えると, $z = f(x, b) = \alpha x + c'$ $(c' = c - \alpha a)$
となり, z は x のみの 1 次関数である. α は**変数 x に関する変化率**である. こ
のことを幾何学的にみると，この平面を xz 平面に平行な平面 $y = b$ で切断した

切断面は，この平面と平面 $y = b$ との共通部分であり，直線 $y = b$, $z = \alpha x + c'$ である．α は**変数 x についての傾き**である (図 5.4)．

次に，変数 x を $x = a$ に固定して考える と，$z = f(a, y) = \beta y + c''$ $(c'' = c - \beta b)$ となり，z は y のみの 1 次関数である．β は**変数 y に関する変化率**である．このこと を幾何学的にみると，この平面を yz 平面 に平行な平面 $x = a$ で切断した切断面は， この平面と平面 $x = a$ との共通部分であ り，直線 $x = a$, $z = \beta y + c''$ である．β は **変数 y についての傾き**である (図 5.4)．

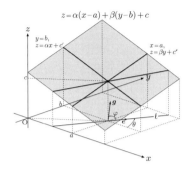

図 5.4 $z = \alpha(x - a) + \beta(y - b) + c$ のグラフと断面

この 2 つの直線 $y = b$, $z = \alpha x + c'$ と $x = a$, $z = \beta y + c''$ は点 (a, b, c) で 交わる．**「座標空間内の 1 点で交わる 2 直線は 1 つの平面を規定する．」**から， その平面が $z = \alpha(x - a) + \beta(y - b) + c$ となる．

以上，xy 平面に垂直で，点 (a, b, c) を通る 2 つの平面 $x = a$, $y = b$ による グラフの切断面を考えた．xy 平面に垂直で，点 (a, b, c) を通るその他の平面に よるグラフの切断面はどうなっているのだろうか．

xy 平面の点 (a, b) を通り，x 軸の正の方向となす角が θ である xy 平面上の 直線 ℓ を考える．直線 ℓ の方程式は $x = a + t\cos\theta$, $y = b + t\sin\theta$ とパラメー タ t $(-\infty < t < \infty)$ を用いて表せる．ここで θ は固定されている．この直線 ℓ を通り，xy 平面に垂直な平面によるグラフの切断面を求めると，

$$z = \alpha(x - a) + \beta(y - b) + c = t(\alpha\cos\theta + \beta\sin\theta) + c$$

これは t の 1 次関数であり，その係数 $\alpha\cos\theta + \beta\sin\theta$ は**変数 t に関する変 化率**であり，1 次関数 $z = \alpha(x - a) + \beta(y - b) + c$ の**直線 ℓ 方向**，つまり $e = {}^t(\cos\theta, \sin\theta)$ **方向についての傾き**である (図 5.4)．つまり，点 (a, b) から e 方向に 1 だけ行けば，平面は $\alpha\cos\theta + \beta\sin\theta$ だけ高くなる．また，次のベ クトル g を，この 1 次関数の**勾配ベクトル**という．

$$g = \begin{bmatrix} \alpha \\ \beta \end{bmatrix} = {}^t(\alpha, \ \beta)$$

g と e の内積を取れば，$g \cdot e = \alpha\cos\theta + \beta\sin\theta = $ 変化率 となる．

g と e のなす角を φ とすると，変化率 $= g \cdot e = |g| \cdot |e| \cos\varphi = |g| \cos\varphi$ となるから，$\cos\varphi = 1$ のとき，変化率は最大となる．つまり，$\varphi = 0$ だから g と e が同じ向きの時である．g の方向がグラフの平面の最大傾斜線の方向である．点 (a, b) から勾配ベクトルの方向へ進めば，一番高度を稼げる．

例　平面 $\pi : z = f(x, y) = x + 2y - 3$ の平面 $y = 1$ による切断面は直線 $y = 1$，$z = f(x, 1) = x - 1$ であり，平面 π の平面 $x = 2$ による切断面は直線 $x = 2$，$z = f(2, y) = 2y - 1$ である．この 2 直線はともに平面 π 上にあり，平面上の点 $(2, 1, f(2, 1)) = (2, 1, 1)$ で交わる．平面 π の勾配ベクトル $g = {}^t(1, 2)$ である．また，平面 π 上の点 $(2, 1, f(2, 1)) = (2, 1, 1)$ を通る等高線 $z = f(2, 1) = 1 = x + 2y - 3$ は直線 $x + 2y = 4$ である．この等高線の法線ベクトルは ${}^t(1, 2)$ であり，勾配ベクトル g に一致する．

> **問 5.2**（勾配ベクトル）　平面 $\pi : z = f(x, y) = \alpha x + \beta y + \gamma$ の勾配ベクトル g は平面 π の任意の高さ h の等高線の接線ベクトルと直交することを示せ．

2 次関数

$z = ax^2 + 2hxy + by^2 + 2gx + 2fy + c$ $(a, b, c, f, g, h : $ 定数$)$ と表される関数を **2 次関数** という．(x, y) の範囲は $\mathbb{R}^2$ 全体である．$h^2 - ab \neq 0$ のとき，回転と平行移動の変数変換をすれば，関数形は次の標準形に変形されることが知られている[2]．鳥瞰図を挙げておく．

$$z = ax^2 + by^2 + d \qquad \text{2 次関数の\textbf{標準形}}$$

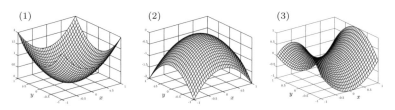

図 5.5　(1) $z = x^2 + y^2$, (2) $z = -x^2 - y^2$, (3) $z = x^2 - y^2$ のグラフ

鳥瞰図の注意　標準形の 2 次関数 $z = ax^2 + by^2 + d$ の場合，(1) $a, b > 0$, (2) $a, b < 0$, (3) $ab < 0$ それぞれの条件により，グラフの形が図 5.5 のようになる．

---

[2] 座標平面 $\mathrm{O}xy$ の座標軸を適当に回転すると，$h = 0$ にでき，さらに，平衡移動すれば標準形になる．

―――――――――――――― 練習問題 **5.2**―――――――――――――

1. 次の 1 次関数の勾配ベクトル $\boldsymbol{g}$ とその方向の変化率 $|\boldsymbol{g}|$ を求めよ.

(1) $z = 2x + 3y + 1$ 　　　　(2) $z = 4x + 6y - 10$ 　　　　(3)$z = 2x - 3y + 4$

2. 2 次関数 $z = f(x,y) = ax^2 + by^2$ のグラフの平面 $x = -1, 0, 1$ による切断面のグラフと $z = -1, 0, 1$ による切断面 (等高線) のグラフを次の場合に分けてそれぞれ描け.

(1) $a, b > 0$ 　　　　(2) $a, b < 0$ 　　　　(3) $a > 0,\ b < 0$ 　　　　(4) $a < 0,\ b > 0$

3. 極座標：$x = r\cos\theta, y = r\sin\theta$ を用いて，次の関数のグラフを考察せよ.

(1) $z = (x^2 + y^2)^2 - 2(x^2 + y^2)$ 　　　　(2) $z = \begin{cases} \dfrac{x^2 - y^2}{\sqrt{x^2 + y^2}} & (x,y) \neq (0,0) \\ 0 & (x,y) = (0,0) \end{cases}$

4. 次の 2 次関数について，変数を $x = X + p, y = Y + q$ $(p, q：定数)$ と変換することにより標準形 $z = aX^2 + bY^2 + d$ にせよ (ヒント：x と y の完全平方式にする).

(1) $z = 2x^2 + 3y^2 - 8x + 6y$ 　　　　(2) $z = 3x^2 - 5y^2 + 4x - 5y$

5. 次の 2 次関数について，変数を $x = \dfrac{1}{\sqrt{2}}(X - Y), y = \dfrac{1}{\sqrt{2}}(X + Y)$ と変換することにより標準形 $z = aX^2 + bY^2$ にせよ.

(1) $z = 2x^2 - 3xy + 2y^2$ 　　　　(2) $z = 3x^2 + 7xy + 3y^2$

6. 2 次関数 $z = ax^2 + 2hxy + by^2$ (ただし $a \neq b$) について，変数を
$$x = X\cos\theta - Y\sin\theta, \quad y = X\sin\theta + Y\cos\theta$$
変換して，標準形 $z = AX^2 + BY^2$ とするためには θ をどのように選べばよいか. また，$a = b$ のときはどのようにすれば標準形にできるか.

5.3　多変数関数の極限と連続性

多変数関数の場合も微分積分学を進めるため，極限の概念が必要となる.

多変数関数の極限

　点 A(a,b) の近傍で定義された関数 $f(x,y)$ を考える. 点 A(a,b) では定義されてなくてもよい. 点 P(x,y) が点 A(a,b) と異なるようにどのように点 A(a,b) に近づけても $f(x,y) = f(\mathrm{P})$ の値が一定の値 l に近づくなら，つまり $|\mathrm{PA}| = \sqrt{(x-a)^2 + (y-b)^2} \to 0$ のとき $|f(x,y) - l| = |f(\mathrm{P}) - l| \to 0$ となるなら，P$(x,y) \to$ A(a,b) のとき $f(x,y) = f(\mathrm{P})$ は l に**収束**するといい，

$$\lim_{(x,y)\to(a,b)} f(x,y) = l, \quad (x,y) \to (a,b)\ のとき\ f(x,y) \to l$$

$$\lim_{\mathrm{P}\to\mathrm{A}} f(\mathrm{P}) = l, \qquad \mathrm{P} \to \mathrm{A}\ のとき\ f(\mathrm{P}) \to l$$

などと表す．また，この値 l を P → A のときの関数 $f(\mathrm{P})$ の**極限値**または**極限**という．$l = \pm\infty$ についても，1 変数関数の場合と同様に考える．極限の四則について，定理 2.6 と同様の結果が成り立つことはすぐに分かるので，ここでは省略する．

　1 変数関数の場合は，図 5.6 上のように x が a に近づくのは左右 2 方向からであるが，多変数の場合 P を A と異なるように A に限りなく近づけるというのは，図の下のような無数のあらゆる場合を含んでいる．近づき方によって，$f(x, y)$ の近づく値が異なるときや

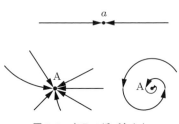

図 5.6　点 P の近づきかた

発散するときは極限値が存在しないということである．多変数関数の極限値の計算には注意が必要である．

例題 5.2　次の極限値があれば求めよ．

(1) $\displaystyle\lim_{(x,y)\to(0,0)} \frac{xy}{x^2+y^2}$　　(2) $\displaystyle\lim_{(x,y)\to(0,0)} \frac{x^2 y}{x^4+y^2}$　　(3) $\displaystyle\lim_{(x,y)\to(0,0)} \frac{xy^2}{x^4+y^2}$

解答　(1) たとえば P を $y = mx$ に沿って O に近づけると

$$\lim_{(x,y)\to(0,0)} \frac{xy}{x^2+y^2} = \lim_{x\to 0} \frac{m}{1+m^2} = \frac{m}{1+m^2}$$

となり，m の値によって近づく値が異なる．よって，極限値は存在しない．

(2) P を $y = mx\,(m \neq 0)$ に沿って O に近づけると

$$\lim_{(x,y)\to(0,0)} \frac{x^2 y}{x^4+y^2} = \lim_{x\to 0} \frac{mx}{x^2+m^2} = 0,$$

また，$y = 0$ または $x = 0$ ならば明らかに 0 なので，直線に沿って O に近づけると極限値は 0 である．ところが，$y = x^2$ に沿って近づけると $\dfrac{x^2 y}{x^4+y^2}$ は一定値 $\dfrac{1}{2}$ なので，極限も $\dfrac{1}{2}$ となる．よって，極限値は存在しない．

(3) $\left| \dfrac{xy^2}{x^4+y^2} \right| = \dfrac{|x|y^2}{x^4+y^2} \leq \dfrac{|x|y^2}{y^2} = |x|$．よって，$(x, y) \to (0,0)$ のとき $\dfrac{xy^2}{x^4+y^2} \to 0$．よって，極限値は 0．

問 5.3　次の極限値があれば求めよ．

(1) $\displaystyle\lim_{(x,y)\to(0,0)} \frac{x^2-y^2}{x^2+y^2}$　　(2) $\displaystyle\lim_{(x,y)\to(0,0)} \frac{x^2 y+2xy^2}{x^2+y^2}$　　(3) $\displaystyle\lim_{(x,y)\to(0,0)} \frac{\sin x \sin y}{x^2+y^2}$

連続関数

点 A の近傍で定義されている関数 $f(\mathrm{P})$ が

$$\lim_{\mathrm{P} \to \mathrm{A}} f(\mathrm{P}) = f(\mathrm{A})$$

を満たすとき,$f(\mathrm{P})$ は A において**連続**であるという.

また,関数 $f(\mathrm{P})$ が開領域 D で定義されているとき,D の任意の点 A において連続ならば $f(\mathrm{P})$ は D において連続であるという.1 次関数,2 次関数は連続関数である.

例題 5.3 例題 5.2 (3) で扱った関数について

$$f(x,y) = \begin{cases} \dfrac{xy^2}{x^4 + y^2} & (x,y) \neq (0,0) \\ 0 & (x,y) = (0,0) \end{cases}$$

と定義すれば,全平面 $\mathbb{R}^2$ で連続な関数となることを示せ.

<u>**解答**</u> $(x,y) \neq (0,0)$ ならば,明らかに連続である.また,例題 5.2 (3) の解より $\lim_{(x,y) \to (0,0)} f(x,y) = 0 = f(0,0)$ なので,$(x,y) = (0,0)$ においても連続である.

上では,関数の連続性を開領域について述べてきたが,閉領域 F,集合 F で定義されている関数 $f(\mathrm{P})$ については,F を含む開領域 D があって,D で連続な関数 $\tilde{f}(\mathrm{P})$ を F に制限したものが $f(\mathrm{P})$ である場合に $f(\mathrm{P})$ は F において連続であるという.

定理 2.7 と同様に,多変数連続関数についても次の定理が成り立つ.

定理 5.1 関数 $f(x,y), g(x,y)$ が点 A(領域 D) において連続ならば

(1) $f(x,y) \pm g(x,y)$, $cf(x,y)$, $f(x,y)g(x,y)$, $\dfrac{f(x,y)}{g(x,y)}$ (ただし $g(\mathrm{A}) \neq 0$) は,A (領域 D) において連続である.

(2) 関数 $x(s), y(s)$ が共に点 $x = a$ (区間 I) で連続で $\mathrm{A} = (x(a), y(a))$ ならば,合成関数 $f(x(s), y(s))$ も点 $x = a$ (区間 I) で連続である.

(3) $x = x(s,t), y = y(s,t)$ が点 $(s,t) = (a,b)$ (領域 E) で連続で $\mathrm{A} = (x(a,b), y(a,b))$ ならば,合成関数 $f(x(s,t), y(s,t))$ も点 $(s,t) = (a,b)$ (領域 E) で連続である.

証明 (省略する) □

問 **5.4** 次の関数の $(0,0)$ における連続性を調べよ.

$$(1) \quad f(x,y) = \begin{cases} \dfrac{xy}{\sqrt{x^2+y^2}} & (x,y) \neq (0,0) \\ 0 & (x,y) = (0,0) \end{cases}$$

$$(2) \quad f(x,y) = \begin{cases} \dfrac{x(x^3+y^2)}{x^4+y^2} & (x,y) \neq (0,0) \\ 0 & (x,y) = (0,0) \end{cases}$$

$$(3) \quad f(x,y) = \begin{cases} \dfrac{1}{\log(x^2+y^2)} & (x,y) \neq (0,0) \\ 0 & (x,y) = (0,0) \end{cases}$$

中間値の定理

1 変数の場合と同様に次の定理が成り立つ. 定理 2.10 では閉区間で考えたが, 本質は領域の連結性である. 証明は 5.10 節で行う.

> **定理 5.2 (中間値定理)** 開領域または閉領域 D で定義された連続関数 $f(\mathrm{P})$ が, 2 点 $\mathrm{A}, \mathrm{B} \in D$ について $f(\mathrm{A}) \neq f(\mathrm{B})$ を満たすとき, $f(\mathrm{A})$ と $f(\mathrm{B})$ の間の任意の値 k について
> $$f(\mathrm{C}) = k, \quad \mathrm{C} \in D$$
> を満たす点 C が少なくとも 1 つ存在する.

最大値・最小値の存在

関数 $z = f(\mathrm{P})$ が領域 D で定義されているとき, 関数の値の上限, 下限をそれぞれ $\sup_{\mathrm{P} \in D} f(\mathrm{P}), \inf_{\mathrm{P} \in D} f(\mathrm{P})$ などと表す. 関数の最大値:$\max_{\mathrm{P} \in D} f(\mathrm{P})$, 最小値:$\min_{\mathrm{P} \in D} f(\mathrm{P})$ についても同様に定義される. **有界閉領域で定義された連続関数**について, 1 変数の場合と同様に次の 2 つの定理が成り立つ. 証明は共に 5.10 節で行う.

> **定理 5.3 (最大値・最小値の存在定理)** 有界閉領域で定義された連続関数は有界で, その閉領域で最大値と最小値をもつ.

定理 5.4（一様連続性定理） 有界閉領域で定義された連続関数は，その閉領域で一様連続である.

1 変数の有限閉区間に対応するものが有界閉領域であることに注意する.

問 5.5 $\mathbb{R}^2$ で定義された関数 $f(x, y) = \dfrac{x + y}{1 + x^2 + y^2}$ は最大値をもつことを示せ.

─────────────── 練習問題 5.3 ───────────────

1. 次の極限値があれば求めよ.

(1) $\displaystyle\lim_{(x,y)\to(0,0)} \frac{xy}{\sqrt{x^2 + y^2}}$
(2) $\displaystyle\lim_{(x,y)\to(0,0)} \frac{x^2 + y^2}{2x^2 + y^2}$

(3) $\displaystyle\lim_{(x,y)\to(0,0)} \frac{x^2 + y^2 + 2x^3}{x^2 + y^2}$
(4) $\displaystyle\lim_{(x,y)\to(0,0)} xy \log(x^2 + y^2)$

(5) $\displaystyle\lim_{(x,y)\to(0,0)} \frac{xy}{\sin(x^2 + y^2)}$
(6) $\displaystyle\lim_{(x,y)\to(0,0)} \frac{1 - \cos xy}{x^2 + y^2}$

2. 次の関数の $(0, 0)$ における連続性を調べよ.

(1) $f(x, y) = \begin{cases} \dfrac{x + y^2}{\sqrt{x^2 + y^2}} & (x, y) \neq (0, 0) \\ 0 & (x, y) = (0, 0) \end{cases}$

(2) $f(x, y) = \begin{cases} e^{-\frac{1}{x^2 + y^2}} & (x, y) \neq (0, 0) \\ 0 & (x, y) = (0, 0) \end{cases}$

(3) $f(x, y) = \begin{cases} \dfrac{\sin(x^2 + y^2)}{x^2 + y^2} & (x, y) \neq (0, 0) \\ 1 & (x, y) = (0, 0) \end{cases}$

(4) $f(x, y) = \begin{cases} \sqrt{x^2 + y^2} \log(x^2 + y^2) & (x, y) \neq (0, 0) \\ 0 & (x, y) = (0, 0) \end{cases}$

3. 領域 $D = \{(x, y) \,|\, x > 0,\, y > 0\}$ で定義された関数

$$f(x, y) = x + y + \frac{1}{x} + \frac{1}{y}$$

は最小値をもつことを示せ.

4. $\mathbb{R}^2$ で定義された連続関数 $f(\mathrm{P})$ の零点集合：$E_0 = \{\mathrm{P} \in \mathbb{R}^2 \,|\, f(\mathrm{P}) = 0\}$ は閉集合であることを示せ.

5. $\mathbb{R}^2$ で定義された連続関数 $f(\mathrm{P})$ について，集合 $E = \{\mathrm{P} \in \mathbb{R}^2 \,|\, f(\mathrm{P}) > 0\}$ は開集合であることを示せ.

6. $\mathbb{R}^2$ の有界な閉領域で定義された連続関数の値域は有界な閉区間であることを示せ.

5.4 偏微分係数と微分可能性

第 3 章でも述べたように，関数の中でもっとも基本的なものは 1 次関数 $z = Ax + By + C$ である．ほとんどの関数が「定義域を微かく分けて局所的に見ると極限的にはこの 1 次関数 $z = Ax + By + C$ と見なせる」というのが微分の考え方である．まず，偏微分から始めよう．

偏微分可能性と偏導関数

$z = f(x,y)$ は点 $\mathrm{A}(a,b)$ の近傍で定義されているとする．極限

$$\lim_{h \to 0} \frac{f(a+h,b) - f(a,b)}{h}$$

が存在するとき，$f(x,y)$ は点 A において x に関して**偏微分可能**であるという．また，極限値を x に関する**偏微分係数**といい，$f_x(a,b), f_x(\mathrm{A}), \dfrac{\partial f}{\partial x}(a,b), \dfrac{\partial f}{\partial x}(\mathrm{A})$ などと表す．同様に極限

$$\lim_{k \to 0} \frac{f(a,b+k) - f(a,b)}{k}$$

が存在するとき，$f(x,y)$ は A において y に関して**偏微分可能**であるという．また，極限値を y に関する**偏微分係数**といい，$f_y(a,b), f_y(\mathrm{A}), \dfrac{\partial f}{\partial y}(a,b), \dfrac{\partial f}{\partial y}(\mathrm{A})$ 等と表す．x, y 両方に関して偏微分可能であるとき，**偏微分可能**であるという．

関数 $z = f(x,y)$ が開領域 D で定義され，D の各点 $\mathrm{P}(x,y)$ において偏微分可能であるとき，$f_x(x,y) = \dfrac{\partial f}{\partial x}(x,y), f_y(x,y) = \dfrac{\partial f}{\partial y}(x,y)$ をそれぞれ x に関する**偏導関数**，y に関する**偏導関数**といい

$$f_x(x,y),\ f_y(x,y),\ \frac{\partial f}{\partial x}(x,y),\ \frac{\partial f}{\partial y}(x,y),\ \frac{\partial}{\partial x}f(x,y),\ \frac{\partial}{\partial y}f(x,y)$$

などとも表す．また，$f_x, f_y, \dfrac{\partial f}{\partial x}, \dfrac{\partial f}{\partial x}$ などと変数を省略したり，z を用いて $z_x, z_y, \dfrac{\partial z}{\partial x}, \dfrac{\partial z}{\partial y}$ などと表すこともある．連続性と同様に，閉領域 F，集合 F で偏微分可能とは，F を含む開領域 D で偏微分可能な関数の制限になっていることである (後の高次偏微分についても同様)．

注意 偏微分係数の記号 $\dfrac{\partial f}{\partial x}$ は伝統的に $\partial f\ \partial x$ の順に読む．分数ではないので，分母分子から ∂ を約分してはいけない．偏微分の偏は *partial* の日本語訳で，変数の一部 x または y のみの微分であることを示し，(全) 微分は別に定義される．記号 ∂ は偏微分であることを示すため d と異なる記号を使用したものであり，d と同じ読み方かデルと読まれる．

例題 5.4　次の関数 $z = f(x, y)$ について偏導関数 f_x, f_y を計算せよ.

$$(1)\ x^3 + 5x^2y^3 - 2y^4 \qquad (2)\ \frac{1}{2}\log(x^2 + y^2)$$

解答　(1) $z_x = 3x^2 + 10xy^3$, $z_y = 15x^2y^2 - 8y^3$. ここで, x について微分するときは y は一定値となるので, $5x^2y^3$ の y^3 を定数と考えて $10xy^3$ とする. また, $-2y^4$ は一定値なので, 微分すると 0 になる. y についても同様である.

(2) $z_x = \dfrac{x}{x^2 + y^2}$, $z_y = \dfrac{y}{x^2 + y^2}$. ここで, $y = \dfrac{1}{2}\log(x^2 + a^2)$ を x について微分するときのように, 合成関数の微分公式を用いた.

注意　以上の計算のように, 偏微分とは 1 つの変数以外の変数を定数としての 1 変数の微分である. 偏微分の計算には関数の和, 積, 商の微分公式, 合成関数の微分公式など, 1 変数の微分計算で用いた公式を用いる.

問 5.6　次の関数 $z = f(x, y)$ について偏導関数 f_x, f_y を計算せよ.

$$(1)\ x^3 + y^3 - 2axy \qquad (2)\ \mathrm{Arctan}\,\frac{y}{x} \qquad (3)\ \frac{1}{x^2 + y^2} \qquad (4)\ \frac{x}{x^2 + y^2}$$

3 変数の関数

関数 $w = f(x, y, z)$ が空間の開領域 D で定義され, D の各点 $\mathrm{P}(x, y, z)$ において偏微分可能であるとき, x に関する偏導関数と y に関する偏導関数と共に, z に関する偏導関数 $f_z(x, y, z) = \dfrac{\partial f}{\partial z}(x, y, z)$ が定義され $f_z(x, y, z)$, $\dfrac{\partial f}{\partial z}(x, y, z)$ などとも表す. また, f_z, $\dfrac{\partial f}{\partial z}$ などと変数を省略したり, w を用いて w_z, $\dfrac{\partial w}{\partial z}$ などと表すこともある.

問 5.7　次の関数 $f(x, y, z)$ について偏導関数 f_x, f_y, f_z を計算せよ.

$$(1)\ x^3 + y^3 + z^3 - 3xyz \qquad (2)\ \frac{1}{\sqrt{x^2 + y^2 + z^2}} \qquad (3)\ e^{\sqrt{2}z}\cos x \sin y$$

偏微分・方向微分と連続性

x に関する偏微分係数 $f_x(a, b)$ は, 曲面 $z = f(x, y)$ を xy 平面に垂直な平面 $y = b$ によって切断し, その切断面に現れる曲線 $z = f(x, b)$ の点 $\mathrm{P}(a, f(a, b))$ における接線の傾きを表している (図 5.7). また, y に関する偏微分係数 $f_y(a, b)$ は, 同様に曲面 $z = f(x, y)$ を xy 平面に垂

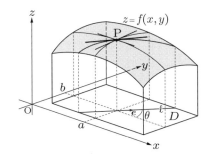

図 5.7　偏微分・方向微分

直な平面 $x = a$ によって切断し，その切断面に現れる曲線 $z = f(a, y)$ の点
$\mathrm{P}(b, f(a, b))$ における接線の傾きを表している (図 5.7). 点 $\mathrm{P}(a, b, f(a, b))$ を
通り，かつ，交わるこの 2 つの接線が規定する平面が曲面の接平面となるので
あろうか．2 つの切断面からの情報，つまり，偏微分係数・偏導関数だけで曲
面を調べることができるのであろうか．

　2 つの切断面からの情報では不足なのではという問題に対して xy 平面の点
(a, b) を通る直線 ℓ を通り，xy 平面に垂直な平面による曲面 $z = f(x, y)$ の切
断面を考え，その切断面に現れる曲線の微分係数 (**方向微分**という) を次に考え
よう．

　直線 ℓ を，点 (a, b) を通り方向余弦 $\boldsymbol{e} = {}^t(\cos\theta, \sin\theta)$ の直線とすると，直線
の方程式は $x = a + t\cos\theta, y = b + t\sin\theta$ である．(θ は x 軸正の方向と直線 ℓ
のなす角 $(0 \leqq \theta \leqq \pi)$. 図 5.7 参照)
$$\frac{\partial f}{\partial \boldsymbol{e}}(a, b) = \lim_{t \to 0} \frac{f(a + t\cos\theta, b + t\sin\theta) - f(a, b)}{t}$$
が存在するとき，$f(x, y)$ は点 (a, b) において $\boldsymbol{e}$ 方向に**微分可能**であるといい，
$\dfrac{\partial f}{\partial \boldsymbol{e}}(a, b)$ を $\boldsymbol{e}$ **方向の方向微分係数**という，

　次に示すように，偏微分可能性だけからは連続性すら導けない．次の例の
$f(x, y)$ は偏微分可能だが連続でない．方向微分も可能でない．

例題 5.5　$f(x, y) = \begin{cases} \dfrac{xy}{x^2 + y^2} & (x, y) \neq (0, 0) \\ 0 & (x, y) = (0, 0) \end{cases}$ とする．

(0) $f(x, y)$ は $(0, 0)$ で連続でないことを示せ．

(1) $f(x, y)$ は $\mathbb{R}^2$ で偏微分可能であることを示せ．

(2) $f(x, y)$ の $(0, 0)$ での $\boldsymbol{e} = {}^t(\cos\theta, \sin\theta)$ 方向の方向微分係数を求めよ．

解答　(0) 点 $(0, 0)$ で連続ではないことは 5.3 節例題 5.2 (164 ページ) で示した.

(1) $y = 0$ では $f(x, 0) = 0$ なので，$f_x(0, 0) = 0$. 同様に，$f_y(0, 0) = 0$ である．
　　$(x, y) \neq (0, 0)$ ならば $f_x = \dfrac{y^3 - x^2 y}{(x^2 + y^2)^2}$, $f_y = \dfrac{x^3 - xy^2}{(x^2 + y^2)^2}$ となり偏微分可能で
　　ある．

(2) $\dfrac{\partial f}{\partial \boldsymbol{e}}(0, 0) = \lim_{t \to 0} \dfrac{f(t\cos\theta, t\sin\theta) - f(0, 0)}{t} = \lim_{t \to 0} \dfrac{\cos\theta\sin\theta}{t}$

$$= \left\{ \begin{array}{ll} 0 & (\theta = 0, \dfrac{\pi}{2}, \pi) \\ 不可 & (その他の \theta) \end{array} \right. .$$

偏微分可能性と微分可能性

多変数関数の 1 変数に着目して，多変数関数全体の変化に迫るのが偏微分であるが，前節の最後に見たようにそれでは不十分であった．そこで，多変数関数の全変数に着目して局所的な関数の変化を考える．ほとんどの関数 $f(x,y)$ が「微かく分けて局所的に見ると極限的にはこの 1 次関数 $z = Ax + By + C$ と見なせる」というのが微分の考え方であった．これから定義する微分は偏微分に対して，全微分といわれることがある．

定義 5.2（（全）微分可能性）　$z = f(x,y)$ が点 A(a,b) で（全）微分可能であるとは，点 A の近傍の点 P(x,y) に対し，定数 A, B が存在して次式が成立することである．開領域 D の各点で微分可能のとき，D で微分可能という．

$$f(x,y) = f(a,b) + A(x-a) + B(y-b) + R(x-a,y-b) \tag{5.1}$$

$$\lim_{(x,y)\to(a,b)} \frac{R(x-a,y-b)}{\sqrt{(x-a)^2 + (y-b)^2}} = 0 \tag{5.2}$$

上の式で $x = a$ と置けば，$f(a,y) = f(a,b) + B(y-b) + R(0,y-b)$ だから，

$$\lim_{y\to b} \frac{R(0,y-b)}{|y-b|} = \lim_{y\to b} \frac{f(a,y) - f(a,b) - B(y-b)}{|y-b|} = 0$$

これより $B = f_y(a,b)$ であり，同様にして $A = f_x(a,b)$ が成り立つ．また，全微分可能の定義式で両辺の極限操作 P $\to$ A をとれば，$f(\mathrm{P}) \to f(\mathrm{A})$ が分かるから，関数 $f(\mathrm{P})$ は点 A で連続である．次を得る．

定理 5.5　$z = f(x,y)$ が点 A(a,b) で（全）微分可能であれば，点 A(a,b) で連続である．さらに，偏微分可能であり，式 (5.1) において，A, B は $A = f_x(a,b)$, $B = f_y(a,b)$ である．

注意　この定理の逆は成立しない．後の例で示すように，偏微分可能でも，微分可能とは限らないし，連続とは限らない．

ランダウの記号を用いて，全微分可能の定義を書き直すと次のようになる．

定義 5.3（（全）微分可能性と接平面の方程式） $z = f(x, y)$ が点 A(a, b) で
（全）微分可能であるとは，$(x, y) \to (a, b)$ のとき，

$$f(x, y) = f(a, b) + f_x(a, b)(x - a) + f_y(a, b)(y - b)$$
$$+ \; o(\sqrt{(x - a)^2 + (y - b)^2}) \qquad (5.3)$$

粗くいって，点 P(x, y) が点 A(a, b) の十分近くにあるとき，

$$f(x, y) \fallingdotseq f(a, b) + f_x(a, b)(x - a) + f_y(a, b)(y - b)$$

すなわち，$z = f(x, y)$ は，次の1次式で近似されるということである．

$$z = f(a, b) + f_x(a, b)(x - a) + f_y(a, b)(y - b)$$

この1次式の定める平面を関数 $z = f(x, y)$ が定める曲面の上の点
$(a, b, f(a, b))$ で曲面に接する**接平面**という．また，この1次式をこの曲面
の点 $(a, b, f(a, b))$ で曲面に接する**接平面の方程式**という．

微分可能とは，局所的に1次式で近似できることであり，幾何学的には接平
面が存在することである．それでは，どのように微分可能性を判断するのか．
計算可能な偏微分可能性から微分可能性を保証するのは次の定理である．

定理 5.6 関数 $f(x, y)$ は領域 D で偏微分可能で，偏導関数 $f_x(x, y), f_y(x, y)$
は D で連続ならば，関数 $f(x, y)$ は領域 D で（全）微分可能である．

注意 この定理の逆は成立しない．後の例で示すように，（全）微分可能でも，偏導関数
は連続とは限らない．

証明 任意の点 A$(a, b) \in D$ において，次を考えよう．$h = x - a$, $k = y - b$ とおく．

$$f(x, y) - f(a, b) = \big(f(x, y) - f(a, y)\big) + \big(f(a, y) - f(a, b)\big)$$

1変数 x だけの関数 $f(x, y)$ に平均値定理より $0 < \theta < 1$ を満たす θ があって

$$f(x, y) - f(a, y) = f_x(a + \theta(x - a), y)(x - a) = f_x(a + \theta h, y)h$$

偏導関数 $f_x(a + \theta(x - a), y)$ は2変数 x, y の関数として点 A で連続であるから

$$f_x(a + \theta(x - a), y) = f_x(a, b) + o(1) \qquad (x, y) \to (a, b)$$

結局，$\quad f(x, y) - f(a, y) = f_x(a, b)(x - a) + o(1)(x - a) \qquad (x, y) \to (a, b)$

1変数 y だけの関数 $f(a, y)$ が $y = b$ で微分可能だから

$$f(a, y) - f(a, b) = f_y(a, b)(y - b) + o(1)(y - b) \qquad y \to b$$

以上，これらをあわせて　$f(x, y) - f(a, b) = f_x(a, b)h + f_y(a, b)k + R$ と置くと，

$$R = o(1)(x - a) + o(1)(y - b) \qquad (x, y) \to (a, b)$$

ここで，$|h|, |k| \leqq \sqrt{h^2 + k^2}$ が成り立つことより

$$\left| \frac{R}{\sqrt{h^2 + k^2}} \right| = o(1) \qquad (x, y) \to (a, b)$$

以上，$f_x(x, y), f_y(x, y)$ の存在と $f_x(x, y)$ の連続性から，微分可能性が従う．　□

注意　(1) 証明の剰余項評価から，「$o(\sqrt{h^2 + k^2}) = o(1)h + o(1)k$」がわかる．
(2) 証明のように $f_x(x, y), f_y(x, y)$ の一方の連続性のみで定理の結論を得る．

> **定理 5.7**　関数 $f(x, y), g(x, y)$ はともに点 A (領域 D) で (全) 微分可能
> ならば，$f(\mathrm{P}) \pm g(\mathrm{P})$, $f(\mathrm{P}) \cdot g(\mathrm{P})$ も点 A (領域 D) で (全) 微分可能で
> ある．

C^1 関数

以上見てきたように 2 変数関数 (3 変数以上でも同様である) では，偏微分可能性と微分可能性は一致せず，偏導関数の存在からは微分可能であるかというと必ずしも従わない．1 変数関数の微分可能性に対応するのは，(全) 微分可能性である．この (全) 微分可能性の定義にある式を確かめるのは容易であるとは限らない．与えられた関数 $f(x, y)$ がどのような性質をもてば微分可能になるのかに答えるのが定理 5.6 である．偏導関数は容易に計算できることが多いから，偏導関数をもとに微分可能性を確認できることがうれしい．したがって，これ以後で扱う多変数関数は適当な開領域で偏微分可能で，偏導関数は連続であるとする．このことを，関数は C^1 級または C^1 関数であるという．すなわち，定理 5.6 は，**C^1 関数は微分可能である**と一言でいえる．

微分可能性と偏導関数 f_x, f_y の連続性について次の 2 つの例を挙げておく．

例題 5.6　関数 $f(x, y) = (x^2 + y^4)^{\frac{1}{4}}(y^2 + x^4)^{\frac{1}{4}}$ は $\mathbb{R}^2$ で偏微分可能であるが，$(x, y) = (0, 0)$ では微分可能ではないことを示せ．

解答　$y = 0$ では

$$f_x(0, 0) = \lim_{h \to 0} \frac{f(h, 0) - f(0, 0)}{h} = \lim_{h \to 0} \frac{|h|^{\frac{3}{2}}}{h} = 0.$$

よって，$f_x(0,0) = 0$. 同様に，$f_y(0,0) = 0$ である．$(x,y) \neq (0,0)$ ならば

$$f_x = \frac{xy^2 + 2x^3y^4 + 3x^5}{2(x^2+y^4)^{\frac{3}{4}}(y^2+x^4)^{\frac{3}{4}}}, f_y = \frac{x^2y + 2x^4y^3 + 3y^5}{2(x^2+y^4)^{\frac{3}{4}}(y^2+x^4)^{\frac{3}{4}}}$$

となり，$\mathbb{R}^2$ で偏微分可能である．しかし，$\sqrt{|xy|} \leqq f(x,y)$ が成立するので，$x = y = t$ とすれば $|t| \leqq f(t,t)$ となるので，式 (5.3) に対して，$|f(t,t)| = o(1)|t|$ ではありえない．よって，$(x,y) = (0,0)$ では微分可能ではない．

例題 5.7　$f(x,y) = \begin{cases} x^2 \sin\dfrac{1}{x} + y^2 \sin\dfrac{1}{y} & x \neq 0,\ y \neq 0 \\[2mm] x^2 \sin\dfrac{1}{x} & x \neq 0,\ y = 0 \\[2mm] y^2 \sin\dfrac{1}{y} & x = 0,\ y \neq 0 \\[2mm] 0 & (x,y) = (0,0) \end{cases}$

とする．次を示せ．

(1) $f(x,y)$ は $\mathbb{R}^2$ で連続である．

(2) $f(x,y)$ は $(x,y) = (0,0)$ で微分可能であるが，偏導関数が連続ではない．

解答　(1) 1 変数関数 $g(t) = t^2 \sin\dfrac{1}{t}$ を $g(0) = 0$ と定めると $g(t)$ は $\mathbb{R}^1$ で連続だから，$f(x,y) = g(x) + g(y)$ は $\mathbb{R}^2$ で連続である．

(2) 定義より $f_x(0,0) = f_y(0,0) = 0$ であるが，$g'(t) = 2t \sin\dfrac{1}{t} - \cos\dfrac{1}{t}$ より，f_x, f_y は連続ではない．しかし，$|f(h,k)| \leqq h^2 + k^2$ より微分可能である

問 5.8　次の関数の偏導関数 f_x, f_y は $(0,0)$ において連続であることを示せ．

(1) $f(x,y) = \begin{cases} \dfrac{y^4}{x^2+y^2} & (x,y) \neq (0,0) \\[2mm] 0 & (x,y) = (0,0) \end{cases}$

(2) $f(x,y) = \begin{cases} \dfrac{xy(x^2-y^2)}{x^2+y^2} & (x,y) \neq (0,0) \\[2mm] 0 & (x,y) = (0,0) \end{cases}$

問 5.9　$f(x,y)$ が点 A(a,b) で微分可能で，$e = {}^t(\cos\theta, \sin\theta)$ とする．$f(x,y)$ が点 A で任意の e 方向に方向微分可能で，方向微分係数が次で与えられることを示せ．

$$\frac{\partial f}{\partial e}(a,b) = f_x(a,b)\cos\theta + f_y(a,b)\sin\theta = e \cdot {}^t(f_x(a,b),\ f_y(a,b))$$

接平面のグラフ

偏微分係数の定義によると，$f_x(a, b)$ は曲面 $z = f(x, y)$ の平面 $y = b$ による切断面の曲線 $z = f(x, b)$ の点 $A(a, b, f(a, b))$ での接線の傾きを表し，$\boldsymbol{f_x} = {}^t(1, 0, f_x(a, b))$ は接線ベクトルである（図 5.8）．また，$f_y(a, b)$ はこの曲面の平面 $x = a$ による切断面の曲線 $z = f(a, y)$ の点 A での接線の傾きを表し，$\boldsymbol{f_y} = {}^t(0, 1, f_y(a, b))$ は接線ベクトルである（図 5.8）．したがって，点 A における法線ベクトルは $\boldsymbol{n} = \boldsymbol{f_x} \times \boldsymbol{f_y} = {}^t(-f_x(a, b), -f_y(a, b), 1)$ となるので[3]，点 A における接平面の方程式を以下のようにもう一度得る．

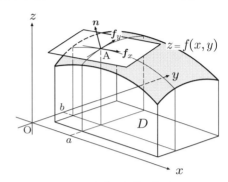

図 5.8 偏微分係数と接平面

$$z - f(a, b) = f_x(a, b)(x - a) + f_y(a, b)(y - b) \tag{5.4}$$

また，点 $A(a, b, f(a, b))$ を通り接平面に垂直な直線，すなわち**法線**の方程式は次で与えられる．

$$\frac{x - a}{f_x(a, b)} = \frac{y - b}{f_y(a, b)} = \frac{z - f(a, b)}{-1} \tag{5.5}$$

例題 5.8（回転放物面の接平面） 回転放物面は $z = f(x, y) = x^2 + y^2$ のグラフで表される．接平面の方程式と法線の方程式を求めよ．

解答 式 (5.4), (5.5) より，点 $A(a, b, f(a, b))$ における接平面・法線の方程式は以下のとおりである．

$$z = 2a(x - a) + 2b(y - b) + a^2 + b^2 = 2ax + 2bx - (a^2 + b^2)$$
$$\frac{x - a}{2a} = \frac{y - b}{2b} = \frac{z - (a^2 + b^2)}{-1}$$

問 5.10 次の曲面上の与えられた点における接平面と法線の方程式を求めよ．

(1) $z = x^2 - y^2$，点 $(2, 1, 3)$ (2) $z = \dfrac{x^2}{4} + \dfrac{y^2}{9}$，点 $(2, 3, 2)$

---

[3] 2つの3次元ベクトルの演算 × は外積で，$\boldsymbol{a} = {}^t(a_1, a_2, a_3)$, $\boldsymbol{b} = {}^t(b_1, b_2, b_3)$ とすると，$\boldsymbol{a} \times \boldsymbol{b} = {}^t(a_2 b_3 - a_3 b_2, a_3 b_1 - a_1 b_3, a_1 b_2 - a_2 b_1)$ で定義される．外積の図形的意味については線形代数のテキストを参照．

2 次偏導関数・高次偏導関数・C^n 関数

領域 D で定義された関数 $z = f(x, y)$ が偏微分可能であるとき，偏導関数 $f_x(x, y)$ と $f_y(x, y)$ は 2 変数関数だから，それらの偏導関数として 4 種類 $(f_x)_x, (f_x)_y, (f_y)_x, (f_y)_y$ が考えられる．偏導関数 $f_x(x, y)$ と $f_y(x, y)$ がそれぞれ偏微分可能であるとき，$f(x, y)$ は **2 回偏微分可能**であるといい，それらの偏導関数を **2 次偏導関数**という．記法として，f_x の偏導関数を次のように記す．

$$(f_x)_x = f_{xx}(x, y) = \frac{\partial^2 f}{\partial x^2}(x, y) = z_{xx} = \frac{\partial^2 z}{\partial x^2},$$

$$(f_x)_y = f_{xy}(x, y) = \frac{\partial^2 f}{\partial y \partial x}(x, y) = z_{xy} = \frac{\partial^2 z}{\partial y \partial x},$$

同様にして，3 次偏導関数，$\cdots$，n 次偏導関数が定義できる．これらを高次偏導関数という．

例 $z = f(x, y) = x^m y^n$ の 2 次偏導関数を求める．

$$z_{xx} = m(m-1)x^{m-2}y^n, \qquad z_{xy} = mnx^{m-1}y^{n-1},$$

$$z_{yx} = mnx^{m-1}y^{n-1}, \qquad\qquad z_{yy} = n(n-1)x^m y^{n-2}$$

偏導関数 f_x を y で偏微分したものを f_{xy}，f_y を x で偏微分したものを f_{yx}，と表し，両者は異なる関数であるが，$f(x, y)$ が 2 回偏微分可能で 2 次偏導関数が連続であれば，次の定理 5.8 で学ぶように $f_{xy} = f_{yx}$ が成り立つ．つまり，x に関する偏微分と y に関する偏微分の順序を入れ替えてもかまわない．この場合，2 変数関数の 2 次偏導関数は 4 種類でなく，次の 3 種類となる．

$$f_{xx}(x, y) = \frac{\partial^2 f}{\partial x^2}(x, y), \quad f_{xy}(x, y) = \frac{\partial^2 f}{\partial x \partial y}(x, y), \quad f_{yy}(x, y) = \frac{\partial^2 f}{\partial y^2}(x, y)$$

定理 5.8（偏微分の順序交換） 領域 D で $f(x, y)$ が 2 回偏微分可能で 2 次偏導関数 $f_{xx}, f_{xy}, f_{yx}, f_{yy}$ が連続ならば，$f_{xy}(x, y) = f_{yx}(x, y)$ が成立つ．(証明は後述．定理 5.10 参照)

2 次偏導関数が偏微分可能ならば $f_{xxx}, f_{xxy}, \ldots$ など 3 次偏導関数が定義される．すべての 3 次偏導関数が連続ならば，定理 5.8 をくり返し用いれば

$$f_{xyy} = (f_{xy})_y = (f_{yx})_y = f_{yxy} = (f_y)_{xy} = (f_y)_{yx} = f_{yyx}$$

など，偏微分の順序によらないことがいえる．

定義 5.4 (n 回微分可能) 領域 D で定義された関数 $f(x, y)$ とそのすべての偏導関数 $f_x(x, y), f_y(x, y)$ が領域 D で (全) 微分可能であるとき，関数 $f(x, y)$ は **2 回微分可能**であるという．2 回微分可能の場合も，偏微分の順序交換が可能である．つまり，$f_{xy}(x, y) = f_{yx}(x, y)$ が成立つ．(証明は後述 (定理 5.10))

同様に，3 回以上の微分可能性も帰納的に定義できる．関数 $f(x, y)$ が $n-1$ 回微分可能で，その $n-1$ 次の偏導関数がすべて領域 D で (全) 微分可能であるとき，関数 $f(x, y)$ は **n 回微分可能**であるという．もちろん，n 次以下の偏導関数は x, y に関して偏微分するとき，その順序によらない．

定義 5.5 (C^n 級関数) $n \geq 1$ とする．領域 D で定義された関数 $f(x, y)$ が n 回偏微分可能で，すべての n 次偏導関数が D で連続であるとき，$f(x, y)$ は **n 回連続 (的) 微分可能**，もしくは，**C^n 級関数**，または **C^n 関数**であるという．さらに，任意の次数の偏導関数がすべて存在して連続であるとき，$f(x, y)$ は**無限回微分可能**，もしくは，**C^∞ 級関数**，または **C^∞ 関数**であるという．つまり，n 回微分可能で，n 次偏導関数がすべて連続である関数が C^n 級関数である．

定理 5.6 を繰り返し用いれば次を得る．

定理 5.9 関数 $f(x, y)$ は領域 D で n 回偏微分可能で，n 次偏導関数がすべて D で連続ならば，つまり，C^n 級関数であるならば，関数 $f(x, y)$ は領域 D で n 回微分可能である．

関数 $f(x, y)$ が n 回微分可能であることを定義に従い確かめるのは容易でないこともある．偏導関数は容易に計算できることが多いから，n 次以下の偏導関数をもとに n 回微分可能性を確認できることが望ましい．この定理より，これ以後で扱う多変数関数は適当な開領域で n 回偏微分可能で，すべての n 次偏

導関数は連続であるとする．つまり，関数は C^n 関数を扱う．これにより，関数 $f(x, y)$ が n 回微分可能で，偏微分は順序によらず計算できる．

$f(x, y)$ が C^n 関数ならば，n 次以下の偏導関数は x, y に関して偏微分するとき，その順序によらない．x で i 回，y で j 回それぞれ偏微分するとき，次のように，$i + j$ 次偏導関数を表す．

$$\frac{\partial^{i+j}}{\partial x^i \partial y^j} f(x, y), \quad \frac{\partial^{i+j} f}{\partial x^i \partial y^j}(\mathrm{P}), \quad f^{(i,j)}(\mathrm{P}), \quad \frac{\partial^{i+j} z}{\partial x^i \partial y^j}$$

定理 5.8 によれば，もちろん C^n 関数 $f(x, y)$ の n 次以下の偏導関数は連続であるため，偏微分の順序が交換でき，n 次偏導関数は $n + 1$ 種類を考えればよい．

定義 5.6（偏微分作用素（演算子）） h, k を定数とするとき**偏微分作用素（演算子ともいう）** $\left(h \dfrac{\partial}{\partial x} + k \dfrac{\partial}{\partial y} \right)^m$ $(m = 0, 1, 2, \cdots)$ を次で定義する．

$$\left(h \frac{\partial}{\partial x} + k \frac{\partial}{\partial y} \right)^0 f(x, y) = f(x, y),$$

$$\left(h \frac{\partial}{\partial x} + k \frac{\partial}{\partial y} \right)^1 f(x, y) = h \frac{\partial}{\partial x} f(x, y) + k \frac{\partial}{\partial y} f(x, y),$$

また，$m = 2, 3, \cdots$ に対して

$$\left(h \frac{\partial}{\partial x} + k \frac{\partial}{\partial y} \right)^m f(x, y) = \left(h \frac{\partial}{\partial x} + k \frac{\partial}{\partial y} \right) \left[\left(h \frac{\partial}{\partial x} + k \frac{\partial}{\partial y} \right)^{m-1} f(x, y) \right]$$

$f(x, y)$ が C^m 関数であれば $\dfrac{\partial}{\partial x}, \dfrac{\partial}{\partial y}$ は交換可能だから，次の 2 項定理が成り立つ．

$$\left(h \frac{\partial}{\partial x} + k \frac{\partial}{\partial y} \right)^m f(x, y) = \sum_{j=0}^{m} {}_m\mathrm{C}_j h^{m-j} k^j \frac{\partial^m}{\partial x^{m-j} \partial y^j} f(x, y)$$

例題 5.9（偏微分作用素の計算） $f(x, y)$ を C^n 関数 $(n \geqq 2)$ とする．

$$\left(\frac{\partial}{\partial x} + 2 \frac{\partial}{\partial y} \right) \left(3 \frac{\partial}{\partial x} + 4 \frac{\partial}{\partial y} \right) f(x, y) = \left(3 \frac{\partial^2}{\partial x^2} + 10 \frac{\partial^2}{\partial x \partial y} + 8 \frac{\partial^2}{\partial y^2} \right) f(x, y)$$

解答 2 次偏導関数の性質 $\dfrac{\partial^2 f}{\partial x \partial y} = \dfrac{\partial^2 f}{\partial y \partial x}$ を用いて計算する．

$$\frac{\partial}{\partial x} \left(3 \frac{\partial}{\partial x} + 4 \frac{\partial}{\partial y} \right) f = \frac{\partial}{\partial x} \left(3 \frac{\partial f}{\partial x} + 4 \frac{\partial f}{\partial y} \right) = 3 \frac{\partial^2 f}{\partial x^2} + 4 \frac{\partial^2 f}{\partial x \partial y}$$

$$2 \frac{\partial}{\partial y} \left(3 \frac{\partial}{\partial x} + 4 \frac{\partial}{\partial y} \right) f = 2 \frac{\partial}{\partial y} \left(3 \frac{\partial f}{\partial x} + 4 \frac{\partial f}{\partial y} \right) = 6 \frac{\partial^2 f}{\partial x \partial y} + 8 \frac{\partial^2 f}{\partial y^2}$$

よって $\left(\dfrac{\partial}{\partial x} + 2\dfrac{\partial}{\partial y}\right)\left(3\dfrac{\partial f}{\partial x} + 4\dfrac{\partial f}{\partial y}\right) = 3\dfrac{\partial^2 f}{\partial x^2} + 10\dfrac{\partial^2 f}{\partial x \partial y} + 8\dfrac{\partial^2 f}{\partial y^2}$ となり，右辺に等しい.

問 5.11 以下の関数について，すべての 2 次偏導関数を計算せよ.

(1) $e^x \sin y$　　　(2) $\log(x^2 + y^2)$　　　(3) $\mathrm{Arctan}\,\dfrac{y}{x}$

問 5.12 (問題 5.8 つづき) 次の関数の偏導関数 $f_{xy}(0,0)$ と $f_{yx}(0,0)$ を計算せよ. それぞれ，$f_{xy}(0,0) = f_{yx}(0,0)$ は成立するか.

(1) $f(x,y) = \begin{cases} \dfrac{y^4}{x^2 + y^2} & (x,y) \neq (0,0) \\ 0 & (x,y) = (0,0) \end{cases}$

(2) $f(x,y) = \begin{cases} \dfrac{xy(x^2 - y^2)}{x^2 + y^2} & (x,y) \neq (0,0) \\ 0 & (x,y) = (0,0) \end{cases}$

問 5.13 関数 $z = e^x \sin y$ のすべての 3 次偏導関数を求めよ. ここで，f_{xyy} と f_{yyx} など等しいものは区別しなくてよい.

例題 5.10 (1) $f = \dfrac{1}{2}\log(x^2 + y^2)$ について $\dfrac{\partial^2 f}{\partial x^2} + \dfrac{\partial^2 f}{\partial y^2} = 0$ を示せ.

(2) $f = \dfrac{1}{\sqrt{x^2 + y^2 + z^2}}$ について $\dfrac{\partial^2 f}{\partial x^2} + \dfrac{\partial^2 f}{\partial y^2} + \dfrac{\partial^2 f}{\partial z^2} = 0$ を示せ.

解答 (1) 1 次偏導関数は $f_x = \dfrac{x}{x^2 + y^2}, f_y = \dfrac{y}{x^2 + y^2}$. 2 次偏導関数は

$f_{xx} = \dfrac{1}{x^2 + y^2} - \dfrac{2x^2}{(x^2 + y^2)^2}, f_{yy} = \dfrac{1}{x^2 + y^2} - \dfrac{2y^2}{(x^2 + y^2)^2}$ より $\dfrac{\partial^2 f}{\partial x^2} + \dfrac{\partial^2 f}{\partial y^2} = 0$

(2) 1 次偏導関数は

$$f_x = \dfrac{-x}{(x^2 + y^2 + z^2)^{\frac{3}{2}}}, \quad f_y = \dfrac{-y}{(x^2 + y^2 + z^2)^{\frac{3}{2}}}, \quad f_z = \dfrac{-z}{(x^2 + y^2 + z^2)^{\frac{3}{2}}}.$$

2 次偏導関数は $z_{xx} = \dfrac{-1}{(x^2 + y^2 + z^2)^{\frac{3}{2}}} + \dfrac{3x^2}{(x^2 + y^2 + z^2)^{\frac{5}{2}}}$. あとは x と y, z を置き換えればよいので

$$\dfrac{\partial^2 f}{\partial x^2} + \dfrac{\partial^2 f}{\partial y^2} + \dfrac{\partial^2 f}{\partial z^2} = \dfrac{-3}{(x^2 + y^2 + z^2)^{\frac{3}{2}}} + \dfrac{3(x^2 + y^2 + z^2)}{(x^2 + y^2 + z^2)^{\frac{5}{2}}} = 0.$$

上記の方程式 $\Delta f = \dfrac{\partial^2 f}{\partial x^2} + \dfrac{\partial^2 f}{\partial y^2} = 0, \quad \Delta f = \dfrac{\partial^2 f}{\partial x^2} + \dfrac{\partial^2 f}{\partial y^2} + \dfrac{\partial^2 f}{\partial z^2} = 0$ を共に**ラプラス方程式** $\Delta f = 0$ といい，その解を**調和関数**という.

問 5.14 $u = \dfrac{1}{2}\log(x^2 + y^2), v = \mathrm{Arctan}\,\dfrac{y}{x}$ とおくとき次の問いに答えよ.

(1) $\dfrac{\partial u}{\partial x} = \dfrac{\partial v}{\partial y}$ と $\dfrac{\partial v}{\partial x} = -\dfrac{\partial u}{\partial y}$ が成り立つことを示せ.

(2) Δu と Δv を計算せよ.

問 5.15　関数 $f(x, y, z) = e^{\sqrt{2}z} \cos x \sin y$ について Δf を計算せよ.

補足：定理 5.8 の証明

> **定理 5.10**（偏微分の順序交換）　領域 D で定義された関数 $f(x, y)$ は 2 回微分可能とする. このとき, $f_{xy}(x, y) = f_{yx}(x, y)$ が成り立つ.

注意　関数 $f(x, y)$ は 2 回偏微分可能で 2 次偏導関数が連続なら, 2 回微分可能であるから, この定理 5.10 より定理 5.8 は示されたことになる.

証明　任意の点 $\mathrm{A}(a, b) \in D$ の近傍で次を考える. $h = x - a, k = y - b$ とする.

$$d = (f(x, y) - f(a, y)) - (f(x, b) - f(a, b))$$

$$= (f(x, y) - f(x, b)) - (f(a, y) - f(a, b))$$

まず, 関数 $f(x, y) - f(a, y)$ を y のみの関数とみて変数 y に関する平均値の定理を適用する.

$$d = (f(x, y) - f(a, y)) - (f(x, b) - f(a, b)) = \Big[\dfrac{\partial f}{\partial y}(x, c) - \dfrac{\partial f}{\partial y}(a, c)\Big](y - b)$$

を満たす c が y と b の間に存在する. $\dfrac{\partial f}{\partial y}(x, y) = f_y(x, y)$ は微分可能だから,

$$f_y(x, y) = f_y(a, b) + f_{yx}(a, b)h + f_{yy}(a, b)k + o(\sqrt{h^2 + k^2}) \quad (x, y) \to (a, b)$$

また, 上の式で $x = a \ (h = 0)$ として,

$$f_y(a, y) = f_y(a, b) + f_{yy}(a, b)k + o(\sqrt{k^2}) \quad y \to b$$

この 2 式で $y = c$ として, 上から下を引き算し, k をかけると, 次が得られる.

$$d = (f_y(x, c) - f_y(a, c))k = f_{yx}(a, b)hk + o(\sqrt{h^2 + k^2}) \cdot k \quad (x, y) \to (a, b)$$

$h = k = t$ として, $t \to 0$ とすると, $\displaystyle\lim_{t \to 0} \dfrac{d}{t^2} = f_{yx}(a, b)$. 以上の議論を x と y とを取り換えて, $d = (f(x, y) - f(x, b)) - (f(a, y) - f(a, b))$ に対して行うと, $\displaystyle\lim_{t \to 0} \dfrac{d}{t^2} = f_{xy}(a, b)$ が成り立つ.

ゆえに定理が示された. □

───────────── 練習問題 5.4 ─────────────

1.　次の関数 $f(x, y)$, $f(x, y, z)$ について偏導関数を計算せよ.

(1) $\dfrac{x - y}{x + y}$ 　　(2) $\dfrac{xy}{x^2 + y^2}$ 　　(3) $e^x(\cos y + \sin y)$

(4) $e^x \cos y + e^y \sin x$ 　　(5) $x^2 \mathrm{Arctan}\, \dfrac{y}{x} - y^2 \mathrm{Arctan}\, \dfrac{x}{y}$

(6) $\dfrac{1}{\sqrt{1+x^2+y^2+z^2}}$ (7) $\log(x^3+y^3+z^3-3xyz)$

2. $u(x,y)=x^3+ax^2y+bxy^2$, $v(x,y)=cx^2y+dxy^2+ey^3$ $(a,b,c,d,e$ は定数) とおくとき，以下の問いに答えよ．ここで，i は虚数単位 $(i^2=-1)$ とする．

(1) $\dfrac{\partial u}{\partial x}=\dfrac{\partial v}{\partial y}$, $\dfrac{\partial v}{\partial x}=-\dfrac{\partial u}{\partial y}$ を満たすように a,b,c,d,e を定めよ．

(2) $u(x,y)$, $v(x,y)$ を (1) で求めたものとする．$z=x+iy$ とするとき，$P(z)=u(x,y)+iv(x,y)$ を満たす z の多項式 $P(z)$ を求めよ．

3. 次の曲面上の与えられた点における接平面の方程式を求めよ．

(1) $z=x^3-3xy^2$, 点 $(2,1,2)$ (2) $z=x^2y^2$, 点 $(1,-2,4)$

(3) $z=\dfrac{y}{x}$, 点 $(1,2,2)$ (4) $z=\mathrm{Arctan}\,\dfrac{y}{x}$, 点 $\left(1,1,\dfrac{\pi}{4}\right)$

4. 次の関数 $f(x,y)$ が $\Delta f=\dfrac{\partial^2 f}{\partial x^2}+\dfrac{\partial^2 f}{\partial y^2}=0$ を満たすとき，定数 a,b,c,d,e の条件はなにか．

(1) $ax^2+2bxy+cy^2+dx+ey$ (2) $(ax+by)e^x\cos y+(cx+dy)e^x\sin y$

5. 次の各問いに答えよ．

(1) 関数 $E(x,t)=\dfrac{1}{\sqrt{t}}e^{-\frac{x^2}{2t}}$ は $E_t-\dfrac{1}{2}E_{xx}=0$ を満たすことを示せ．

(2) 関数 $u(x,y)=(e^x-e^{-x})\sin y$ は $\Delta u=u_{xx}+u_{yy}=0$ を満たすことを示せ．

6. 3 変数の関数 $f(x,y,z)$ について $\Omega_x f,\Omega_y f,\Omega_z f$ をそれぞれ次のように定めるとき，以下の問いに答えよ．

$$\Omega_x f=y\frac{\partial f}{\partial z}-z\frac{\partial f}{\partial y},\quad \Omega_y f=z\frac{\partial f}{\partial x}-x\frac{\partial f}{\partial z},\quad \Omega_z f=x\frac{\partial f}{\partial y}-y\frac{\partial f}{\partial x}$$

(1) $[\Omega_x,\Omega_y]f=\Omega_x(\Omega_y f)-\Omega_y(\Omega_x f)$ のように表すとき，次の関係式が成り立つことを示せ．

$$[\Omega_y,\Omega_z]f=-\Omega_x f,\quad [\Omega_z,\Omega_x]f=-\Omega_y f,\quad [\Omega_x,\Omega_y]f=-\Omega_z f$$

(2) $\Delta f=\dfrac{\partial^2 f}{\partial x^2}+\dfrac{\partial^2 f}{\partial y^2}+\dfrac{\partial^2 f}{\partial z^2}$ として $[\Omega_x,\Delta]f=\Omega_x(\Delta f)-\Delta(\Omega_x f)$ のように表すとき，次の関係式が成り立つことを示せ．

$$[\Omega_x,\Delta]f=0,\quad [\Omega_y,\Delta]f=0,\quad [\Omega_z,\Delta]f=0$$

5.5 鎖法則・合成関数の微分

合成関数の微分可能性

　この節では，多変数関数が関係する 3 つのタイプの合成関数の微分公式を学び，それらを用いて与えられた多変数関数の偏導関数を求める．

I. まず，1 変数関数 $f(u)$ に，多変数関数 $u=g(x,y)$ を合成した関数 $z=f(g(x,y))$ の偏導関数を求める．x に関する偏導関数 z_x を求めるときは，y は

定数とするので，合成関数 $z = f(g(x, y))$ に x のみの 1 変数関数の合成関数の微分公式を用いればよい．たとえば，$z = f(u) = \sin u$, $u = g(x, y) = x^2 + y^2$ とすると，$z = f(g(x, y)) = \sin(x^2 + y^2)$. $f'(u) = \cos u$, $u_x = 2x$ だから，$z_x = u_x f'(u) = 2x \cos u = 2x \cos(x^2 + y^2)$ となる．一般の関数について次を得る．

定理 5.11 1 変数関数 $z = f(u)$ は開区間 I で微分可能，2 変数関数 $u = g(x, y)$ は領域 D で偏微分可能，かつ $u = g(x, y) \in I$ ならば，関数 $z = f(g(x, y))$ は D で偏微分可能であり，次が成り立つ．

$$z_x = f'(u)u_x = f'(g(x, y))g_x(x, y)$$
$$z_y = f'(u)u_y = f'(g(x, y))g_y(x, y)$$

例題 5.11 原点からの距離 $r = \sqrt{x^2 + y^2}$ にのみ依存する関数 $z = f(r)$ の偏導関数 z_x, z_y を求めよ．

解答 $r_x = \dfrac{\partial}{\partial x}(x^2 + y^2)^{\frac{1}{2}} = 2x \cdot \dfrac{1}{2}(x^2 + y^2)^{-\frac{1}{2}} = \dfrac{x}{r}$. 同様に，$r_y = \dfrac{y}{r}$.
以上より，$\quad z_x = f'(r)\dfrac{x}{r}, \quad z_y = f'(r)\dfrac{y}{r}$

問 5.16 次の関数 $z = f(x, y)$ の偏導関数 z_x, z_y を求めよ．n は自然数とする．
(1) $(x^2 + 2y^3)^n$ (2) $e^{x^2 + 3xy + y^3}$ (3) $\sin(x^y + y)$
(4) $\log(x^2 + y^2 + 1)$

問 5.17 関数 $z = f(u)$ と $u = bx - ay$ の合成関数 $z = f(bx - ay)$ は $az_x + bz_y = 0$ を満たすことを示せ（a, b は定数）．

II. 2 変数関数 $f(x, y)$ の 2 変数 x, y に 1 変数 t の関数 $x = x(t), y = y(t)$ を代入した 1 変数 t の関数 $f(x(t), y(t))$ の微分を計算する．次の定理は**鎖法則** (chain rule) と呼ばれている．

定理 5.12 関数 $z = f(x, y)$ は領域 D で（全）微分可能，関数 $x = x(t)$ と $y = y(t)$ は開区間 I で微分可能，かつ $(x(t), y(t)) \in D$ とする．このとき，関数 $z = z(t) = f(x(t), y(t))$ も I で微分可能であり，次の微分公式が成

り立つ.

$$\frac{d}{dt}f(x(t),y(t)) = f_x(x(t),y(t))x'(t) + f_y(x(t),y(t))y'(t)$$

$$\frac{dz}{dt} = \frac{\partial z}{\partial x}\frac{dx}{dt} + \frac{\partial z}{\partial y}\frac{dy}{dt} = z_x\frac{dx}{dt} + z_y\frac{dy}{dt}$$

証明　（節末で示す．）　　　　　　　　　　　　　　□

[説明]　区間 I で定義された $x = x(t),\ y = y(t)$ は平面曲線 C を表す．$\{(x,y,z)\,|\,x = x(t),\ y = y(t),\ z = f(x(t),y(t))\}$ は曲線 C に沿っての曲面 $z = f(x,y)$ 上の値，つまり，曲面上の曲線を表す．$\dfrac{dz}{dt} = \dfrac{d}{dt}f(x(t),y(t))$ を関数 $\boldsymbol{f(x,y)}$ **の曲線 $\boldsymbol{C}$ に沿っての導関数**という．

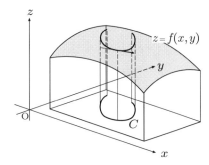

図 **5.9**　曲線 C に沿っての導関数

例題 5.12　(1) 関数 $f(x,y)$ と $x = \cos t,\ y = \sin t$ の合成関数 $z = z(t)$ の導関数 $\dfrac{dz}{dt} = z'(t)$ を求めよ．

(2) 関数 $f(x,y) = 2x^2 + y^4$ の曲線 $x = \cos t,\ y = \sin t\ (0 < t < \pi)$ に沿っての導関数を求めよ．

解答　(1) $z'(t) = f_x(\cos t,\sin t)(-\sin t) + f_y(\cos t,\sin t)\cos t$

(2) $f_x = 4x,\ f_y = 4y^3,\ x'(t) = -\sin t,\ y'(t) = \cos t$ だから，$z'(t) = 4\cos t \cdot (-\sin t) + 4(\sin t)^3 \cdot \cos t.\quad z'(t) = -4\sin t \cdot \cos^3 t$

例題 5.13　座標平面の点 (a,b) と点 (x_0,y_0) を結ぶ直線 L の方程式は $x = x(t) = a + t(x_0 - a),\ y = y(t) = b + t(y_0 - b)$ である．C^∞ 関数 $f(x,y)$ と $x = x(t), y = y(t)$ の合成関数 $z = F(t) = f(x(t),y(t))$ について，次の問いに答えよ．ただし，$h = x_0 - a,\ k = y_0 - b$ として，解は演算子 $h\dfrac{\partial}{\partial x} + k\dfrac{\partial}{\partial y}$ を用いて表せ．

(1) 導関数 $\dfrac{dz}{dt} = F'(t)$，つまり，直線 L に沿っての導関数を求めよ．ま

た，$F''(t)$ を求めよ．

(2) $F(0)$, $F'(0)$, $F''(0)$ を求めよ．

(3) $F^{(m)}(t)$, $F^{(m)}(0)$ を求めよ．

解答 (1) $F'(t) = f_x(x(t), y(t))(x_0 - a) + f_y(x(t), y(t))(y_0 - b)$

$$= h\,f_x(x(t), y(t)) + k\,f_y(x(t), y(t)) = \left(h\frac{\partial}{\partial x} + k\frac{\partial}{\partial y}\right)f(x(t), y(t))$$

$F''(t) = h\dfrac{d}{dt}f_x(x(t), y(t)) + k\dfrac{d}{dt}f_y(x(t), y(t))$

$\quad = h(h\,f_{xx}(x(t), y(t)) + k\,f_{xy}(x(t), y(t))) + k(h f_{yx}(x(t), y(t)) + k\,f_{yy}(x(t), y(t)))$

$\quad = h^2 f_{xx}(x(t), y(t)) + 2hk f_{xy}(x(t), y(t)) + k^2 f_{yy}(x(t), y(t))$

$\quad = \left(h\dfrac{\partial}{\partial x} + k\dfrac{\partial}{\partial y}\right)^2 f(x(t), y(t))$

(2) $F(0) = f(a, b)$, $F'(0) = hf_x(a, b) + kf_y(a, b) = \left(h\dfrac{\partial}{\partial x} + k\dfrac{\partial}{\partial y}\right)f(a, b)$

$\quad F''(0) = h^2 f_{xx}(a, b) + 2hk f_{xy}(a, b) + k^2 f_{yy}(a, b) = \left(h\dfrac{\partial}{\partial x} + k\dfrac{\partial}{\partial y}\right)^2 f(a, b)$

(3) $F^{(m)}(t) = \left(h\dfrac{\partial}{\partial x} + k\dfrac{\partial}{\partial y}\right)^m f(x(t), y(t))$, $\quad F^{(m)}(0) = \left(h\dfrac{\partial}{\partial x} + k\dfrac{\partial}{\partial y}\right)^m f(a, b)$

定理 5.13（2 変数の平均値の定理） 関数 $f(x, y)$ は領域 D で C^1 級とする．D の 2 点 $\mathrm{A}(a, b)$, $\mathrm{P}(a+h, b+k)$ $(h, k : $定数$)$ を結ぶ線分 AP が D に含まれるならば

$$f(a+h, b+k) = f(a, b) + hf_x(a+\theta h, b+\theta k) + kf_y(a+\theta h, b+\theta k)$$

を満たす θ $(0 < \theta < 1)$ が存在する．

証明 区間 $[0, 1]$ で定義された $F(t) = f(a+ht, b+kt)$ に 1 変数平均値の定理 (定理 3.5) の式 (3.9) を用いると $\dfrac{F(1) - F(0)}{1 - 0} = F'(\theta)$ を満たす θ $(0 < \theta < 1)$ が存在する．したがって，$f(a+h, b+k) = F(1) = F(0) + F'(\theta)$ より，求める式を得る． □

問 5.18（合成関数の微分） 次の関数の曲線 C に沿っての導関数を求めよ．
(1) $f(x, y) = x^2 + 2y^3$, $\quad C : x = t^3$, $y = t^2$
(2) $f(x, y) = x^2 y^3$, $\quad C : x = e^t$, $y = e^{2t}$

III. 2 変数関数 $f(x, y)$ の 2 変数 x, y に 2 変数 u, v の関数 $x = x(u, v)$, $y = y(u, v)$ を代入した 2 変数 u, v の関数 $z(u, v) = f(x(u, v), y(u, v))$（この場合，

変数 (x, y) から変数 (u, v) への変数変換ともいう) の偏微分を計算する. 次の定理が成り立つ.

定理 5.14 関数 $z = f(x, y)$ は開領域 D の C^1 関数とし, $x = x(u, v)$, $y = y(u, v)$ は開領域 E で定義された C^1 関数で, 各点 $(u, v) \in E$ に対し $(x(u, v), y(u, v)) \in D$ とする. このとき, 関数 $f(x(u, v), y(u, v))$ も E の C^1 関数となり, 次の微分公式が成り立つ.

$$\frac{\partial}{\partial u} f(x(u, v), y(u, v)) = f_x(x(u, v), y(u, v)) \, x_u(u, v)$$
$$+ f_y(x(u, v), y(u, v)) \, y_u(u, v)$$
$$\frac{\partial}{\partial v} f(x(u, v), y(u, v)) = f_x(x(u, v), y(u, v)) \, x_v(u, v)$$
$$+ f_y(x(u, v), y(u, v)) \, y_v(u, v)$$

証明　$t = u$ または $t = v$ として, 定理 5.12 を用いればよい.　　□

上記の公式は

$$\frac{\partial z}{\partial u} = \frac{\partial z}{\partial x}\frac{\partial x}{\partial u} + \frac{\partial z}{\partial y}\frac{\partial y}{\partial u}, \qquad \frac{\partial z}{\partial v} = \frac{\partial z}{\partial x}\frac{\partial x}{\partial v} + \frac{\partial z}{\partial y}\frac{\partial y}{\partial v}$$

と簡略化して記される. 行列とベクトルを用いて次のように記せる.

$$\begin{bmatrix} z_u \\ z_v \end{bmatrix} = \begin{bmatrix} x_u & y_u \\ x_v & y_v \end{bmatrix} \begin{bmatrix} z_x \\ z_y \end{bmatrix}$$

$\begin{bmatrix} x_u & y_u \\ x_v & y_v \end{bmatrix}$ は後出の変数変換に関するヤコビ行列 (関数行列) の転置行列である.

例題 5.14 関数 $f(x, y) = x^2 + 2xy + 3y^2$ に対し, 変数変換 $x = u - v$, $y = v$ をほどこして得られる $z(u, v) = f(x(u, v), y(u, v))$ の偏導関数 z_u, z_v を求めよ.

解答　$f_x = 2x + 2y$, $f_y = 2x + 6y$, $x_u = 1$, $x_v = -1$, $y_u = 0$, $y_v = 1$ で, $z_u = f_x \cdot x_u + f_y \cdot y_u$, $z_v = f_x \cdot x_v + f_y \cdot y_v$ であるから, $z_u = 2u$, $z_v = 4v$.

問 5.19（**変数変換**）関数 $f(x, y)$ に対し, 変数変換 T をほどこしたときの u, v に関する偏導関数を求めよ.
(1) $f(x, y) = x^2 y^3$　$T : x = u^2 v, \ y = v^2$
(2) $f(x, y) = \log(x^2 + y^2)$　$T : x = e^u \cos v, \ y = e^u \sin v$

問 5.20 関数 $f(x, y)$ と $x = e^u \cos v,\ y = e^u \sin v$ の合成関数

$$z = f(e^u \cos v, e^u \sin v)$$

について，z_u と z_v を計算せよ．また，$z_u^2 + z_v^2$ を $f_x^2 + f_y^2$ を用いて表せ．

例題 5.15（平面の極座標） $x = r \cos\theta,\ y = r \sin\theta\ (r > 0,\ 0 \leqq \theta < 2\pi)$ で平面の極座標を導入したとき，C^1 関数 $f(x, y)$ について $w(r, \theta) = f(r\cos\theta, r\sin\theta)$ とすると，定理 5.14 より次の式が得られることを確かめよ．

$$\begin{bmatrix} w_r \\ w_\theta \end{bmatrix} = \begin{bmatrix} \cos\theta & \sin\theta \\ -r\sin\theta & r\cos\theta \end{bmatrix} \begin{bmatrix} f_x \\ f_y \end{bmatrix}$$

さらに上の式を用いて，次の等式が成り立つことを示せ．

$$\left(\frac{\partial w}{\partial r}\right)^2 + \frac{1}{r^2}\left(\frac{\partial w}{\partial \theta}\right)^2 = f_x^2 + f_y^2$$

解答
$$\left(\frac{\partial w}{\partial r}\right)^2 + \frac{1}{r^2}\left(\frac{\partial w}{\partial \theta}\right)^2 = (f_x \cos\theta + f_y \sin\theta)^2 + (-f_x \sin\theta + f_y \cos\theta)^2$$

$$= (\cos^2\theta + \sin^2\theta)f_x^2 + (\cos^2\theta + \sin^2\theta)f_y^2 = f_x^2 + f_y^2.$$

例題 5.16（オイラーの公式 I）　関数 $f(x, y)$ が任意の正数 t に対して

$$f(tx, ty) = t^\alpha f(x, y)$$

が成立するとき，$f(x, y)$ は **α 次の同次関数**であるという．関数 $f(x, y)$ が原点 $(x, y) = (0, 0)$ を除き C^1 関数であるとき，$f(x, y)$ が α 次の同次関数であるための必要十分条件は次が成立することであることを示せ．

$$x\frac{\partial f}{\partial x}(x, y) + y\frac{\partial f}{\partial y}(x, y) = \alpha f(x, y)$$

解答　(必要性) $f(tx, ty) = t^\alpha f(x, y)$ の両辺を t で微分すると合成関数の微分法から

$$x\frac{\partial f}{\partial x}(tx, ty) + y\frac{\partial f}{\partial y}(tx, ty) = \alpha t^{\alpha-1} f(tx, ty).\ \ t = 1 \text{ とすればよい．}$$

(十分性) 3 変数関数 $F(x, y, t) = t^{-\alpha} f(tx, ty)$ を導入する．この関数を t について偏微分する．

$$\frac{\partial F}{\partial t} = -\alpha t^{-\alpha-1} f(tx, ty) + t^{-\alpha}\left(x\frac{\partial f}{\partial x}(tx, ty) + y\frac{\partial f}{\partial y}(tx, ty)\right)$$

$$= t^{-\alpha-1}\big(-\alpha f(tx,ty) + tx\frac{\partial f}{\partial x}(tx,ty) + ty\frac{\partial f}{\partial y}(tx,ty)\big)$$

一方，条件 $xf_x(x,y) + yf_y(x,y) = \alpha f(x,y)$ の x,y にそれぞれ tx, ty を代入すると $txf_x(tx,ty) + tyf_y(tx,ty) = \alpha f(tx,ty)$ であるから，$F_t = 0$ となる．よって，$F(x,y,t)$ は $t>0$ の値に依存しないから，

$$F(x,y,t) = t^{-\alpha}f(tx,ty) = f(x,y) = F(x,y,1).$$

例題 5.17（オイラーの公式 II） C^m 関数 $f(x,y)$ が α 次の同次関数であるとき，

$$\Big(x\frac{\partial}{\partial x} + y\frac{\partial}{\partial y}\Big)^k f(x,y) = \alpha(\alpha-1)\cdots(\alpha-k+1)f(x,y)$$

この公式が $(k = 1, 2, \cdots, m)$ に対して成り立つことを示せ．$\Big(x\frac{\partial}{\partial x} + y\frac{\partial}{\partial y}\Big)^k$ は，これを形式的に 2 項展開して得られる偏微分作用素である（定義 5.6 (178 ページ)）．

解答 $f(tx,ty) = t^\alpha f(x,y)$ の両辺を t で k 回微分して，$t = 1$ と置けばよい．なお，左辺の微分では定理 5.12 の結果を繰り返し適用して偏微分作用素に書き換えればよい．

補足： 定理 5.12（182 ページ）の証明

証明 区間 I の 2 点 $t, t+h$ をとる．$x(t), y(t)$ は微分可能だから，$x(t+h) = x(t) + x'(t)h + o(h)$，また，$y(t+h) = y(t) + y'(t)h + o(h)$．$F(t) = f(x(t), y(t))$ と置く．$f(x,y)$ は（全）微分可能だから

$$F(t+h) = f(x(t+h), y(t+h)) = f(x(t), y(t))$$
$$+ f_x(x(t), y(t))(x(t+h) - x(t)) + f_y(x(t), y(t))(y(t+h) - y(t))$$
$$+ o\Big(\sqrt{(x(t+h) - x(t))^2 + (y(t+h) - y(t))^2}\Big)$$

が成り立つ．

$$x(t+h) - x(t) = x'(t)h + o(h),\ y(t+h) - y(t) = y'(t)h + o(h)$$
を代入する．$o\Big(\sqrt{(x'(t)h + o(h))^2 + (y'(t)h + o(h))^2}\Big) = o(h)$ に注意して，
$$F(t+h) = F(t) + f_x(x(t), y(t))(x'(t)h + o(h))$$
$$+ f_y(x(t), y(t))(y'(t)h + o(h)) + o(h)$$

この式は，$F(t)$ は微分可能で，$F'(t) = f_x(x(t), y(t))x'(t) + f_y(x(t), y(t))y'(t)$ が成り立つことを示す．これより定理が得られた． $\square$

練習問題 5.5
---

1. 関数 $f(t)$ と $t = \dfrac{u}{v}$ の合成関数 $z = f\Big(\dfrac{u}{v}\Big)$ は $uz_u + vz_v = 0$ を満たすことを示せ．

2. 関数 $f(x, y)$ と $x = \dfrac{u}{u^2 + v^2}, y = \dfrac{v}{u^2 + v^2}$ の合成関数

$$z = f\left(\frac{u}{u^2 + v^2}, \frac{v}{u^2 + v^2}\right)$$

について，z_u と z_v を計算せよ．また，$z_u^2 + z_v^2$ を $f_x^2 + f_y^2$ を用いて表せ．

3. 関数 $f(u, v)$ は C^1 関数とし，$u(x, y), v(x, y)$ も C^1 関数で

$$\frac{\partial u}{\partial x} = \frac{\partial v}{\partial y}, \ \frac{\partial v}{\partial x} = -\frac{\partial u}{\partial y}$$

を満たすとき，$f(u(x, y), v(x, y))$ について次の式が成り立つことを示せ．

$$\left(\frac{\partial f}{\partial x}\right)^2 + \left(\frac{\partial f}{\partial y}\right)^2 = (u_x^2 + u_y^2)(f_u^2 + f_v^2) = (v_x^2 + v_y^2)(f_u^2 + f_v^2)$$

4. 任意の θ を固定し，変数変換を考える．

$$x = X \cos\theta - Y \sin\theta, \quad y = X \sin\theta + Y \cos\theta$$

任意の C^2 関数 $f(x, y)$ について $\dfrac{\partial^2 f}{\partial X^2} + \dfrac{\partial^2 f}{\partial Y^2}$ を変数 x, y の偏微分で表せ．

5. 任意の C^2 関数 $f(s), g(s)$ について $u(x, t) = f(x + ct) + g(x - ct)$ とすると（c は定数），u は $u_{tt} - c^2 u_{xx} = 0$ を満たすことを示せ．

6. $\mathbb{R}^2$ において C^2 関数 u は $u(x, y) = U(r)$ $(r = \sqrt{x^2 + y^2})$ と表されているとき，次の式が成立することを示せ．

$$\Delta u = u_{xx} + u_{yy} = U'' + \frac{1}{r}U'$$

また，これを用いて，$u(x, y) = U(r)$ と表される関数で $\Delta u = 0$ を満たすのは $u = a \log r + b$ （a, b は定数）に限ることを示せ．

5.6　陰関数定理と逆関数定理

陰関数定理

　xy 平面の領域 D で定義された関数 $f(x, y)$ が与えられたとき，方程式 $f(x, y) = 0$ を考える．x を固定するごとに y についての方程式 $f(x, y) = 0$ を解き，解 y を求める．解 y は存在しないこともあり，存在しても唯一とは限らない．解 y がただ 1 つ存在するとき，x に対し y が決まるのであるから y は x の関数である．もちろん具体的に式で表される必要はない．このような関数を $f(x, y) = 0$ によって定義される**陰関数**という．つまり，

　　　　陰関数とは，$f(x, g(x)) = 0$ を満たす関数 $y = g(x)$ のことである．

　曲面 $z = f(x, y)$ の，平面 $z = 0$ つまり xy 平面での，切り口が曲線 $f(x, y) = 0$ である．

たとえば，楕円：$f(x,y) = \dfrac{x^2}{4} + y^2 - 1 = 0$

上の点 $A\left(\dfrac{8}{5}, \dfrac{3}{5}\right)$ の近傍では図 5.10 のよ

うに，楕円を関数：$y = g(x) = \sqrt{1 - \dfrac{x^2}{4}}$

として表すことができる．$f_y = 0$ となる

$(\pm 2, 0)$ の近傍では x に対して y が 2 つの

値をとるので，y を x の関数として表すこ

とができない．

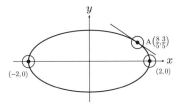

図 **5.10**   楕円：$\dfrac{x^2}{4} + y^2 = 1$ と点

$A\left(\dfrac{8}{5}, \dfrac{3}{5}\right)$ における接線

定理 5.15（陰関数定理）

(1) $f(x,y)$ は点 $A(a,b)$ の近傍で定義された C^1 関数で

$$f(a,b) = 0, \quad f_y(a,b) \neq 0 \quad \left(f(a,b) = 0, \quad f_x(a,b) \neq 0 \right)$$

を満たすとき，開区間 $I \ni a$ $(J \ni b)$ で定義された C^1 関数 $y = g(x)$

$\big(x = h(y) \big)$ で

$$b = g(a), \quad f(x, g(x)) = 0 \quad (x \in I)$$
$$\big(a = h(b), \quad f(h(y), y) = 0 \quad (y \in J) \big)$$

を満たすものが唯一つ存在し，これを $f(x,y) = 0$ で定義される **陰関数** と

いう．その導関数は次のように表される．

$$\frac{dy}{dx} = \frac{dg(x)}{dx} = -\frac{f_x(x, g(x))}{f_y(x, g(x))}, \quad \left(\frac{dx}{dy} = \frac{dh(y)}{dy} = -\frac{f_y(h(y), y)}{f_x(h(y), y)} \right)$$

(2) 曲線 $C : f(x,y) = 0$ 上の点 $A(a,b)$ における接線 L の方程式は，次で

与えられる．

$$L : f_x(a,b)(x - a) + f_y(a,b)(y - b) = 0$$

(3) $f(x,y)$ が C^m 関数ならば，$g(x)$ $\big(h(y) \big)$ も C^m 関数である．

注意 1   陰関数定理に含まれる導関数の形は，C^1 の陰関数 $y = g(x)$ が存在することが
陰関数定理よりわかるから，合成関数の微分法を用いて $f(x, g(x)) = 0$ の両辺を微分
することにより得られる．

$$f_x(x, g(x)) + f_y(x, g(x)) \frac{dy}{dx} = 0 \quad \Longrightarrow \quad \frac{dy}{dx} = -\frac{f_x}{f_y}$$

注意 2   接線 L の方程式から，点 $A(a,b)$ と点 $P(x,y)$ を結ぶベクトル ${}^t(x - a, y - b)$
と $\nabla f(a,b) = {}^t(f_x(a,b), f_y(a,b))$ との内積が 0，つまり，この 2 つのベクトルが直交
している．したがって，$\nabla f(a,b) = {}^t(f_x(a,b), f_y(a,b))$ は曲線 C の点 A における法線
ベクトルであり，**法線の方程式** は $\dfrac{x - a}{f_x(a,b)} = \dfrac{y - b}{f_y(a,b)}$ である．

証明　点 A の近傍では, $f(x,y) \approx f(a,b) + f_x(a,b)(x-a) + f_y(a,b)(y-b)$ である. $f(x,y) = f(a,b) = 0$ だから,

$$(*)\quad f_x(a,b)(x-a) + f_y(a,b)(y-b) \approx 0$$

$f_y(a,b) \neq 0$ のとき, 式 $(*)$ を y の1次方程式とみて解くと $y \approx b - \dfrac{f_x(a,b)}{f_y(a,b)}(x-a)$ となり, この右辺がおよそ $g(x)$ である. また, $f_x(a,b) \neq 0$ のとき, 式 $(*)$ を x の1次方程式とみて解くと $x \approx a - \dfrac{f_y(a,b)}{f_x(a,b)}(y-b)$ となり, この右辺がおよそ $h(y)$ である. もう少し詳しく見ていくことにする. 以下, $f_y(a,b) > 0$ 場合のみを示す. $f_y(a,b) < 0$ の場合も同様である.

(1) (i) (陰関数の存在) $f(x,y)$ は C^1 関数なので, $f_y(a,b) > 0$ だから, 点 A の十分小さな近傍 $D = \{(x,y) \mid |x-a| < \varepsilon, |y-b| < \varepsilon\}$ でも $f_y(x,y) > 0$ である. つまり, x を固定するごとに, $f(x,y)$ は y の関数として区間 $(b-\varepsilon, b+\varepsilon)$ で単調増加関数となる. $f(a,b) = 0$ だから, $f(a, b+\varepsilon) > 0$, $f(a, b-\varepsilon) < 0$ であり, さらに $f(x, b+\varepsilon) > 0$, $f(x, b-\varepsilon) < 0$ となるように $\varepsilon > 0$ を小さく選んでおく. $f(x,y)$ は $x \in I = (a-\varepsilon, a+\varepsilon)$ を固定するごとに y の関数として単調増加・連続だから, $f(x,y) = 0$ となる y が唯一存在する. x を固定するごとに y が唯一つ決まり, 関数である. これを $y = g(x)$ とする.

(ii) (連続性) $x' \in I$ に対し $y' = g(x')$ と置く. 小さい任意の正数 ε に対して $f(x', y'-\varepsilon) < 0 < f(x', y'+\varepsilon)$ であり, $|x-x'| < \delta$ である x に対し $f(x, y'-\varepsilon) < 0 < f(x, y'+\varepsilon)$ となる δ が存在する. だから, $y' - \varepsilon < g(x) < y' + \varepsilon$ となる. つまり, $|x-x'| < \delta$ である x に対し, $|g(x) - g(x')| < \varepsilon$ であり, $g(x)$ は連続である.

(iii) (導関数) 2変数の平均値の定理によれば, θ $(0 < \theta < 1)$ が存在して

$$f(x+h, y+k) = f(x,y) + f_x(x+\theta h, y+\theta k)h + f_y(x+\theta h, y+\theta k)k$$

が成り立つ. $x+h, x \in I$ として, $y = g(x)$, $y+k = g(x+h)$ であるとすると, $f_x(x+\theta h, y+\theta k)h + f_y(x+\theta h, y+\theta k)k = 0$ であり, $h \to 0$ として

$$\frac{dg(x)}{dx} \leftarrow \frac{g(x+h) - g(x)}{h} = \frac{k}{h} = -\frac{f_x(x+\theta h, y+\theta k)}{f_y(x+\theta h, y+\theta k)} \to -\frac{f_x(x,y)}{f_y(x,y)}$$

(2) は注意1の通り, (3) は $\dfrac{dy}{dx} = \dfrac{dg(x)}{dx} = -\dfrac{f_x(x, g(x))}{f_y(x, g(x))}$ の右辺の微分可能性を確認すればよい. ☐

　　曲線 $C : f(x,y) = 0$ 上の点 $A(a,b)$ で, この陰関数定理の条件 $f_x(a,b) \neq 0$ もしくは $f_y(a,b) \neq 0$ どちらかが成り立つ場合, この曲線 C の**通常点**という. また, $f(a,b) = f_x(a,b) = f_y(a,b) = 0$ が成り立つ曲線 C 上の点 $A(a,b)$ を**特異点**という.

例題 5.18　楕円 : $\dfrac{x^2}{4} + y^2 = 1$ の点 $A\left(\dfrac{8}{5}, \dfrac{3}{5}\right)$ における接線の方程式を求めよ (図 5.10 参照).

解答 $f(x,y) = \dfrac{x^2}{4} + y^2 - 1$ と置く. $f_y(x,y) = 2y$, $f_y(\mathrm{A}) = \dfrac{6}{5} \neq 0$ なので. 陰関数定理より, ある C^1 関数 $y = g(x)$ が存在して $f(x, g(x)) = 0$ が成立つ. 方程式の両辺を微分すると, $\dfrac{1}{2}x + 2y\dfrac{dy}{dx} = 0$ となり, $\dfrac{dy}{dx} = -\dfrac{x}{4y}$. よって, A における微分係数は $-\dfrac{2}{3}$ であり, 接線の方程式は $y - \dfrac{3}{5} = -\dfrac{2}{3}\left(x - \dfrac{8}{5}\right)$ となり, 整理して, $y = -\dfrac{2}{3}x + \dfrac{5}{3}$ となる. $f_x(x,y) = \dfrac{x}{2}$, $f_x(\mathrm{A}) = \dfrac{4}{5} \neq 0$ より $f(h(y), y) = 0$ なる $h(y)$ を用いてもよい.

問 5.21 方程式 $x^3 + y^3 - 3xy = 0$ で定まる陰関数の導関数を x, y で表せ.

問 5.22 次の曲線上の与えられた点における接線の方程式を求めよ.

(1) $x^3 + y^3 - \dfrac{9}{2}xy = 0$, 点 $(1, 2)$ (2) $x^{\frac{2}{3}} + y^{\frac{2}{3}} = (5\sqrt{5})^{\frac{2}{3}}$, 点 $(8, 1)$

定理 5.15 (陰関数定理) におけるキーポイントは条件 $f_y(a, b) \neq 0$ より導かれる「$f(x, y)$ を y の 1 変数関数としてみたときの単調性」である. x が n 変数 $\boldsymbol{x} = (x_1, \cdots, x_n)$ のときも同様の定理が成り立つ.

定理 5.16 (陰関数定理 (n 変数の場合)) (1) $\mathbb{R}^{n+1}$ の領域 D で定義された C^1 関数 $f(\boldsymbol{x}, y) = f(x_1, \cdots, x_n, y)$ は内点 $\mathrm{A}(\boldsymbol{a}, b) = (a_1, \cdots, a_n, b)$ で次の条件を満たすとする.

$$f(\boldsymbol{a}, b) = 0, \quad f_y(\boldsymbol{a}, b) \neq 0$$

このとき, 点 $\boldsymbol{a} = (a_1, \cdots, a_n)$ の近傍 U で定義された C^1 関数 $y = g(\boldsymbol{x})$ で

$$b = g(\boldsymbol{a}), \quad f(\boldsymbol{x}, g(\boldsymbol{x})) = 0 \quad (x \in U)$$

を満たすものが唯一つ存在し, これを $f(\boldsymbol{x}, y) = 0$ で定義される**陰関数**という.

その偏導関数は次のように表される. $j = 1, 2, \cdots, n$ とする.

$$g_{x_j}(\boldsymbol{x}) = \frac{\partial y}{\partial x_j} = \frac{\partial g(\boldsymbol{x})}{\partial x_j} = -\frac{f_{x_j}(\boldsymbol{x}, g(\boldsymbol{x}))}{f_y(\boldsymbol{x}, g(\boldsymbol{x}))} \quad \text{略記して} \quad \frac{\partial y}{\partial x_j} = -\frac{f_{x_j}}{f_y}$$

(2) 曲面 $f(\boldsymbol{x}, y) = 0$ 上の点 $\mathrm{A}(\boldsymbol{a}, b)$ における接平面 H の方程式は, 次で与えられる.

$$\sum_{j=1}^{n} f_{x_j}(\boldsymbol{a}, b)(x_j - a_j) + f_y(\boldsymbol{a}, b)(y - b) = 0$$

(3) $f(\boldsymbol{x}, y)$ が C^m 関数ならば, $g(\boldsymbol{x})$ も C^m 関数である.

例題 5.19 $f(x,y)$ は C^2 関数とする. $f(a,b) = 0$, $f_y(a,b) \neq 0$ であるとき, $f(x, g(x)) = 0$ で定義される陰関数 $g(x)$ について $g''(x)$ を $f(x,y)$ の偏導関数で表せ.

解答   陰関数定理より $g(x)$ は C^2 関数. $f(x, g(x)) = 0$ の両辺を 2 回微分して, $f_{xx} + 2f_{xy}g' + f_{yy}(g')^2 + f_y g'' = 0$ を得る. $g' = -\dfrac{f_x}{f_y}$ を代入して,

$$g''(x) = -\frac{f_{xx}f_y^2 - 2f_{xy}f_x f_y + f_{yy}f_x^2}{f_y^3}$$

連立陰関数定理

陰関数定理は方程式 $f(x,y) = 0$ を y について解くことであった. これが連立方程式 $f(x, y, z) = 0$, $g(x, y, z) = 0$ を y と z とについて解くとしたらどうなるのかに応えるのが次の連立陰関数定理である.

定理 5.17 (連立陰関数定理) $\mathbb{R}^3$ の領域 D で定義された 2 つの C^1 関数 $f(x, y, z)$, $g(x, y, z)$ は $f(a, b, c) = 0$, $g(a, b, c) = 0$ であり, 内点 $A(a, b, c)$ で次の条件を満たすとする.

$$|J(a, b, c)| = f_y(a, b, c)g_z(a, b, c) - f_z(a, b, c)g_y(a, b, c)$$
$$= \frac{\partial(f, g)}{\partial(y, z)}(a, b, c) = \begin{vmatrix} f_y & f_z \\ g_y & g_z \end{vmatrix}(a, b, c) \neq 0$$

このとき, 開区間 $I \ni a$ で定義された C^1 関数 $y = p(x)$, $z = q(x)$ で

$$f(x, p(x), q(x)) = 0 \quad (x \in I) \qquad p(a) = b$$
$$g(x, p(x), q(x)) = 0 \quad (x \in I) \qquad q(a) = c$$

を満たすものが唯一つ存在し, その導関数 $p'(x)$, $q'(x)$ は次の連立 1 次方程式を解いて得られる.

$$f_x + f_y \cdot p'(x) + f_z \cdot q'(x) = 0, \quad g_x + g_y \cdot p'(x) + g_z \cdot q'(x) = 0$$

この定理は x が n 変数 $\boldsymbol{x} = (x_1, \cdots, x_n)$ としても正しい.

証明 $|J(a, b, c)| \neq 0$ だから, このヤコビ行列 $J(a, b, c)$ の 4 成分のなかで少なくとも一つの成分は 0 でない (ヤコビ行列は次の小節「逆写像 (逆関数) 定理」を参照). $f_z(a, b, c) \neq 0$ としてみよう. $f(a, b, c) = 0$ だから, この直前の陰関数定理 5.16 により, $z = S(x, y)$ が存在し, $c = S(a, b)$, $f(x, y, S(x, y)) = 0$ を満たし, $S_y(a, b) = -\dfrac{f_y(a, b, c)}{f_z(a, b, c)}$ である. 次に, $T(x, y) = g(x, y, S(x, y))$ と置

く．$T(a,b) = g(a,b,c) = 0$ であり，$T_y(a,b) = g_y(a,b,c) + g_z(a,b,c)S_y(a,b) =$
$$\frac{f_z(a,b,c)g_y(a,b,c) - f_y(a,b,c)g_z(a,b,c)}{f_z(a,b,c)} = -\frac{|J(a,b,c)|}{f_z(a,b,c)} \neq 0$$ である．陰関数定理
によれば，$y = p(x)$ が存在し，$T(x, p(x)) = 0$，$b = p(a)$ が成立つ．$z = S(x, p(x)) = q(x)$ と置けばよい．$q(a) = S(a, p(a)) = S(a, b) = c$ である．その導関数 $p'(x)$, $q'(x)$
は合成関数の微分より従う． □

例題 5.20 単位球 $x^2 + y^2 + z^2 = 1$ と円柱 $(x-1)^2 + y^2 = 1$ の共通部分の曲線の $\dfrac{dy}{dx}$, $\dfrac{dz}{dx}$ を求めよ．ただし，$yz \neq 0$ とする．

解答 $f(x,y,z) = x^2 + y^2 + z^2 - 1$, $g(x,y,z) = x^2 + y^2 - 2x$ と置く．$|J| = -4yz \neq 0$．$f(x,y,z) = 0$, $g(x,y,z) = 0$ の両辺を x で微分して，次を得る．

$$2x + 2y\frac{dy}{dx} + 2z\frac{dz}{dx} = 0, \quad 2x + 2y\frac{dy}{dx} - 2 = 0.$$ この連立方程式を解いて

$$\frac{dy}{dx} = \frac{1-x}{y}, \frac{dz}{dx} = -\frac{1}{z}$$ を得る．

問 5.23 $f(x,y,z) = (x-z)^2 + y^2 - 1$, $g(x,y,z) = x^2 + z^2 - y$ と置く．連立方程式 $f(x,y,z) = 0$, $g(x,y,z) = 0$ で定義される曲線 $y = p(x)$, $z = q(x)$ が定義されることを示し，$p'(x)$, $q'(x)$ を求めよ．

逆写像（逆関数）定理

uv 平面の領域 E で定義された C^1 関数 $X(u,v)$, $Y(u,v)$ による uv 平面の領域 E を xy 平面の領域 D へ対応させる写像 T を考えよう．

$$T : \begin{cases} x = X(u,v) \\ y = Y(u,v) \end{cases} \tag{5.6}$$

この写像 T が点 $(\alpha, \beta) \in E$ を点 $(a, b) = (X(\alpha, \beta), Y(\alpha, \beta)) \in D$ にうつすとする．

点 $(\alpha, \beta) \in E$ の近傍では，次のように 1 次式で近似される．

$$X(u,v) \approx X(\alpha, \beta) + X_u(\alpha, \beta)(u - \alpha) + X_v(\alpha, \beta)(v - \beta)$$
$$Y(u,v) \approx Y(\alpha, \beta) + Y_u(\alpha, \beta)(u - \alpha) + Y_v(\alpha, \beta)(v - \beta)$$

この式を行列とベクトルで表すと次のようになる．

$$\begin{bmatrix} X(u,v) - X(\alpha, \beta) \\ Y(u,v) - Y(\alpha, \beta) \end{bmatrix} \approx \begin{bmatrix} X_u(\alpha, \beta) & X_v(\alpha, \beta) \\ Y_u(\alpha, \beta) & Y_v(\alpha, \beta) \end{bmatrix} \begin{bmatrix} u - \alpha \\ v - \beta \end{bmatrix}$$

この式に現れる行列を (X, Y) の (u, v) に関する**ヤコビ行列**，または**関数行列**と

いい，以下のように表す．

$$J(u,v) = \begin{bmatrix} X_u(u,v) & X_v(u,v) \\ Y_u(u,v) & Y_v(u,v) \end{bmatrix} = \begin{bmatrix} x_u & x_v \\ y_u & y_v \end{bmatrix}$$

また，その行列式を (X,Y) の (u,v) に関する**ヤコビアン**，または**関数行列式**といい，以下のように表す．

$$|J(u,v)| = \det J(u,v) = \begin{vmatrix} X_u(u,v) & X_v(u,v) \\ Y_u(u,v) & Y_v(u,v) \end{vmatrix} = \frac{\partial(x,y)}{\partial(u,v)}$$

例題 5.21（1 次変換） $E = \mathbb{R}^2$, $D = \mathbb{R}^2$ とする．写像 T を 2 行 2 列行列 A を用いて

$$T : \begin{bmatrix} x \\ y \end{bmatrix} = A \begin{bmatrix} u \\ v \end{bmatrix} = \begin{bmatrix} a_{11} & a_{12} \\ a_{21} & a_{22} \end{bmatrix} \begin{bmatrix} u \\ v \end{bmatrix}$$

で定める．このとき，ヤコビ行列，ヤコビアンを求めよ．

解答 $J(u,v) = \begin{bmatrix} a_{11} & a_{12} \\ a_{21} & a_{22} \end{bmatrix} = A$, $|J(u,v)| = |A| = a_{11}a_{22} - a_{12}a_{21}$

線形写像 T（1 次変換）が逆写像，逆変換をもつための必要十分条件はヤコビアン $|J(u,v)| = |A| \neq 0$ であるというのが線形代数学の基本定理であった．C^1 関数は「点 $(\alpha,\beta) \in E$ の近傍では 1 次式で近似される．」のだから，1 次変換でない一般の写像でも，ヤコビアンがゼロにならなければ逆写像が存在することが期待されるが，それは正しい．

定理 5.18（逆写像（逆関数）定理） uv 平面の領域 E で定義された C^1 関数 $X(u,v), Y(u,v)$ による E を xy 平面の領域 D へうつす写像 T を C^1 写像という．この写像 T が内点 $(\alpha,\beta) \in E$ において，(X,Y) の (u,v) に関するヤコビアン $|J(\alpha,\beta)| \neq 0$ であるとき，xy 平面の点 $(X(\alpha,\beta), Y(\alpha,\beta))$ の十分小さい近傍で C^1 逆写像 $u = U(x,y), v = V(x,y)$ が存在する．つまり，

$$x = X(U(x,y), V(x,y)), \quad y = Y(U(x,y), V(x,y))$$
$$u = U(X(u,v), Y(u,v)), \quad v = V(X(u,v), Y(u,v))$$

また，その逆写像のヤコビ行列，あるいは偏導関数は次で与えられる．

$$\begin{bmatrix} U_x & U_y \\ V_x & V_y \end{bmatrix} = \left[J(U(x,y), V(x,y)) \right]^{-1}$$

証明　$f(x,y,u,v) = x - X(u,v)$, $g(x,y,u,v) = y - Y(u,v)$ とおいて，連立陰関数定理 5.17 を用いればよい．　　　　　　　　　　　　　　　□

例題 5.22（平面の極座標変換）

　極座標変換　$x = r\cos\theta$, $y = r\sin\theta$　　$(r > 0,\ 0 \leqq \theta < 2\pi)$

　逆変換　　$r = \sqrt{x^2 + y^2}$, $\theta = \mathrm{Arctan}\left(\dfrac{y}{x}\right)$　$((x,y) \in \mathbb{R}^2 \backslash \{(0,0)\})$

　極座標変換は，(r, θ) 平面の半帯状領域 $E = \{(r, \theta) \mid r > 0,\ 0 \leqq \theta < 2\pi\}$ から，xy 平面から原点を除いた領域 D への1対1対応を与える．ヤコビ行列とヤコビアンを求めよ．

解答　$J(r, \theta) = \begin{bmatrix} x_r & x_\theta \\ y_r & y_\theta \end{bmatrix} = \begin{bmatrix} \cos\theta & -r\sin\theta \\ \sin\theta & r\cos\theta \end{bmatrix}$,　$|J(r,\theta)| = r$

ヤコビアンが $|J(r,\theta)| = r = 0$ になるのは，xy 平面の原点に限るが，変換では除かれている．極座標変換で領域 D の境界である原点に対応する領域 E の点は境界の1部である θ 軸の $0 \leqq \theta < 2\pi$ の部分であり，そこでのみ1対1対応が崩れている．

問 5.24　変数変換 $T_1 : x = X(u,v),\ y = Y(u,v)$　$T_2 : u = U(s,t),\ v = V(s,t)$ の合成変換 $T = T_1 T_2 : x = X(U(s,t), V(s,t)),\ y = Y(U(s,t), V(s,t))$ のヤコビアンに対し次を示せ．

$$\frac{\partial(x,y)}{\partial(s,t)} = \frac{\partial(x,y)}{\partial(u,v)} \frac{\partial(u,v)}{\partial(s,t)}$$

変数変換

　この節で考えている $\mathbb{R}^2$ の領域 E から $\mathbb{R}^2$ の領域 D への写像 $T : x = X(u,v),\ y = Y(u,v)$ が1対1対応のとき，T は変数 (x,y) を変数 (u,v) にする**変数変換**という．直前の例の極座標変換がその例である．この変数変換 T を理解するために，座標軸

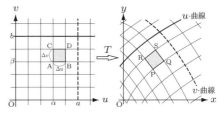

図 5.11　写像 T による u-曲線，v-曲線

に平行な直線の写像による像で T の対応の様子を見る.

$v = b$ (一定) で決まる u 軸に平行な uv 平面の直線の変換 T による像を **u-曲線**といい, $u = a$ (一定) で決まる v 軸に平行な uv 平面の直線の変換 T による像を **v-曲線**という.

点 A(α, β) と点 B$(\alpha + \Delta u, \beta)$ と点 C$(\alpha, \beta + \Delta v)$ と点 D$(\alpha + \Delta u, \beta + \Delta v)$ とでできる長方形 ABCD がこの変数変換 T で, どのような図形に対応するのであろうか. $\Delta u, \Delta v$ が十分小さいときは

$$X(\alpha + \Delta u, \beta + \Delta v) \approx X(\alpha, \beta) + X_u(\alpha, \beta)\Delta u + X_v(\alpha, \beta)\Delta v$$

$$Y(\alpha + \Delta u, \beta + \Delta v) \approx Y(\alpha, \beta) + Y_u(\alpha, \beta)\Delta u + Y_v(\alpha, \beta)\Delta v$$

T により点 A は点 P$(X(A), Y(A))$ に移る. また点 B が点 Q$(X(B), Y(B))$, また点 C が点 R$(X(C), Y(C))$, また点 D が点 S$(X(D), Y(D))$ に移るとする.

$$X(\alpha + \Delta u, \beta) \approx X(\alpha, \beta) + X_u(\alpha, \beta)\Delta u,$$

$$Y(\alpha + \Delta u, \beta) \approx Y(\alpha, \beta) + Y_u(\alpha, \beta)\Delta u$$

$$X(\alpha, \beta + \Delta v) \approx X(\alpha, \beta) + X_v(\alpha, \beta)\Delta v,$$

$$Y(\alpha, \beta + \Delta v) \approx Y(\alpha, \beta) + Y_v(\alpha, \beta)\Delta v,$$

なので $\quad \overrightarrow{PQ} \approx \Delta u \begin{bmatrix} X_u(\alpha, \beta) \\ Y_u(\alpha, \beta) \end{bmatrix} \quad \overrightarrow{PR} \approx \Delta v \begin{bmatrix} X_v(\alpha, \beta) \\ Y_v(\alpha, \beta) \end{bmatrix}$ となり, また

$$\overrightarrow{PS} \approx \Delta u \begin{bmatrix} X_u(\alpha, \beta) \\ Y_u(\alpha, \beta) \end{bmatrix} + \Delta v \begin{bmatrix} X_v(\alpha, \beta) \\ Y_v(\alpha, \beta) \end{bmatrix}$$

このことから, 長方形 ABCD は T によって, ほぼ平行四辺形 PQRS に移る. また, 線形代数学で習う行列式の幾何学的な性質によれば, 平行四辺形 PQRS と長方形 ABCD の面積比は $|J(\alpha, \beta)|$ の絶対値である. ヤコビアン $|J(\alpha, \beta)| = 0$ とは $\overrightarrow{PQ}$ と $\overrightarrow{PR}$ が同じ方向を向いてることを示している.

多変数の場合の陰関数定理と逆関数定理

2 変数以上の一般の多変数の場合の逆関数定理について述べる. 本章では, n 個の変数 $(x_1, x_2, \cdots, x_n) \in \mathbb{R}^n$ を $\boldsymbol{x}$ で表すことにする. 変数 $(x_1, x_2, \cdots, x_n)$ は n 次元空間の座標で, $\boldsymbol{x}$ はその点の位置ベクトルと見ることができる.

定理 5.19(陰関数定理) $x = (x_1, \cdots, x_n) \in \mathbb{R}^n$, $y = (y_1, \cdots, y_m) \in \mathbb{R}^m$ とする. $(x, y) \in \mathbb{R}^n \times \mathbb{R}^m$ の領域 D で定義された m 個の C^1 関数 $f_j(x, y) = f_j(x_1, \cdots, x_n, y_1, \cdots, y_m)$ $(j = 1, \cdots, m)$ に対し, m 次正方行列 $J(x, y)$ を

$$J(x, y) = \left[\frac{\partial f_i}{\partial y_j} \right] = \begin{bmatrix} \dfrac{\partial f_1}{\partial y_1} & \dfrac{\partial f_1}{\partial y_2} & \cdots & \dfrac{\partial f_1}{\partial y_m} \\ \dfrac{\partial f_2}{\partial y_1} & \dfrac{\partial f_2}{\partial y_2} & \cdots & \dfrac{\partial f_2}{\partial y_m} \\ \vdots & \vdots & \ddots & \vdots \\ \dfrac{\partial f_m}{\partial y_1} & \dfrac{\partial f_m}{\partial y_2} & \cdots & \dfrac{\partial f_m}{\partial y_m} \end{bmatrix}$$

と定義する. D の内点 $(a, b) = (a_1, \cdots, a_n, b_1, \cdots, b_m)$ で次が成立するとする.

$$f_j(a, b) = 0 \ (j = 1, \cdots, m) \qquad |J(a, b)| \neq 0$$

このとき, 点 a の近傍で定義された m 個の C^1 関数 $Y_j(x)$ $(j = 1, \cdots, m)$ で

$$b_j = Y_j(a) \ \text{かつ} \ f_j(x, Y_1(x), \cdots, Y_m(x)) = 0 \ (j = 1, \cdots, m)$$

を満たすものが唯一存在する. また, 偏導関数 $\dfrac{\partial Y_i}{\partial x_j}$ について次が成立する. ここで, $\dfrac{\partial Y_i}{\partial x_j}$ を (i, j) 成分とする m 行 n 列行列を $\left[\dfrac{\partial Y_i}{\partial x_j} \right]$ と記し, $\dfrac{\partial f_i(x, y)}{\partial x_j}$ を (i, j) 成分とする m 行 n 列行列を $\left[\dfrac{\partial f_i(x, y)}{\partial x_j} \right]$ と記すと,

$$\left[\frac{\partial Y_i}{\partial x_j} \right] = -J(x, y)^{-1} \left[\frac{\partial f_i(x, y)}{\partial x_j} \right] \bigg|_{y = (Y_1(x), \cdots, Y_m(x))}$$

証明 m に関する帰納法で連立陰関数定理の証明と同様にできる. □

この陰関数定理より, $n + m$ 変数の間に m 個の関係があるとき, 定理の $|J| \neq 0$ であれば, m 変数は残りの n 変数の関数であるということが分かった.

定義 5.7(関数行列・ヤコビアン) n 変数 $u = (u_1, \cdots, u_n)$ の n 個の関数 $x_i = X_i(u)$ $(i = 1, \cdots, n)$ に対して $\dfrac{\partial X_i(u)}{\partial u_j}$ を (i, j) 成分とす n 次正方行

列 $J(\boldsymbol{u})$ を変数 $\boldsymbol{x} = (x_1, \cdots, x_n)$ の変数 $\boldsymbol{u} = (u_1, \cdots, u_n)$ に関する**関数行列**または**ヤコビ行列**という．また，その行列式 $|J(\boldsymbol{u})| = \dfrac{\partial(x_1, \cdots, x_n)}{\partial(u_1, \cdots, u_n)}$ を変数 $\boldsymbol{x} = (x_1, \cdots, x_n)$ の変数 $\boldsymbol{u} = (u_1, \cdots, u_n)$ に関する**関数行列式**，または**ヤコビアン**という．

次に n 変数の場合の逆関数定理を述べる．

定理 5.20（逆関数定理）　$\boldsymbol{u} = (u_1, \cdots, u_n) \in \mathbb{R}^n$ の領域 D で定義された n 変数 $\boldsymbol{u}$ の C^1 関数 $x_j = X_j(\boldsymbol{u}) = X_j(u_1, \cdots, u_n)$ $(j = 1, \cdots, n)$ による変数 $\boldsymbol{u}$ から変数 $\boldsymbol{x}$ への変数変換に対し，D の内点 $\boldsymbol{a}$ でヤコビアン $|J(\boldsymbol{a})| \neq 0$ が成立するとき，点 $\boldsymbol{b} = (X_1(\boldsymbol{a}), \cdots, X_n(\boldsymbol{a}))$ の近傍で定義された n 個の $\boldsymbol{x}$ の C^1 関数 $U_i(\boldsymbol{x})$ $(i = 1, \cdots, n)$ で

$$\boldsymbol{a} = (U_1(\boldsymbol{b}), \cdots, U_n(\boldsymbol{b})) \quad \text{かつ}$$

$$X_j(U_1(\boldsymbol{x}), \cdots, U_n(\boldsymbol{x})) = x_j \quad (j = 1, \cdots, n)$$

を満たすものが唯一存在する．また，偏導関数 $\dfrac{\partial U_i(\boldsymbol{x})}{\partial x_j}$ を (i, j) 成分とする n 次正方行列を $\left[\dfrac{\partial U_i(\boldsymbol{x})}{\partial x_j}\right]$ と記すと

$$\left[\frac{\partial U_i(\boldsymbol{x})}{\partial x_j}\right] = J(\boldsymbol{u})^{-1}\Big|_{\boldsymbol{u} = (U_1(\boldsymbol{x}), \cdots, U_n(\boldsymbol{x}))}$$

ここで，$J(\boldsymbol{u}) = \begin{bmatrix} \dfrac{\partial X_1}{\partial u_1} & \dfrac{\partial X_1}{\partial u_2} & \cdots & \dfrac{\partial X_1}{\partial u_n} \\ \dfrac{\partial X_2}{\partial u_1} & \dfrac{\partial X_2}{\partial u_2} & \cdots & \dfrac{\partial X_2}{\partial u_n} \\ \vdots & \vdots & \ddots & \vdots \\ \dfrac{\partial X_n}{\partial u_1} & \dfrac{\partial X_n}{\partial u_2} & \cdots & \dfrac{\partial X_n}{\partial u_n} \end{bmatrix}$.

証明　$f_j(\boldsymbol{x}, \boldsymbol{u}) = x_j - X_j(\boldsymbol{u})$ $(j = 1, \cdots, n)$ と置く．$f_j(\boldsymbol{x}, \boldsymbol{u}) = 0$ $(j = 1, \cdots, n)$ に前の陰関数定理を使えばよい．　□

空間の極座標

空間の点 $P(x, y, z)$ に対して，$r = \sqrt{x^2 + y^2 + z^2}$，$\theta$ を z 軸と OP のなす角とする．さらに，P の xy 平面への射影を $P'(x, y, 0)$ として，ϕ を x 軸と OP' のなす角とするとき (図 5.12)

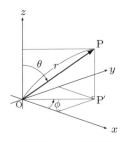

$$x = r \sin\theta \cos\phi, \quad y = r \sin\theta \sin\phi, \quad z = r \cos\theta$$
$$(5.7)$$

が成立する．この 3 数の組 (r, θ, ϕ) を点 P の **3 次元極座標**といい $P(r, \theta, \phi)$ と表す．このとき，r と θ, ϕ の範囲は以下のようにとることが多い．

図 5.12 3 次元極座標

$$r \geqq 0, \quad 0 \leqq \theta \leqq \pi, \quad 0 \leqq \phi < 2\pi \quad \text{または} \quad -\pi < \phi \leqq \pi$$

また，座標 (x, y, z) を (r, θ, ϕ) で表すことを **3 次元極座標変換**という．

C^1 関数 $f(x, y, z)$ について $w(r, \theta, \phi) = f(r \sin\theta \cos\phi, r \sin\theta \sin\phi, r \cos\theta)$ として，定理 5.14 を 3 変数 x, y, z として考えると次の式が得られる．

$$\begin{cases} \dfrac{\partial w}{\partial r} = f_x \sin\theta \cos\phi + f_y \sin\theta \sin\phi + f_z \cos\theta \\[2mm] \dfrac{1}{r}\dfrac{\partial w}{\partial \theta} = f_x \cos\theta \cos\phi + f_y \cos\theta \sin\phi - f_z \sin\theta \\[2mm] \dfrac{1}{r \sin\theta}\dfrac{\partial w}{\partial \phi} = -f_x \sin\phi + f_y \cos\phi \end{cases} \quad (5.8)$$

例題 5.23 次の等式が成り立つことを示せ．
$$\left(\frac{\partial w}{\partial r}\right)^2 + \frac{1}{r^2}\left(\frac{\partial w}{\partial \theta}\right)^2 + \frac{1}{r^2 \sin^2\phi}\left(\frac{\partial w}{\partial \phi}\right)^2 = f_x^2 + f_y^2 + f_z^2$$

解答 式 (5.8) を用いて計算をする．

例題 5.24 3 次元極座標変換 Φ : $x = r \sin\theta \cos\phi$, $y = r \sin\theta \sin\phi$, $z = \cos\theta$ のヤコビ行列 $J(r, \theta, \phi)$ とヤコビアン $|J(r, \theta, \phi)|$ を求めよ．また，$w(r, \theta, \phi) = f(r \sin\theta \cos\phi, r \sin\theta \sin\phi, r \cos\theta)$ として，偏導関数 f_x, f_y, f_z を w_r, w_θ, w_ϕ を用いて表せ．

解答 ヤコビ行列とヤコビアンは直接計算による.

$$J(r,\theta,\phi) = \begin{bmatrix} \sin\theta\cos\phi & r\cos\theta\cos\phi & -r\sin\theta\sin\phi \\ \sin\theta\sin\phi & r\cos\theta\sin\phi & r\sin\theta\cos\phi \\ \cos\theta & -r\sin\theta & 0 \end{bmatrix}, \quad |J(r,\theta,\phi)| = r^2\sin\theta.$$

また, (5.8) を f_x, f_y, f_z について解くと.

$$\begin{cases} f_x = w_r\sin\theta\cos\phi + \dfrac{1}{r}w_\theta\cos\theta\cos\phi - \dfrac{1}{r\sin\theta}w_\phi\sin\phi, \\ f_y = w_r\sin\theta\sin\phi + \dfrac{1}{r}w_\theta\cos\theta\sin\phi + \dfrac{1}{r\sin\theta}w_\phi\cos\phi \\ f_z = w_r\cos\theta - \dfrac{1}{r}w_\theta\sin\theta \end{cases}$$

曲線族と包絡線

(t,α) の C^1 級関数 $x = x(t,\alpha), y = y(t,\alpha)$ は, 任意に α を固定するごとに, xy 平面の平面曲線 C_α を与える. これを α でパラメーター付けられた**曲線族** C_α という. 曲線 E がこの 曲線族 C_α の各曲線と接し, かつ, その接点の軌跡であるとき, この曲線 E を曲線族 C_α の**包絡線**という. たとえば, C^1 級曲線 C の全ての接線は1つの曲線族であり, その包絡線は, もとの曲線 C である.

例 $C_\alpha : x = x(t,\alpha) = \alpha + \cos t,$

$\quad y = y(t,\alpha) = \sin t$

$\quad (0 \leqq t \leqq 2\pi, \; \alpha \in \mathbb{R})$

単位円を x 軸に沿って平行移動した中心 $(\alpha, 0)$, 半径 1 の円全体のつくる曲線族 C_α の包絡線は $x = \pm 1$ である.

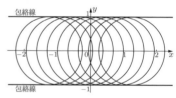

図 **5.13** 単位円の平行移動と包絡線

定理 5.21（包絡線） C^1 級曲線族 $C_\alpha : x = x(t,\alpha), y = y(t,\alpha)$ が包絡線 $x = E_1(\alpha), y = E_2(\alpha)$ をもつならば, その接点 $(x,y) = (E_1(\alpha), E_2(\alpha))$ $= (x(t,\alpha), y(t,\alpha))$ において, 次が成り立つ.

$$E(t,\alpha) = \begin{vmatrix} x_t(t,\alpha) & x_\alpha(t,\alpha) \\ y_t(t,\alpha) & y_\alpha(t,\alpha) \end{vmatrix} \tag{5.9}$$

$$= x_t(t,\alpha)y_\alpha(t,\alpha) - x_\alpha(t,\alpha)y_t(t,\alpha) = 0 \tag{5.10}$$

逆に, 式 (5.9) の陰関数 $E(t,\alpha) = 0$ から $t = t(\alpha)$ が定まるならば,

$$(x_t(t(\alpha),\alpha), \; y_t(t(\alpha),\alpha)) \neq (0,0) \tag{5.11}$$

が満たされる限り，（つまり，曲線 C_α の特異点でない限り），包絡線 E の
式は次で与えられる．

$$E : x = E_1(\alpha) = x(t(\alpha), \alpha),\ y = E_2(\alpha) = y(t(\alpha), \alpha)$$

注意 (5.9) を満たすことは包絡線であるための必要条件であり，十分条件ではない．十分条件として提示した条件 (5.11) は，接点が曲線 C_α の特異点でないことを求めている．もし，$(x_t(t(\alpha), \alpha), y_t(t(\alpha), \alpha)) = (0, 0)$ なら，曲線 E は曲線 C_α の特異点の軌跡である．この特異点の軌跡が包絡線になることもある．

証明 曲線族 $C_\alpha : x = x(t, \alpha), y = y(t, \alpha)$ が包絡線 $x = E_1(\alpha),\ y = E_2(\alpha)$ をもつとしよう．α を任意に 1 つ固定する．曲線 C_α と包絡線の共有点では $x = x(t, \alpha) = E_1(\alpha),\ y = y(t, \alpha) = E_2(\alpha)$ となるから，t は α によって決まるから，t は α の関数 $t = t(\alpha)$ である．次に，共有点は接点でもあるので，特異点でない限り，接点において，曲線 C_α の接ベクトル $(x_t(t(\alpha), \alpha), y_t(t(\alpha), \alpha))$ と包絡線 E の接ベクトル

$$(E_{1\alpha}(\alpha), E_{2\alpha}(\alpha)) = t'(\alpha)(x_t(t(\alpha), \alpha), y_t(t(\alpha), \alpha)) + (x_\alpha(t(\alpha), \alpha), y_\alpha(t(\alpha), \alpha))$$

は同じ方向をもち，平行であるので，線形従属であるから，条件 (5.9) を満たす．

逆に，陰関数 $E(t, \alpha) = 0$ から $t = t(\alpha)$ が定まるならば，条件 (5.11) を満たすと，共有点は特異点でないから，(5.9) の $E(t, \alpha) = 0$ より，曲線 C_α の接ベクトル $(x_t(t(\alpha), \alpha), y_t(t(\alpha), \alpha))$ とベクトル $(x_\alpha(t(\alpha), \alpha), y_\alpha(t(\alpha), \alpha))$ は同方向をもつ．曲線 E の接ベクトルは

$$(E_{1\alpha}(\alpha), E_{2\alpha}(\alpha)) = t'(\alpha)(x_t(t(\alpha), \alpha), y_t(t(\alpha), \alpha)) + (x_\alpha(t(\alpha), \alpha), y_\alpha(t(\alpha), \alpha))$$

であるから，曲線 C_α の接ベクトルと曲線 E の接ベクトルは同じ方向をもち，つまり，接している．曲線 E は包絡線である． □

例題 5.25 曲線族 $C_\alpha : x = x(t, \alpha) = (1 - t)\cos\alpha,\ y = y(t, \alpha) = t\sin\alpha$
$(0 \leqq t \leqq 1,\ 0 \leqq \alpha \leqq \dfrac{\pi}{2})$ の包絡線を求めよ．

解答 曲線族 C_α は点 $(\cos\alpha, 0)$ 点 $(0, \sin\alpha)$ を結ぶ第 1 象限の線分であり，特異点をもたない．$E(t, \alpha) = x_t y_\alpha - x_\alpha y_t = -\cos\alpha \cdot t\cos\alpha - (-(1 - t)\sin\alpha)\sin\alpha = \sin^2\alpha - t = 0$ 以上より $t = t(\alpha) = \sin^2\alpha$ を得る．特異点がないので．$x = x(t, \alpha) = \cos^3\alpha,\ y = y(t, \alpha) = \sin^3\alpha$ $(0 \leqq \alpha \leqq \dfrac{\pi}{2})$ が包絡線であり，この曲線はアステロイドと言われる．

次に，陰関数表示された平面曲線の曲線族の

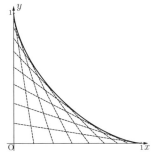

図 **5.14** 曲線族 C_α (点線) と包絡線 (実線：アステロイド)

包絡線について述べる.

x, y, α の C^2 級関数 $f(x, y, \alpha)$ に対し, α を任意に固定するごとに, xy 平面の平面曲線 $C_\alpha : f(x, y, \alpha) = 0$ が得られる. これを α でパラメータ付けられた**曲線族** C_α という. 曲線 E がこの曲線族 C_α の各曲線と接し, しかも, その接点の軌跡であるとき, 曲線 E を, この曲線族 C_α の**包絡線**という.

α を固定するごとに, 包絡線 E とこの曲線族 C_α の接点 $(E_1(\alpha), E_2(\alpha))$ が決まるので, $x = E_1(\alpha), y = E_2(\alpha)$ と書ける. この包絡線 $E : x = E_1(\alpha), y = E_2(\alpha)$ を求めよう.

定理 5.22（包絡線） 曲線族 $C_\alpha : f(x, y, \alpha) = 0$ が包絡線 $x = E_1(\alpha)$, $y = E_2(\alpha)$ をもつならば, その接点 $(x, y) = (E_1(\alpha), E_2(\alpha))$ において, 次が成り立つ.

$$f(x, y, \alpha) = 0, \quad f_\alpha(x, y, \alpha) = 0 \tag{5.12}$$

逆に, 式 (5.12) の連立陰関数 $f(x, y, \alpha) = 0$, $f_\alpha(x, y, \alpha) = 0$ から $x = E_1(\alpha)$, $y = E_2(\alpha)$ が定まるならば,

$$(f_x(E_1(\alpha), E_2(\alpha), \alpha), \; f_y(E_1(\alpha), E_2(\alpha), \alpha)) \neq (0, 0) \tag{5.13}$$

が満たされる限り, （つまり, 曲線 C_α の特異点でない限り）, 平面曲線 $E : x = E_1(\alpha)$, $y = E_2(\alpha)$ は包絡線を与える.

注意 式 (5.12) を満たすことは包絡線であるための必要条件であって, 十分条件ではない. 十分条件として提示した条件 (5.13) は, 接点が曲線 C_α の特異点でないことを求めている. もし, $(f_x(E_1(\alpha), E_2(\alpha), \alpha), f_y(E_1(\alpha), E_2(\alpha), \alpha)) = (0, 0)$ なら, 曲線 E は曲線 C_α の特異点の軌跡である. この特異点の軌跡が包絡線になることもある.

注意の例 原点を尖点とする平面曲線 $y^2 - x^3 = 0$ を x 軸に沿って平行移動する曲線全体のつくる曲線族 $C_\alpha : f(x, y, \alpha) = y^2 - (x - \alpha)^3 = 0$ の包絡線を求めると, $f = 0, f_\alpha = 3(x - \alpha)^2 = 0$ より, $x = \alpha, y = 0$ であるので, 包絡線は $y = 0$ つまり, x 軸である. x 軸は曲線 C_α の特異点の軌跡でもあるが, 個々の曲線 C_α の接線でもあるので包絡線でもある.

一方, 同じ平面曲線 $y^2 - x^3 = 0$ を今度は y 軸に沿って平行移動する曲線全体のつくる曲線族 $C_\beta : g(x, y, \beta) = (y - \beta)^2 - x^3 = 0$ の包絡線を求めると, 連立陰関数 $g = 0, g_\beta = -2(y - \beta) = 0$ を解いて, $y = \beta, x = 0$ を得るが, $x = 0$ つまり, y 軸は特異点の軌跡であるが, 包絡線ではない. 曲線族 C_β は包絡線をもたない.

証明 曲線 C_α が接点 $(E_1(\alpha), E_2(\alpha))$ の近傍で $x = t$, $y = y(t, \alpha)$ と表されるとして定

理 5.21 を用いれば，式 (5.9) より $y_\alpha(E_2(\alpha), \alpha) = 0$ を得る．また，$f(t, y(t, \alpha), \alpha) = 0$ の両辺を α で微分すれば，$f_y y_\alpha + f_\alpha = 0$ であるので，$f_\alpha(E_1(\alpha), E_2(\alpha), \alpha) = 0$ となり，式 (5.12) を得る．

逆に (5.12) より $x = E_1(\alpha)$，$y = E_2(\alpha)$ が定まるならば，$f(E_1(\alpha), E_2(\alpha), \alpha) = 0$ の両辺を α で微分して，次式を得る．

$$f_x(E_1(\alpha), E_2(\alpha), \alpha)E_1{}'(\alpha) + f_y(E_1(\alpha), E_2(\alpha), \alpha)E_2{}'(\alpha)$$
$$+ f_\alpha(E_1(\alpha), E_2(\alpha), \alpha) = 0$$

この式は，$f_\alpha = 0$ ならば，曲線 C_α の法線ベクトル (定理 5.15 の注意 2 参照)
$$^t(f_x(E_1(\alpha), E_2(\alpha), \alpha),\ f_y(E_1(\alpha), E_2(\alpha), \alpha))$$
と曲線 E の接ベクトル $^t(E_1{}'(\alpha),\ E_2{}'(\alpha))$ が直交していることを示す．このことから，曲線 $E : x = E_1(\alpha)$，$y = E_2(\alpha)$ は包絡線を与える．　　□

例題 5.26　xy 平面の原点 O を中心とする単位円の右半分の半円の内側で，左から来る x 軸に平行な平行光線を反射する．この反射光線全体のつくる包絡線 (**火線**という) を求めよ．

証明　この半円上の点 P で反射される反射光 (直線) の方程式を求める．入射角を α とする．詳しく見てみよう．点 P を通る x 軸に平行な直線と線分 OP のなす角 (入射角) を α ($-\frac{\pi}{2} \leqq \alpha \leqq \frac{\pi}{2}$) とする．点 P で反射される反射光の方程式は $f(x, y, \alpha) = x \sin 2\alpha - y \cos 2\alpha - \sin \alpha = 0$ となる．連立方程式 $f = 0$，$f_\alpha = 2x \cos 2\alpha + 2y \sin 2\alpha - \cos \alpha = 0$ を解き，$x = \frac{1}{4}(3 \cos \alpha - \cos 3\alpha)$，$y = \frac{1}{4}(3 \sin \alpha - \sin 3\alpha)$ を得る．直線は特異点をもたないから，包絡線である．　　□

例題 5.27　C^1 級平面曲線 $C : y = f(x)$ のすべての法線全体は 1 つの曲線族であり，その包絡線を曲線 C の**縮閉線** E という．縮閉線 E の媒介変数表示を求め，縮閉線 E は曲線 C の曲率中心の軌跡であることを確かめよ．なお，もとの曲線 C を曲線 E の**伸開線**という．(参照：定義 3.9)

解答　曲線 C 上の点 $(\alpha, f(\alpha))$ における法線 C_α の方程式は次で与えられる．
$$C_\alpha : F(x, y, \alpha) = y - f(\alpha) + \frac{1}{f'(\alpha)}(x - \alpha) = 0$$
この両辺 ((真ん中の式)=0) を $f'(\alpha)$ 倍し，α で微分すれば，次を得る．
$$(y - f(\alpha))f''(\alpha) - f'(\alpha)^2 - 1 = 0$$
この式と $F = 0$ を連立させて，x, y を求め，次の**縮閉線の方程式**を得られる．
$$x = \alpha - \frac{1 + f'(\alpha)^2}{f''(\alpha)}f'(\alpha), \quad y = f(\alpha) + \frac{1 + f'(\alpha)^2}{f''(\alpha)}$$

注意　以上のように，曲線 C の縮閉線を，法線群の包絡線としてもよいが，公式を使って曲率中心の軌跡として求めてもよい．

　C^1 級平面曲線 $C : y = f(x)$ の縮閉線と伸開線について調べるため，曲線 C の標準媒介変数表示を用いる．曲線 C 上に定点 A $(a, f(a))$ をとり，曲線 C 上の点 P (x, y) までの曲線の長さ（弧長）を $s = s(x)$ とし，点 P での接線と x 軸正の向きのなす角を $\theta = \theta(x)$ とする．曲線 C 上の点 P を点 A から点 P までの弧長 s（曲線の長さで正負をもつ）で点 $P(x, y) = (x(s), y(s))$ と表す．

　点 P を通る法線上に曲率中心 $Q(\alpha, \beta)$ をとり，曲率半径を ρ とする．点 P における単位法線ベクトルは ${}^t(-\sin\theta, \cos\theta)$ で，$PQ = \rho$ だから

$$\alpha = x - \rho\sin\theta, \quad \beta = y + \rho\cos\theta$$

この両辺を s で微分し，

$$\frac{dx}{ds} = \cos\theta, \ \frac{dy}{ds} = \sin\theta, \ \frac{d\theta}{ds} = \frac{1}{\rho}$$

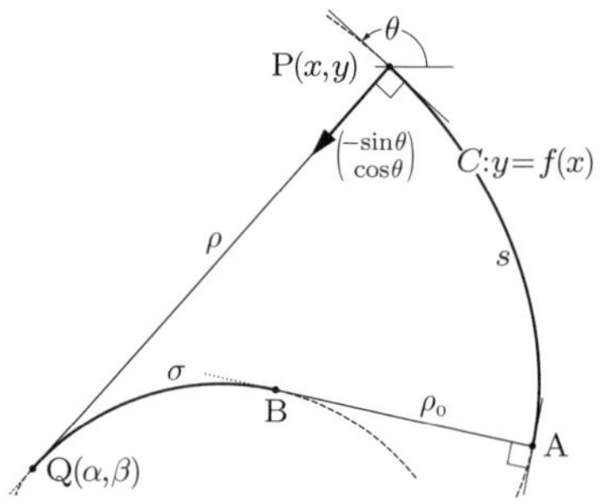

図 5.15　曲線 C の縮閉線 E と伸開線

(4.4 節公式 4.8 参照) を用いて，次を得る．

$$\frac{d\alpha}{ds} = \frac{dx}{ds} - \frac{d\rho}{ds}\sin\theta - \rho\cos\theta\frac{d\theta}{ds} = \cos\theta - \frac{d\rho}{ds}\sin\theta - \rho\cos\theta\cdot\frac{1}{\rho} = -\frac{d\rho}{ds}\sin\theta$$

$$\frac{d\beta}{ds} = \frac{dy}{ds} + \frac{d\rho}{ds}\cos\theta - \rho\sin\theta\frac{d\theta}{ds} = \sin\theta + \frac{d\rho}{ds}\cos\theta - \rho\sin\theta\cdot\frac{1}{\rho} = \frac{d\rho}{ds}\cos\theta$$

　点 A に対応する曲率中心を点 B とし，曲率中心の軌跡，つまり，縮閉線上の点 Q までの弧長 $\widehat{BQ} = \sigma = \sigma(s)$ とする．公式 4.6 の式 (4.8) より次を得る．

$$\left(\frac{d\sigma}{ds}\right)^2 = \left(\frac{d\alpha}{ds}\right)^2 + \left(\frac{d\beta}{ds}\right)^2 = \left(\frac{d\rho}{ds}\right)^2 \quad \text{より} \quad \frac{d\sigma}{d\rho} = \pm 1$$

σ と ρ の増減が一致するように σ の符号を選ぶと，$\dfrac{d\sigma}{d\rho} = 1$ とできる．$AB = \rho_0$ と置くと，$\sigma = \rho - \rho_0$ を得る．

命題 5.1　曲線 C の縮閉線 E 上の 2 点 B, Q 間の弧長 $\widehat{BQ}$ は，2 点 B と Q それぞれに対応する曲線 C 上の 2 点 A と P における曲率半径の差 $\rho - \rho_0$ に等しい．

　次に，曲線 E の伸開線 C を求める．曲線 E の定点 B に長さ ℓ の糸の一端を固定し，曲線 E に沿って糸を巻きつける．この糸のもう一方の端点 P を引っ張りながら解いていくとき，P の描く軌跡が曲線 E の伸開線 C であることを示す．このことから糸の長さ ℓ を変えれば，それに応じて伸開線 C が求まるので，曲線 E の伸開線 C は無数に存在する．

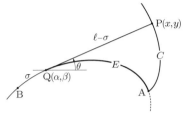

　端点 $\mathrm{P}(x,y)$ を引っ張りながら解いていく過程で，曲線 E 上の点 Q まで解けたときのことを調べよう．このとき，直線 PQ は曲線 E に接しており、その接点が点 $\mathrm{Q}(\alpha,\beta)$ である．弧長 $\widehat{\mathrm{BQ}}=\sigma$ とおくと，$\widehat{\mathrm{BQ}}+\mathrm{PQ}=\ell$ だから，$\mathrm{PQ}=\ell-\sigma$

図 5.16　曲線 C と伸開線 E

となる．接線 PQ が x 軸正の方向となす角を θ とすると，次が得られる．

$$x = \alpha + \mathrm{PQ}\cos\theta = \alpha + (\ell-\sigma)\cos\theta$$

$$y = \beta + \mathrm{PQ}\sin\theta = \beta + (\ell-\sigma)\sin\theta$$

弧長 $\widehat{\mathrm{BQ}}=\sigma$ だから，$\dfrac{d\alpha}{d\sigma}=\cos\theta,\ \dfrac{d\beta}{d\sigma}=\sin\theta$ であり，これを用いて次を得る．

$$\frac{dx}{d\sigma}=\frac{d\alpha}{d\sigma}-(\ell-\sigma)\sin\theta\frac{d\theta}{d\sigma}-\cos\theta=-(\ell-\sigma)\sin\theta\frac{d\theta}{d\sigma}$$

$$\frac{dy}{d\sigma}=\frac{d\beta}{d\sigma}+(\ell-\sigma)\cos\theta\frac{d\theta}{d\sigma}-\sin\theta=(\ell-\sigma)\cos\theta\frac{d\theta}{d\sigma}$$

以上より，$\dfrac{dy}{dx}=\dfrac{dy}{d\sigma}\Big/\dfrac{dx}{d\sigma}=-\dfrac{1}{\tan\theta}$ を得る．すなわち，点 P が描く曲線 C の接線の傾きは $-\dfrac{1}{\tan\theta}$ である．よって，法線の傾きは $\tan\theta$ である．

　一方，接線 PQ が x 軸正の方向となす角は θ で，接線 PQ の傾きは $\tan\theta$．だから，曲線 E の接線 PQ は点 P における曲線 C の法線である．

　以上をまとめると，曲線 E は曲線 C の包絡線であり，曲線 C は曲線 E の伸開線である．ℓ に応じて，伸開線が決まるが，それらは共通の法線 PQ をもち，相異なる 2 つの伸開線の間にある共通の法線の長さは PQ が移動しても一定である．

例題 **5.28**　点 A$(1,0)$ を通る単位円 E の伸開線 C を媒介変数表示せよ.

解答　単位円 E 上の点 Q$(\cos\theta, \sin\theta)$ における接線上に, 対応する伸開線 C 上の点 P(x,y) は存在する. 直線 PQ と x 軸正の方向とのなす角は $\theta - \dfrac{\pi}{2}$ である. 図を描けば分かるように,

$$x = \cos\theta + \mathrm{PQ}\cos\left(\theta - \frac{\pi}{2}\right)$$
$$y = \sin\theta + \mathrm{PQ}\sin\left(\theta - \frac{\pi}{2}\right).$$

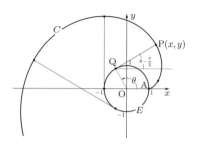

前命題より, $\mathrm{PQ} = \overparen{\mathrm{AQ}} = \theta$ であるから, 次を得る.

図 **5.17**　曲線 C の縮閉線 E と伸開線

$$x = \cos\theta + \theta\sin\theta, \quad y = \sin\theta - \theta\cos\theta$$

───────────── 練習問題 **5.6** ─────────────

1.　次の曲線上の与えられた点における接線の方程式を求めよ.

  (1) $\sqrt{x} + \sqrt{y} = 3$, 点 $(1,4)$ (2) $(x^2+y^2)^2 = \dfrac{25}{2}(x^2-y^2)$, 点 $(3,1)$

2.　次の曲面上の与えられた点における接平面の方程式を求めよ.

  (1) $yz + zx + xy = 8$, 点 $(1,2,2)$ (2) $xyz = 4$, 点 $(2,1,2)$

3.　例題 5.24 の 3 次元極座標変換において, ヤコビ行列の逆行列を求めよ.

4.　連立方程式 $\begin{cases} x^2 + y^2 + z^2 = a^2 \\ x + \alpha y + \beta z = \gamma \end{cases}$ の C^1 陰関数 $y = p(x), z = q(x)$ が存在する条件を求め, 導関数 $p'(x), q'(x)$ を x, p, q を用いて表せ.

5.　平面極座標変換 $x = r\cos\theta, y = r\sin\theta$ について, 偏導関数 f_x, f_y を f_r, f_θ を用いて表せ.

6.　$\mathbb{R}^2$ の極座標変換 : $x = r\cos\theta, y = r\sin\theta$ により, ラプラス作用素は

$$\Delta u = u_{xx} + u_{yy} = \frac{\partial^2 u}{\partial r^2} + \frac{1}{r}\frac{\partial u}{\partial r} + \frac{1}{r^2}\frac{\partial^2 u}{\partial \theta^2}$$

と表されることを示せ.

7.　$\mathbb{R}^3$ において C^2 関数 u が $u(x,y,z) = U(r)$ $(r = \sqrt{x^2+y^2+z^2})$ と表されているとき, 次の式が成立することを示せ.

$$\Delta u = u_{xx} + u_{yy} + u_{zz} = U'' + \frac{2}{r}U'$$

また, これを用いて, $u(x,y,z) = U(r)$ と表される関数で $\Delta u = 0$ を満たすのは $u = -\dfrac{a}{r} + b$ $(a, b$ は定数) に限ることを示せ.

8. $\mathbb{R}^3$ の極座標変換：$x = r\sin\theta\cos\phi,\ y = r\sin\theta\sin\phi,\ z = r\cos\theta$ により，ラプラス作用素は次のように表されることを示せ.

$$\Delta u = \frac{1}{r^2}\frac{\partial}{\partial r}\left(r^2\frac{\partial u}{\partial r}\right) + \frac{1}{r^2\sin\theta}\frac{\partial}{\partial\theta}\left(\sin\theta\frac{\partial u}{\partial\theta}\right) + \frac{1}{r^2\sin^2\theta}\frac{\partial^2 u}{\partial\phi^2}$$

9. 以下の関数 $X(u,v), Y(u,v)$ により写像 $T:\begin{cases} x = X(u,v) \\ y = Y(u,v) \end{cases}$ を考えるとき，ヤコビ行列とヤコビアンを求めよ. また，ヤコビアンが 0 となる集合を求めよ.

(1) $X = u^2 - v^2,\ Y = 2uv$　　　(2) $X = uv,\ Y = u(1-v)$

10. $\mathbb{R}^3$ の写像 $T:\begin{cases} x = u(1-v) \\ y = uv(1-w) \\ z = uvw \end{cases}$ についてヤコビ行列とヤコビアンを求めよ.

また，ヤコビアンが 0 となる集合はなにか.

5.7　テイラーの定理とその応用：極値問題

テイラーの定理

この節では，まずテイラーの定理を学ぶ. テイラーの定理は粗く言って，関数 $f(x,y)$ が C^m 級であるということは $f(x,y)$ は m 次多項式で近似できるということである.

最初に 2 変数 m 次多項式 $P_m(x,y)$ を考える. 点 $(x,y) = (a,b)$ の周りで m 次多項式は次の展開をもつ.

$$P_m(x,y) = \sum_{l=0}^{m}\sum_{i+j=l} a_{ij}(x-a)^i(y-b)^j$$

ここで，$P_m(x,y)$ を x について i 回 y について j 回微分し $x = a, y = b$ を代入すると

$$\frac{\partial^{i+j}P_m}{\partial x^i\partial y^j}(a,b) = i!\,j!\,a_{ij}$$

となるので，$P_m(x,y)$ の表示式として次の展開式を得る.

$$P_m(x,y) = \sum_{l=0}^{m}\sum_{i+j=l}\frac{1}{i!\,j!}\frac{\partial^l P_m}{\partial x^i\partial y^j}(a,b)(x-a)^i(y-b)^j.$$

また，$x = a + h, y = b + k$ とおくと

$$P_m(a+h,b+k) = \sum_{l=0}^{m}\sum_{i+j=l}\frac{1}{i!\,j!}\frac{\partial^l P_m}{\partial x^i\partial y^j}(a,b)h^i k^j. \tag{5.14}$$

2 変数関数のテイラーの定理を学ぶ準備をする. 関数 $f(x,y)$ は開領域 D で C^m 級とし，また，領域 D の 2 点 $\mathrm{A}(a,b), \mathrm{P}(a+h,b+k)$ $(h, k:$ 定数$)$ を結ぶ

線分 AP はまた領域 D に含まれるとする．以下のような合成関数の微分計算を
する．$F(t) = f(a + ht, b + kt)$ とおく．このとき，偏微分作用素 $h\dfrac{\partial}{\partial x} + k\dfrac{\partial}{\partial y}$
の定義 5.6 と合成関数の微分への応用の例題 5.13 によれば，$F(t)$ の1次と2
次の導関数は次のとおりである．

$$F'(t) = h\frac{\partial f}{\partial x}(a + ht, b + kt) + k\frac{\partial f}{\partial y}(a + ht, b + kt),$$

$$= \left(h\frac{\partial}{\partial x} + k\frac{\partial}{\partial y}\right)f(a + ht, b + kt)$$

$$F''(t) = h^2\frac{\partial^2 f}{\partial x^2}(a + ht, b + kt) + 2hk\frac{\partial^2 f}{\partial x\partial y}(a + ht, b + kt)$$

$$+ k^2\frac{\partial^2 f}{\partial y^2}(a + ht, b + kt) = \left(h\frac{\partial}{\partial x} + k\frac{\partial}{\partial y}\right)^2 f(a + ht, b + kt)$$

これを続けて，2項定理 $\left(h\dfrac{\partial}{\partial x} + k\dfrac{\partial}{\partial y}\right)^m = \displaystyle\sum_{j=0}^{m} {}_m\mathrm{C}_j h^{m-j} k^j \dfrac{\partial^m}{\partial x^{m-j}\partial y^j}$ を
考慮して，次のように表せた．

$$F^{(m)}(t) = \left(h\frac{\partial}{\partial x} + k\frac{\partial}{\partial y}\right)^m f(a + ht, b + kt)$$

ここまで準備すると，**2変数関数のテイラーの定理**は次のとおりである．

定理 5.23（テイラーの定理）関数 $f(x, y)$ は領域 D で C^m 級とする．D
の2点 $\mathrm{A}(a, b), \mathrm{P}(a + h, b + k)$ $(h, k : 定数)$ を結ぶ線分 AP が D に含ま
れるならば

$$f(a + h, b + k) = f(a, b) + \left(h\frac{\partial}{\partial x} + k\frac{\partial}{\partial y}\right)f(a, b)$$

$$+ \frac{1}{2!}\left(h\frac{\partial}{\partial x} + k\frac{\partial}{\partial y}\right)^2 f(a, b) + \cdots$$

$$+ \frac{1}{(m-1)!}\left(h\frac{\partial}{\partial x} + k\frac{\partial}{\partial y}\right)^{m-1} f(a, b) + R_m(h, k) \quad (5.15)$$

$$R_m(h, k) = \frac{1}{m!}\left(h\frac{\partial}{\partial x} + k\frac{\partial}{\partial y}\right)^m f(a + \theta h, b + \theta k) \quad (5.16)$$

を満たす $\theta \, (0 < \theta < 1)$ が存在する．$R_m(h, k)$ は次のように表される．

$$R_m(h, k) = \frac{1}{m!}\left(h\frac{\partial}{\partial x} + k\frac{\partial}{\partial y}\right)^m f(a, b) + o(1)\left(\sqrt{h^2 + k^2}\right)^m \quad (5.17)$$

さらに，第 4 章で示したように積分型で剰余項を表すと

$$R_m(h,k) = \frac{1}{(m-1)!}\int_0^1 (1-t)^{m-1}\left(h\frac{\partial}{\partial x} + k\frac{\partial}{\partial y}\right)^m f(a+th, b+tk)dt$$

(5.18)

このテイラーの定理の $m = 1$ の場合が定理 5.13 の **2 変数の場合の平均値の定理**である．

証明 先に定義した $F(t) = f(a+ht, b+kt)$ に 1 変数マクローリンの定理 (定理 3.16) (積分型で剰余項の場合，定理 4.9) を用いると

$$f(a+h, b+k) = F(1) = F(0) + F'(0) + \frac{F''(0)}{2!} + \cdots + \frac{F^{(m-1)}(0)}{(m-1)!} + \frac{F^{(m)}(\theta)}{m!}$$

を満たす $\theta\,(0 < \theta < 1)$ が存在する．先の考察により，これは (5.15) である．

剰余項 $R_m(h,k)$ は $\frac{h^i k^j}{i!\,j!}\left(\frac{\partial^m f}{\partial x^i \partial y^j}\right)(a+\theta h, b+\theta k)\,(i+j = m)$ の和であり，f の m 次偏導関数が連続なので，和の各項について $\sqrt{h^2 + k^2} \to 0$ のとき次の式が成り立つ．

$$\frac{h^i k^j}{(\sqrt{h^2+k^2})^m}\left[\left(\frac{\partial^m f}{\partial x^i \partial y^j}\right)(a+\theta h, b+\theta k) - \left(\frac{\partial^m f}{\partial x^i \partial y^j}\right)(a,b)\right] = o(1) \qquad \square$$

2 変数のテイラーの定理 5.23 で $a = b = 0, h = x, k = y$ とおいたのが，次の 2 変数のマクローリンの定理である．

定理 5.24（マクローリンの定理） 関数 $f(x,y)$ は領域 D で C^m 級とする．D の 2 点 $\mathrm{O}(0,0), \mathrm{P}(x,y)$ を結ぶ線分 OP が D に含まれるならば

$$f(x,y) = f(\mathrm{O}) + \left(x\frac{\partial}{\partial x} + y\frac{\partial}{\partial y}\right)f(\mathrm{O}) + \frac{1}{2!}\left(x\frac{\partial}{\partial x} + y\frac{\partial}{\partial y}\right)^2 f(\mathrm{O}) + \cdots$$

$$+ \frac{1}{(m-1)!}\left(x\frac{\partial}{\partial x} + y\frac{\partial}{\partial y}\right)^{m-1} f(\mathrm{O}) + R_m(h,k) \qquad (5.19)$$

$$R_m(h,k) = \frac{1}{m!}\left(x\frac{\partial}{\partial x} + y\frac{\partial}{\partial y}\right)^m f(\theta x, \theta y) \qquad (5.20)$$

を満たす $\theta\,(0 < \theta < 1)$ が存在する．

次の多項式 $p_m(x,y)$ を **m 次のテイラー近似式**という．$(a,b) = (0,0)$ の場合は **m 次のマクローリン近似式**という．

$$p_m(x,y) = \sum_{i=0}^m \sum_{j=0}^i \frac{\partial^i f}{\partial x^j \partial y^{i-j}}(a,b)\frac{(x-a)^j}{j!}\frac{(y-b)^{i-j}}{(i-j)!}$$

この式の右辺はテイラーの定理の式 (5.15), (5.17) に現れる

$\displaystyle\sum_{i=0}^{m}\dfrac{1}{i!}\left(h\dfrac{\partial}{\partial x}+k\dfrac{\partial}{\partial y}\right)^{i}f(a,b)$ で $h=x-a$, $k=y-b$ としたものであり，次の漸近展開を得る．

> **定理 5.25**（漸近展開）関数 $f(x,y)$ は領域 D で C^m 級とする．D の 2 点 $A(a,b), P(x,y)$ $(h,k：$定数$)$ を結ぶ線分 AP が D に含まれるならば，$f(x,y)$ の点 A の周りの m 次のテイラー近似式による漸近展開を得る．これを **m 次のテイラー展開** という．また，$(a,b)=(0,0)$ の場合を **m 次のマクローリン展開** という．
>
> $$f(x,y)=p_m(x,y)+o(1)\left(\sqrt{(x-a)^2+(y-b)^2}\right)^{m}$$

注意 テイラーの定理の式 (5.15), (5.16) の $f(x,y)=p_{m-1}(x,y)+R_m$ では，$f(x,y)$ と $p_{m-1}(x,y)$ との誤差である剰余項 R_m の評価ができる．一方，漸近展開では剰余項の評価はないが，計算などの見通しがよくなり，有用である．

> **例題 5.29** 関数 $z=e^x\cos y$ について，2 次のマクローリン展開を求めよ．

解答 $z_x=e^x\cos y$, $z_y=-e^x\sin y$, $z_{xx}=e^x\cos y$, $z_{xy}=-e^x\sin y$, $z_{yy}=-e^x\cos y$ より，点 $O(0,0)$ で $z=1, z_x=1, z_y=0, z_{xx}=1, z_{xy}=0, z_{yy}=-1$ となるので

$$e^x\cos y=p_2(x,y)+o(1)(x^2+y^2)=1+x+\dfrac{1}{2}(x^2-y^2)+o(1)(x^2+y^2).$$

別解 $e^x=1+x+\dfrac{x^2}{2}+o(1)x^2$, $\cos y=1-\dfrac{y^2}{2}+o(1)y^2$ であることを用いると

$$e^x\cos y=\left[1+x+\dfrac{x^2}{2}+o(1)x^2\right]\left[1-\dfrac{y^2}{2}+o(1)y^2\right]$$
$$=1+x+\dfrac{x^2}{2}-\dfrac{y^2}{2}+o(1)x^2+o(1)y^2$$

より同じ結果を得る．このように，多変数のマクローリン展開では，1 変数の展開を用いて計算をする工夫も大切である．

> **問 5.25** 次の関数 $f(x,y)$ について 2 次のマクローリン展開 $f(x,y)=p_2(x,y)+R_3$ を求めよ．剰余項は R_3 と書くだけでよい．
>
> (1) $\sqrt{1+2x+3y}$ (2) $\log(1+x+y)$ (3) $\dfrac{1}{1+x-y}$

> **問 5.26** 次の関数 $f(x,y)$ について 3 次のマクローリン展開 $f(x,y)=p_3(x,y)+R_4$ を求めよ．剰余項は R_4 と書くだけでよい．
>
> (1) xye^{x+y} (2) $\sin(x-y)$ (3) $\log(1+x+y)$

多重添字

$_l\mathrm{C}_i$ を l 文字から i 文字をとり出す組合せの数とすれば，2 項定理より

$$\frac{1}{l!}\Big(h\frac{\partial}{\partial x}+k\frac{\partial}{\partial y}\Big)^l f(a,b)=\frac{1}{l!}\sum_{i=1}^{l} {}_l\mathrm{C}_i h^i k^{l-i}\frac{\partial^l f}{\partial x^i \partial y^{l-i}}(a,b)$$

$$=\sum_{i=0}^{l}\frac{h^i k^{l-i}}{i!(l-i)!}\frac{\partial^l f}{\partial x^i \partial y^{l-i}}(a,b)$$

が成り立つ．よって，これをテイラーの公式 (5.15) に代入すると，公式を f の高次偏導関数により表すことができる．しかし，このままでは式が美しくないので，**多重添字**を用いることが多い．

0 以上の整数の組 $\alpha=(i,j)$ に対し，$|\alpha|=i+j$, $\alpha!=i!j!$ と定義する．$\boldsymbol{h}=(h,k)$ に対し，$\boldsymbol{h}^\alpha=h^i k^j$，また f の高次偏導関数を $\mathrm{D}^\alpha f=\dfrac{\partial^{i+j}f}{\partial x^i \partial y^j}$ と表すと[4]

$$\frac{1}{l!}\Big(h\frac{\partial}{\partial x}+k\frac{\partial}{\partial y}\Big)^l f(a,b)=\sum_{|\alpha|=l}\frac{\boldsymbol{h}^\alpha}{\alpha!}\mathrm{D}^\alpha f(a,b)$$

となる．よって，テイラーの公式 (5.15) は $\boldsymbol{x}=(x,y)=\boldsymbol{a}+\boldsymbol{h}$ とすると

$$f(\boldsymbol{a}+\boldsymbol{h})=\sum_{l=0}^{m-1}\Big[\sum_{|\alpha|=l}\frac{\boldsymbol{h}^\alpha}{\alpha!}\mathrm{D}^\alpha f(\boldsymbol{a})\Big]+\sum_{|\alpha|=m}\frac{\boldsymbol{h}^\alpha}{\alpha!}\mathrm{D}^\alpha f(\boldsymbol{a}+\theta\boldsymbol{h}) \qquad (5.21)$$

を満たす $\theta\,(0<\theta<1)$ が存在し，また次のようにも表される．

$$f(\boldsymbol{a}+\boldsymbol{h})=\sum_{l=0}^{m}\Big[\sum_{|\alpha|=l}\frac{\boldsymbol{h}^\alpha}{\alpha!}\mathrm{D}^\alpha f(\boldsymbol{a})\Big]+o(1)|\boldsymbol{h}|^m \qquad (5.22)$$

この方法は n 変数の場合にも，$\boldsymbol{x}=(x_1,\dots,x_n)$ として $\alpha=(\alpha_1,\dots,\alpha_n)$, $|\alpha|=\alpha_1+\cdots+\alpha_n, \alpha!=\alpha_1!\cdots\alpha_n!, \boldsymbol{x}^\alpha=x_1^{\alpha_1}\cdots x_n^{\alpha_n}, \mathrm{D}^\alpha f=\dfrac{\partial^{|\alpha|}f}{\partial x_1^{\alpha_1}\cdots\partial x_n^{\alpha_n}}$ などとすると，テイラーの定理を (5.21), (5.22) と全く同じ形で表すことができ，理論的な計算に便利である．また，2 変数のテイラーの定理と同様に次のように記してもよい．

$$f(\boldsymbol{x})=\sum_{l=0}^{m-1}\frac{1}{l!}\Big(h_1\frac{\partial}{\partial x_1}+\cdots+h_n\frac{\partial}{\partial x_n}\Big)^l f(\boldsymbol{a})$$
$$+\frac{1}{m!}\Big(h_1\frac{\partial}{\partial x_1}+\cdots+h_n\frac{\partial}{\partial x_n}\Big)^m f(\boldsymbol{a}+\theta\boldsymbol{h})$$

---

[4] たとえば $\mathrm{D}^{(2,0)}f=f_{xx}$, $\mathrm{D}^{(1,1)}f=f_{xy}$, $\mathrm{D}^{(0,2)}f=f_{yy}$ である．

極値問題

テイラーの定理を応用し極値問題を学ぶ. 極値の定義を復習しよう.

定義 5.8 (極値) 点 A の近傍で定義された関数 $f(P)$ が, $P \neq A$ ならば $f(P) > f(A)$ を満たすとき, $f(P)$ は点 A において**極小値** $f(A)$ を取るという. 一方, $P \neq A$ ならば $f(P) < f(A)$ を満たすとき, $f(P)$ は点 A において**極大値** $f(A)$ を取るという. また. 極小値と極大値を合わせて**極値**といい, 極小値または極大値を取る点 A をそれぞれ**極小点**, **極大点**という.

定理 5.26 (極値を取るための必要条件) (1) 点 $A(a, b)$ の近傍で定義された関数 $f(x, y)$ が点 $A(a, b)$ において偏微分可能で, 点 A で極値を取れば, 次が成り立つ.
$$f_x(a, b) = 0, \quad f_y(a, b) = 0 \tag{5.23}$$
(2)(n 変数の場合) 点 $A(a_1, \cdots, a_n)$ の近傍で定義された関数 $f(x_1, \cdots, x_n)$ が点 A において偏微分可能で, 点 A で極値を取れば, 次が成り立つ.
$$f_{x_1}(a_1, \cdots, a_n) = 0, \quad \cdots, \quad f_{x_n}(a_1, \cdots, a_n) = 0 \tag{5.24}$$

証明 (1) 極小点または極大点 A の近くで, $\phi(x) = f(x, b)$ とおくと, 1変数関数 $\phi(x)$ は $x = a$ において極値を取るので, $\phi'(a) = f_x(a, b) = 0$. よって, 最初の条件を満たす. y についても同様に $f_y(a, b) = 0$ を満たす. (2) も同様に示せる. $\square$

この定理により, 極値を取る点 $A(a, b)$ における接平面の方程式は, (5.4) を用いると $z = f(a, b)$ となる. すなわち, xy 平面に平行な平面である (図 5.18 参照). また, 条件 (5.23) が成立しても, 極値でない場合がある. $z = x^2 - y^2$ は $f_x(0, 0) = f_y(0, 0) = 0$ を満たすが, $y = 0$ とすると $z = x^2 \geqq 0$ で $x = 0$ とすると $z = -y^2 \leqq 0$ であるので, $(0, 0)$ では極値を取らない. 条件 (5.23) を満たすが, 極値を取らないこのような点は

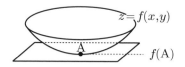
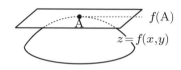

図 5.18 極小値 (上) と極大値 (下), および, 接平面

曲面 $z = f(x, y)$ の**鞍点 (峠点)** といわれる．経済学では極小点，極大点はそれぞれ費用最小，利益最大を与える点などとして重要な役割を果たす．

極大・極小を判定できる場合が次の定理である．

定理 5.27（極値を取るための十分条件） 点 A(a, b) の近傍で定義された C^2 関数 $f(x, y)$ が $f_x(a, b) = 0$, $f_y(a, b) = 0$ を満たすとき，極値を取るか否かを判定するため $\Delta(a, b)$ を下記のように定義する．

$$\Delta(a, b) = f_{xx}(a, b) f_{yy}(a, b) - f_{xy}(a, b)^2$$

(1) $\Delta(a, b) > 0$ かつ $f_{xx}(a, b) > 0$ ならば[5]，点 A(a, b) は極小点である．

(2) $\Delta(a, b) > 0$ かつ $f_{xx}(a, b) < 0$ ならば，点 A(a, b) は極大点である．

(3) $\Delta(a, b) < 0$ ならば，点 A(a, b) は極小点でも極大点でもない．

証明　まず，簡単のために

$$A = f_{xx}(a + \theta h, b + \theta k), \quad B = f_{yy}(a + \theta h, b + \theta k), \quad H = f_{xy}(a + \theta h, b + \theta k)$$

とおく．$x = a + h$, $y = b + k$ としてテイラーの定理 5.23 の式 (5.15) を $m = 2$ として用いて，

$$\begin{aligned} f(x, y) &= f(a + h, b + k) \\ &= f(a, b) + f_x(a, b)h + f_y(a, b)k + \frac{1}{2}\left(Ah^2 + 2Hhk + Bk^2\right) \end{aligned}$$

本定理の条件 $f_x(a, b) = f_y(a, b) = 0$ を使い，最後に平方完成すると $(A \neq 0$ の場合$)$，

$$\begin{aligned} (*) \qquad f(x, y) - f(a, b) &= \frac{1}{2}\left(Ah^2 + 2Hhk + Bk^2\right) \\ &= \frac{A}{2}\left(\left(h + \frac{H}{A}k\right)^2 + \frac{1}{A^2}(AB - H^2)k^2\right) \end{aligned}$$

ここで，注意として，$f(x, y)$ は C^2 関数だから f_{xx}, f_{xy}, f_{yy} は連続であるので，$f_{xx}(a, b) \neq 0$ と A とは同符号，$\Delta(a, b) \neq 0$ と $\Delta(a + \theta h, b + \theta k) = AB - H^2$ とは同符号としてよい．

(1) $\Delta(a, b) > 0$ かつ $f_{xx}(a, b) > 0$ ならば，$A > 0$, $AB - H^2 > 0$. 式 (*) より，点 A の近傍で A を除いて，$f(x, y) - f(a, b) > 0$. よって，A は極小点である．

(2) $\Delta(a, b) > 0$ かつ $f_{xx}(a, b) < 0$ ならば，$A < 0$, $AB - H^2 > 0$. 式 (*) より，点 A の近傍で A を除いて，$f(x, y) - f(a, b) < 0$. よって，A は極大点である．

(3) $\Delta(a, b) < 0$ ならば，$AB - H^2 < 0$ となる．

　(i) $f_{xx}(a, b) \neq 0$ のとき，$A \neq 0$ となり，式 (*) より，$f(x, y) - f(a, b)$ の値は，点 A の近傍で A を除いて，h, k の値の取り方で正にも負にもなり，A は極小点でも極大点でもない．

---

[5] $f_{xx}(a, b) f_{yy}(a, b) > f_{xy}(a, b)^2 \geqq 0$ より，$f_{xx}(a, b) > 0$ の代わりに $f_{yy}(a, b) > 0$ でもよい．(2) の場合も同様．

(ii) $f_{xx}(a,b) = 0$ のとき，$A = o(1)$ であり，$\Delta(a,b) = -f_{xy}(a,b)^2 < 0$ より，$f_{xy}(a,b) \neq 0$ である．よって，点 A の近傍で $H \neq 0$．式 $(*)$ より，

$$f(x,y) - f(a,b) = \frac{1}{2}\Big(k(2Hh + Bk) + o(1)h^2\Big).$$

よって，点 A の近傍で A を除いて，$f(x,y) - f(a,b)$ の値は h, k の値の取り方で正にも負にもなり，A で極値を取らない． □

注意 定理 5.27 では $\Delta \neq 0$ の条件が重要で，$\Delta = 0$ のときは何も得られない．たとえば，$z = x^4 + y^4$ は $(0,0)$ で $\Delta = 0$ であるが極小値である．また，$z = x^2 - y^4$ は $(0,0)$ で $z_{xx} > 0$ を満たすが，極大値でも極小値でもない．

例題 5.30 $f(x,y) = x^2 - 2xy + 2y^2 - 8x + 10y$ の極値を求めよ．

解答 偏導関数は $f_x = 2x - 2y - 8,\quad f_y = -2x + 4y + 10$ である．
極値の必要条件：$f_x = f_y = 0$ の連立 1 次方程式を解くと，$x = 3, y = -1$．$f_{xx} = 2, f_{xy} = -2, f_{yy} = 4$ より $\Delta = 8 - (-2)^2 = 4 > 0, f_{xx} > 0$．よって，定理 5.27 より $(x,y) = (3,-1)$ は極小点で，極小値は -17 である．また，$|x|, |y| \to \infty$ のとき $f(x,y) \to \infty$ であるので，これは最小値である．

例題 5.31 $f(x,y) = xy(1 - x - y)$ の極値を求めよ．

解答 偏導関数は

$f_x = y - 2xy - y^2 = y(1 - 2x - y),$
$f_y = x - x^2 - 2xy = x(1 - x - 2y)$

である．$f_x = f_y = 0$ の連立 1 次方程式を解くと

(1) $y = 0$ のとき，$x = 0$ または $x = 1$．よって，$(0,0)$ と $(1,0)$，

(2) $x = 0$ のとき，$y = 0$ または $y = 1$．よって，$(0,0)$ と $(0,1)$，

(3) $xy \neq 0$ のときは $2x + y = 1, x + 2y = 1$ より，$x = \dfrac{1}{3}, y = \dfrac{1}{3}$．

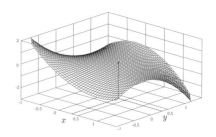

図 **5.19** $z = xy(1 - x - y)$

以上より $(0,0), (1,0), (0,1), \left(\dfrac{1}{3}, \dfrac{1}{3}\right)$ が極値の必要条件を満たす．ここで，$f_{xx} = -2y, f_{xy} = 1 - 2x - 2y, f_{yy} = -2x$ より $\Delta(x,y) = 4xy - (1 - 2x - 2y)^2$．よって，$\Delta(0,0) = \Delta(1,0) = \Delta(0,1) = -1 < 0$ より，これらは極小でも極大でもない．最後に $\Delta\left(\dfrac{1}{3}, \dfrac{1}{3}\right) = \dfrac{1}{3} > 0, f_{xx} < 0$ より $(x,y) = \left(\dfrac{1}{3}, \dfrac{1}{3}\right)$ は極大点で，極大値は $\dfrac{1}{27}$ である．また，$x = y$ とすると，$f(x,x) = x^2(1 - 2x)$ なので，これは最大値ではない．

例題 5.32 $f(x,y) = x^4 + y^4 + 6x^2y^2 - 2y^2$ の極値を求めよ.

解答 偏導関数は

$$f_x = 4x^3 + 12xy^2 = 4x(x^2 + 3y^2)$$

$$f_y = 4y^3 + 12x^2y - 4y$$
$$= 4y(y^2 + 3x^2 - 1)$$

$f_x = f_y = 0$ の連立方程式を解くと，ま
ず，$f_x = 0$ より $x = 0$. これを $f_y = 0$ に
代入して，$y = 0$ または $y = \pm 1$. よって，
$(0,0), (0, \pm 1)$ が極値の必要条件を満たす.

ここで，2 次偏導関数は

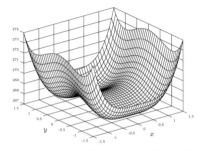

図 **5.20** $z = x^4 + y^4 + 6x^2y^2 - 2y^2$

$$f_{xx} = 12x^2 + 12y^2, \qquad f_{xy} = 24xy$$
$$f_{yy} = 12x^2 + 12y^2 - 4$$

これらより $\Delta(0, \pm 1) = 96 > 0$，$f_{xx} > 0$ となるので，$(0, \pm 1)$ は極小点で極小値は -1
である. また，$|x|, |y| \to \infty$ のとき $f(x,y) \to \infty$ であるので，これは最小値である.
最後に $\Delta(0,0) = 0$ であるので，定理 5.27 を適用できない. しかし，$y = 0$ とすると
$f(x,0) = x^4 > 0 \ (x \neq 0)$ で，$x = 0$ ならば $f(0,y) = y^4 - 2y^2$ となり，$0 < |y| < \sqrt{2}$
で負となる. よって，$(0,0)$ は極大でも極小でもない.

問 5.27 以下の関数 $f(x,y)$ の極値を求めよ.

(1) $x^2 - 3xy + 2y^2 + 5x - 7y$　　　(2) $x^3 + y^3 - 6xy$　　　(3) $x + y + \dfrac{4}{x} + \dfrac{4}{y}$

条件付き極大・極小

この節では，条件 $g(x,y) = 0$ のもとで x, y が変化したときの，$f(x,y)$ の極
値問題について学ぶ. これから学ぶ**ラグランジュの未定乗数法**といわれる方法
は，ミクロ経済学において，「予算一定条件のもとでの効用最大化」および「産
出量一定条件のもとでの費用最小化」などの基本的な問題の解法である.

定理 5.28 関数 $f(x,y), g(x,y)$ は領域 D で定義された C^1 関数とする.
このとき，条件 $g(x,y) = 0$ のもとで $f(x,y)$ が内点 $A(a,b) \in D$ において
極値をもつとすると，

$$L(x,y,\lambda) = f(x,y) - \lambda g(x,y)$$

とおくと，$(g_x(a,b), g_y(a,b)) \neq (0,0)$ であるならば以下の条件を満たす λ_0 が存在する．

$$L_x(a,b,\lambda_0) = 0, \quad L_y(a,b,\lambda_0) = 0, \quad L_\lambda(a,b,\lambda_0) = 0 \quad つまり$$

$$f_x(a,b) - \lambda_0 g_x(a,b) = 0, \; f_y(a,b) - \lambda_0 g_y(a,b) = 0, \; g(a,b) = 0$$

$$(5.25)$$

[説明] 条件 $g(x,y) = 0$ の下での $f(x,y)$ の条件付極値問題がラグランジュ関数 $L(x,y,\lambda)$ の条件なしの普通の極値問題になる．1変数 λ を導入することにより，あとの証明が示すように $g(x,y) = 0$ を y について解くという面倒な計算をしなくてよくなる．

証明　定理の条件より $g_y(a,b) \neq 0$ の場合を考える．点 A の近傍で陰関数定理を用いると，ある C^1 関数 $y = \phi(x)$ で $g(x,\phi(x)) = 0$, $b = \phi(a)$ を満たすものが存在する．

制約条件 $g(x,y) = 0$ と $y = \phi(x)$ は同値なので，$z(x) = f(x,\phi(x))$ が極値を取ると考えられ，$\dfrac{dz}{dx}(a) = 0$ が成立しなければならない．鎖法則より

$$\frac{dz}{dx} = f_x(x,y) + f_y(x,y)\frac{d\phi}{dx} = f_x(x,y) - f_y(x,y)\frac{g_x(x,y)}{g_y(x,y)}$$

が成立し，極値の条件は

$$f_x(a,b) - f_y(a,b)\frac{g_x(a,b)}{g_y(a,b)} = 0.$$

である．ここで，$\lambda_0 = \dfrac{f_y(a,b)}{g_y(a,b)}$ とおくと，次が成立し，定理が示された．

$$f_x(a,b) - \lambda_0 g_x(a,b) = 0, \quad f_y(a,b) - \lambda_0 g_y(a,b) = 0 \qquad \square$$

この定理より，ラグランジュ関数 $L(x,y) = f(x,y) - \lambda g(x,y)$ をつくり，以下の連立方程式より x, y, λ を求めればよいことになる．

$$L_x(x,y) = 0, \; L_y(x,y) = 0, \; g(x,y) = 0$$

この λ をラグランジュ乗数という．この場合の極大・極小の判定は，次々節 (5.8節) の最後 (条件付き極大・極小の判定) を参照のこと．

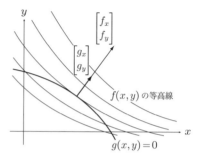

図 5.21　$f(x,y)$ の等高線と制約条件 $g(x,y) = 0$ の曲線．極値では等高線と制約曲線の法線ベクトルの方向が一致する．

例題 5.33 条件 $x^2 - xy + y^2 = 1$ のもとで $x + 2y$ の最大最小を求めよ.

解答 最初に，条件を満たす (x, y) の集合は有界閉集合なので，必ず最大値と最小値が存在することに注意する．ラグランジュ関数を

$$L = x + 2y - \lambda(x^2 - xy + y^2 - 1)$$

とおく．条件は $L_x = 1 - \lambda(2x - y)$, $L_y = 2 - \lambda(-x + 2y)$, $x^2 - xy + y^2 = 1$. 最初の2つを解くと，$x = \dfrac{4}{3\lambda}, y = \dfrac{5}{3\lambda}$. 3つめに代入して $\dfrac{7}{3\lambda^2} = 1$. ゆえに $\dfrac{1}{\lambda} = \pm\sqrt{\dfrac{3}{7}}$. 以上より，$x = \pm\dfrac{4}{\sqrt{21}}, y = \pm\dfrac{5}{\sqrt{21}}$(複号同順). よって，極値は $\dfrac{2\sqrt{21}}{3}$(最大値) と $-\dfrac{2\sqrt{21}}{3}$(最小値).

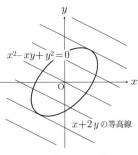

図 5.22 $x^2 - xy + y^2 = 1$ のグラフと $x + 2y$ の等高線

問 5.28 指定された条件のもとで，関数 $f(x, y)$ の最大最小を求めよ.
(1) $f(x, y) = xy$, 条件：$x^2 + 4y^2 = 4$
(2) $f(x, y) = 2x^2 + 4xy - y^2$, 条件：$x^2 + y^2 = 1$

特異点

テイラーの定理を応用し，陰関数表示された平面曲線の特異点を分類する．xy 平面の領域 D で定義された C^2 級関数 $f(x, y)$ に対し，$f(x, y) = 0$ と陰関数表示される平面曲線 C の特異点 (a, b) とは $f(a, b) = f_x(a, b) = f_y(a, b) = 0$ が成立することであった．特異点の近傍では陰関数定理は使えないが，点 (a, b) の周りでテイラーの定理を用いると，次のように表現される．

$$f(x, y) = \frac{1}{2}(Ah^2 + 2Hhk + Bk^2) + R_3(h, k) \quad h = x - a, \ k = y - b$$

ここで，$A = f_{xx}(a, b)$, $H = f_{xy}(a, b)$, $B = f_{yy}(a, b)$ である．

曲線 C は xyz 空間で曲面 $z = f(x, y)$ と xy 平面 $z = 0$ による切断面であるから，$\Delta = \Delta(a, b) = AB - H^2 = f_{xx}(a, b)f_{yy}(a, b) - f_{xy}(a, b)^2$ とおくと，(1) $\Delta > 0$ のときは，点 (a, b) で $z = f(x, y)$ は極値をもち，C は1点 (a, b) である．(2) $\Delta < 0$ のとき，$z = f(x, y)$ のグラフでは点 (a, b) は鞍点であり，だいたい $Ah^2 + 2Hhk + Bk^2 = 0$ である．以上をまとめて次を得る．

(1) $\Delta > 0$ のとき，C は1点 (a, b) からなり，**孤立点**という．

(2) $\Delta < 0$ のとき，C は点 (a, b) で横断する2曲線からなり，**結節点**という．2次方程式 $A\lambda^2 + 2H\lambda + B = 0$ $(A \neq 0)$ は，$\Delta < 0$ だから，相異なる2実根 λ_1, λ_2 をもつ．点 (a, b) で互いに横断する2曲線はそれぞれ接線 $(x - a) - \lambda_j(y - b) = 0$ $(j = 1, 2)$ をもつ．$A = 0$ の場合は，点 (a, b) で互いに横断する2曲線はそれぞれ接線 $y = b, 2H(x - a) + B(y - b) = 0$ をもつ．

(3) $\Delta = 0$ のとき，3次以上のテーラー展開を用いて調べる必要があり，個々の場合にさらに詳しく調べる必要がある．

例　(1) $f(x, y) = x^2 + y^2 = 0$ の特異点は原点 $(0, 0)$ であり，孤立点である．

(2) $f(x, y) = x^2 - y^2 = 0$ の特異点は原点 $(0, 0)$ であり，結節点である．$x^2 - y^2 = 0$ は $x = \pm y$ であり，C は原点で交わる2直線 $y = x$, $y = -x$ である．

例題 5.34　$f(x, y) = y^2 - x^2(x - k) = 0$ の特異点を分類せよ．

解答　$f_x = x(-3x + 2k) = 0$, $f_y = 2y = 0$ より，$(x, y) = (0, 0)$, $(\frac{2}{3}k, 0)$ となるが，$f(x, y) = 0$ を同時に満たすのは $(x, y) = (0, 0)$ のみ．特異点は $(a, b) = (0, 0)$ の原点のみである．$A = 2k$, $B = 2$, $H = 0$ であるから，$\Delta(0, 0) = 4k$. (1) $\Delta > 0$ つまり $k > 0$ のとき，原点は孤立点． (2) $\Delta < 0$ つまり $k < 0$ のとき，原点は結節点． (3) $k = 0$ の場合，$f = y^2 - x^3 = 0$ で，原点は尖点である．

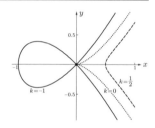

図 5.23　曲線：$y^2 - x^2(x - k) = 0$ の k 依存

注意　陰関数表示したコンコイド曲線 $4y^2 - (y - 1)^2(x^2 + y^2) = 0$ は原点を特異点 (結節点) とするが，媒介変数表示したコンコイド曲線 $x = \cot t + 2\cos t$, $y = 1 + 2\sin t$ $(0 < t < 2\pi)$ では，原点 $(0, 0)$ は t の2つの値 $t = \frac{7\pi}{6}$, $\frac{11\pi}{6}$ が対応し特異点とはならない．このように，陰関数表示の特異点は媒介変数表示をして，特異点でなくすことができる場合がある．この例のように結節点は曲線を質点の運動の軌跡 (Orbit) として見れば xy 平面で曲線が自分自身と交わる点として特異点なのだが，txy 空間で見れば，その結節点に来た最初の時刻 $t = \frac{7\pi}{6}$ と再度来た時刻 $t = \frac{11\pi}{6}$ が区別でき，その軌道 (トラジェクトリー) は交わっていない．

―――――――――――――――― 練習問題 5.7 ―――――――――――――――――

1. 関数 $f(x,y) = \sqrt{1 - x^2 - y^2}$ について 4 次のマクローリン展開を求めよ.

2. $y = \dfrac{1}{1+t}$ と $y = \log(1+t)$ のマクローリン展開を用いて以下の関数のマクローリン展開を求めよ.

(1) $\dfrac{1}{1+x-y}$　　　　(2) $\log(1+x+y)$

3. 以下の関数について n 次偏導関数を計算し, マクローリン展開を求めよ.

(1) $e^x \log(1+y)$　　　　(2) $e^x \sqrt{1-y}$　$(|y| < 1)$

4. 以下の関数の極値を求めよ.

(1) $x^3 + x^2 y + y^2 + 2y$　　　(2) $x^4 + y^4 - 2(x-y)^2$　　　(3) $\cos x + \sin y$

(4) $xy(x^2 + y^2 - 1)$　　　　(5) $e^{-(x^2+y^2)}(x^2 + 2y^2)$

5. 指定された条件のもとで, 関数 $f(x,y)$ の最大最小を求めよ.

(1) $f(x,y) = x^2 + y^2$, 条件 : $x^2 + 4y^2 = 4$

(2) $f(x,y) = x^2 + y^2$, 条件 : $(x^2 + y^2)^2 - 2(x^2 - y^2) = 0$

6. 2 財 X, Y の価格をそれぞれ p_X, p_Y, それぞれの消費量を x, y とする. (効用) 関数 $U(x,y)$ を予算 $b = p_X x + p_Y y$ を一定とする条件のもとで最大化することを考える.

(1) 最大点における $\dfrac{U_x}{U_y}$ (限界代替率) を求めよ. また, この値は予算 b を変化させたときにどうなるか.

(2) $U(x,y) = x^\alpha y^\beta$ $(\alpha, \beta > 0$: コブ-ダグラス関数) としたとき, 最大値をとる x, y の組を求めよ.

5.8　完全微分式の計算

第 5.4 節の全微分可能の定義 5.3 式 (5.3) において, x を $x + \Delta x$, y を $y + \Delta y$ とし, a を x, b を y に置き換えて, $\Delta f = f(x + \Delta x, y + \Delta y) - f(x,y)$ とおくと

$$\Delta f = f_x(x,y)\Delta x + f_y(x,y)\Delta y + R(\Delta x, \Delta y)$$

となる. ここで, $R(\Delta x, \Delta y) = o(\sqrt{\Delta x^2 + \Delta y^2})$ なので, $R(\Delta x, \Delta y)$ は Δx, Δy にくらべて小さい項である. そこで, Δf, Δx, Δy を $R(\Delta x, \Delta y)$ を法として考えるとき[6], 上の式を

$$df = f_x(x,y)\,dx + f_y(x,y)\,dy$$

と表し**完全微分式**という. これは形式的な表現式であるが, 関数 $A(x,y)$ と $B(x,y)$ が

$$df = A(x,y)\,dx + B(x,y)\,dy$$

―――――――――――――――――――――――――――――――――――――――

[6] $R(\Delta x, \Delta y)$ を無視をするということである.

を満たしていれば，定理 5.5 より

$$A(x,y) = f_x(x,y), \quad B(x,y) = f_y(x,y)$$

が成立する．このことを用いると，陰関数 $f(x,y) = 0$ の導関数は $df = 0$ より $\dfrac{dy}{dx} = -\dfrac{f_x}{f_y}$ となるが，変数 x, y が多変数の場合も同様に偏導関数を線形代数を用いて計算することができる (定理 5.19 を参照).

問 5.29　$d(fg) = fdg + gdf$ が成り立つことを示せ.

曲面の接平面

方程式 $f(x,y,z) = 0$ で表される曲面の接平面の方程式を考える．いま，曲面上の点 $A(a,b,c)$ において，$(f_x(A), f_y(A), f_z(A)) \neq (0,0,0)$ が成り立つとする．$df = f_x dx + f_y dy + f_z dz = 0$ なので $f_z \neq 0$ とすると

$$dz = -\frac{f_x}{f_z}dx - \frac{f_y}{f_z}dy$$

となるので $\dfrac{\partial z}{\partial x} = -\dfrac{f_x}{f_z}, \dfrac{\partial z}{\partial y} = -\dfrac{f_y}{f_z}$ が得られる．よって，グラフの接平面の方程式 (5.4) より，接平面の方程式は

$$z - c = -\frac{f_x(A)}{f_z(A)}(x - a) - \frac{f_y(A)}{f_z(A)}(y - b).$$

また，$f_x \neq 0$ または $f_y \neq 0$ の場合を含めて x, y, z について対称な形にすると

$$f_x(A)(x - a) + f_y(A)(y - b) + f_z(A)(z - c) = 0. \tag{5.26}$$

問 5.30　2 次曲面：$\alpha x^2 + \beta y^2 + \gamma z^2 = d$ の点 $A(a,b,c)$ における接平面の方程式を求めよ.

熱力学の計算

熱力学においては，p：圧力，V：体積，T：絶対温度，S：エントロピー，U：内部エネルギー，H：エンタルピー，F：自由エネルギーなどいろいろな変数があるが，この中で (任意の) 2 つが独立変数である.

S, V：独立変数　熱力学の第 1 と第 2 法則を合わせると次の形になる.

$$dU = TdS - pdV$$

よって，相方の変数を $(\ )_S, (\ )_V$ のように表すと[7]

$$p = -\left(\frac{\partial U}{\partial V}\right)_S, \quad T = \left(\frac{\partial U}{\partial S}\right)_V.$$

また，$\dfrac{\partial^2 U}{\partial V \partial S} = \dfrac{\partial^2 U}{\partial S \partial V}$ が成り立つとすると (偏微分の順序交換の定理 5.8 を参照) マクスウェルの関係式が得られる.

$$\left(\frac{\partial T}{\partial V}\right)_S = -\left(\frac{\partial p}{\partial S}\right)_V$$

———————————— 練習問題 5.8 ————————————

1. **(S, p：独立変数)** エンタルピー $H = U + pV$ を用いると $dH = TdS + Vdp$ が成立することを示し，V と T を H の偏導関数を用いて表せ. また，マクスウェルの関係式はどのようになるか.

2. **(V, T：独立変数)** ヘルムホルツの自由エネルギー $F = U - TS$ を用いると $dF = -SdT - pdV$ が成立することを示し，p と S を F の偏導関数を用いて表せ. また，マクスウェルの関係式はどのようになるか.

3. **(独立変数の変換)** 無次元量をそれぞれ次のように定め[8]，

$$\gamma = -\frac{V}{p}\left(\frac{\partial p}{\partial V}\right)_S, \quad \Gamma = -\frac{V}{T}\left(\frac{\partial T}{\partial V}\right)_S = \frac{V}{T}\left(\frac{\partial p}{\partial S}\right)_V, \quad g = \frac{pV}{T^2}\left(\frac{\partial T}{\partial S}\right)_V$$

$g\gamma - \Gamma^2 > 0$ を仮定する.
(1) 独立変数を V, S として，dp と dT を，dV と dS および γ, Γ, g を用いて表せ.
(2) 独立変数を V, T として (1) で求めた微分式をを dp と dS について解き，定積比熱：
$C_V = T\left(\dfrac{\partial S}{\partial T}\right)_V$ を求めよ.
(3) 独立変数を p, T として (1) で求めた微分式をを dV と dS について解き，定圧比
熱：$C_p = T\left(\dfrac{\partial S}{\partial T}\right)_p$ を求めよ.
(4) 比熱比 $\dfrac{C_p}{C_V}$ を無次元量 γ, Γ, g を用いて表せ.

5.9 n 変数関数の極値問題

多変数関数の極大・極小 (n 変数の場合)

n 変数関数の極値問題で極値を取るための必要条件は n が 2 の場合もそれ以上の場合も変わりがなく，定理 5.26 で与えられたが，定理 5.27 の極値を取る

---

[7] 熱力学で普通に行われている表記法で，非常に便利な記法である.
[8] 熱力学ではそれぞれを，γ：断熱指数，Γ：グリュナイゼン係数，g：無次元比熱という.

ための十分条件については $n = 2$ の場合に限定して分かりやすくした．この節では n が 2 以上の場合にも通用する一般的な十分条件を与えることにする．

$\boldsymbol{x} = (x_1, \cdots, x_n) \in \mathbb{R}^n$，$\boldsymbol{a} = (a_1, \cdots, a_n) \in \mathbb{R}^n$ とする．

定理 5.26 (極値を取るための必要条件) を再掲すると，

点 A$(\boldsymbol{a})$ の近傍で定義された関数 $f(\boldsymbol{x}) = f(x_1, \cdots, x_n)$ が点 A において偏微分可能で，点 A で極値を取れば，次が成り立つ．

$$f_{x_1}(\boldsymbol{a}) = \cdots = f_{x_n}(\boldsymbol{a}) = 0 \tag{5.27}$$

十分条件を記述ために n 変数の C^2 関数 $f(\boldsymbol{x}) = f(x_1, \cdots, x_n)$ のヘッセ行列 $H_f(\boldsymbol{x})$ を導入する．

定義 5.9 (ヘッセ行列・ヘシアン) n 変数の C^2 関数 $f(\boldsymbol{x}) = f(x_1, \cdots, x_n)$ に対して，$f_{x_i x_j}(\boldsymbol{x})$ を (i, j) 成分とする n 次正方行列をヘッセ行列 $H_f(\boldsymbol{x})$ という．関数 f が明らかなときは省略して $H(\boldsymbol{x})$ と記す．

$$H_f(\boldsymbol{x}) = H(\boldsymbol{x}) = \begin{bmatrix} f_{x_1 x_1}(\boldsymbol{x}) & f_{x_1 x_2}(\boldsymbol{x}) & \cdots & f_{x_1 x_n}(\boldsymbol{x}) \\ f_{x_2 x_1}(\boldsymbol{x}) & f_{x_2 x_2}(\boldsymbol{x}) & \cdots & f_{x_2 x_n}(\boldsymbol{x}) \\ \vdots & \vdots & \ddots & \vdots \\ f_{x_n x_1}(\boldsymbol{x}) & f_{x_n x_2}(\boldsymbol{x}) & \cdots & f_{x_n x_n}(\boldsymbol{x}) \end{bmatrix}$$

ヘッセ行列の行列式 $|H_f(\boldsymbol{x})|$ を**ヘッセ行列式**，または**ヘシアン**という．$f_{x_i x_j} = f_{x_j x_i}$ より，ヘッセ行列は実対称行列である．

例題 5.35 関数 $f(x, y) = ax^2 + 2bxy + cy^2$ のヘッセ行列とヘシアンを求めよ．

解答　$f_{xx} = 2a$，$f_{xy} = f_{yx} = 2b$，$f_{yy} = 2c$ より

$$H_f(x, y) = \begin{bmatrix} 2a & 2b \\ 2b & 2c \end{bmatrix}, \qquad |H_f(x, y)| = 4(ac - b^2)$$

C^2 関数 $f(\boldsymbol{x})$ が点 A$(\boldsymbol{a})$ で極値を取るとき，$f(\boldsymbol{x})$ を点 A の周りで 2 次までテイラー展開すると $f_{x_1}(\boldsymbol{a}) = \cdots = f_{x_n}(\boldsymbol{a}) = 0$ であったから，テイラーの公

式は以下のようになる. ただし, $\boldsymbol{h} = {}^t(h_1, \cdots, h_n) \in {}^t\mathbb{R}^n$ とする.

$$f(\boldsymbol{a} + \boldsymbol{h}) = f(\boldsymbol{a}) + \frac{1}{2} \sum_{1 \leqq i,j \leqq n} f_{x_i x_j}(\boldsymbol{a}) h_i h_j + o(1)|\boldsymbol{h}|^2$$

$$= f(\boldsymbol{a}) + \frac{1}{2}{}^t\boldsymbol{h} H(\boldsymbol{a}) \boldsymbol{h} + o(1)|\boldsymbol{h}|^2$$

ここで,

$$d = f(\boldsymbol{a} + \boldsymbol{h}) - f(\boldsymbol{a}) = \frac{1}{2}{}^t\boldsymbol{h} H(\boldsymbol{a}) \boldsymbol{h} + o(1)|\boldsymbol{h}|^2 \qquad (5.28)$$

と置く. $|\boldsymbol{h}| = \sqrt{h_1^2 + \cdots + h_n^2}$ は十分小さいとする. $\boldsymbol{h}$ がいろいろと動くと, $\boldsymbol{x} = \boldsymbol{a} + \boldsymbol{h}$ は点 A($\boldsymbol{a}$) の近傍の点すべてを動くから, 近傍の点 P($\boldsymbol{x}$) での関数値 $f(\boldsymbol{x}) = f(\boldsymbol{a} + \boldsymbol{h})$ と点 A($\boldsymbol{a}$) での関数値 $f(\boldsymbol{a})$ の差 d の符号は $|\boldsymbol{h}|$ が十分小さいからヘッセ行列 H の 2 次形式 ${}^t\boldsymbol{h} H(\boldsymbol{a}) \boldsymbol{h}$ の符号と一致する.

$H(\boldsymbol{a})$ は実対称行列であるので, 直交行列により対角化可能である. すなわち, 直交行列 P を用いて $\boldsymbol{h} = P\boldsymbol{\eta}$ と基底を替えると

$${}^t\boldsymbol{h} H(\boldsymbol{a}) \boldsymbol{h} = \lambda_1 \eta_1^2 + \cdots + \lambda_n \eta_n^2 \qquad \boldsymbol{\eta} = {}^t(\eta_1, \cdots, \eta_n) \qquad (5.29)$$

の形にできる. ここで, $\lambda_1, \ldots, \lambda_n$ は $H(\boldsymbol{a})$ の実固有値で, 次の不等式を得る.

$$\lambda_{min}|\boldsymbol{h}|^2 \leqq {}^t\boldsymbol{h} H(\boldsymbol{a}) \boldsymbol{h} \leqq \lambda_{max}|\boldsymbol{h}|^2 \qquad (5.30)$$

λ_{min} は $H(\boldsymbol{a})$ の最小固有値であり, $\boldsymbol{h}$ が λ_{min} に付随する固有ベクトル $\boldsymbol{h}_{min}$ であるとき, この不等式の左辺の等号が成立し, λ_{max} は $H(\boldsymbol{a})$ の最大固有値であり, $\boldsymbol{h}$ が λ_{max} に付随する固有ベクトル $\boldsymbol{h}_{max}$ であるとき, この不等式の右辺の等号が成立する. 次の定理を得る.

定理 5.29（極値を取るための十分条件）領域 D で定義された n 変数の C^2 関数 $f(\boldsymbol{x})$ が内点 A($\boldsymbol{a}$) $\in D$ で $f_{x_1}(\boldsymbol{a}) = \cdots = f_{x_n}(\boldsymbol{a}) = 0$ を満たすとき, ヘッセ行列 $H(\boldsymbol{a})$ の性質から次の極値を取るための十分条件がわかる.

(1) $H(\boldsymbol{a})$ の固有値がすべて正ならば $\boldsymbol{a}$ は極小点

(2) $H(\boldsymbol{a})$ の固有値がすべて負ならば $\boldsymbol{a}$ は極大点

(3) $H(\boldsymbol{a})$ が正の固有値と負の固有値をもつならば点 A で極値を取らない.

(4) $H(\boldsymbol{a})$ がその他の場合（正と 0 の固有値をもつか, 負と 0 の固有値をもつか, 零固有値のみをもつ場合）ならば, $f(\boldsymbol{x})$ が点 A で極値を取るか否かは $H(\boldsymbol{a})$ から判断できない.

証明　式 (5.28), (5.29), (5.30) を見れば,

(1) $\lambda_{min} > 0$ より, $d = f(\boldsymbol{a} + \boldsymbol{h}) - f(\boldsymbol{a}) > 0 \ (\boldsymbol{h} \neq \boldsymbol{0})$.

(2) $\lambda_{max} < 0$ より, $d = f(\boldsymbol{a} + \boldsymbol{h}) - f(\boldsymbol{a}) < 0 \ (\boldsymbol{h} \neq \boldsymbol{0})$.

(3) $\lambda_{max} > 0$ より, $\boldsymbol{h} = t\,\boldsymbol{h}_{max}$ として, $f(\boldsymbol{a} + \boldsymbol{h}) - f(\boldsymbol{a}) = \dfrac{1}{2}\lambda_{max}t^2|\boldsymbol{h}_{max}|^2 > 0$.

一方 $\lambda_{min} < 0$ より, $\boldsymbol{h} = t\,\boldsymbol{h}_{min}$ として, $f(\boldsymbol{a} + \boldsymbol{h}) - f(\boldsymbol{a}) = \dfrac{1}{2}\lambda_{min}t^2|\boldsymbol{h}_{min}|^2 < 0$.

つまり, $d = f(\boldsymbol{a} + \boldsymbol{h}) - f(\boldsymbol{a})$ は正にも負にもなるので, 極値を取らない.　□

　上記の判定法で, 実対称行列であるヘッセ行列 $H(\boldsymbol{a})$ の固有値をすべて求める必要はなく, 線形代数学の次の定理を用いるのがよい.

定理 5.30（2 次形式の分類） n 次実対称行列 $H = (h_{ij})$ が正定値 (固有値がすべて正であること) であるための必要十分条件は主対角行列式 $|H_r| > 0 \ (r = 1, 2, \cdots, n)$ が成り立つことであり, 負定値 (固有値がすべて負であること) であるための必要十分条件は主対角行列式 $(-1)^r|H_r| > 0 \ (r = 1, 2, \cdots, n)$ が成り立つことである. ただし, r 次実対称行列の主対角行列 H_r は次の通り

$$H_r = \begin{bmatrix} h_{11} & h_{12} & \cdots & h_{1r} \\ h_{21} & h_{22} & \cdots & h_{2r} \\ \vdots & \vdots & \ddots & \vdots \\ h_{r1} & h_{r2} & \cdots & h_{rr} \end{bmatrix}$$

例題 5.36　関数 $f(x, y) = x^2 + y^2 + z^2 + 2bxy + 2cxz$ が極小値を取るための条件を求めよ.

解答　$f_x = 0$, $f_y = 0$, $f_z = 0$ を解き, $x = y = z = 0$ を得る. 原点で極小値を取る可能性がある.

$$H_1 = 2, \ H_2 = \begin{bmatrix} 2 & 2b \\ 2b & 2 \end{bmatrix}, \ H_3 = H = \begin{bmatrix} 2 & 2b & 2c \\ 2b & 2 & 0 \\ 2c & 0 & 2 \end{bmatrix} \ \text{より}, \ |H_1| = 2 > 0,$$

$|H_2| = 4 - 4b^2 > 0$, $|H_3| = |H| = 8 - 8b^2 - 8c^2 = 8(1 - b^2 - c^2) > 0$ であるから, 求める条件は $b^2 + c^2 < 1$.

別解　H の固有多項式は

$$|\lambda I - H| = (\lambda - 2)[\lambda^2 - 4\lambda + 4(1 - b^2 - c^2)]$$

であるので，2 次方程式 $\lambda^2 - 4\lambda + 4(1 - b^2 - c^2) = 0$ の 2 つの解がともに正である条件より $b^2 + c^2 < 1$.

条件付き極大・極小 (n 変数の場合)

この節では，条件付き極値問題での極値を取るための十分条件を学ぶ．そのための準備をする．テイラーの定理を導出するためには n 変数関数 $f(\boldsymbol{x}) = f(x_1, \cdots, x_n)$ の点 $A(a_1, \cdots, a_n)$ での振舞を知るために点 A を通る直線上での $f(\boldsymbol{x})$ の振舞を調べた．これをもう少し一般にして点 A を通る曲線 $\boldsymbol{x} = \boldsymbol{x}(t)$ 上での関数 $f(\boldsymbol{x})$，つまり，関数 $f(\boldsymbol{x}(t))$ の振舞を調べることから始めよう．もう少し正確に述べよう．ここでは $\boldsymbol{x} = {}^t(x_1, \cdots, x_n)$, $\boldsymbol{x}(t) = {}^t(x_1(t), \cdots, x_n(t))$, $\boldsymbol{h} = {}^t(h_1, \cdots, h_n)$ とする．

$\boldsymbol{x} = \boldsymbol{x}(t)$ を $\boldsymbol{x}(0) = \boldsymbol{a}$, $\dfrac{d\boldsymbol{x}}{dt}(0) = \boldsymbol{h}$ を満たす $\mathbb{R}^n$ の曲線とする．このとき，以下では，$\mathrm{D}f(\boldsymbol{x}) = (f_{x_1}(\boldsymbol{x}), \cdots, f_{x_n}(\boldsymbol{x}))$ と置く．

$$\frac{d}{dt}f(\boldsymbol{x}(t)) = \mathrm{D}f(\boldsymbol{x})\frac{d\boldsymbol{x}}{dt}$$

$$\frac{d^2}{dt^2}f(\boldsymbol{x}(t)) = {}^t\frac{d\boldsymbol{x}}{dt}\, H(\boldsymbol{x})\frac{d\boldsymbol{x}}{dt} + \mathrm{D}f(\boldsymbol{x})\frac{d^2\boldsymbol{x}}{dt^2}$$

が成立するので，点 A で極値を取るための必要条件 $\mathrm{D}f(\boldsymbol{a}) = \boldsymbol{0}$ が満たされているならば，次の式が成立する．

$$\frac{d^2}{dt^2}f(\boldsymbol{x}(0)) = {}^t\boldsymbol{h}H(\boldsymbol{a})\boldsymbol{h}$$

したがって，$H(\boldsymbol{a})$ の正 (負) 値性を調べるには，$\dfrac{d^2}{dt^2}f(\boldsymbol{x}(0))$ の正 (負) 値性を調べればよい．

条件付き極値問題 (n 変数の場合)

m 個の制約条件 $g_1(\boldsymbol{x}) = \cdots = g_m(\boldsymbol{x}) = 0 \ (1 \leqq m < n)$ を課したときの $f(\boldsymbol{x})$ の極大・極小を考える．

ここで，$f(\boldsymbol{x}), g_1(\boldsymbol{x}), \ldots, g_m(\boldsymbol{x})$ は n 変数 C^1 関数とする．

$\boldsymbol{G}(\boldsymbol{x}) = {}^t[g_1(\boldsymbol{x}) \cdots g_m(\boldsymbol{x})]$ として，そのヤコビ行列を，$\dfrac{\partial g_i(\boldsymbol{x})}{\partial x_j}$ を (i, j) 成分とする m 行 n 列行列で定め，$\mathrm{D}\boldsymbol{G}(\boldsymbol{x}) = [\boldsymbol{G}_{x_1}(\boldsymbol{x}) \cdots \boldsymbol{G}_{x_n}(\boldsymbol{x})]$ と表す．

制約条件を満たす極値を取る点 $\boldsymbol{a}$ において $\mathrm{rank}\,\mathrm{D}\boldsymbol{G}(\boldsymbol{a}) = m$ と仮定する．

簡単のために変数 $x_1, \ldots, x_n$ を並べ直し，$\boldsymbol{G}_{x_{n-m+1}}(\boldsymbol{a}), \ldots, \boldsymbol{G}_{x_n}(\boldsymbol{a})$ は 1 次独立であるようにすると，この仮定のもとでは，陰関数定理より $\boldsymbol{a}$ の近傍で

$x_{n-m+1}, \ldots, x_n$ は $x_1, \ldots, x_{n-m}$ の C^1 関数となる.

$\mathbb{R}^n$ の C^1 曲線で, $\boldsymbol{G}(\boldsymbol{x}(t)) = \boldsymbol{0}$, $\boldsymbol{x}(0) = \boldsymbol{a}$ を満たすものを考える[9].

点 A($\boldsymbol{a}$) において $f(\boldsymbol{x})$ は極値を取るので, 鎖法則を用いて計算すると

$$\frac{d}{dt}f(\boldsymbol{x}(t))\bigg|_{t=0} = \left[f_{x_1}(\boldsymbol{a}) \cdots f_{x_n}(\boldsymbol{a})\right]\frac{d\boldsymbol{x}}{dt}(0) = 0 \tag{5.31}$$

$$\frac{d}{dt}\boldsymbol{G}(\boldsymbol{x}(t)) = \left[\boldsymbol{G}_{x_1}(\boldsymbol{x}(t)) \cdots \boldsymbol{G}_{x_n}(\boldsymbol{x}(t))\right]\frac{d\boldsymbol{x}}{dt}(t) = \boldsymbol{0}.$$

となり, $\left[\boldsymbol{G}_{x_1}(\boldsymbol{x}(t)) \cdots \boldsymbol{G}_{x_n}(\boldsymbol{x}(t))\right]$ の各行ベクトルと $\dfrac{d\boldsymbol{x}}{dt}(t)$ の内積は 0 で, 各行ベクトルと $\dfrac{d\boldsymbol{x}}{dt}(t)$ は直交する. $t = 0$ に制限し, $\boldsymbol{h} = \dfrac{d\boldsymbol{x}}{dt}(0)$ と記すと m 行 n 列 行列 $\left[\boldsymbol{G}_{x_1}(\boldsymbol{a}) \cdots \boldsymbol{G}_{x_n}(\boldsymbol{a})\right]$ の i 行ベクトル $\left[g_{i,x_1}(\boldsymbol{a}) \cdots g_{i,x_n}(\boldsymbol{a})\right]$ はすべての i $(i = 1, \cdots, m)$ に対して $\boldsymbol{h}$ と直交する. この m 個の行ベクトル $\left[g_{1,x_1}(\boldsymbol{a}) \cdots g_{1,x_n}(\boldsymbol{a})\right], \ldots, \left[g_{m,x_1}(\boldsymbol{a}) \cdots g_{m,x_n}(\boldsymbol{a})\right]$ で張られる $\mathbb{R}^n$ の部分空間を $\mathcal{G}(\boldsymbol{a})$ と表すと, 仮定より, $\mathcal{G}(\boldsymbol{a})$ の次元は m で, 各行ベクトルは基底である. だから, $\boldsymbol{h} = \dfrac{d\boldsymbol{x}}{dt}(0)$ は $\mathcal{G}(\boldsymbol{a})$ に直交する任意のベクトルとしてよい. 一方, 上の式 (5.31) は $\left[f_{x_1}(\boldsymbol{a}) \cdots f_{x_n}(\boldsymbol{a})\right]$ が $\boldsymbol{h}$ と直交することを表している. $\left[f_{x_1}(\boldsymbol{a}) \cdots f_{x_n}(\boldsymbol{a})\right] \in \mathcal{G}(\boldsymbol{a})$ となり, $\left[g_{1,x_1}(\boldsymbol{a}) \cdots g_{1,x_n}(\boldsymbol{a})\right], \ldots, \left[g_{m,x_1}(\boldsymbol{a}) \cdots g_{m,x_n}(\boldsymbol{a})\right]$ の 1 次結合で表されることが結論される. 以上より, 次の定理を得る.

定理 5.31 $\mathbb{R}^n$ の領域 D で定義された C^1 関数 $f(\boldsymbol{x})$ と $g_1(\boldsymbol{x}), \ldots, g_m(\boldsymbol{x})$ $(1 \leqq m < n)$ について, 制約条件 : $g_1(\boldsymbol{x}) = \cdots = g_m(\boldsymbol{x}) = 0$ のもとで $f(\boldsymbol{x})$ が $\boldsymbol{a}$ において極値をもち, $\boldsymbol{G}(\boldsymbol{x}) = {}^t\left[g_1(\boldsymbol{x}) \cdots g_m(\boldsymbol{x})\right]$ とおくとき, 点 A($\boldsymbol{a}$) $\in D$ においてヤコビ行列 D$\boldsymbol{G}(\boldsymbol{a}) = [\partial g_i/\partial x_j]_{\boldsymbol{x}=\boldsymbol{a}}$ が rank D$\boldsymbol{G}(\boldsymbol{a}) = m$ を満たすとする. また, $L(\boldsymbol{x}, \lambda_1, \cdots, \lambda_m) = L(\boldsymbol{x}, \boldsymbol{\lambda}) = f(\boldsymbol{x}) - \lambda_1 g_1(\boldsymbol{x}) - \cdots - \lambda_m g_m(\boldsymbol{x})$ と置く.

このとき, 以下の条件を満たす $\lambda_1, \ldots, \lambda_m$ が存在する.

$$L_{x_1}(\boldsymbol{a}, \boldsymbol{\lambda}) = f_{x_1}(\boldsymbol{a}) - \lambda_1 g_{1,x_1}(\boldsymbol{a}) - \cdots - \lambda_m g_{m,x_1}(\boldsymbol{a}) = 0,$$

$$\vdots$$

---

[9] $x_{n-m+1}(t), \ldots, x_n(t)$ は $x_1(t), \ldots, x_{n-m}(t)$ で定まる.

$$L_{x_n}(\boldsymbol{a}, \boldsymbol{\lambda}) = f_{x_n}(\boldsymbol{a}) - \lambda_1 g_{1, x_n}(\boldsymbol{a}) - \cdots - \lambda_m g_{m, x_n}(\boldsymbol{a}) = 0,$$
$$L_{\lambda_1}(\boldsymbol{a}, \boldsymbol{\lambda}) = g_1(\boldsymbol{a}) = 0, \ \ldots, \ L_{\lambda_m}(\boldsymbol{a}, \boldsymbol{\lambda}) = g_m(\boldsymbol{a}) = 0$$

$L(\boldsymbol{x}, \boldsymbol{\lambda}) = f(\boldsymbol{x}) - \lambda_1 g_1(\boldsymbol{x}) - \cdots - \lambda_m g_m(\boldsymbol{x})$ を n 次元の**ラグランジュ関数**という．この定理は**ラグランジュ乗数**といわれる m 個の未知数 $\boldsymbol{\lambda} = (\lambda_1, \ldots, \lambda_m)$ をもつラグランジュ関数 $L(\boldsymbol{x}, \boldsymbol{\lambda})$ を導入し，$f(\boldsymbol{x})$ の条件付極値問題をラグランジュ関数 $L(\boldsymbol{x}, \boldsymbol{\lambda})$ の条件なしの極値問題にできることを示している．

例題 5.37 直方体の表面積が一定であるとき，体積が最大となるのは立方体であることを示せ．

解答 直方体の 3 辺の長さをそれぞれ $x, y, z > 0$ とし，表面積を $2S$ とすると，体積は xyz，制約条件は $yz + zx + xy = S$．よって，ラグランジュ関数を
$$L = xyz - \lambda(yz + zx + xy - S)$$
とおくと，極値の条件は
$$yz - \lambda(y + z) = 0, \quad zx - \lambda(z + x) = 0, \quad xy - \lambda(x + y) = 0$$
である．よって，$(y - \lambda)(z - \lambda) = (z - \lambda)(x - \lambda) = (x - \lambda)(y - \lambda) = \lambda^2$ が成立し $x, y, z \neq \lambda$ としてよいので，$x = y = z$ がいえる．

このとき，$S = 3x^2 = 3y^2 = 3z^2$ であるので，$x = y = z = \sqrt{\dfrac{S}{3}}$ となる．また，$zx + xy < S$ より $z < \dfrac{S}{x}, y < \dfrac{S}{x}$．よって，$xyz < \dfrac{S^2}{x} \to 0 \ (x \to \infty)$ となる．さらに，$yz < S$ より，$0 < xyz < xS$ であるので，$x \to 0$ のとき 0 に近づく．y, z についても同様なので，体積 xyz は立方体の場合 $(x = y = z)$ が最大である．

問 5.31 条件：$x^2 + 4y^2 + 9z^2 = 36$ のもとで $f(x, y, z) = xyz$ の最大・最小を求めよ．

条件付き極大・極小の判定

定理 5.31 は極値の必要条件であるが，十分条件として，ここでは 2 次偏導関数を用いた極大・極小の判定法を学ぶ．関数 $f(\boldsymbol{x})$ と $g_1(\boldsymbol{x}), \ldots, g_m(\boldsymbol{x})$ $(1 \leqq m < n)$ は C^2 級とする．点 $\boldsymbol{a}$ で $f(\boldsymbol{x})$ は極値をもつとして，上と同様に曲線 $\boldsymbol{x}(t)$ で，$\boldsymbol{G}(\boldsymbol{x}(t)) = \boldsymbol{0}, \boldsymbol{x}(0) = \boldsymbol{a}$ を満たすものをとる．ヘッセ行列を
$$H_f(\boldsymbol{x}) = \left[f_{x_i x_j}(\boldsymbol{x}) \right]_{1 \leqq i, j \leqq n}, \ H_{g_k}(\boldsymbol{x}) = \left[g_{k, x_i x_j}(\boldsymbol{x}) \right]_{1 \leqq i, j \leqq n}.$$

また，$\mathrm{D}f(\boldsymbol{x}) = \begin{bmatrix} f_{x_1}(\boldsymbol{x}) \cdots f_{x_n}(\boldsymbol{x}) \end{bmatrix}$, $\mathrm{D}g_k(\boldsymbol{x}) = \begin{bmatrix} g_{k,x_1}(\boldsymbol{x}) \cdots g_{k,x_n}(\boldsymbol{x}) \end{bmatrix}$ と表し，鎖法則を再度用いて計算すると次の 2 式が得られる．

$$\frac{d^2}{dt^2} f(\boldsymbol{x}(t)) \bigg|_{t=0} = {}^t\frac{d\boldsymbol{x}}{dt}(0) H_f(\boldsymbol{a}) \frac{d\boldsymbol{x}}{dt}(0) + \mathrm{D}f(\boldsymbol{a}) \frac{d^2\boldsymbol{x}}{dt^2}(0)$$

$$\frac{d^2}{dt^2} g_k(\boldsymbol{x}(t)) = {}^t\frac{d\boldsymbol{x}}{dt}(t) H_{g_k}(\boldsymbol{x}) \frac{d\boldsymbol{x}}{dt}(t) + \mathrm{D}g_k(\boldsymbol{x}) \frac{d^2\boldsymbol{x}}{dt^2}(t) = 0.$$

この 2 つ目の式で $t = 0$ に制限し，$\boldsymbol{h} = \dfrac{d\boldsymbol{x}}{dt}(0)$, $\boldsymbol{x}(0) = \boldsymbol{a}$ と表すと，

$$\mathrm{D}g_k(\boldsymbol{a}) \frac{d^2\boldsymbol{x}}{dt^2}(0) = -{}^t\boldsymbol{h} H_{g_k}(\boldsymbol{a})\boldsymbol{h}$$

を得る．また定理 5.31 より，$f_{x_k}(\boldsymbol{a}) - \lambda_1 g_{1,x_k}(\boldsymbol{a}) - \cdots - \lambda_m g_{m,x_k}(\boldsymbol{a}) = 0$ であるから

$$\mathrm{D}f(\boldsymbol{a}) \frac{d^2\boldsymbol{x}}{dt^2}(0) = \sum_{k=1}^m \lambda_k \mathrm{D}g_k(\boldsymbol{a}) \frac{d^2\boldsymbol{x}}{dt^2}(0) = -\sum_{k=1}^m \lambda_k\, {}^t\boldsymbol{h} H_{g_k}(\boldsymbol{a})\boldsymbol{h}$$

が得られるので，曲線 $\boldsymbol{x} = \boldsymbol{x}(t)$ に沿った 2 次導関数の $t = 0$ での値は

$$\frac{d^2}{dt^2} f(\boldsymbol{x}(t)) \bigg|_{t=0} = {}^t\boldsymbol{h} \Big[H_f(\boldsymbol{a}) - \sum_{k=1}^m \lambda_k H_{g_k}(\boldsymbol{a}) \Big] \boldsymbol{h} = {}^t\boldsymbol{h} H_L(\boldsymbol{a})\boldsymbol{h}$$

となる．ここで，H_L はラグランジュ関数 L のヘッセ行列であり，$\boldsymbol{h} = \dfrac{d\boldsymbol{x}}{dt}(0)$ は $\mathcal{G}(\boldsymbol{a})$ に直交する任意のベクトルとしてよい．以上より

定理 5.32 $\mathbb{R}^n$ の領域 D で定義された C^2 関数 $f(\boldsymbol{x})$ と $g_1(\boldsymbol{x}), \ldots, g_m(\boldsymbol{x})$ $(1 \leqq m < n)$ について，制約条件：$g_1(\boldsymbol{x}) = \cdots = g_m(\boldsymbol{x}) = 0$ のもとで $f(\boldsymbol{x})$ が内点 $\mathrm{A}(\boldsymbol{a}) \in D$ において極値をもち，定理 5.31 の乗数 $\lambda_1, \ldots, \lambda_m$ が定まるとき，すべての $\begin{bmatrix} g_{1,x_1}(\boldsymbol{a}) \cdots g_{1,x_n}(\boldsymbol{a}) \end{bmatrix}, \ldots, \begin{bmatrix} g_{m,x_1}(\boldsymbol{a}) \cdots g_{m,x_n}(\boldsymbol{a}) \end{bmatrix}$ に直交する任意のベクトル $\boldsymbol{h}$ について

(1) ${}^t\boldsymbol{h} H_L(\boldsymbol{a})\boldsymbol{h} > 0$ ならば $\boldsymbol{a}$ は極小点である．

(2) ${}^t\boldsymbol{h} H_L(\boldsymbol{a})\boldsymbol{h} < 0$ ならば $\boldsymbol{a}$ は極大点である．

---

2 変数関数 $f(x, y)$ で制約条件が $g(x, y) = 0$ の場合は，次の定理が成立する．

定理 5.33 関数 $f(x, y), g(x, y)$ は領域 D で定義された C^1 関数で，内点 $\mathrm{A}(a, b) \in D$ において $(g_x(a, b), g_y(a, b)) \neq (0, 0)$ を満たすとする．この

とき，制約条件：$g(x,y) = 0$ のもとで $f(x,y)$ が A において極値をもち，定理 5.28 の乗数 λ が定まるとき

$$L_{xx}(a,b)g_y(a,b)^2 - 2L_{xy}(a,b)g_x(a,b)g_y(a,b) + L_{yy}(a,b)g_x(a,b)^2$$
$$(5.32)$$

の値が正ならば A は極小点，負ならば A は極大点である．

証明 $\boldsymbol{h} = \begin{bmatrix} -g_y(a,b) \\ g_x(a,b) \end{bmatrix}$ としてよいので，極値の判定は上の式の正負により決まる．□

例題 5.33 では極大・極小を直接確かめていなかったが，ここでチェックすると，上式 (5.32) は $-6\lambda(x^2 - xy + y^2)$ になる．よって，$x^2 - xy + y^2 > 0$ より $\lambda > 0$ のとき極 (最) 大値，$\lambda < 0$ のとき極 (最) 小値であることを示している．

[説明] $f(\boldsymbol{x})$ の条件付極値問題をラグランジュ関数 $L(\boldsymbol{x}, \boldsymbol{\lambda})$ の条件なしの極値問題になるのであった．極値を取る十分条件は，やはり，ラグランジュ関数 L のヘッセ行列の 2 次形式 ${}^t\boldsymbol{h}H_L(\boldsymbol{a})\boldsymbol{h}$ の値域の問題になる．条件なしの極値問題の場合は $\boldsymbol{h} \in \mathbb{R}^n$ はすべての n 次元ベクトルを動くのであるが，条件のある場合は $\boldsymbol{h}$ の動く範囲に制約が付くわけである．つまり極値を取る点は $g_k(\boldsymbol{x}) = 0$ $(k = 1, \cdots, m)$ の上にあるので，$\boldsymbol{h}$ はこの接平面に直交する方向に制限される．すなわち $\mathcal{G}(\boldsymbol{a})$ の直交補空間に制限される．

―――――――――――― **練習問題 5.9** ――――――――――――

1. 条件：$\dfrac{x^2}{a^2} + \dfrac{y^2}{b^2} + \dfrac{z^2}{c^2} = 1$ のもとで $f(x,y,z) = xyz$ の最大・最小を求めよ．

2. 直方体の辺の和が一定であるとき，体積が最大となるのは立方体であることを示せ．

3. 半径 a の円に内接する三角形のうちで，面積が最大となるものを求めよ．

4. 半径 a の円に外接する三角形のうちで，面積が最小となるものを求めよ．

5. 三角形 ABC において $a = \mathrm{BC}$，$b = \mathrm{CA}$，$c = \mathrm{AC}$ とし，その面積を S とする．この三角形の内部の点 P から各辺 BC, CA, AC に下ろした垂線の長さをそれぞれ x, y, z とするとき，$x^2 + y^2 + z^2$ の最小値と，そのときの x, y, z を a, b, c, S を用いて表せ．

6. 条件：$x_1^2 + x_2^2 + \cdots + x_n^2 = 1$ のもとで $f(\boldsymbol{x}) = \displaystyle\sum_{1 \le i,j \le n} a_{ij}x_i x_j \ (a_{ij} = a_{ji})$ の最大・最小を求めよ．

7. 2 つの数の組 $\{a_1, a_2, \ldots, a_n\}$ と $\{b_1, b_2, \ldots, b_n\}$ が与えられたとき

$$Q(p, q) = \sum_{k=1}^{n} (b_k - pa_k - q)^2$$

の値を最小にする p, q を以下の 4 つの量を用いて表せ.

$$\overline{a} = \frac{1}{n} \sum_{k=1}^{n} a_k, \quad \overline{b} = \frac{1}{n} \sum_{k=1}^{n} b_k, \quad \overline{a^2} = \frac{1}{n} \sum_{k=1}^{n} a_k^2, \quad \overline{ab} = \frac{1}{n} \sum_{k=1}^{n} a_k b_k$$

8. 次の関数 $f(x, y, z)$ の極値を求めよ.

(1) $f(x, y, z) = x^4 + y^4 + z^4 - 4xyz$

(2) $f(x, y, z) = (x + y + z)e^{-(x^2 + y^2 + z^2)}$

5.10 多変数関数の極限の定義と諸定理の証明

極限の定義

　関数 $f(\mathrm{P})$ が点 A の近傍の A を除く範囲で定義されているとする. 任意の $d > 0$ について, 以下を満たす $h > 0$ が定まるとき, P が A に限りなく近づくとき $f(\mathrm{P})$ は l に収束するという.

$$0 < |\mathrm{AP}| < h \quad \text{ならば} \quad |f(\mathrm{P}) - l| < d \quad \text{が成立する}$$

　多変数関数の場合, P を A に限りなく近づけるあらゆる方法を試すのは不可能であるので, 極限値が存在する場合に, この定義に沿って確かめることが重要になる.

　したがって, 関数 $f(\mathrm{P})$ が A において連続であることは, 任意の $d > 0$ について, 以下を満たす $h > 0$ が定まるときである.

$$|\mathrm{AP}| < h \quad \text{ならば} \quad |f(\mathrm{P}) - f(\mathrm{A})| < d \quad \text{が成立する}$$

中間値の定理 5.2（166 ページ）の証明

> **定理 5.34（定理 5.2）（中間値定理）** 開領域または閉領域 D で定義された連続関数 $f(\mathrm{P})$ が, 2 点 $\mathrm{A}, \mathrm{B} \in D$ について $f(\mathrm{A}) \neq f(\mathrm{B})$ を満たすとき, $f(\mathrm{A})$ と $f(\mathrm{B})$ の間の任意の値 k について
>
> $$f(\mathrm{C}) = k, \quad \mathrm{C} \in D$$
>
> を満たす点 C が少なくとも 1 つ存在する.

証明　D は連結なので，D 内で 2 点 A, B を結ぶ連続曲線が存在する．つまり，区間 $[a, b]$ で定義された連続関数 $x = x(t)$, $y = y(t)$ が存在して，$\mathrm{A} = (x(a), y(a))$, $\mathrm{B} = (x(b), y(b))$, $(x(t), y(t)) \in D$ となっている．関数 $f(t) = f(x(t), y(t))$ は区間 $[a, b]$ で定義された 1 変数 t の連続関数となる．$f(a) = f(\mathrm{A})$, $f(b) = f(\mathrm{B})$ である．

1 変数の連続関数の中間値の定理 (定理 2.12) より，$f(c) = k$ となる c $(a < c < b)$ が存在する．点 $\mathrm{C} = (x(c), y(c))$ とすればよい．　　□

最大値・最小値の定理 5.3 (166 ページ) の証明

有界閉領域で定義された連続関数について，以下の 2 つの定理が成り立つ．

> **定理 5.35 (定理 5.3 の前半)**　有界閉領域で定義された連続関数は有界である．

証明　証明の概略を説明する．有界閉領域を F として，F を含む長方形を

$$[a, b] \times [c, d] = \{\mathrm{P}(x, y) \in \mathbb{R}^2 \mid a \leqq x \leqq b, \ c \leqq y \leqq d\}$$

と表す．証明は定理 2.19 (定理 2.9 の前半) とほぼ同じである．$\mathbb{R}$ の部分集合 S を以下のように定義する．ここで，$R(s) = \{\mathrm{P}(x, y) \in \mathbb{R}^2 \mid a \leqq x \leqq s, \ c \leqq y \leqq d\}$ とした．

$$S = \{s \in [a, b] \mid R(s) \text{ において } f(\mathrm{P}) \text{ は有界または定義されていない}\}$$

S は有界集合なので，上限 $\sigma = \sup S > a$ が存在する．ここで，$\sigma = b$ なら証明終了．$\sigma < b$ とすると，σ に収束する単調増加数列 $\{x_n\}$ $(x_n \in S)$ が存在する．さらに，集合 T を以下のように定義すると，T は有界なので $\tau = \sup T > c$ が存在する．

$$T = \{t \in [c, d] \mid y \in [c, t] \text{ において } f(\sigma, y) \text{ は有界または定義されていない}\}$$

ここで，σ の決め方より $\tau = d$ となることはないので，$\tau < d$ とすると，τ に収束する単調増加数列 $\{y_n\}$ $(y_n \in T)$ が存在する．よって，数列 $\mathrm{P}(x_n, y_n)$ は点 $\mathrm{P}(\sigma, \tau)$ に収束するが，$f(\mathrm{P})$ は $\mathrm{P}(\sigma, \tau)$ において連続なので，$\mathrm{P}(\sigma, \tau)$ の近傍で有界である．よって，σ, τ は上限ではないことになり矛盾である．以上より $f(\mathrm{P})$ は F 全体で有界である．　　□

次の定理の証明は，定理 2.20 (定理 2.9 の後半) と同じなので省略する．

> **定理 5.36 (定理 5.3 の後半) (最大値・最小値の定理)**　有界閉領域で定義された連続関数は，その閉領域で最大値と最小値をもつ．

一様連続性の定理 5.4 (167 ページ) の証明

まず，ハイネ・ボレルの被覆定理を示す．すなわち，多次元空間についても次のハイネ・ボレルの被覆定理が成立する．

> **定理 5.37（ハイネ・ボレルの被覆定理）** 有界閉集合が無限個の開集合で覆われるとき，つまり，有界閉集合 E が無限個の開集合の和集合に含まれるとする．このとき，この無限個の開集合の中から有限個の開集合を選んで，有界閉集合 E が，その有限個の開集合で覆われるようにできる．

証明 2 次元平面の場合に着いて示す．有界閉集合 E を含む長方形 $[a,b] \times [c,d]$ を考える．区間 $[a,b]$ と区間 $[c,d]$ に対して交互に区間を半減し，集合を縮小していけば，区間縮小法を適用して 1 次元の場合と同様に示すことができる． □

点 A の h 近傍を $B_h(\mathrm{A})$ と表すと，すなわち，$B_h(\mathrm{A}) = \{\mathrm{P} \in \mathbb{R}^2 \,|\, |\mathrm{PA}| < h\}$ とすれば，$B_h(\mathrm{A})$ は開集合であり，有界閉集合 E について，

$$E \subset \bigcup_{\mathrm{A} \in E} B_h(\mathrm{A})$$

である．よって，ハイネ・ボレルの定理 5.37 を用いて，定理 2.24 の証明と同様にすれば，次の定理が得られる．

> **定理 5.38（定理 5.4）（一様連続性定理）** 有界閉領域で定義された連続関数は一様連続である．すなわち，任意の $d > 0$ について，以下を満たす $h > 0$ が定まる．
>
> $|\mathrm{PQ}| < h$ を満たす任意の P, Q について $|f(\mathrm{P}) - f(\mathrm{Q})| < d$ が成立する

補足：コンパクト性・コンパクト集合

ハイネ・ボレルの被覆定理は $\mathbb{R}^n$ の有界閉集合がコンパクト集合であることを述べている．最大値・最小値の存在や一様連続性定理のもとになっているコンパクト性について定義などを述べておく．

$\mathbb{R}^n$ の集合 S は集合 A_λ の合併集合 $\cup_{\lambda \in \Lambda} A_\lambda$ に含まれるとき，集合系 $\{A_\lambda\}$, $\lambda \in \Lambda$ を集合 S の**被覆**という．添字集合 Λ が無限集合のとき，無限被覆といい，添字集合 Λ が有限集合のとき，有限被覆という．また各集合 A_λ が開集合のとき，**開被覆**といい，各集合 A_λ が閉集合のとき，**閉被覆**という．

> **定義 5.10（コンパクト集合）** $\mathbb{R}^n$ の集合 S の任意の開被覆 $\{A_\lambda\}$, $\lambda \in \Lambda$ に対し，この開被覆から，有限個の開集合 $A_{\lambda_1}, A_{\lambda_2}, \cdots, A_{\lambda_n}$ を選び，それらの合併集合に S が含まれるようにできる，つまり $S \subset \cup_{i=1}^n A_{\lambda_i}$ とできるとき，集合 S は**コンパクト集合**であるという．また，集合 S は**コンパクト**であるともいう．定義より，コンパクト集合どうしの共通部分や合併もコンパクトである．

この定義から, 「コンパクト集合 S の閉部分集合 T はコンパクト集合である」こと
が分る. 実際, 閉集合 T の補集合 T^c は開集合であるから, 集合 T の任意の開被覆に
T^c を付け加えたものは, 集合 S 開被覆となり, 集合 S のコンパクト性より, その開被
覆から, S の有限開被覆を選ぶことができる. その有限開被覆は T の有限開被覆でも
あり (正確には, その中から集合 T と交わらないものを抜く), 集合 T がコンパクト集
合であることがわかった. **ハイネ・ボレルの被覆定理**は「**有界閉領域はコンパクトで
ある**」ということを言っている. $\mathbb{R}^n$ の有界閉集合 S は有界領域である n 次元直方体
$[a_1, b_1] \times [a_2, b_2] \times \cdots \times [a_n, b_n]$ の部分集合であるから, $\mathbb{R}^n$ **の有界閉集合** S **はコン
パクトである**ことがわかった. 次の定理が成り立つ.

定理 5.39 $\mathbb{R}^n$ の集合 S がコンパクトであるためには, 集合 S が有界閉集合であ
ることが必要十分である.

系 $n = 1$ のとき, $\mathbb{R}$ のコンパクト集合 S に対して, $\max S, \min S$ が存在する.

証明 コンパクトであれば, 有界であることを示す. 点 a を中心として, 半径 r の n 次
元球を $B_r(a) = \{x \in \mathbb{R}^n \,|\, |x - a| < r\}$ で表す. $\{B_r(x)\}$, $x \in S$ は S の開被覆であり,
その中の有限個の n 次元球の合併集合に S は含まれるのであるから, S は有界である.

次に, コンパクトであれば閉集合であること, つまり, コンパクト集合 S の補集合 S^c
が開集合であることを示す. S^c の 1 点 x を任意にとり, x の開近傍 N で, S^c に含ま
れているが, S とは交わらないものがとれることをいう. x を固定して考える. S の任
意の点 y をとると, $B_{r_y}(x)$ と $B_{R_y}(y)$ が交わらないものが存在する. $B_{R_y}(y), y \in S$
はコンパクト集合 S の開被覆であるから, 有限個の $B_{R_{y_j}}(y_j)$, $(j = 1, 2, \cdots, n)$ が存
在して, $S \subset \cup_{j=1}^n B_{R_{y_j}}(y_j)$ となる. そこで, 各 $B_{R_{y_j}}(y_j)$ に対応する $B_{r_{y_j}}(x)$ をと
り, その共通部分 $\cap_{j=1}^n B_{r_{y_j}}(x)$ を N とすればよい. $S \subset \cup_{j=1}^n B_{R_{y_j}}(y_j)$ より, N は
S と交わらない.

$n = 1$ のとき, S は有界集合であるから, 上限と下限 $\sup S, \inf S$ が存在する. ま
た, S は閉集合だから, $\sup S, \inf S$ は集合 S に属す. $\qquad\square$

$\mathbb{R}^n$ から $\mathbb{R}^m$ への連続関数 $y = f(x)$, $x \in \mathbb{R}^n$, $y \in \mathbb{R}^m$ に対して, $\mathbb{R}^n$ のコンパクト
集合 S の像 $f(S) = \{y = f(x) \,|\, x \in S\}$ はコンパクトである. 特に $m = 1$ の場合, $\mathbb{R}^n$
のコンパクト集合 S で定義した連続関数 $y = f(x)$ の像, つまり, 値域 $f(S)$ に最大値,
最小値が存在する (定理 5.36).

実際, $\mathbb{R}^n$ のコンパクト集合 S の像 $f(S)$ の開被覆 $\{A_\lambda\}$, $\lambda \in \Lambda$ に対し, $f^{-1}(A_\lambda)$
は開集合であるから, $\{f^{-1}(A_\lambda)\}$, $\lambda \in \Lambda$ は S の開被覆である. S はコンパクトであ
るから, その中から, S の有限開被覆 $f^{-1}(A_{\lambda_1}), f^{-1}(A_{\lambda_2}), \cdots, f^{-1}(A_{\lambda_n})$ を選ぶこ
とができる. $A_{\lambda_1}, A_{\lambda_2}, \cdots, A_{\lambda_n}$ は像 $f(S)$ の有限開被覆である.

以上より, $\mathbb{R}^n$ において, コンパクト集合と有界閉集合は同義であり, コンパクト性
は有界閉集合の特徴付けを与える性質になっている. $\mathbb{R}$ においては, 区間を特徴付ける
性質は連結性であったが, 有界閉区間は, さらに, コンパクト性ももっている.

重積分とその応用

6.1 重積分と立体の体積

多変数関数の積分は重積分といわれる．この章では空間図形の体積と重積分について述べる．積分の定義は積分領域を細分し，リーマン和を用いて定義する．この部分は1変数関数の定積分と同じである．しかし，1変数関数と異なり積分領域が複雑になるので，どのような領域であれば積分可能であるかなどの問題が起こる．本書では，高校数学で面積を計算した，2つのグラフと2直線で囲まれた領域 (グラフ領域) で定義された連続関数を主に扱い，その積分は1変数関数の積分の計算を逐次行うことにより求める．実際，読者が出会うのはこういう場合であり，それで充分である．**最初の数学的な考え方を述べる本節を読み飛ばして，次節から始めても構わない．** 1変数関数の場合，積分領域が区間で，その2つの端点が境界となるので不定積分が定義できた．2変数以上では積分領域が複雑で，不定積分は存在しない．

重積分の定義

xy 平面の長方形の閉領域 $R = [a,b] \times [c,d] = \{(x,y) \mid a \leqq x \leqq b, c \leqq y \leqq d\}$ で定義された有界関数 $z = f(x,y)$ の閉領域 R における重積分を定義しよう．

長方形 R の分割 $\Delta = \{\Delta_{ij}\}$ を考える

$$\Delta : \quad \Delta_x : a = x_0 < x_1 < \cdots < x_m = b$$
$$\Delta_y : c = y_0 < y_1 < \cdots < y_n = d$$

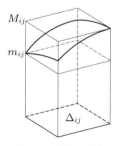

図 **6.1** 立体の分割

つまり，長方形 R を mn 個の小長方形 $\Delta_{ij} = [x_{i-1}, x_i] \times [y_{j-1}, y_j]$ に分割し，

$$M_{ij} = \sup_{(x,y) \in \Delta_{ij}} f(x,y), \quad m_{ij} = \inf_{(x,y) \in \Delta_{ij}} f(x,y)$$

と定義する (図 6.1 参照). ここで，Δ の幅を $|\Delta| = \max_{i,j}\{x_i - x_{i-1}, y_j - y_{j-1}\}$ とし，Δ_{ij} の面積を Σ_{ij} と記す. $\Sigma_{ij} = (x_i - x_{i-1})(y_j - y_{j-1})$ である.

底面 Δ_{ij} の上では，$\quad m_{ij} \leqq f(\mathrm{P}_{ij}) \leqq M_{ij} \quad (\mathrm{P}_{ij} \in \Delta_{ij}) \quad$ であるから，

$$\overline{V}_\Delta = \sum_{i=1}^{m}\sum_{j=1}^{n} M_{ij}\Sigma_{ij}, \ \Sigma_\Delta = \sum_{i=1}^{m}\sum_{j=1}^{n} f(\mathrm{P}_{ij})\Sigma_{ij}, \ \underline{V}_\Delta = \sum_{i=1}^{m}\sum_{j=1}^{n} m_{ij}\Sigma_{ij}$$

$$(6.1)$$

とおくと，点 $\mathrm{P}_{ij} \in \Delta_{ij}$ の取り方によらず，次の不等式が成立する.

$$\underline{V}_\Delta \leqq \Sigma_\Delta \leqq \overline{V}_\Delta$$

第4章の4節に従い，Δ_x の細分を Δ'_x とし，Δ_y の細分を Δ'_y とする. 分割 $\Delta : \Delta_x, \Delta_y$ の細分 $\Delta' : \Delta'_x, \Delta'_y$ を取ると，次の不等式が成立する.

$$\underline{V}_\Delta \leqq \underline{V}_{\Delta'} \leqq \Sigma_{\Delta'} \leqq \overline{V}_{\Delta'} \leqq \overline{V}_\Delta$$

分割 Δ を細かくすれば，$\overline{V}_\Delta$ は小さくなり，$\underline{V}_\Delta$ は大きくなる.

$\overline{V}, \underline{V}$ を次のように定義する[1].

$$\overline{V} = \inf_\Delta \overline{V}_\Delta, \quad \underline{V} = \sup_\Delta \underline{V}_\Delta$$

$\underline{V} \leqq \overline{V}$ が成り立ち，とくに $\overline{V}$ と $\underline{V}$ が等しいとき，関数 $f(x,y)$ は R において **(重) 積分可能**であるという. また，$\overline{V} = \underline{V}$ の値 V を関数 $f(x,y)$ の R における**重積分**といい，$V = \displaystyle\iint_R f(x,y)\,dxdy$ と記す. さらに，$f(x,y)$ を**被積分関数**といい，R を**積分領域**という. すなわち，リーマン和 Σ_Δ を用いると，次のように表せる.

$$
\begin{aligned}
\iint_R f(x,y)\,dxdy &= \lim_{|\Delta|\to 0} \Sigma_\Delta \\
&= \lim_{|\Delta|\to 0} \sum_{i=1}^{m}\sum_{j=1}^{n} f(\mathrm{P}_{ij})(x_i - x_{i-1})(y_j - y_{j-1})
\end{aligned}
$$

次に，有界な開または閉領域 D で定義された有界関数 $z = f(x,y)$ の重積分を定義する. D を含む長方形の閉領域 $R = [a,b] \times [c,d]$ をとり，関数 $z = \tilde{f}(x,y)$

---

[1] $\overline{V}$ と $\underline{V}$ の実体は明らかでないが，分割の幅を小さくすれば，$\overline{V}_\Delta$ と $\underline{V}_\Delta$ の極限として到達できることが知られている (ダルブーの定理).

を次のように定め，定義域を R に拡張する．なお，$R \backslash D$ は R から D を除いた集合を表す．

$$\tilde{f}(x,y) = \begin{cases} f(x,y) & (x,y) \in D \\ 0 & (x,y) \in R \backslash D \end{cases}$$

関数 $\tilde{f}(x,y)$ が R で積分可能であるとき，関数 $f(x,y)$ は**領域 D で (重) 積分可能である**といい，

$$\iint_D f(x,y)\,dxdy = \iint_R \tilde{f}(x,y)\,dxdy$$

と定義する．

以上の定義は R の取り方によらない．実際，D を含む他の長方形 R' を取れば，$R'' = R \cap R'$ とすると，R'' も長方形で，D を含む．R や R' で定義した $\tilde{f}(x,y)$ の値は R'' の外側では 0 であるからである．

集合 D に対し，$\mathbb{R}^2$ で定義される次の関数 $\chi_D(x,y)$ を**集合 D の定義関数**という．

$$\chi_D(x,y) = \begin{cases} 1 & (x,y) \in D \\ 0 & (x,y) \notin D \end{cases}$$

この集合 D の定義関数 $\chi_D(x,y)$ が集合 D を含む長方形 R で積分可能であるとき，集合 D は**面積確定 (ジョルダン可測)** であるといい，**D の面積** $\mu(D)$ を次で定義する．

$$\mu(D) = \iint_R \chi_D(x,y)\,dxdy = \iint_D 1dxdy$$

ここで，D が面積確定ということを別の視点から見直してみよう．R の分割 Δ に対して，次を考える．

$$\overline{V}_\Delta = \sum_{i=1}^m \sum_{j=1}^n M_{ij} \Sigma_{ij}, \qquad \underline{V}_\Delta = \sum_{i=1}^m \sum_{j=1}^n m_{ij} \Sigma_{ij}$$

M_{ij} の値は Δ_{ij} が D の点を 1 点でも含めば 1 であり，1 点も含まなければ 0 である．よって，$\overline{V}_\Delta$ は D の点を 1 点でも含む小長方形の面積の総和である．外側から小長方形の面積の総和で D の面積を近似しようとするものである．そこで，$\overline{V} = \inf_\Delta \overline{V}_\Delta$ を **D の外面積**という．また，m_{ij} の値は Δ_{ij} 全体が D に含まれれば 1 であり，D 以外の点を 1 点でも含めば 0 である．よって，$\underline{V}_\Delta$ は D に含まれるような小長方形の面積の総和である．内側から小長方形の面積の

総和で D の面積を近似しようとするものである．そこで，$\underline{V} = \sup_{\Delta} \underline{V}_{\Delta}$ を **D の内面積**という．これらの言葉を用いれば，次の命題が成り立つ．

命題 6.1　集合 D が面積確定である必要十分条件は D の内面積と外面積が一致することである．

集合 D が面積確定であるとは，分割 Δ が細かくなっていけば，D の境界 ∂D を覆う小長方形の面積の総和 $\overline{V}_{\Delta} - \underline{V}_{\Delta}$ がいくらでも小さくできることである．このことを D の境界 ∂D の面積は 0 であるという．面積が 0 である集合を**零集合**という．D が連結のときは面積確定な領域ということがある．

命題 6.2　集合 D が面積確定である必要十分条件は境界 ∂D が零集合であることである．

後で，領域の分割や合併を考えることがあるので次の命題を挙げておく．

命題 6.3　集合 D_1, D_2 が面積確定であるとき，集合 $D_1 \cup D_2$, $D_1 \cap D_2$ は共に面積確定である．

例　xy 平面で，区間 $[a, b]$ で定義された連続関数 $y = \alpha(x)$ のグラフは $\mathbb{R}^2$ において面積 0 である．

例の証明　区間 $[a, b]$ の分割 $\Delta : a = x_0 < x_1 < \cdots < x_n = b$ を考える．連続関数 $y = \alpha(x)$ は区間 $[a, b]$ で一様連続であるから，任意の正数 ε に対して，適当な正数 δ が存在して，$|x - x'| < \delta$ であるかぎり $|\alpha(x) - \alpha(x')| < \dfrac{\varepsilon}{b - a}$ とできるので，$|\Delta| < \delta$ であるすべての分割 Δ に対し $x_j - x_{j-1} < \delta$ だから，$M_j - m_j < \dfrac{\varepsilon}{b - a}$ $(j = 1, 2, \cdots, n)$ とできる．長方形 $R_j = [x_{j-1}, x_j] \times [m_j, M_j]$ は $y = \alpha(x)$ のグラフを覆う．この長方形の面積の総和は $\displaystyle\sum_{j=1}^{n} (x_j - x_{j-1}) \cdot (M_j - m_j) < \varepsilon$ だから，グラフは面積 0 である．　　　　　□

注意　一般に，平面曲線 $x = \alpha(t), y = \beta(t)$, $(a \leqq t \leqq b)$ が占める面積が 0 になるわけではない．C^1 級曲線で，弧長が有限であるとかの条件を満たしてないといけない．

この例と第 4 章のリーマン積分による面積の考察から，次の事実を得る．

定理 6.1（グラフ領域の面積） 区間 $I = [a, b]$ で定義された連続関数 $\alpha(x), \beta(x)$ が $\alpha(x) \leqq \beta(x)$ を満たすとき，閉領域 $D = \{(x, y) \mid a \leqq x \leqq b, \ \alpha(x) \leqq y \leqq \beta(x)\}$（このような領域を**グラフ領域**[2]という）は面積確定であり，

$$\mu(D) = \int_a^b (\beta(x) - \alpha(x)) \, dx$$

次の定理が次節の基礎となる.

定理 6.2 (1) 面積確定な有界閉領域 D で連続な関数は D で積分可能である.

(2) 面積確定な領域 D で有界な関数 $f(x, y)$ は，その関数の不連続点の集合 F の面積が 0，つまり，F が零集合ならば，D で積分可能である.

(3) 区間 $I = [a, b]$ で定義された連続関数 $\alpha(x), \beta(x)$ が $\alpha(x) \leqq \beta(x)$ を満たすとき，面積確定な閉領域 $D = \{(x, y) \mid a \leqq x \leqq b, \ \alpha(x) \leqq y \leqq \beta(x)\}$ で定義された連続関数 $f(x, y)$ は積分可能である.

証明 (1) 有界閉領域で連続な関数は，最大値と最小値をもち，有界関数だから，(2) を示せばよい．$|f(x, y)| < M$（定数）とする．領域 D を含む長方形領域 R を 1 つ固定する．D が面積確定だから，$\partial D, F$ は零集合である．分割 Δ を十分細かくとると，小長方形 Δ_{ij} の中から有限個の小長方形 $\Delta_{i_k j_k}$ $(k = 1, \cdots, r)$ を選び，$\partial D, F$ を覆い，$\displaystyle\sum_{k=1}^{r} \mu(\Delta_{i_k j_k}) < \frac{\varepsilon}{4M}$ となるようにする．この小長方形のグループをグループ 1 とする．残りの小長方形のグループをグループ 2 とする．この残りのグループ 2 の小長方形 Δ_{ij} では，$\tilde{f}(x, y)$ は一様連続だから，分割 Δ を細かく取って，$|\Delta| < \delta$ とすると，$M_{ij} - m_{ij} < \dfrac{\varepsilon}{2\mu(D)}$ とできる.

$$\overline{V}_\Delta - \underline{V}_\Delta = \sum_{ij}^{(1)} (M_{ij} - m_{ij})\mu(\Delta_{ij}) + \sum_{ij}^{(2)} (M_{ij} - m_{ij})\mu(\Delta_{ij})$$

最初の総和はグループ 1 に関して，次の総和はグループ 2 に関しての総和である.

$$\overline{V}_\Delta - \underline{V}_\Delta < 2M \cdot \frac{\varepsilon}{4M} + \frac{\varepsilon}{2\mu(D)} \cdot \mu(D) = \varepsilon$$

$|\Delta| < \delta$ ならば，$\overline{V}_\Delta - \underline{V}_\Delta < \varepsilon$ とできるから，$f(x, y)$ は積分可能である．(3) は明白. □

---

[2] グラフ領域については 244 ページの「グラフ領域と累次積分」を参照.

以上のことを見返すと，リーマン積分では積分を考える領域を小長方形や小直方体に分割するわけだが，それらは x 軸などと平行なもののみを取り扱い，なにか座標系に依存しているようにみえる．もう少し一般的に積分の定義を替えてもかまわない．今までと同じ結果が得られる．

有界領域 D の分割 $\Delta = \{\delta_1, \delta_2, \cdots, \delta_n\}$ で次を満たすものを考える．

(1)　$D = \delta_1 \cup \delta_2 \cup \cdots \cup \delta_n$, $\quad \overset{\circ}{\delta_i} \cap \overset{\circ}{\delta_j} = \emptyset \ (i \neq j)$

(2)　$\delta_j \ (j = 1, 2, \cdots, n)$ は面積確定な有界領域

δ_j の中の 2 点の距離の最大値を δ_j の直径ということにする．さらに，その $\delta_j \ (j = 1, 2, \cdots, n)$ の直径の最大値を $|\Delta|$ と記す．また，δ_i の分割 $\Delta_i = \{\delta_{i1}, \ldots, \delta_{in_i}\}$ の和集合 $\Delta' = \cup \Delta_i$ は Δ の細分といい，$\Delta \subseteq \Delta'$ と表す．これらの分割を用いて，重積分を次のように定義する．

D で有界な関数 $f(x, y)$ に対し，小領域 δ_j から任意に点 P_j をとると，

$$m_j = \inf_{\delta_j} f(x, y) \leqq f(\mathrm{P}_j) \leqq M_j = \sup_{\delta_j} f(x, y)$$

$$\underline{V}_\Delta = \sum_{j=1}^n m_j \mu(\delta_j) \leqq \Sigma_\Delta = \sum_{j=1}^n f(\mathrm{P}_j) \mu(\delta_j) \leqq \overline{V}_\Delta = \sum_{j=1}^n M_j \mu(\delta_j)$$

が成立する．分割を細かくすれば，つまり $\Delta \subseteq \Delta'$ ならば

$$\underline{V}_\Delta \ \leqq \underline{V}_{\Delta'} \ \leqq \Sigma_{\Delta'} \ \leqq \overline{V}_{\Delta'} \ \leqq \overline{V}_\Delta$$

となるから，すべての分割に対する上限，下限が考えられ，

$$\underline{V} = \sup_\Delta \underline{V}_\Delta \ \leqq \overline{V} = \inf_\Delta \overline{V}_\Delta$$

$\underline{V} = \overline{V}$ のとき，関数 $f(x, y)$ は領域 D で積分可能であるという．このとき，この値 $V = \underline{V} = \overline{V}$ を関数 $f(x, y)$ の領域 D での重積分といい，

$$V = \iint_D f(x, y) \, dxdy$$

と記す．この後行う多重積分の定義においてもこの一般的な定義は同様である．

注意　以前の定義のように長方形の分割を $\Delta_0 = \{\Sigma_{ij}\}$ と表すと Δ_0 は (1), (2) を満たすので，$\sup\limits_{\Delta_0} \underline{V}_{\Delta_0} \leqq \sup\limits_\Delta \underline{V}_\Delta \leqq \inf\limits_\Delta \overline{V}_\Delta \leqq \inf\limits_{\Delta_0} \overline{V}_{\Delta_0}$ が成立する．以前の定義で $f(x, y)$ が積分可能ならば，$\sup\limits_{\Delta_0} \underline{V}_{\Delta_0} = \inf\limits_{\Delta_0} \overline{V}_{\Delta_0}$ なので $\sup\limits_\Delta \underline{V}_\Delta = \inf\limits_\Delta \overline{V}_\Delta$ も成立する．よって，上記の意味でも積分可能となる．少々細かな議論が必要であるが，逆もまた正しいので，2 つの積分可能性の定義は同値である．

体積

本節では体積の定義についても学ぶ. 面積とおなじく, 体積とは天与のもの
でなく, 人間がその歴史の中で創ってきたものである. 平面で囲まれた空間図
形, たとえば直方体, の体積は小学校で学んだ. 曲面で囲まれた図形の体積の
定義に答えるため, 重積分 (リーマン積分による) を用いる.

体積とはなにかということは, 小学校で習う直方体や三角錐などは基本とし
て, 曲面で囲まれた図形の体積については自明でない. 我々の抱いている体積
のもつべき性質を次にあげておく. これは面積のもつ性質と同じものである.

空間図形 A に対し, その体積といわれる非負の値 $m(A)$ を対応させる m は
次の 3 性質をもつ[3].

(i) (加法性)：図形 A を 2 つの共通部分をもたない図形 A_1, A_2 に分けたと
    き, 2 つの図形の体積の和 $m(A_1) + m(A_2)$ は A の体積 $m(A)$ に等しい.

(ii) (正値性)：図形 A の体積 $m(A)$ は A の部分図形 B の体積 $m(B)$ より大
    きいか等しい. 空集合 $\emptyset$ の体積 $m(\emptyset) = 0$ とする.

(iii) 直方体の体積 $=$(縦) $\times$ (横) $\times$ (高さ)$=$(底面積) $\times$ (高さ).

体積とは

体積のもつ基本的な性質 $(i) - (iii)$ に基づき, 体積の定義を考えよう. リー
マン積分による重積分の考え方が重要である. 重積分の定義を思い出そう.

面積確定な有界閉領域 D で連続な非負関数 $f(x, y)$ に対して, 曲面 $z = f(x, y)$
と xy 平面に挟まれた図形 A の体積について考える. 領域 D を含む長方形の
閉領域 R を一つ固定し, その分割 Δ を考える. 小長方形 Δ_{ij} を底面とし,
高さ m_{ij} の直方体を R_{ij}, 高さ M_{ij} の直方体を $\hat{R}_{ij}$ とする. 図を描けば明ら
かに R_{ij} を全部集めた $R = \cup_{ij} R_{ij}$ は A に含まれている. $\hat{R}_{ij}$ を全部集めた
$\hat{R} = \cup_{ij} \hat{R}_{ij}$ は A を含んでいる. A に対して体積 $m(A)$ を定義するなら, 体積
の性質から R の体積 $\underline{V}_\Delta$, $\hat{R}$ の体積 $\overline{V}_\Delta$ だから $\underline{V}_\Delta \leqq m(A) \leqq \overline{V}_\Delta$ が成り立
たなければならない. この不等式の両辺は $|\Delta| \to 0$ のとき同じ極限値, 閉領域
D における関数 $f(x, y)$ の重積分に近づく. だからこの重積分の値で図形 A の
体積 $m(A)$ を定義する.

---

[3] 性質 $(i), (ii)$ をもつ m をジョルダン測度という.

多重積分

n 変数 $x = (x_1, x_2, \cdots, x_n)$ の有界関数 $f(x) = f(x_1, x_2, \cdots, x_n)$ の n 次元直方体 $R = [a_1, b_1] \times [a_2, b_2] \times \cdots \times [a_n, b_n]$ 上の積分

$$\int_R f(x)\, dx = \int \cdots \int_R f(x_1, \cdots, x_n)\, dx_1 \cdots dx_n$$

も重積分と同様に定義できる．ここで，$dx = dx_1 \cdots dx_n$ と記す．

R の分割 Δ とは，各座標 x_j $(j = 1, \cdots, n)$ ごとに $r_j - 1$ 個の分点をとる．

$$\Delta: \quad a_j = x_j^{(0)} < x_j^{(1)} < \cdots < x_j^{(r_j)} = b_j \quad (j = 1, \cdots, n)$$

分割 Δ の幅 $|\Delta|$ を次のように定める．

$$|\Delta| = \max\{x_j^{(i)} - x_j^{(i-1)} \mid 1 \leqq i \leqq r_j,\ j = 1, \cdots, n\}$$

各小直方体 $R_I = [x_1^{(i_1-1)}, x_1^{(i_1)}] \times \cdots \times [x_n^{(i_n-1)}, x_n^{(i_n)}]$，$I = (i_1, \cdots, i_n)$ の中に代表点 P_I を任意に定め，次のリーマン和を考える．

$$\Sigma_\Delta = \sum_{i_1=1}^{r_1} \cdots \sum_{i_n=1}^{r_n} f(\mathrm{P}_I)\mu(R_I)$$

ここで，$\mu(R_I) = (x_1^{(i_1)} - x_1^{(i_1-1)}) \times \cdots \times (x_n^{(i_n)} - x_n^{(i_n-1)})$　　(R_I の n 次元体積) である．

定義 6.1 n 次元直方体 R を考える．ある数 V が存在して，任意の正数 ε に対し，正数 δ を適当に小さく取ると $|\Delta| < \delta$ である全ての R の分割 Δ について，代表点 P_I をどのようにとっても

$$|\Sigma_\Delta - V| < \varepsilon$$

が成立するとき，$f(x)$ は R で **(n 重) 積分可能 (リーマン積分可能)** であるという．V を $f(x)$ の R 上での積分値といい，次のように記す．

$$V = \int_R f(x)\, dx = \int \cdots \int_R f(x_1, \cdots, x_n)\, dx_1 \cdots dx_n$$

$$\int_R f(x)\, dx = \lim_{|\Delta| \to 0} \sum_{i_1=1}^{r_1} \cdots \sum_{i_n=1}^{r_n} f(\mathrm{P}_I)\mu(R_I)$$

定義 6.2 $\mathbb{R}^n$ の有界集合 D に対して，$x(\in D)$ での値は 1 で，それ以外の $\mathbb{R}^n$ の $x(\notin D)$ での値は 0 である関数を**集合 D の定義関数** $\chi_D(x)$ という．D を含む n 次元直方体 R を 1 つ固定して，$\chi_D(x)$ が R で積分可能であるとき，集合 D は **n 次元体積確定**であるという．$n = 3$ のときは，単に**体積確定**であるという．このとき，

$$\mu(D) = \int_R \chi_D(x)\,dx = \int_D 1\,dx$$

を集合 D の **(n 次元) 体積**という．

また，n 次元体積確定な領域 D で有界な関数 $f(x)$ に対し，$x(\in R \backslash D)$ での値は 0 として定義域を R 全体に広げた関数 $\tilde{f}(x)$ が R で積分可能であるとき，関数 $f(x)$ は D で**積分可能**であるといい，次のように記す．

$$\int_D f(x)\,dx = \int_R \tilde{f}(x)\,dx$$

注意 この積分可能の定義は R の取り方に依存しない．

定理 6.3 (1) n 次元体積確定な有界閉領域 D で連続な関数は D で積分可能である．

(2) n 次元体積確定な領域 D で有界な関数 $f(x)$ は，その関数の不連続点の集合 F の n 次元体積が 0 ならば，D で積分可能である．

証明 2次元の場合と同様である．   □

6.2 重積分の計算と累次積分

前節において，リーマン和の分割を細かくしていった極限として重積分を定義した．区分求積法によるリーマン積分として定義された 1 変数関数の定積分と同様の基本性質を，重積分ももつことが示される．(証明省略)

定理 6.4 (重積分の基本性質) $f(x, y), g(x, y)$ が面積確定な領域 D において積分可能であるとき，以下のことが成立する．これは多重積分でも成立

する.

(1) (**積分の線形性**) $f(x,y) + g(x,y),\ cf(x,y)$ は D において積分可能
で

$$\iint_D \big(f(x,y) + g(x,y)\big)dxdy = \iint_D f(x,y)\,dxdy + \iint_D g(x,y)\,dxdy$$

$$\iint_D cf(x,y)\,dxdy = c\iint_D f(x,y)\,dxdy \quad (c \in \mathbb{R})$$

(2) (**積分領域に関する加法性**) D_1, D_2 は $\mathring{D}_1 \cap \mathring{D}_2 = \emptyset,\ D = D_1 \cup D_2$
を満たす面積確定な領域とする.$f(x,y)$ は D_1, D_2 で積分可能で

$$\iint_D f(x,y)\,dxdy = \iint_{D_1} f(x,y)\,dxdy + \iint_{D_2} f(x,y)\,dxdy$$

(3) (**積分の正値性**) $0 \leqq f(x,y)$　ならば　$0 \leqq \iint_D f(x,y)\,dxdy$

(4) (**積分の順序保存性**)

$$f(x,y) \leqq g(x,y) \text{ ならば } \iint_D f(x,y)\,dxdy \leqq \iint_D g(x,y)\,dxdy$$

(4′) (**体積**) $f(x,y) \leqq g(x,y)$ ならば,D 上の 2 つの曲面 $z = f(x,y),\ z = g(x,y)$ に挟まれた立体図形の体積を V とすると

$$V = \iint_D \big(g(x,y) - f(x,y)\big)\,dxdy$$

(4″) (**絶対値評価**) $|f(x,y)|$ は D で積分可能で

$$\left| \iint_D f(x,y)\,dxdy \right| \leqq \iint_D |f(x,y)|\,dxdy$$

(5) (**平均値の定理**) $M = \sup_D f(x,y),\ m = \inf_D f(x,y)$ とする.

$$\iint_D f(x,y)\,dxdy = k \cdot \mu(D) \text{ となる数 } k \in [m, M] \text{ が存在する.}$$

特に,$f(x,y)$ が D で連続な関数の場合,$\displaystyle\iint_D f(x,y)\,dxdy = f(\xi)\mu(D)$ なる点 $\xi \in D$ が存在する.

(6) (**積の積分の可能性**) 積 $f(x,y)g(x,y)$ は D で積分可能である.
$\dfrac{1}{g(x,y)}$ が有界ならば,商 $\dfrac{f(x,y)}{g(x,y)}$ は D で積分可能である.

例題 6.1（平均値の定理）$f(x,y), g(x,y)$ が面積確定な領域 D において積分可能であり，さらに $f(x,y)$ が D で連続，$g(x,y)$ が D で非負とする．このとき，以下を満たす点 $\xi \in D$ が存在する．

$$\iint_D f(x,y)g(x,y)\,dxdy = f(\xi)\iint_D g(x,y)\,dxdy$$

解答 $M = \sup_D f(x,y),\ m = \inf_D f(x,y)$ とすると，$m \leqq f(x,y) \leqq M$. $0 \leqq g(x,y)$ だから，$mg(x,y) \leqq f(x,y)g(x,y) \leqq Mg(x,y)$. D で積分しても，順序は変わらない.

$$m\iint_D g(x,y)\,dxdy \leqq \iint_D f(x,y)g(x,y)\,dxdy \leqq M\iint_D g(x,y)\,dxdy$$

$\iint_D f(x,y)g(x,y)\,dxdy = k\cdot\iint_D g(x,y)\,dxdy$ となる数 $k\in[m,M]$ が存在する．$f(x,y)$ は連続だから，$k = f(\xi)$ なる点 $\xi\in D$ が存在する．

グラフ領域と累次積分

　実際，重積分の計算を行うとき，積分領域 D を n 個のグラフ領域 D_j に分割して，各グラフ領域での重積分を計算することが多い．グラフ領域は特殊な領域で

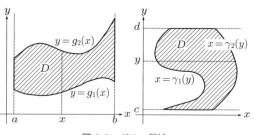

図 6.2　グラフ領域

あるが，この節の最後の補足の定理で述べるように，微分積分を実際に運用するためには十分であることが多い．

$$\iint_D f(x,y)\,dxdy = \sum_{j=1}^{n}\iint_{D_j} f(x,y)\,dxdy$$

定義 6.3（グラフ領域）平面 $\mathbb{R}^2$ の閉領域 D が**グラフ領域**であるとは

$$D = \{(x,y)\in\mathbb{R}^2 \mid g_1(x)\leqq y\leqq g_2(x),\ x\in[a,b]\}\ (\text{図 6.2 左}) \quad (6.2)$$

$$D = \{(x,y)\in\mathbb{R}^2 \mid \gamma_1(y)\leqq x\leqq \gamma_2(y),\ y\in[c,d]\}\ (\text{図 6.2 右}) \quad (6.3)$$

のどちらかの形で表される領域のことである．ここで，関数 $g_1(x)$, $g_2(x)$ $(g_2(x)\geqq g_1(x))$ は閉区間 $[a,b]$ で連続とする．また，関数 $\gamma_1(y)$, $\gamma_2(y)$ $(\gamma_2(y)\geqq \gamma_1(y))$ は閉区間 $[c,d]$ で連続とする．

このとき，D の面積 $|D|$ は定積分によって次で与えられる.

$$|D| = \int_a^b \big(g_2(x) - g_1(x)\big)\, dx : 図\,6.2\,左の領域$$

$$|D| = \int_c^d \big(\gamma_2(y) - \gamma_1(y)\big)\, dy : 図\,6.2\,右の領域$$

問 6.1 次の平面領域を図示し，グラフ領域で表せ.

(1) $\{(x,y)\,|\,y \leqq 2x,\ x \leqq 2y,\ 0 \leqq x+y \leqq 3\}$

(2) $\{(x,y)\,|\,|2x-y| \leqq 3,\ |x-2y| \leqq 6\}$

(3) $\{(x,y)\,|\,x^2+y^2 \leqq 25,\ 3y \leqq 4x\}$

定理 6.5（累次積分）有界なグラフ領域 D において，連続関数 $f(x,y)$ の積分は

(1) 領域 $D = \{(x,y) \in \mathbb{R}^2\,|\,g_1(x) \leqq y \leqq g_2(x),\ x \in [a,b]\}$ (6.2) の場合

$$\iint_D f(x,y)\,dxdy = \int_a^b \left(\int_{g_1(x)}^{g_2(x)} f(x,y)\,dy\right) dx$$

(2) 領域 $D = \{(x,y) \in \mathbb{R}^2\,|\,\gamma_1(y) \leqq x \leqq \gamma_2(y),\ y \in [c,d]\}$ (6.3) の場合

$$\iint_D f(x,y)\,dxdy = \int_c^d \left(\int_{\gamma_1(y)}^{\gamma_2(y)} f(x,y)\,dx\right) dy$$

のように表される. 1 変数の積分をこのように 2 回行うことを**累次積分**という.

この定理の証明はこの節末の補足に置く. 以下に累次積分の例を挙げる.

例題 6.2 $D = [a,b] \times [c,d]$ で定義された関数 $f(x,y) = X(x)Y(y)$ のように x のみの積分可能な関数 $X(x)$ と y のみの積分可能な関数 $Y(y)$ の積となっているとき，関数 $f(x,y)$ は D で積分可能で次が成立する.

$$\iint_D f(x,y)\,dxdy = \left(\int_a^b X(x)\,dx\right)\left(\int_c^d Y(y)\,dy\right)$$

解答 （証明略）

例題 6.3　$D = [0,1] \times [0,1]$, $f(x,y) = x^m y^n$ とする.

$\displaystyle \iint_D f(x,y)\,dxdy$ を求めよ.

解答　$\displaystyle \iint_D f(x,y)\,dxdy = \Big(\int_0^1 x^m dx \Big) \Big(\int_0^1 y^n dy \Big) = \frac{1}{(m+1)(n+1)}$

例題 6.4　次の重積分を累次積分により計算せよ.

(1) $\displaystyle \iint_D (2x - y + xy)\,dxdy$, $D = [1,4] \times [0,2]$

(2) $\displaystyle \iint_D \cos(x+y)\,dxdy$, $D : x \geqq 0,\ y \geqq 0,\ x+y \leqq \pi$

解答　(1) $\displaystyle \iint_D (2x - y + xy)\,dxdy$

$\displaystyle = \int_0^2 \Big[\int_1^4 (2x - y + xy)\,dx \Big] dy$

$\displaystyle = \int_0^2 \Big[x^2 - yx + \frac{x^2 y}{2} \Big]_{x=1}^{4} dy$

$\displaystyle = \int_0^2 \Big(15 + \frac{9}{2}y \Big) dy$

$\displaystyle = \Big[15y + \frac{9}{4}y^2 \Big]_0^2 = 39$

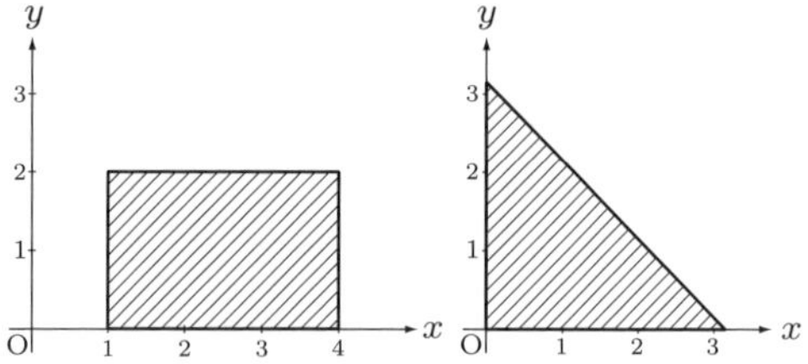

図 **6.3**　例題 6.4 (1), (2) の各領域

(2) $\displaystyle \iint_D \cos(x+y)\,dxdy = \int_0^{\pi} \Big[\int_0^{\pi - y} \cos(x+y)\,dx \Big] dy$

$\displaystyle = \int_0^{\pi} \Big[\sin(x+y) \Big]_{x=0}^{\pi - y} dy = - \int_0^{\pi} \sin y\,dy = -2.$

例題 6.5　次の重積分を累次積分により計算せよ.

$\displaystyle \iint_D x^2 y\,dxdy$, $D : x^2 + y^2 \leqq a^2,\ x \geqq 0,\ y \geqq 0\ (a > 0)$

解答　領域をグラフ領域 $\{(x,y) \mid 0 \leqq y \leqq \sqrt{a^2 - x^2},$ $0 \leqq x \leqq a\}$ と考えると

$\displaystyle \iint_D x^2 y\,dxdy = \int_0^a \Big(\int_0^{\sqrt{a^2 - x^2}} x^2 y\,dy \Big) dx$

$\displaystyle = \int_0^a \Big[\frac{x^2 y^2}{2} \Big]_{y=0}^{\sqrt{a^2 - x^2}} dx = \int_0^a \frac{1}{2} x^2 (a^2 - x^2)\,dx$

$\displaystyle = \Big[\frac{a^2 x^3}{6} - \frac{x^5}{10} \Big]_0^a = \frac{a^5}{15}.$

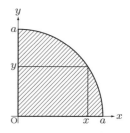

図 **6.4**　例題 6.5 の領域

領域を $\{(x,y) \mid 0 \leqq x \leqq \sqrt{a^2-y^2},\, 0 \leqq y \leqq a\}$ と考えてもよい. この場合

$$\iint_D x^2 y\, dxdy = \int_0^a \Big(\int_0^{\sqrt{a^2-y^2}} x^2 y\, dx\Big) dy = \int_0^a \Big[\frac{x^3 y}{3}\Big]_{x=0}^{\sqrt{a^2-y^2}} dy$$

$$= \int_0^a \frac{1}{3} y(a^2-y^2)^{\frac{3}{2}}\, dy = \Big[-\frac{1}{15}(a^2-y^2)^{\frac{5}{2}}\Big]_0^a = \frac{a^5}{15}.$$

例題 6.6　次の重積分を累次積分により計算せよ.

$$\iint_D xy\, dxdy,\ \ D: x \leqq y \leqq 2x,\, 0 \leqq y \leqq 2$$

解答　領域は (6.3) の形なので, $x = \dfrac{y}{2}, x = y$ として,

最初の条件を $\dfrac{y}{2} \leqq x \leqq y$ と考えると

$$\iint_D xy\, dxdy = \int_0^2 \Big(\int_{\frac{y}{2}}^y xy\, dx\Big) dy = \int_0^2 \Big[\frac{x^2 y}{2}\Big]_{x=\frac{y}{2}}^y dy$$

$$= \int_0^2 \frac{3}{8} y^3\, dy = \Big[\frac{3}{32} y^4\Big]_0^2 = \frac{3}{2}.$$

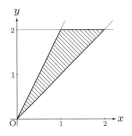

図 **6.5**　例題 6.6 の領域

例題 6.7　$D = \{(x,y) \mid 0 \leqq x \leqq 1,\, 0 \leqq y \leqq 1\}$ とし, $\displaystyle\iint_D x^y\, dxdy$ を求めよ.

解答　$I_1 = \displaystyle\int_0^1 \Big(\int_0^1 x^y dx\Big) dy,\ I_2 = \int_0^1 \Big(\int_0^1 x^y dy\Big) dx$ とおく.

$I_1 = \displaystyle\int_0^1 \Big[\frac{x^{y+1}}{y+1}\Big]_{x=0}^1 dy = \int_0^1 \frac{1}{y+1} dy = \Big[\log(y+1)\Big]_{y=0}^1 = \log 2$.　一方,

$I_2 = \displaystyle\int_0^1 \Big[\frac{x^y}{\log x}\Big]_{y=0}^1 dx = \int_0^1 \frac{x-1}{\log x} dx$ となり, 難しい広義積分である. このように, 同じ結果を得られるのに, 累次積分では, x, y どちらから積分するかによって積分の難易度は変わる.

問 6.2　次の重積分を累次積分により計算せよ.

(1) $\displaystyle\iint_D x\, dxdy,\ D: 1 \leqq x \leqq 2,\, 0 \leqq y \leqq 3$

(2) $\displaystyle\iint_D xy\, dxdy,\ D: x \leqq y \leqq 2x,\, 0 \leqq x \leqq 1$

(3) $\displaystyle\iint_D xy\,dxdy,\ D: y = x$ と $y = x^2$ で囲まれた領域

(4) $\displaystyle\iint_D xy\,dxdy,\ D: y = x$ と $y = \sqrt{x}$ で囲まれた領域

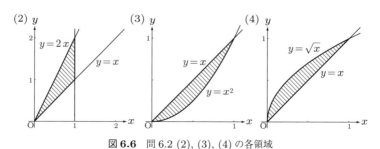

図 6.6 問 6.2 (2), (3), (4) の各領域

積分の順序交換

例題 6.5 や例題 6.7 などは x で積分してから y で積分するより，積分の順序を換えて，y で積分してから x で積分する方が計算しやすい．このような積分順序の交換はいきなり考えるより，重積分の領域を描くのがよい．

例題 6.8 次の累次積分を重積分と考えたときの積分領域を求め，積分の順序を交換せよ

$$(1)\ \int_0^1\left(\int_{1-\sqrt{1-x^2}}^x f(x,y)\,dy\right)dx \quad (2)\ \int_{-1}^1\left(\int_0^{1-|x|} f(x,y)\,dy\right)dx$$

解答 (1) $y = 1 - \sqrt{1-x^2}$ とおくと，$x^2 + (y-1)^2 = 1$. よって，領域は図 6.7 (1) のようになり

$D:\ x^2 + (y-1)^2 \leqq 1,\ y \leqq x.$

よって，積分順序を換えた累次積分は

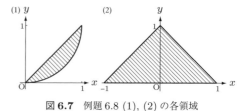

図 6.7 例題 6.8 (1), (2) の各領域

$$\iint_D f(x,y)\,dxdy = \int_0^1\left(\int_y^{\sqrt{1-(y-1)^2}} f(x,y)\,dx\right)dy.$$

(2) $y = 1 - |x| = \begin{cases} 1 - x & (0 \leqq x \leqq 1) \\ 1 + x & (-1 \leqq x \leqq 0) \end{cases}$ より領域は図 6.7 (2) のようになり

$$D:\ y - 1 \leqq x \leqq 1 - y,\ 0 \leqq y \leqq 1.$$

よって，積分順序を換えた累次積分は

$$\iint_D f(x,y)\,dxdy = \int_0^1 \Big(\int_{y-1}^{1-y} f(x,y)\,dx \Big) dy.$$

例題 6.9 区間 $[a,b]$ で連続な関数 $f(x)$ に対し，作用素 I^n を

$$I^1 f(x) = \int_a^x f(t)\,dt, \quad I^n f(x) = I^1\Big(I^{n-1} f(x) \Big) \ (n = 2,3,\cdots)$$

と定める．このとき，

$$F_n(x) = I^n f(x) = \int_a^x \frac{(x-t)^{n-1}}{(n-1)!} f(t)\,dt$$

となる．これを **n 次のリーマン・リュービル積分**という．また，次が成立する．

$$\frac{d^k}{dx^k} F_n(a) = 0 \ (k = 0,1,\cdots,n-1), \quad \frac{d^n}{dx^n} F_n(x) = f(x)$$

解答 $F_1(t) = \displaystyle\int_a^t f(s)\,ds$ だから，$F_2(x) = \displaystyle\int_a^x \Big(\int_a^t f(s)\,ds \Big) dt$. 積分の順序変更すると，$F_2(x) = \displaystyle\int_a^x \Big(\int_s^x f(t)\,dt \Big) ds = \int_a^x (x-s)f(s)ds$. これを繰り返せばよい.

例題 6.10 区間 $I = [a,b]$ で連続な関数 $f(x)$ に対し，$|f(x)| \leqq \displaystyle\int_a^x |f(t)|\,dt$ がすべての $x \in I$ に対し成立すれば，$f(x)$ は区間 I で恒等的に零である.

解答 $|f(t)| \leqq \displaystyle\int_a^t |f(s)|\,ds$ だから，両辺を $[a,x]$ で積分しても不等号は変わらないから

$$\int_a^x |f(t)|\,dt \leqq \int_a^x \Big(\int_a^t |f(s)|\,ds \Big) dt = \int_a^x \Big(\int_s^x |f(s)|\,dt \Big) ds = \int_a^x (x-s)|f(s)|\,ds$$

これを繰り返し，$|f(x)| \leqq \displaystyle\int_a^x \frac{(x-t)^n}{n!} |f(t)|\,dt \leqq \frac{(b-a)^n}{n!} \int_a^b |f(t)|\,dt$

$\displaystyle\lim_{n\to\infty} \frac{(b-a)^n}{n!} = 0$ だから，$f(x) \equiv 0 \ (x \in I \ )$.

問 6.3 次の累次積分を重積分と考えたときの積分領域を求め，積分の順序を交換せよ.

(1) $\displaystyle\int_0^2 \Big(\int_{y^2}^{2y} f(x,y)\,dx \Big) dy$ (2) $\displaystyle\int_{-1}^1 \Big(\int_0^{\sqrt{1-y^2}} f(x,y)\,dx \Big) dy$

定理 6.6（微分と積分の順序変更 1）$f(x,y), f_x(x,y)$ はともに，長方形領域 $[a,b] \times [c,d]$ で連続とする．このとき，次が成立する．

$$\frac{d}{dx} \int_c^d f(x,y)\,dy = \int_c^d \frac{\partial}{\partial x} f(x,y)\,dy$$

証明 $\displaystyle \int_a^x \int_c^d f_x(t,y)\,dy dt = \int_c^d \int_a^x f_x(t,y)\,dt dy = \int_c^d f(x,y)\,dy - \int_c^d f(a,y)\,dy$
両辺を x で微分して定理を得る． □

例 $\displaystyle \int_0^1 x^\alpha dx = \frac{1}{\alpha+1}$ の両辺を α で k 回微分して次を得る．

$$\int_0^1 x^\alpha (\log x)^k dx = \frac{(-1)^k \cdot k!}{(\alpha+1)^{k+1}}, \quad k = 0, 1, 2, \cdots$$

定理 6.7（微分と積分の順序変更 2）$f(x,y), f_x(x,y)$ はともに，長方形領域 $[a,b] \times [c,d]$ で連続とする．また，$u(x), v(x)$ は C^1 級関数とする．このとき，次が成立する．

$$\frac{d}{dx} \int_{v(x)}^{u(x)} f(x,y)\,dy =$$

$$\int_{v(x)}^{u(x)} f_x(x,y)\,dy + f(x,u(x))u'(x) - f(x,v(x))v'(x)$$

証明 $\displaystyle F(x,u,v) = \int_v^u f(x,y)\,dy = \int_v^u \int_a^x f_x(t,y)\,dt dy + \int_v^u f(a,y)\,dy$ と置き，両辺を x で微分する．鎖法則より，次を得る．

$$\frac{d}{dx} F(x,u(x),v(x)) =$$

$$F_x(x,u(x),v(x)) + F_u(x,u(x),v(x))u'(x) + F_v(x,u(x),v(x))v'(x)$$

$F_u = f(x,u), F_v(x,y) = -f(x,v), F_x = \displaystyle \int_v^u f_x(x,y)\,dy$ を代入して定理を得る． □

例題 6.11（合成積）$\mathbb{R}$ で連続な関数 $f(x), g(x)$ に対し，$f(x)$ と $g(x)$ の（片側）合成積 $(f*g)(x)$ を次で定義する．

$$(f*g)(x) = \int_0^x f(x-y)g(y)\,dy = \int_0^x f(y)g(x-y)\,dy$$

さらに，$f(x)$ が C^1 級のとき，合成積 $(f*g)(x)$ も C^1 級で，次が成立

する.

$$\frac{d}{dx}\int_0^x f(x-y)g(y)\,dy = \int_0^x f'(x-y)g(y)\,dy + f(0)g(x)$$

解答 合成積の定義の式に前定理を適用すればよい.

問 6.4 次の合成積 $(f*g)(x)$ を求めよ.

(1) $f(x)=e^{ax}$, $g(x)=e^{bx}$ (2) $f(x)=\sin{(ax)}$, $g(x)=\cos{(bx)}$

問 6.5 $f(x)=e^{ax}$ とおく. $f_0(x)=f(x)$, $f_n(x)=(f*f_{n-1})(x)$ $(n=1,2,\cdots)$ と定める. $f_n(x)$ を求めよ.

問 6.6 $((f_1+f_2)*g)(x)=(f_1*g)(x)+(f_2*g)(x)$, $(cf*g)(x)=c(f*g)(x)$ を示せ. ここで, c は定数である.

空間のグラフ領域上の 3 重積分

3 次元空間のグラフ領域について, 平面と同様に 3 重積分を考えることができる.

定義 6.4 (3 次元空間のグラフ領域) 3 次元空間の閉領域 $\mathcal{D}$ がグラフ領域であるとは, 次の (1), (2), (3) のどれかが成立することである.

(1) xy 平面の閉領域 D で定義された連続関数 $g_1(x,y)$, $g_2(x,y)$ で $g_2(x,y)\geqq g_1(x,y)$ を満たすものにより, 次のように表されることである.

$$\mathcal{D}=\{(x,y,z)\in\mathbb{R}^3\,|\,g_1(x,y)\leqq z\leqq g_2(x,y),\ (x,y)\in D\} \quad (6.4)$$

(2) xz 平面の閉領域 D' で定義された連続関数 $h_1(x,z)$, $h_2(x,z)$ で $h_2(x,z)\geq h_1(x,z)$ を満たすものにより, 次のように表されることである.

$$\mathcal{D}=\{(x,y,z)\in\mathbb{R}^3\,|\,h_1(x,z)\leqq y\leqq h_2(x,z),\ (x,z)\in D'\} \quad (6.5)$$

(3) yz 平面の閉領域 D'' で定義された連続関数 $k_1(y,z)$, $k_2(y,z)$ で $k_2(y,z)\geqq k_1(y,z)$ を満たすものにより, 次のように表されることである.

$$\mathcal{D}=\{(x,y,z)\in\mathbb{R}^3\,|\,k_1(y,z)\leqq x\leqq k_2(y,z),\ (y,z)\in D''\} \quad (6.6)$$

問 6.7 次の空間領域をグラフ領域で表せ.

(1) $\{(x, y, z) \in \mathbb{R}^3 \,|\, x^2 + y^2 \leqq 2z,\; x^2 + y^2 + z^2 \leqq 2Rz\; (R \geqq 1)\}$

(2) $\{(x, y, z) \in \mathbb{R}^3 \,|\, x^2 + y^2 \leqq (z - a)^2,\; x \geqq 0,\; x \leqq z \leqq a\; (a > 0)\}$

(3) $\{(x, y, z) \in \mathbb{R}^3 \,|\, \dfrac{x^2}{a^2} + \dfrac{y^2}{b^2} \leqq z,\; x + y + z \leqq 1\}$

3 次元空間での 3 重積分を実際求めるときは，累次積分によって求める．

定理 6.8（累次積分） (1) xy 平面の面積確定である閉領域 D で定義された連続関数 $g_1(x, y),\, g_2(x, y)$ で，$g_2(x, y) \geqq g_1(x, y)$ を用いて，次のように表される 3 次元空間のグラフ領域 $\mathcal{D} = \{(x, y, z) \in \mathbb{R}^3 \,|\, g_1(x, y) \leqq z \leqq g_2(x, y),\, (x, y) \in D\}$ で，関数 $f(x, y, z)$ は積分可能とする．このとき，$(x, y) \in D$ に対して z の関数として $f(x, y, z)$ は区間 $[g_1(x, y), g_2(x, y)]$ で積分可能で，また $\displaystyle\int_{g_1(x,y)}^{g_2(x,y)} f(x, y, z)\,dz$ は $x,\, y$ の関数として，D で積分可能であり，次が成立する．

$$\iiint_{\mathcal{D}} f(x, y, z)\,dxdydz = \iint_D \Bigl(\int_{g_1(x,y)}^{g_2(x,y)} f(x, y, z)\,dz\Bigr)dxdy$$

さらに，xy 平面の閉領域 D がグラフ領域で $D = \{(x, y) \,|\, a \leqq x \leqq b,\, \alpha(x) \leqq y \leqq \beta(x)\}$ であるとき，次が成立する．

$$\iiint_{\mathcal{D}} f(x, y, z)\,dxdydz = \int_a^b \Bigl(\int_{\alpha(x)}^{\beta(x)} \Bigl(\int_{g_1(x,y)}^{g_2(x,y)} f(x, y, z)\,dz\Bigr)dy\Bigr)dx$$

ここで，$\alpha(x), \beta(x)$ は区間 $[a, b]$ で連続で $\alpha(x) \leqq \beta(x)$ を満たすとする．

(2) 関数 $f(x, y, z)$ は直方体 $R = [a_1, b_1] \times [a_2, b_2] \times [a_3, b_3]$ 上で積分可能であるとする．$\displaystyle\int_{a_3}^{b_3} f(x, y, z)\,dz$ は $x,\, y$ の関数として $[a_1, b_1] \times [a_2, b_2]$ で積分可能であり，$\displaystyle\int_{a_2}^{b_2} \Bigl(\int_{a_3}^{b_3} f(x, y, z)\,dz\Bigr)dy$ は x の関数として $[a_1, b_1]$ で積分可能であり，次が成立する．

$$\iiint_R f(x, y, z)\,dxdydz = \int_{a_1}^{b_1} \Bigl(\int_{a_2}^{b_2} \Bigl(\int_{a_3}^{b_3} f(x, y, z)\,dz\Bigr)dy\Bigr)dx$$

2 次元の場合と同じように積分の順序を替えてもよい．

特に，x のみの関数 $X(x)$，y のみの関数 $Y(y)$，z のみの関数 $Z(z)$ を用いて $f(x,y,z) = X(x)Y(y)Z(z)$ と表せるとき，次が成立する.

$$\iiint_R f(x,y,z)\,dxdydz = \left(\int_{a_1}^{b_1} X(x)\,dx\right)\left(\int_{a_2}^{b_2} Y(y)\,dy\right)\left(\int_{a_3}^{b_3} Z(z)\,dz\right)$$

例　$\mathcal{D} = [-R,R] \times [-R,R] \times [-R,R]$, $f(x,y,z) = e^{-(x+y+z)}$ とする.

$$V = \iiint_{\mathcal{D}} f(x,y,z)\,dxdydz = \left(\int_{-R}^{R} e^{-x}dx\right)\left(\int_{-R}^{R} e^{-y}dy\right)\left(\int_{-R}^{R} e^{-z}dz\right)$$

$$V = \left(\left[-e^{-x}\right]_{-R}^{R}\right)^3 = (e^R - e^{-R})^3$$

例題 6.12　次の 3 重積分を計算せよ. ここで $a,b,c > 0$ とする.

$$\iiint_{\mathcal{D}} x\,dxdydz, \quad \mathcal{D}: \frac{x}{a} + \frac{y}{b} + \frac{z}{c} \leq 1,\ x \geq 0,\ y \geq 0,\ z \geq 0$$

解答　領域は $D: \dfrac{x}{a} + \dfrac{y}{b} \leq 1, x \geq 0, y \geq 0$ とするグラフ領域なので

$$\iiint_{\mathcal{D}} x\,dxdydz$$

$$= \iint_D \left(\int_0^{c\left(1-\frac{x}{a}-\frac{y}{b}\right)} x\,dz\right)dxdy$$

$$= c\iint_D x\left(1 - \frac{x}{a} - \frac{y}{b}\right)dxdy$$

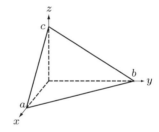

図 6.8　例題 6.12 の領域

$$= c\int_0^a \left[\int_0^{b\left(1-\frac{x}{a}\right)} x\left(1 - \frac{x}{a} - \frac{y}{b}\right)dy\right]dx$$

$$= c\int_0^a \left[xy\left(1 - \frac{x}{a} - \frac{y}{2b}\right)\right]_0^{b\left(1-\frac{x}{a}\right)}dx = \frac{bc}{2}\int_0^a x\left(1 - \frac{x}{a}\right)^2 dx$$

$$= \frac{bc}{2}\int_0^a \left(x - \frac{2x^2}{a} + \frac{x^3}{a^2}\right)dx = \frac{bc}{2}\left[\frac{x^2}{2} - \frac{2x^3}{3a} + \frac{x^4}{4a^2}\right]_0^a = \frac{a^2bc}{24}.$$

問 6.8　次の 3 重積分を計算せよ.

(1) $\displaystyle\iiint_{\mathcal{D}} (x^2 + y^2 + z^2)\,dxdydz$, $\mathcal{D} = [0,a] \times [0,b] \times [0,c]$, $(a,b,c > 0)$

(2) $\displaystyle\iiint_{\mathcal{D}} x\,dxdydz$, $\mathcal{D}: x^2 + y^2 + z^2 \leq 1,\ x \geq 0,\ y \geq 0,\ z \geq 0$

(3) $\displaystyle\iiint_{\mathcal{D}} xz\,dxdydz$, $\mathcal{D}: x^2 + y^2 \leq 1,\ x \geq 0,\ y \geq 0,\ 0 \leq z \leq 1$

補足 1：グラフ領域

準備として，曲線 $C : x = x(s), y = y(s)$ $(s \in [\alpha, \beta])$ において，$x(s), y(s)$ が C^1 関数で $(x'(s), y'(s)) \neq (0, 0)$ を満たすとき，C を**正則な C^1 曲線**という.

> **定理 6.9**　有界な領域 D の境界が有限個の正則な C^1 曲線の和であるならば，領域 D は有限個のグラフ領域に分割される. すなわち，有限個のグラフ領域 $D_1, \ldots, D_n$ で $\mathring{D}_i \cap \mathring{D}_j = \emptyset$ $(i \neq j)$ を満たすものがあって $D = D_1 \cup \cdots \cup D_n$ と表される. なお，$\mathring{D}_i$ は D_i の内点全体の集合を表す.

証明　1つの正則な C^1 曲線上の点 $P(x(s_0), y(s_0))$ において $x'(s_0) \neq 0$ ならば，逆関数定理により s_0 近傍において逆関数 $s = s(x)$ が存在する. よって，$P(x(s_0), y(s_0))$ の近傍において，曲線は $y = y(s(x))$ と表されるので，その近傍で領域はグラフ領域である (図 6.9 (1) 左). また，$y'(s_0) \neq 0$ ならば，$x = x(\hat{s}(y))$ の形にできる (図 6.9 (1) 右). したがって，領域の境界はそのような近傍の有限個で覆われるので，各々のグラフ領域の側辺と底辺を延長して分割線をつくれば，領域をグラフ領域に分割できる. ただし，y についてのグラフ領域と x についてのグラフ領域 が隣接するところでは (図 6.9 (2) の斜線部分) では側辺とグラフの交点を通る分割線が必要となる. □

(1)

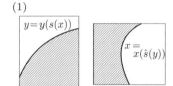

(2)

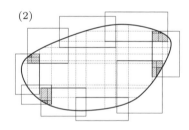

図 **6.9**　グラフ領域に分割

補足 2：定理 6.5（累次積分）の証明

証明　(1) のみを示す. 長方形領域 $[a, b] \times [c, d]$ $= \{(x, y) \mid a \leqq x \leqq b, \ c \leqq y \leqq d\}$ の分割 Δ を考える. 小長方形 Δ_{ij} での $\tilde{f}(x, y)$ の最大値を M_{ij}，最小値を m_{ij} とする. Δ_{ij} で $m_{ij} \leqq f(x, y) \leqq M_{ij}$ だから，$x_{i-1} \leqq \xi_i \leqq x_i$ なる任意の点 ξ_i をとり，y で積分し，さらに j についての和をとると，次を得る.

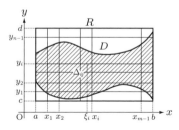

図 **6.10**　グラフ領域 D と長方形 R の分割

$$m_{ij}(y_j - y_{j-1}) \leqq \int_{y_{j-1}}^{y_j} f(\xi_i, y) \, dy$$

$$\leqq M_{ij}(y_j - y_{j-1}) \quad (\xi_i, y) \in \Delta_{ij}$$

$$\sum_{j=1}^{n} m_{ij}(y_j - y_{j-1}) \leqq \sum_{j=1}^{n} \int_{y_{j-1}}^{y_j} f(\xi_i, y)\, dy \leqq \sum_{j=1}^{n} M_{ij}(y_j - y_{j-1})$$

$$\sum_{j=1}^{n} m_{ij}(y_j - y_{j-1}) \leqq \int_{c}^{d} f(\xi_i, y)\, dy = S(\xi_i) \leqq \sum_{j=1}^{n} M_{ij}(y_j - y_{j-1})$$

これらに $(x_i - x_{i-1})$ を乗じて，i に関して足し合わせて，次を得る．

$$\sum_{i=1}^{m}\sum_{j=1}^{n} m_{ij}(x_i - x_{i-1})(y_j - y_{j-1}) \leqq \sum_{i=1}^{m} S(\xi_i)(x_i - x_{i-1})$$

$$\leqq \sum_{i=1}^{m}\sum_{j=1}^{n} M_{ij}(x_i - x_{i-1})(y_j - y_{j-1})$$

この不等式の左辺は $\underline{V}_\Delta$ であり，不等式の右辺は $\overline{V}_\Delta$ で，$|\Delta| \to 0$ のとき，ともに同じ極限 $\displaystyle\iint_D f(x,y)\,dxdy$ に収束する．この不等式の中央の項は $S(x) = \displaystyle\int_c^d f(x,y)\,dy$ の区間 $[a,b]$ におけるリーマン和で $\displaystyle\int_a^b S(x)\,dx = \int_a^b \left(\int_c^d f(x,y)\,dy \right) dx$ に収束し，定理は示された． $\qquad\square$

補足 3：定義 4.5（立体の体積）の説明

$f(x,y) \geqq 0$ の場合，領域 D の上で曲面 $z = f(x,y)$ と平面 $z = 0$ に挟まれた立体の平面 $x = x$ で切断された切断面の面積が $S(x)$ である．定義 4.5 では $S(x)$ の区間 $[a,b]$ での積分として，体積を定義した．それがこの章で重積分で定義した立体の体積と一致することが示された．

———————————— 練習問題 6.2 ————————————

1. 次の 2 重積分を累次積分により計算せよ．

(1) $\displaystyle\iint_D (1 + x + y)^2\, dxdy, \ D: 0 \leqq x \leqq 1,\, 0 \leqq y \leqq 1$

(2) $\displaystyle\iint_D \frac{x}{y}\, dxdy, \ D: x+1 \leqq y \leqq x+2,\, 0 \leqq x \leqq 1$

(3) $\displaystyle\iint_D x\, dxdy, \ D: y^2 \leqq x,\, x \leqq y+2$

(4) $\displaystyle\iint_D x^2 y\, dxdy, \ D: y \leqq x-2,\, x+y^2 \leqq 4$

(5) $\displaystyle\iint_D \sin\frac{\pi y}{\sqrt{x}}\, dxdy, \ D: y^2 \leqq x,\, 1 \leqq x \leqq 2$

(6) $\displaystyle\iint_D xy\, dxdy, \ D: x^2 \leqq y,\, y^2 \leqq 8x$

(7) $\displaystyle\iint_D xy\, dxdy, \ D: x^2 + y^2 \leqq 2x,\, y \geqq 0$

(8) $\displaystyle\iint_D \sqrt{x}\, dxdy, \ D: x^2 + y^2 \leqq 2x$

(9) $\displaystyle\iint_D xe^y\,dxdy,\ D:\ x \geqq 0,\ y \geqq 0,\ x + y \leqq 1$

(10) $\displaystyle\iint_D \sqrt{4x^2 - y^2}\,dxdy,\ D:\ 0 \leqq y \leqq x,\ 0 \leqq x \leqq 1$

2. (積分の順序交換) 次の累次積分を計算せよ.

(1) $\displaystyle\int_0^1\Big(\int_{x^2}^1 xe^{y^2}\,dy\Big)dx$
(2) $\displaystyle\int_0^1\Big(\int_x^1 \frac{1}{1+y^2}\,dy\Big)dx$

(3) $\displaystyle\int_0^3\Big(\int_y^3 \sqrt{x^2+16}\,dx\Big)dy$
(4) $\displaystyle\int_0^\pi\Big(\int_y^\pi \frac{\sin x}{x}\,dx\Big)dy$

3. 次の 3 重積分を計算せよ $(a, b, c > 0)$.

(1) $\displaystyle\iiint_{\mathcal{D}} (x + y + z)^2\,dxdydz,\ \mathcal{D} = [0, a] \times [0, b] \times [0, c]$

(2) $\displaystyle\iiint_{\mathcal{D}} \frac{dxdydz}{(1 + x + y + z)^3},\ \mathcal{D}:\ x + y + z \leqq 1,\ x \geqq 0,\ y \geqq 0,\ z \geqq 0$

(3) $\displaystyle\iiint_{\mathcal{D}} \sin(x + y + z)\,dxdydz,\ \mathcal{D}:\ 0 \leqq y \leqq x \leqq \frac{\pi}{2},\ 0 \leqq z \leqq x + y$

4. 楕円 : $\dfrac{x^2}{p^2} + \dfrac{y^2}{q^2} = 1\,(p, q > 0)$ の面積が πpq であることを用いて以下の問いに答えよ.

(1) yz 平面に平行な平面が x 軸と交わる点の座標を x としたとき, この平面で楕円体 : $\dfrac{x^2}{a^2} + \dfrac{y^2}{b^2} + \dfrac{z^2}{c^2} = 1\,(a, b, c > 0)$ を切ったときの断面積 $S(x)\,(-a \leqq x \leqq a)$ を x の関数で表せ.

(2) $S(x)$ を積分することにより, この楕円体の体積を求めよ.

5. 直円錐 : $z \leqq a - \sqrt{x^2 + y^2},\ 0 \leqq z \leqq a,\,(a > 0)$ を平面 : $z = y$ で切って出来る 2 つの部分のうち, 小さい方の立体を V とする. 以下の問いに答えよ.

(1) yz 平面に平行な平面が x 軸と交わる点の座標を x としたとき, この平面で V を切ったときの断面積 $S(x)\,(-a \leqq x \leqq a)$ を x の関数で表せ.

(2) $S(x)$ を積分することにより, V の体積を求めよ.

6.3　重積分の変数変換

1 変数関数の区間 $[a, b]$ 上の定積分 $\displaystyle\int_a^b f(x)\,dx$ の置換積分において, $x = X(u)$ と変数 x を変数 u に変数変換 (置換) を行うことを考える. 第 4 章によると,

$$\int_a^b f(x)\,dx = \int_\alpha^\beta f(X(u))X'(u)\,du \quad u \in [\alpha, \beta],\ \alpha = X^{-1}(a),\ \beta = X^{-1}(b)$$

となるのであった. 本節では, 2 変数関数の面積確定の領域 D での重積分の場合, 変数変換 $x = X(u, v), y = Y(u, v)$ を行って, 変数 (x, y) を変数 (u, v) に

変換すると，重積分はどのようになるかを考える.

変数変換

第5章を少し復習しよう. uv 平面の有界領域 E を含む領域から，xy 平面の領域への C^1 級変数変換 $(x, y) = \Phi(u, v) = (X(u, v), Y(u, v))$ により領域 E と xy 平面の領域 D は1対1に対応しているとする. 今，$\mathrm{P} = \mathrm{P}(x, y), \mathrm{Q} = \mathrm{Q}(u, v)$ と表すと，$\mathrm{P} = \Phi(\mathrm{Q})$，また，$D = \Phi(E)$ と記すことができる.

C^1 級変数変換 $(x, y) = \Phi(u, v)$ とは，その成分ごとに書いたとき，$x = X(u, v), y = Y(u, v)$ がともに C^1 関数であることであった. そのヤコビ行列 (関数行列) $J(u, v)$ は変数変換 $\Phi(u, v)$ のヤコビ行列であることを示すときには $\mathrm{D}\Phi(u, v)$ と記す. つまり，次のようになる.

$$J(u, v) = \mathrm{D}\Phi(u, v) = \begin{bmatrix} x_u & x_v \\ y_u & y_v \end{bmatrix}$$

このヤコビ行列の行列式，すなわち，**ヤコビアン (関数行列式)** は

$$|J(u, v)| = \det J(u, v) = \det [\mathrm{D}\Phi(u, v)] = \begin{vmatrix} x_u & x_v \\ y_u & y_v \end{vmatrix} = x_u y_v - x_v y_u$$

であり，領域 E での連続関数である. また，ヤコビアン $\det J(u, v) = |J(u, v)| \neq 0$ ならば，この変数変換には局所的に C^1 級逆写像 Φ^{-1} が存在するのであった (第5章の逆写像定理 5.18).

定理 6.10 uv 平面の有界閉領域 E を含む開領域 $\tilde{E}$ から，xy 平面の領域への C^1 級変数変換 $(x, y) = \Phi(u, v) = (X(u, v), Y(u, v))$ により領域 E を xy 平面の領域 D に1対1に写像されるとする. また，この変数変換のヤコビアンは $\tilde{E}$ において 0 にならないとする. つまり，

$$\det J(u, v) = \det [\mathrm{D}\Phi(u, v)] \neq 0, \ (u, v) \in \tilde{E} \ \text{とする.}$$

関数 $f(x, y)$ が D において定義された連続関数とするとき，次が成立する.

(1) E が面積確定ならば D も面積確定である.

(2) 次の重積分の変換公式が成立する.

$$\iint_D f(x, y) \, dxdy = \iint_E f(\Phi(u, v)) \, |\det [\mathrm{D}\Phi(u, v)]| \, dudv \qquad (6.7)$$

$$\iint_D f(x,y)\,dxdy = \iint_E f(X(u,v),Y(u,v))\,|\det J(u,v)|\,dudv$$

注意　この定理の中に仮定「ヤコビアンは 0 にならない．$\det J(u,v) = \det[\mathrm{D}\Phi(u,v)] \neq 0,\ (u,v) \in \tilde{E}$」があるのだが，$E(\subset \tilde{E})$ の境界 ∂E 上でヤコビアンが 0 となってもよい．つまり $\det J(u,v) = 0,\ (u,v) \in \partial E$ の場合でもこの定理は正しい (変数変換の拡張 (299 ページ) を参照).

系 6.1　極座標変換 $\Phi : [0,\infty) \times [0,2\pi) \ni (r,\theta) \mapsto (x,y) \in \mathbb{R}^2$ によって，$r\theta$ 平面の面積確定な有界閉領域 E が xy 平面の領域 $D = \Phi(E)$ に写像されたとする．変換 Φ は $x = r\cos\theta,\ y = r\sin\theta$ であり，D は面積確定となる．関数 $f(x,y)$ を D で積分可能な関数とすると，次が成立する．

$$\iint_D f(x,y)\,dxdy = \iint_E f(r\cos\theta, r\sin\theta)\,rdrd\theta$$

定理の証明は後述する (6.6 節 (295 ページ))．以下は典型的な計算例である．

例題 6.13（線形変換）　適当な線形変換により次の重積分を計算せよ

$$\iint_D (x^2 + 3y^2)\,dxdy,\ D:\ |x-3y| \leqq 2,\ |x+y| \leqq 1$$

解答　変数 u,v をそれぞれ $u = x-3y, v = x+y$ とすると，線形変換

$$\Phi:\ x = \frac{u+3v}{4},\ y = \frac{-u+v}{4}$$

が定義され，$\Phi : E = [-2,2] \times [-1,1] \to D$ が 1 対 1 対応となる．ここで

$$\det(\mathrm{D}\Phi) = \frac{1}{16}\begin{vmatrix} 1 & 3 \\ -1 & 1 \end{vmatrix} = \frac{1}{4},$$

$$x^2 + 3y^2 = \frac{1}{4}(u^2 + 3v^2)$$

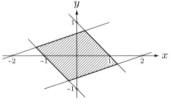

図 6.11　領域 D

であるので，求める積分は E 上の積分となり，変換公式 (6.7) より

$$\iint_D (x^2 + 3y^2)\,dxdy$$

$$= \frac{1}{4}\iint_E (u^2 + 3v^2)\frac{1}{4}\,dudv = \frac{1}{16}\int_{-1}^{1}\left[\int_{-2}^{2}(u^2 + 3v^2)\,du\right]dv$$

$$= \frac{1}{16}\int_{-1}^{1} dv \int_{-2}^{2} u^2\, du + \frac{1}{16}\int_{-2}^{2} du \int_{-1}^{1} 3v^2\, dv = \frac{7}{6}$$

例題 6.14（2 次元極座標変換） 2 次元極座標変換 $x = r\cos\theta,\ y = r\sin\theta$ により以下の重積分を計算せよ．ここで，$a > 0$ とする．

(1) $\displaystyle\iint_D \frac{dxdy}{1+x^2+y^2},\ D:\ x^2+y^2 \leqq a^2$

(2) $\displaystyle\iint_D e^{-\frac{1}{2}(x^2+y^2)}\, dxdy,\ D:\ x^2+y^2 \leqq a^2,\ x \geqq 0,\ y \geqq 0$

(3) $\displaystyle\iint_D x\, dxdy,\ D:\ x^2+y^2 \leqq 2ax$

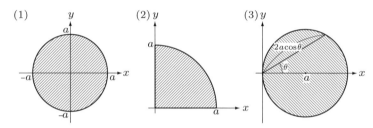

図 **6.12** 例題 6.14 の各領域

解答 $\Phi:\ (r,\theta) \mapsto (x,y) = (r\cos\theta, r\sin\theta)$ とすると $\det(\mathrm{D}\Phi) = r$ である[4]．

(1) $\Phi:\ E = [0,a] \times [0,2\pi] \to D$．よって，変数変換公式 (6.7) より

$$\iint_D \frac{dxdy}{1+x^2+y^2} = \iint_E \frac{r}{1+r^2}\, drd\theta = \int_0^{2\pi}\left(\int_0^a \frac{r}{1+r^2}\, dr\right)d\theta$$

$$= \int_0^{2\pi} d\theta \int_0^a \frac{r}{1+r^2}\, dr = 2\pi\left[\frac{1}{2}\log(1+r^2)\right]_0^a = \pi\log(1+a^2).$$

(2) $\Phi:\ E = [0,a] \times \left[0, \dfrac{\pi}{2}\right] \to D$．よって

$$\iint_D e^{-\frac{1}{2}(x^2+y^2)}\, dxdy = \iint_E e^{-\frac{1}{2}r^2}\, r\, drd\theta = \int_0^{\frac{\pi}{2}}\left(\int_0^a e^{-\frac{1}{2}r^2}\, r\, dr\right)d\theta$$

$$= \int_0^{\frac{\pi}{2}} d\theta \int_0^a e^{-\frac{1}{2}r^2}\, r\, dr = \frac{\pi}{2}\left[-e^{-\frac{1}{2}r^2}\right]_0^a = \frac{\pi}{2}\left(1 - e^{-\frac{1}{2}a^2}\right).$$

(3) 極座標では D は $E = \left\{(r,\theta)\, |\, 0 \leqq r \leqq 2a\cos\theta,\ |\theta| \leqq \dfrac{\pi}{2}\right\}$ と表せる．よって

$$\iint_D x\, dxdy = \iint_E r\cos\theta\, r\, drd\theta = \int_{-\frac{\pi}{2}}^{\frac{\pi}{2}}\left(\int_0^{2a\cos\theta} r^2\cos\theta\, dr\right)d\theta$$

---

[4] $r = 0$ で $\det(\mathrm{D}\Phi) = 0$ となるが，面積 0 の集合で $\det(\mathrm{D}\Phi) = 0$ となっても変数変換公式 (6.7) は正しい

$$= \int_{-\frac{\pi}{2}}^{\frac{\pi}{2}} \cos\theta \left[\frac{r^3}{3} \right]_0^{2a\cos\theta} d\theta = \frac{8a^3}{3} \int_{-\frac{\pi}{2}}^{\frac{\pi}{2}} \cos^4\theta \, d\theta \qquad \text{(例題 4.12 より)}$$

$$= \frac{8a^3}{3} \cdot 2 \cdot \frac{3}{4} \cdot \frac{1}{2} \cdot \frac{\pi}{2} = \pi a^3.$$

問 6.9 2 次元極座標変換 $x = r\cos\theta,\ y = r\sin\theta$ により以下の重積分を計算せよ. ここで, $0 < a < b$ とする.

(1) $\displaystyle\iint_D x^2 y \, dxdy,\ D:\ x^2 + y^2 \leqq a^2,\ x \geqq 0,\ y \geqq 0$

(2) $\displaystyle\iint_D \frac{dxdy}{x^2 + y^2},\ D:\ a^2 \leqq x^2 + y^2 \leqq b^2$

(3) $\displaystyle\iint_D \log(x^2 + y^2) \, dxdy,\ D:\ a^2 \leqq x^2 + y^2 \leqq b^2$

(4) $\displaystyle\iint_D \phi'(x^2 + y^2) \, dxdy,\ D:\ a^2 \leqq x^2 + y^2 \leqq b^2$

　　　($\phi(t)$ は関数 t の C^1 級関数とする. ヒント：$\phi(t)$ を用いて表す.)

　重積分の変数変換公式 定理 6.10 は, 次の例題が示すように, 2 次元単純変数変換の場合, 1 変数関数の置換積分として容易に導かれる.

例題 6.15 (2 次元単純変数変換) xy 平面のグラフ領域 $D = \{(x,y) \mid g_1(x) \leqq y \leqq g_2(x), x \in [a,b]\}$(関数 $g_1(x) \leqq g_2(x)$ は区間 $[a,b]$ で連続とする) を含む領域で関数 $f(x,y)$ は連続とする. uv 平面の有界閉領域 E を含む開領域 $\tilde{E}$ から, xy 平面の領域への x について単純な C^1 級単純変数変換 $(x,y) = (u, Y(u,v))$ により領域 E を xy 平面の領域 D に 1 対 1 に写像されるとする. また, この変数変換のヤコビアン $Y_v(u,v) \neq 0\ (u,v) \in \tilde{E}$ とする. 次が成り立つことを示せ.

(1) E はグラフ領域である.

(2) $\displaystyle I = \iint_D f(x,y)\, dxdy = \iint_E f(u, Y(u,v))|Y_v(u,v)|\, dudv$

　同様に, $D = \{(x,y) \mid \gamma_1(y) \leqq x \leqq \gamma_2(y),\ y \in [c,d]\}$(関数 $\gamma_1(y) \leqq \gamma_2(y)$ は区間 $[c,d]$ で連続とする) の場合, uv 平面の有界閉領域 E を含む開領域 $\tilde{E}$ から, xy 平面の領域への y について単純な C^1 級単純変数変換 $(x,y) = (X(u,v), v)$ により領域 E を xy 平面の領域 D に 1 対 1 に写像さ

れるとする. また, この変数変換のヤコビアン $X_u(u,v) \neq 0$ $(u,v) \in \tilde{E}$
とする. 同じ結果が成り立つことを示せ.

$(1')$ E はグラフ領域である.

$(2')$ $I = \displaystyle\iint_D f(x,y)\,dxdy = \iint_E f(X(u,v),v)|X_u(u,v)|\,dudv$

解答 $x = u$, $y = Y(u,v)$ より $g_1(u) \leqq Y(u,v) \leqq g_2(u)$ である. $Y_v(u,v) \neq 0$ だから $g_1(u) = Y(u,v)$ を v について解くと, 陰関数定理により, $v = \hat{g}_1(u)$ が求まる. 同様に, $g_2(u) = Y(u,v)$ を v について解くと, $v = \hat{g}_2(u)$ が求まる. ここで, $Y_v(u,v) > 0$ とすると, $Y(u,v)$ は v の関数として増加関数であるから $E = \{(u,v)\,|\,\hat{g}_1(u) \leqq v \leqq \hat{g}_2(u), u \in [a,b]\}$ であり, $Y_v(u,v) < 0$ とすると, $Y(u,v)$ は v の関数として減少関数であるから $E = \{(u,v)\,|\,\hat{g}_2(u) \leqq v \leqq \hat{g}_1(u), u \in [a,b]\}$ である. 以上で (1) が示された.

次に, 1 変数の置換積分の公式と累次積分の公式より

$$I = \int_a^b \left(\int_{g_1(x)}^{g_2(x)} f(x,y)\,dy \right) dx = \int_a^b \left(\int_{\hat{g}_1(u)}^{\hat{g}_2(u)} f(u,Y(u,v))Y_v(u,v)\,dv \right) du$$

$Y_v(u,v) > 0$ のときは, $Y_v(u,v) = |Y_v(u,v)|$ より,

$$I = \int_a^b \left(\int_{\hat{g}_1(u)}^{\hat{g}_2(u)} f(u,Y(u,v))Y_v(u,v)\,dv \right) du = \iint_E f(u,Y(u,v))|Y_v(u,v)|\,dudv$$

$Y_v(u,v) < 0$ のときは符号に注意して, $-Y_v(u,v) = |Y_v(u,v)|$ より,

$$I = \int_a^b \left(\int_{\hat{g}_1(u)}^{\hat{g}_2(u)} f(u,Y(u,v))Y_v(u,v)\,dv \right) du$$

$$= \int_a^b \left(\int_{\hat{g}_2(u)}^{\hat{g}_1(u)} f(u,Y(u,v))(-Y_v(u,v))\,dv \right) du = \iint_E f(u,Y(u,v))|Y_v(u,v)|\,dudv$$

以上で, (2) が示された.

以下の部分も同様に示される.

xy 平面の領域 D がいくつかのグラフ領域に分割されるような領域である場合にも, この例題の結果 (2) は成り立つことに注意しよう. また, 累次積分の順序変更で行ったように x についてのグラフ領域は y についてのグラフ領域に分割できることにも注意しよう.

例題 6.16（2 次元変数変換） xy 平面のグラフ領域の和である有界領域 D を含む領域で関数 $f(x,y)$ は連続とする. uv 平面の有界閉領域 E を含む開領域 $\tilde{E}$ から, xy 平面の領域への C^1 級変数変換 $(x,y) = \Phi(u,v) =$

$(X(u,v), Y(u,v))$ により領域 E を xy 平面の領域 D に 1 対 1 に写像され
るとする．また，この変数変換のヤコビアン $\det J(u,v) \neq 0 \ (u,v) \in \tilde{E}$
とする．次が成り立つことを示せ．

$$I = \iint_D f(x,y)\,dxdy = \iint_E f(X(u,v), Y(u,v))\,|\det J(u,v)|\,dudv$$

解答 有界閉領域 E で $\det J(u,v) = X_u Y_v - X_v Y_u \neq 0$ だから，$\min_E\{|\det J(u,v)|\} = m > 0$．したがって，領域 E の任意の点で $m \leqq |X_u Y_v| + |X_v Y_u|$．これより，$|X_u Y_v|$，$|X_v Y_u|$ は同時に $\frac{m}{2}$ より小さくなることはない．よって，$|X_u|$, $|X_v|$, $|Y_u|$, $|Y_v|$ が同時に $\sqrt{\frac{m}{2}}$ より小さくなることはない．すなわち，領域 E の任意の点で $|X_u|$, $|X_v|$, $|Y_u|$, $|Y_v|$ のどれかは $\sqrt{\frac{m}{2}}$ 以上である．よって，$0 < h < \sqrt{\frac{m}{2}}$ を満たす h について，$|X_u|$, $|X_v|$, $|Y_u|$, $|Y_v|$ は連続関数だから，領域 E をいくつかの小領域 E_j に分割して，小領域 E_j の，すべての点で $|X_u| > h$，あるいはすべての点で $|X_v| > h$，あるいはすべての点で $|Y_u| > h$，あるいはすべての点で $|Y_v| > h$ とできる．

次に，領域 E_j で $|Y_v| > h$ と仮定しよう．ここで，変数変換 $(x,y) = \Phi(u,v) = (X(u,v), Y(u,v))$ を 2 つの単純変数変換の積に分解することを考える．単純変数変換 $\Phi_1 : \xi = u, \eta = Y(u,v)$ で uv 平面の領域 E_j を $\xi\eta$ 平面の領域 $\mathfrak{E}_j$ に 1 対 1 に写像される．次に，$Y_v \neq 0$ だから，$\eta = Y(u,v)$ は陰関数定理より，v について解けて，$v = V(u,\eta)$ と表せる．$X(\xi, V(\xi,\eta)) = X(u,v) = \tilde{X}(\xi,\eta)$ とおく．$\xi\eta$ 平面の領域 $\mathfrak{E}_j$ は単純変数変換 $\Phi_2 : x = \tilde{X}(\xi,\eta), y = \eta$ で xy 平面の領域 D_j に 1 対 1 に写像される．$\Phi = \Phi_2 \Phi_1$ である．Φ_2 のヤコビアン $\tilde{X}_\xi$ を求める．

$$\tilde{X}_\xi = X_u(\xi, V(\xi,\eta)) + X_v(\xi, V(\xi,\eta))V_\xi(\xi,\eta) = X_u - \frac{X_v Y_u}{Y_v} = \frac{\det J(u,v)}{Y_v(u,v)}$$

前の例題の結果を用いて，次を得る．(注：$|Y_v| > h$ なので広義積分にならない．)

$$I = \iint_{D_j} f(x,y)\,dxdy = \iint_{\mathfrak{E}_j} f(\tilde{X}(\xi,\eta), \eta)|\tilde{X}_\xi(\xi,\eta)|\,d\xi d\eta$$

$$= \iint_{E_j} f(X(u,v), Y(u,v))|\tilde{X}_\xi||Y_v|\,dudv$$

$$= \iint_{E_j} f(X(u,v), Y(u,v))\left|\frac{\det J(u,v)}{Y_v}\right||Y_v|\,dudv$$

以上より，$I = \iint_{E_j} f(X(u,v), Y(u,v))|\det J(u,v)|\,dudv$

$|X_u| > h$, $|X_v| > h$, $|Y_u| > h$ の場合も同様に成り立つ．これより，各小領域 E_j で成り立つから，総和をとって結果を得る．

3 重積分の変数変換

3重積分の変数変換も重積分の場合と同様に成り立つ.

定理 6.11 uvw 空間の有界閉領域 E を含む開領域 $\tilde{E}$ から, xyz 空間の領域への C^1 級変数変換 $(x, y, z) = \Phi(u, v, w) = (X(u, v, w), Y(u, v, w), Z(u, v, w))$ により領域 E を xyz 空間の領域 D に1対1に写像されるとする. また, この変数変換のヤコビアンは $\tilde{E}$ において 0 にならないとする. つまり, $\det J(u, v, w) = \det[\mathrm{D}\Phi(u, v, w)] \neq 0$, $(u, v, w) \in \tilde{E}$ とする.

関数 $f(x, y, z)$ が D において定義された連続関数とするとき, 次が成立する.

(1) E が体積確定ならば D も体積確定である.

(2) 次の重積分の変換公式が成立する.

$$\iiint_D f(x, y, z)\, dxdydz$$
$$= \iiint_E f(\Phi(u, v, w))\, |\det[\mathrm{D}\Phi(u, v, w)]|\, dudvdw \quad (6.8)$$

$$\iiint_D f(x, y, z)\, dxdydz$$
$$= \iiint_E f(X(u, v, w), Y(u, v, w), Z(u, v, w))\, |\det J(u, v, w)|\, dudvdw$$

定理も証明や注意も定理 6.10 と同様である. 以下は計算例である.

問 6.10 空間の点 $\mathrm{P}(x, y, z), \mathrm{Q}(u, v, w)$ をそれぞれ位置ベクトル $\boldsymbol{x} = \begin{bmatrix} x \\ y \\ z \end{bmatrix}$, $\boldsymbol{u} = \begin{bmatrix} u \\ v \\ w \end{bmatrix}$ で表すとき, 直交座標変換 $\boldsymbol{x} = P\boldsymbol{u}$ について変換公式

$$\iiint_{|\boldsymbol{x}| \leqq a} f(\boldsymbol{x})\, dxdydz = \iiint_{|\boldsymbol{u}| \leqq a} f(P\boldsymbol{u})\, dudvdw$$

が成り立つことを示せ.

例題 6.17（3 次元極座標変換） 3 次元極座標変換 $x = r\sin\theta\cos\phi$, $y = r\sin\theta\sin\phi$, $z = r\cos\theta$ により，次の重積分を計算せよ．

$$\iiint_{\mathcal{D}} x^2\,dxdydz, \quad \mathcal{D}: \frac{x^2}{a^2} + \frac{y^2}{b^2} + \frac{z^2}{c^2} \leqq 1 \ (a,b,c > 0)$$

解答　最初に変換 $\Phi: \begin{bmatrix} u \\ v \\ w \end{bmatrix} \mapsto \begin{bmatrix} x \\ y \\ z \end{bmatrix} = \begin{bmatrix} au \\ bv \\ cw \end{bmatrix}$ を

行うと $\det(\mathrm{D}\Phi) = \begin{vmatrix} a & 0 & 0 \\ 0 & b & 0 \\ 0 & 0 & c \end{vmatrix} = abc$ で，$\mathcal{D}$ は

$\mathcal{D}' = \left\{ (u,v,w) \,\middle|\, u^2 + v^2 + w^2 \leqq 1 \right\}$ と 1 対 1 に対

応する．よって

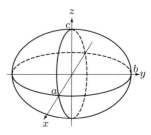

図 6.13　領域 $\mathcal{D}$

$$\iiint_{\mathcal{D}} x^2\,dxdydz = a^3bc \iiint_{\mathcal{D}'} u^2\,dudvdw.$$

次に $\Phi: (r,\theta,\phi) \mapsto (u,v,w) = (r\sin\theta\cos\phi,\ r\sin\theta\sin\phi, r\cos\theta)$ として極座標変換を行うと，$\det(\mathrm{D}\Phi) = r^2\sin\theta$ であるので

$$\iiint_{\mathcal{D}} x^2\,dxdydz$$
$$= a^3bc \int_0^{2\pi} \left[\int_0^{\pi} \left(\int_0^1 r^2\sin^2\theta\,\cos^2\phi\,r^2\sin\theta\,dr \right) d\theta \right] d\phi$$
$$= a^3bc \int_0^{2\pi} \cos^2\phi\,d\phi \int_0^{\pi} \sin^3\theta\,d\theta \int_0^1 r^4\,dr$$
$$= \frac{a^3bc}{2} \int_0^{2\pi} (1 + \cos 2\phi)\,d\phi \int_0^{\pi} (1 - \cos^2\theta)\sin\theta\,d\theta \left[\frac{r^5}{5} \right]_0^1$$
$$= \frac{a^3bc}{10} \left[\phi + \frac{\sin 2\phi}{2} \right]_0^{2\pi} \int_{-1}^1 (1 - t^2)\,dt = \frac{\pi a^3bc}{5} \left[t - \frac{t^3}{3} \right]_{-1}^1 = \frac{4\pi}{15} a^3bc.$$

例題 6.18（ポテンシャルの計算） 3 次元極座標変換 $x = r\sin\theta\cos\phi$, $y = r\sin\theta\sin\phi$, $z = r\cos\theta$ により，次の重積分を計算せよ $(a, \epsilon_0, \rho_0, R > 0)$．

$$\frac{\rho_0}{4\pi\epsilon_0} \iiint_{\mathcal{D}} \frac{dxdydz}{\sqrt{x^2 + y^2 + (z - R)^2}}, \quad \mathcal{D}: x^2 + y^2 + z^2 \leqq a^2$$

解答 例題 6.17 と同様に極座標変換すると

$$\frac{\rho_0}{4\pi\epsilon_0} \int_0^a \int_0^\pi \int_0^{2\pi} \frac{r^2 \sin\theta\, d\phi\, d\theta\, dr}{\sqrt{r^2 \sin^2\theta + (r\cos\theta - R)^2}}$$

$$= \frac{\rho_0}{2\epsilon_0} \int_0^a \int_0^\pi \frac{r^2 \sin\theta\, d\theta\, dr}{\sqrt{r^2 - 2Rr\cos\theta + R^2}}.$$

ここで, $t = \cos\theta$ と積分変数を変換すると, 積分は

$$\int_0^a \int_{-1}^1 \frac{r^2\, dt\, dr}{\sqrt{r^2 - 2Rrt + R^2}} = \frac{1}{R} \int_0^a r \left[-\sqrt{r^2 - 2Rrt + R^2} \right]_{t=-1}^1 dr$$

$$= \frac{1}{R} \int_0^a r\left(R + r - |R - r| \right) dr = \begin{cases} \dfrac{2a^3}{3R} & (R > a) \\[2mm] a^2 - \dfrac{1}{3}R^2 & (0 < R \le a) \end{cases}$$

と表される[5]. よって, もとの積分は $Q = \dfrac{4}{3}\pi a^3 \rho_0$ とおくと

$$\frac{Q}{4\pi\epsilon_0 R}\ (R > a),\qquad \frac{3Q}{8\pi\epsilon_0 a}\left(1 - \frac{R^2}{3a^2} \right)\ (0 < R \le a)$$

となる. これは, 密度 ρ_0 の電荷が半径 a の球体に一様に分布しているときの点 $(0, 0, R)$ でのクーロンポテンシャルの計算である. また, 問 6.10 の座標変換を用いれば, 一般の点 $\mathrm{P}(u, v, w)$ $(R = \sqrt{u^2 + v^2 + w^2})$ におけるポテンシャルの値であることが分かる. **注意** $0 < R \le a$ の場合は次節 (6.4 節) の「広義重積分」になるが, 結果は正しい.

立体の重心

今, 位置 $\boldsymbol{x}_j$ に密度が ρ_j で体積が $\Delta\Omega_j$ の物体があるとき $(1 \le j \le n)$, その物体系の**全質量** M と**重心** (barycentre) G はそれぞれ

$$M = \sum_{j=1}^n \rho_j \Delta\Omega_j, \quad \overrightarrow{\mathrm{OG}} = \frac{1}{M} \sum_{j=1}^n \rho_j \Delta\Omega_j \boldsymbol{x}_j$$

のように表される. よって, $\Delta\Omega_j$ を体積が Ω の物体の分割と考え, 物体の占める領域を $\mathcal{D}$ として $\Delta\Omega_j \to 0$ の極限を考えると, $\mathrm{P}(x, y, z)$ における密度を $\rho(\mathrm{P}) = \rho(x, y, z)$ として, 全質量 M は次の積分 (6.9) に収束し, 重心はその次の積分 (6.10) に収束する. ここで, $\boldsymbol{x}_\mathrm{P}$ は点 P の位置ベクトルを表す.

$$M = \int_{\mathcal{D}} \rho(\mathrm{P})\, d\Omega_\mathrm{P} = \iiint_{\mathcal{D}} \rho(x, y, z)\, dxdydz \tag{6.9}$$

$$\overrightarrow{\mathrm{OG}} = \frac{1}{M} \int_{\mathcal{D}} \rho(\mathrm{P})\boldsymbol{x}_\mathrm{P}\, d\Omega_\mathrm{P} = \frac{1}{M} \iiint_{\mathcal{D}} \rho(x, y, z)\boldsymbol{x}\, dxdydz \tag{6.10}$$

---

[5] 厳密に言うと, $0 < R \le a$ のときは次節であつかう広義重積分であるが, r について連続な原始関数をもつので, 通常の積分として計算してもよい.

> **例題 6.19**　密度が ρ_0 (一定) で半径 a の半球体
> $$(x, y, z): 0 \leqq z \leqq \sqrt{a^2 - (x^2 + y^2)},\ x^2 + y^2 \leqq a^2$$
> の質量と重心の座標を求めよ.

解答　体積は明らかに $\dfrac{2}{3}\pi a^3$ で, 全質量 M は

$\dfrac{2}{3}\pi a^3 \rho_0$. 空間極座標 $x = r\sin\theta\cos\phi$, $y = r\sin\theta\sin\phi$, $z = r\cos\theta$ を用いると, G の x 座標は

$$x = \frac{\rho_0}{M}\int_0^{2\pi}\Big(\int_0^{\frac{\pi}{2}}\Big(\int_0^a r^3 \sin^2\theta\cos\phi\, dr\Big)d\theta\Big)d\phi = 0.$$

同様に $y = 0$ である. z 座標は

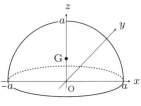

図 6.14　半球体の重心

$$z = \frac{\rho_0}{M}\int_0^{2\pi}\Big(\int_0^{\frac{\pi}{2}}\Big(\int_0^a r^3 \sin\theta\cos\theta\, dr\Big)d\theta\Big)d\phi$$

$$= \frac{3}{2a^3}\int_0^a r^3\, dr \int_0^{\frac{\pi}{2}}\sin 2\theta\, d\theta = \frac{3}{2a^3}\cdot\frac{a^4}{4}\cdot\Big[-\frac{\cos 2\theta}{2}\Big]_0^{\frac{\pi}{2}} = \frac{3a}{8}.$$

よって, 重心は $G\Big(0, 0, \dfrac{3a}{8}\Big)$.

> **問 6.11**　密度が ρ_0 (一定) で底面の半径が a で高さ が h の円錐体
> $$(x, y, z): 0 \leq \frac{z}{h} \leq 1 - \frac{1}{a}\sqrt{x^2 + y^2},\ x^2 + y^2 \leq a^2$$
> の質量と重心の座標を求めよ.
>
> **問 6.12**　密度が ρ_0 (一定) で次の領域を占める 立体の重心を求めよ.
> $$\mathcal{D}: \frac{x}{a} + \frac{y}{b} + \frac{z}{c} \leq 1,\ x, y, z \geqq 0 \quad (a, b, c > 0)$$

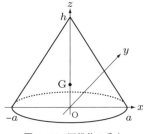

図 6.15　円錐体の重心

─────── **練習問題 6.3** ───────

1.　以下の曲面または平面で囲まれた部分の体積を求めよ. ただし, $a, b > 0$ とする.

(1)　放物面 : $x^2 + y^2 = az$, 柱面 : $x^2 + y^2 = 2ax$, 平面 : $z = 0$

(2)　楕円放物面 : $\dfrac{x^2}{a^2} + \dfrac{y^2}{b^2} = 2z$, 柱面 : $x^2 + y^2 = a^2$, 平面 : $z = 0$

(3)　双曲面 : $z = xy$, 柱面 : $\dfrac{(x-a)^2}{a^2} + \dfrac{(y-b)^2}{b^2} = 1$, 平面 : $z = 0$

(4)　球面 : $x^2 + y^2 + z^2 = a^2$, 柱面 : $x^2 + y^2 = ax$

2. 2次元極座標変換 $x = r\cos\theta$, $y = r\sin\theta$ のような変数変換を用いて以下の重積分を計算せよ．ここで，$0 < a < b$ とする．

(1) $\displaystyle\iint_D (x+y)^2\,dxdy$, $D:\ x^2 + y^2 \leqq 1$

(2) $\displaystyle\iint_D \sqrt{4 - x^2 - y^2}\,dxdy$, $D:\ 1 \leqq x^2 + y^2 \leqq 4, x \geqq 0, y \geqq 0$

(3) $\displaystyle\iint_D (x^2 + y^2)\,dxdy$, $D:\ \dfrac{x^2}{a^2} + \dfrac{y^2}{b^2} \leqq 1$

(4) $\displaystyle\iint_D 3x^2\,dxdy$, $D:\ x^2 + y^2 \leqq 2y, x \geqq 0$

(5) $\displaystyle\iint_D \sqrt{x^2 + y^2}\,dxdy$, $D:\ x^2 + y^2 \leqq a^2, x^2 + y^2 \geqq ax$

(6) $\displaystyle\iint_D \dfrac{dxdy}{(a^2 + x^2 + y^2)^{\frac{3}{2}}}$, $D:\ 0 \leqq x \leqq a, 0 \leqq y \leqq a$
（ヒント：$x = a$, $y = a$ を極座標で表す）

3. 円柱座標 $x = r\cos\theta$, $y = r\sin\theta$, $z = z$ により次の重積分を計算せよ $(a > 0)$．

(1) $\displaystyle\iiint_{\mathcal{D}} z\,dxdydz$, $\mathcal{D}:\ x^2 + y^2 + z^2 \leqq a^2, x, y, z \geqq 0$

(2) $\displaystyle\iiint_{\mathcal{D}} z\,dxdydz$, $\mathcal{D}:\ x^2 + y^2 \leqq a^2, 0 \leqq z \leqq x + a$

(3) $\displaystyle\iiint_{\mathcal{D}} \sqrt{x^2 + y^2}\,dxdydz$, $\mathcal{D}:\ x^2 + y^2 \leqq a^2, 0 \leqq z \leqq y + a$

(4) $\displaystyle\iiint_{\mathcal{D}} z\,dxdydz$, $\mathcal{D}:\ x^2 + y^2 + z^2 \leqq a^2, x^2 + y^2 \leqq ax, z \geqq 0$

4. 3次元極座標変換 $x = r\sin\theta\cos\phi$, $y = r\sin\theta\sin\phi$, $z = r\cos\theta$ により，次の重積分を計算せよ $(0 < a < b,\ (5)$ では $0 < R < a$ または $R > b)$．

(1) $\displaystyle\iiint_{\mathcal{D}} (ax^2 + by^2 + cz^2)\,dxdydz$, $\mathcal{D}:\ x^2 + y^2 + z^2 \leqq 1$

(2) $\displaystyle\iiint_{\mathcal{D}} \dfrac{dxdydz}{1 + x^2 + y^2 + z^2}$, $\mathcal{D}:\ x^2 + y^2 + z^2 \leqq 1$

(3) $\displaystyle\iiint_{\mathcal{D}} x\,dxdydz$, $\mathcal{D}:\ x^2 + y^2 + z^2 \leqq a^2, x, y, z \geqq 0$

(4) $\displaystyle\iiint_{\mathcal{D}} \dfrac{dxdydz}{x^2 + y^2 + (z - a)^2}$ $(a > 1)$, $\mathcal{D}:\ x^2 + y^2 + z^2 \leqq 1$

(5) $\displaystyle\iiint_{\mathcal{D}} \dfrac{dxdydz}{\sqrt{x^2 + y^2 + (z - R)^2}}$, $\mathcal{D}:\ a^2 \leqq x^2 + y^2 + z^2 \leqq b^2$

(6) $\displaystyle\iiint_{\mathcal{D}} z\,dxdydz$, $\mathcal{D}:\ x^2 + y^2 \leqq z^2, x^2 + y^2 + z^2 \leqq 1, z \geqq 0$

5. 次の 2 つの円柱面で囲まれた部分の体積を求めよ ($x, y, z \geqq 0$ の部分は図 6.16 参照).
$$\mathcal{D}: x^2 + y^2 = a^2, \quad y^2 + z^2 = a^2 \quad (a > 0)$$

6. 3 つの円柱面：$y^2 + z^2 = a^2$, $z^2 + x^2 = a^2$, $x^2 + y^2 = a^2$ ($a > 0$) で囲まれた部分の体積を求めよ.

7. 密度が ρ_0 (一定) で次の領域を占める立体の重心を求めよ (前々問を参照).

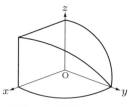

図 6.16 円柱面の交わり

$$\mathcal{D}: x^2 + y^2 \leqq a^2, \ y^2 + z^2 \leqq a^2, \ x, y, z \geqq 0 \ (a > 0)$$

8. 平面のグラフ領域 $D: 0 \leqq y \leqq f(x)$, $a \leqq x \leqq b$ を x 軸のまわりに回転してできる回転体の重心の x 座標 $\bar{x}$ は, 回転体の体積が Ω で密度が ρ_0 (一定) ならば, 次のように表されることを示せ.

$$\bar{x} = \frac{\pi}{\Omega} \int_a^b x f(x)^2 \, dx = \frac{2\pi}{\Omega} \iint_D xy \, dxdy$$

この問題の公式を用いて, 次の領域を x 軸のまわりに回転してできる回転体の重心の x 座標を求めよ. ただし, 密度は一定とする.

(1) $D: \dfrac{x}{a} + \dfrac{y}{b} \leqq 1$, $x, y \geqq 0$ $(a, b > 0)$

(2) $D: 0 \leqq y \leqq x^2$, $0 \leqq x \leqq 1$

6.4 広義重積分

前節までは, 積分領域 D が面積確定な有界領域であり, 被積分関数 f が有界関数であるとした. 第 4 章で 1 変数関数の広義積分を扱ったように, 積分領域が必ずしも有界でない場合や, 被積分関数が非有界の場合に重積分の定義を拡張する. どちらの場合でも第 4 章で取り扱ったと同じように積分領域が有界かつ被積分関数も有界となるような積分領域の列から始めよう.

定義 6.5（許容的な領域列・面積確定） 積分領域 D に対し, 領域の列 $\{D_n\}$ が以下の 3 条件を満たすとき, 領域 D の**許容的な領域列**ということにする.

(1) 各 D_n は面積確定な有界閉領域である.

(2) $D_1 \subset D_2 \subset \cdots \subset D_n \subset \cdots$, $D = \displaystyle\bigcup_{n=1}^{\infty} D_n$.

(3) 任意の有界閉集合 $K \subset \overset{\circ}{D}$ (D の内点全体) は, ある D_n に含まれる[6].

このような許容的な領域列 $\{D_n\}$ が少なくとも 1 つとれるとき, 領域 D は**面積確定**であるという[7].

例　軸を含めた第 1 象限 $D = \{(x,y) \mid 0 \leqq x,\ 0 \leqq y\}$ に対し，許容的な領域列として次の 2 つを挙げる．$D_n = \{(r,\theta) \mid r \leqq n,\ 0 \leqq \theta \leqq \dfrac{\pi}{2}\}$ と $E_n = \{(x,y) \mid 0 \leqq x \leqq n,\ 0 \leqq y \leqq n\}$ のどちらも上の 3 条件を満たす．また，例題 6.20 のように，原点で発散する被積分関数の積分領域 $D = \{(x,y) \mid 0 < x^2 + y^2 \leqq 1\}$ に対して，$D_n = \{(x,y) \mid \dfrac{1}{n} \leqq x^2 + y^2 \leqq 1\}$ も上の 3 条件を満たす．

定義 6.6（非負関数の広義積分）　面積確定な領域 D で連続な非負関数 $f(x,y) \geqq 0$ に対し，D のすべての許容的な領域列 $\{D_n\}$ 上での積分

$$\lim_{n \to \infty} \iint_{D_n} f(x,y)\,dxdy$$

が同じ極限値に収束するとき，関数 $f(x,y)$ は D で**広義積分可能**であるという．この極限値を関数 $f(x,y)$ の D における**広義積分**といい，

$$\iint_D f(x,y)\,dxdy = \lim_{n \to \infty} \iint_{D_n} f(x,y)\,dxdy$$

と記す．また，領域 D で連続な非正関数 $f(x,y) \leqq 0$ に対しても，同様に上の極限値で広義積分を定義する．

この定義では，すべての許容的な領域列 $\{D_n\}$ 上での積分を試す必要があるが，実は 1 つの領域列 $\{D_n\}$ 上での積分だけで確認すればよい．

定理 6.12（非負関数の広義積分）　面積確定な領域 D で連続な非負関数 $f(x,y) \geqq 0$ に対し，D の 1 つの許容的な領域列 $\{D_n\}$ 上での積分について極限値

$$I = \lim_{n \to \infty} \iint_{D_n} f(x,y)\,dxdy$$

が収束すれば，関数 $f(x,y)$ は D で広義積分可能であり，

$$\iint_D f(x,y)\,dxdy = \lim_{n \to \infty} \iint_{D_n} f(x,y)\,dxdy$$

が成立する．

---

[6] $K \subset D$ ではなく $K \subset \overset{\circ}{D}$ とすると許容的な領域列がとりやすくなる．

[7] 有界領域についての面積確定は 6.1 節 (236 ページ) で定義しているが，ここでは有界でない場合を含めて，面積確定を定義していることに注意．

証明　まず，任意の許容的な領域列 $\{D_n\}$ について，関数が $f(x,y) \geqq 0$ を満たし，領域列は $D_1 \subset D_2 \subset \cdots \subset D_n \subset \cdots$ を満たすので，$I_n = \displaystyle\iint_{D_n} f(x,y)\,dxdy$ は単調増加列である．よって，極限値 I（∞ の場合を含み，領域列に依存する可能性がある）が確定する．次に極限値 I が領域列の取り方に依らないことを示す．

任意の許容的な領域列 $\{D_n\}$ をとる．各 D_n は面積確定であるので，任意の $d>0$ に対して n を十分大きくとり，D_n を内側から長方形の和で近似すれば，長方形の和 $K_n \subset \mathring{D}$ で $I-d < \displaystyle\iint_{K_n} f(x,y)\,dxdy$ を満たすものが存在することがわかる．ここで，別の許容的な領域列 $\{E_n\}$ をとると，定義 6.5 条件 (3) より，K_n についてある E_{n_1} が定まり $K_n \subset E_{n_1}$ とできるので

$$I-d < \iint_{K_n} f(x,y)\,dxdy \leqq \iint_{E_{n_1}} f(x,y)\,dxdy \leqq \lim_{n\to\infty} \iint_{E_n} f(x,y)\,dxdy = J.$$

よって，d は任意なので $I \leqq J$ となる．上で $\{D_n\}$ と $\{E_n\}$ を逆にすれば $J \leqq I$ がいえるので $I=J$ が成り立ち，極限値 I は領域列に依らないことがわかる．　　□

例題 6.20　(1) $I = \displaystyle\iint_D \dfrac{1}{x^2 y^2} dxdy$　$D = \{(x,y) \mid 1 \leqq x,\ 1 \leqq y\}$

(2) $J = \displaystyle\iint_D \dfrac{1}{\sqrt{x^2+y^2}} dxdy$　$D = \{(x,y) \mid x^2+y^2 \leqq 1\}$

解答　(1) $D_n = [1,n] \times [1,n]$ とおく．$\displaystyle\iint_{D_n} \dfrac{1}{x^2 y^2} dxdy = \Big(\int_1^n \dfrac{1}{x^2} dx\Big)\Big(\int_1^n \dfrac{1}{y^2} dy\Big)$

$= \Big(1 - \dfrac{1}{n}\Big)^2 \to 1\ (n \to \infty)$ より，$I=1$

(2) $D_n = \{(x,y) \mid \dfrac{1}{n} \leqq \sqrt{x^2+y^2} \leqq 1\}$ とおく．$\displaystyle\iint_{D_n} \dfrac{1}{\sqrt{x^2+y^2}} dxdy$

$= \displaystyle\iint_{D_n} dr d\theta = \int_0^{2\pi} \Big(\int_{\frac{1}{n}}^1 dr\Big) d\theta = 2\pi\Big(1 - \dfrac{1}{n}\Big) \to 2\pi\ (n\to\infty)$ より，$J = 2\pi$

今までは，積分領域で符号が変わらない．つまり，つねに正の関数，つねに負の関数の広義積分を許容的な領域における積分の極限として定義した．しかし，この定義を関数 $f(x,y)$ が正と負の両方の値をとるときに適用することができない．これは第 4 章で $\displaystyle\int_{-1}^1 \dfrac{1}{x} dx$ が積分できなかったことに類似する．このことを次の例題で示そう．

例題 6.21（D で正と負の両方の値をとる関数 $f(x,y)$ の場合）

$$f(x,y) = \dfrac{y^2 - x^2}{(x^2+y^2)^2} = \dfrac{\partial^2}{\partial x \partial y} \mathrm{Arctan}\, \dfrac{y}{x}, \quad D: 0 < x \leqq 1,\ 0 < y \leqq 1$$

とする. 許容的な領域における広義積分を定義することができるか.

解答 広義積分を定義できないことを示す. 次の等式を挙げておく.

$$\frac{\partial}{\partial x}\text{Arctan}\,\frac{y}{x} = \frac{-y}{x^2+y^2},\, \frac{\partial}{\partial y}\text{Arctan}\,\frac{y}{x} = \frac{x}{x^2+y^2}\,\text{より}\,\frac{\partial^2}{\partial x\partial y}\text{Arctan}\,\frac{y}{x} = f(x,y)$$

このとき, 下の図 6.17 に示された 3 つの許容的な領域列 D_a, $a = \dfrac{1}{n}$ を考える.

(1) の領域では, x と y を入れ替える変換：$x \to y, y \to x$ で関数は $f(x,y) \to -f(x,y)$ となるので, 直線 $y = x$ で分けられた 2 つの領域を考えれば

$$I_n = \iint_{D_a} f(x,y)\,dxdy = 0$$

である. よって $n \to \infty$ つまり $a \to 0$ のときも $I_n \to 0$ である.

(2) の場合, $n \to \infty$ つまり $a \to 0$ のとき $I_n \to -\dfrac{\pi}{4}$. なぜなら,

$$I_n = \iint_{D_a} f(x,y)\,dxdy = \int_a^1 \left[\frac{-y}{x^2+y^2}\right]_{y=0}^1 dx = -\int_a^1 \frac{dx}{x^2+1} = -\frac{\pi}{4}+\text{Arctan}\,a$$

(3) の場合, $n \to \infty$ つまり $a \to 0$ のとき $I_n \to \dfrac{\pi}{4}$. なぜなら,

$$I_n = \iint_{D_a} f(x,y)\,dxdy = \int_a^1 \left[\frac{x}{x^2+y^2}\right]_{x=0}^1 dy = \int_a^1 \frac{dy}{y^2+1} = \frac{\pi}{4} - \text{Arctan}\,a$$

これらの許容的領域列ごとに極限値が異なり, この方法では定義できない.

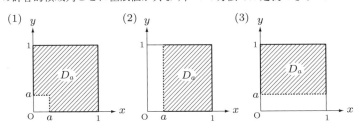

図 6.17 正と負の両方の値をとる関数の積分

絶対可積分関数の積分

　この例題 6.21 に示したように，関数 $f(x,y)$ が正と負の両方の値をとるときは，いきなり上記のような極限で積分を定義することができない．しかし，絶対値を取った関数 $|f(x,y)|$ が，定義 6.6 の意味で広義積分可能であるならば，すなわち

$$\iint_D |f(x,y)|\,dxdy < \infty$$

を満たすならば，関数 $f(x,y)$ の積分値は確定する．上記を満たす関数 $f(x,y)$ を D において**絶対可積分**な関数という．

定理 6.13　関数 $f(x,y)$ は面積確定の領域 D において，連続かつ絶対可積分とする．このとき，任意の許容的な領域列 $\{D_n\}$ について

$$\lim_{n\to\infty} \iint_{D_n} f(x,y)\,dxdy$$

の値が確定して，この値は許容的な領域列の選び方によらない．

証明　関数 $f_\pm(\mathrm{P})$ を $f_+(\mathrm{P}) = \max\{f(\mathrm{P}),0\}$，$f_-(\mathrm{P}) = \max\{-f(\mathrm{P}),0\}$ と定義すると，$f_+(\mathrm{P}) \geqq 0, f_-(\mathrm{P}) \geqq 0$ で，次の式が成立する．

$$f(\mathrm{P}) = f_+(\mathrm{P}) - f_-(\mathrm{P}), \quad |f(\mathrm{P})| = f_+(\mathrm{P}) + f_-(\mathrm{P})$$

いま，関数 $f(\mathrm{P})$ が絶対可積分ならば，$f_+(\mathrm{P})$ と $f_-(\mathrm{P})$ それぞれの広義重積分が有限値なので，以下のように極限値が確定する．

$$\lim_{n\to\infty} \iint_{D_n} f(x,y)\,dxdy = \lim_{n\to\infty} \iint_{D_n} f_+(x,y)\,dxdy - \lim_{n\to\infty} \iint_{D_n} f_-(x,y)\,dxdy$$

$$= \iint_D f_+(x,y)\,dxdy - \iint_D f_-(x,y)\,dxdy \qquad \square$$

この定理により，絶対可積分関数の広義積分が定義できる．

定義 6.7（絶対可積分関数の広義積分）　面積確定な領域 D で連続な絶対可積分関数 $f(x,y)$ に対し，D の 1 つの許容的な領域列 $\{D_n\}$ 上での積分の極限値

$$\lim_{n\to\infty} \iint_{D_n} f(x,y)\,dxdy$$

を関数 $f(x,y)$ の D における**広義積分**といい，次のように記す．

$$\iint_D f(x,y)\,dxdy = \lim_{n\to\infty} \iint_{D_n} f(x,y)\,dxdy$$

$$I^+ = \lim_{n\to\infty} \iint_{D_n} f_+(x,y)\,dxdy, \ I^- = \lim_{n\to\infty} \iint_{D_n} f_-(x,y)\,dxdy \ \text{とおく. 可能性}$$

として次の3つの場合に分類できる. (1) I^+, I^- がともに無限大の場合, $|f| = f^+ + f^-$ だから, 絶対可積分ではない. (2) I^+, I^- のどちらかが無限大の場合も, 同じ理由で絶対可積分ではない. (3) I^+, I^- のどちらも無限大でない場合だけが広義積分が定義できる. なお, 1変数の広義積分では絶対収束する場合だけを扱っているわけでない. この点で1変数の広義積分と重積分の広義積分とは異なる.

次に, 計算例を挙げる. まず, 2通りの許容的な領域列を用いる例を紹介する.

例題 6.22　次の広義重積分の値を求めよ.
$$\iint_D e^{-(x^2+y^2)}\,dxdy, \ D: x \geqq 0, \ y \geqq 0$$

解答　許容的な領域列として, 極座標により $D_N = \left\{(r,\theta) \,|\, r \leqq N, 0 \leqq \theta \leqq \dfrac{\pi}{2}\right\}$ とする.

$$\iint_{D_N} e^{-(x^2+y^2)}\,dxdy = \int_0^{\frac{\pi}{2}}\left(\int_0^N e^{-r^2} r\,dr\right)d\theta = \frac{\pi}{2}\left[-\frac{e^{-r^2}}{2}\right]_0^N = \frac{\pi}{4}(1 - e^{-N^2}).$$

よって　$\displaystyle \iint_D e^{-(x^2+y^2)}\,dxdy = \lim_{N\to\infty}\frac{\pi}{4}(1 - e^{-N^2}) = \frac{\pi}{4}.$

一方, 別の許容的な領域列として $E_N = \{(x,y)\,|\,0\leqq x \leqq N, 0 \leqq y \leqq N\}$ を考えると

$$\iint_{E_N} e^{-(x^2+y^2)}\,dxdy = \int_0^N\left(\int_0^N e^{-(x^2+y^2)}\,dx\right)dy$$
$$= \int_0^N e^{-x^2}\,dx \int_0^N e^{-y^2}\,dy = \left(\int_0^N e^{-x^2}\,dx\right)^2.$$

よって, 定理 6.12 より, 次のように結論してよいのであるが

$$\iint_D e^{-(x^2+y^2)}\,dxdy = \lim_{N\to\infty}\left(\int_0^N e^{-x^2}\,dx\right)^2$$
$$= \left(\int_0^\infty e^{-x^2}\,dx\right)^2 = \frac{\pi}{4}$$

定理の証明の具体例として, $D_N < E_N < D_{\sqrt{2}N}$ が成立することより, 次の不等式が成立することを用いても (図 6.18 参照) 求める結果が得られる.

$$\frac{\pi}{4}(1 - e^{-N^2}) < \left(\int_0^N e^{-x^2}\,dx\right)^2 < \frac{\pi}{4}(1 - e^{-2N^2})$$

以上より, 次の重要で歴史的な積分値が求められた.

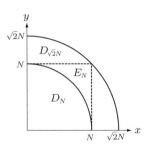

図 6.18　領域 D_N と E_N

定理 6.14（ガウス積分）

$$\int_0^\infty e^{-x^2}\, dx = \frac{\sqrt{\pi}}{2}$$

問 6.13 次の式が成立することを示せ.

(1) $\displaystyle\int_0^\infty e^{-\frac{x^2}{2}}\, dx = \sqrt{\frac{\pi}{2}}$　　　(2) $\displaystyle\Gamma\left(\frac{1}{2}\right) = \int_0^\infty \frac{e^{-x}}{\sqrt{x}}\, dx = \sqrt{\pi}$

例題 6.23 以下の広義重積分を計算せよ.

(1) $\displaystyle\iint_D \frac{dxdy}{(1+x^2+y^2)^{\frac{3}{2}}},\ D = \mathbb{R}^2$　(2) $\displaystyle\iint_D \frac{dxdy}{1+x^2+y^2},\ D = \mathbb{R}^2$

(3) $\displaystyle\iint_D \frac{dxdy}{(x^2+y^2)^{\frac{1}{2}}},\ D:\ 0 < x^2+y^2 \leq 1$

解答 (1) と (2) は許容的な領域列を極座標により次のように表す.

$$D_R = \{(r,\theta)\,|\, r \leq R,\, 0 \leq \theta \leq 2\pi\}$$

(1) $\displaystyle\iint_{D_R} \frac{dxdy}{(1+x^2+y^2)^{\frac{3}{2}}} = \int_0^{2\pi}\left(\int_0^R \frac{r\, dr}{(1+r^2)^{\frac{3}{2}}}\right)d\theta$

$$= \int_0^{2\pi} d\theta \left[-\frac{1}{(1+r^2)^{\frac{1}{2}}}\right]_0^R = 2\pi\left(1 - \frac{1}{\sqrt{1+R^2}}\right).$$

よって　　$\displaystyle\iint_D \frac{dxdy}{(1+x^2+y^2)^{\frac{3}{2}}} = \lim_{R\to\infty} 2\pi\left(1 - \frac{1}{\sqrt{1+R^2}}\right) = 2\pi.$

(2) $\displaystyle\iint_{D_R} \frac{dxdy}{1+x^2+y^2} = \int_0^{2\pi}\left(\int_0^R \frac{r\, dr}{1+r^2}\right)d\theta$

$$= \int_0^{2\pi} d\theta \left[\frac{1}{2}\log(1+r^2)\right]_0^R = \pi\log(1+R^2).$$

よって　　$\displaystyle\iint_D \frac{dxdy}{1+x^2+y^2} = \lim_{R\to\infty} \pi\log(1+R^2) = \infty.$

(3) 許容的な領域列を $D_h = \{(r,\theta)\,|\, h \leq r \leq 1,\, 0 \leq \theta \leq 2\pi\}$ $(h > 0)$ とすると

$$\iint_{D_h} \frac{dxdy}{(x^2+y^2)^{\frac{1}{2}}} = \int_0^{2\pi}\left(\int_h^1 dr\right)d\theta = 2\pi(1-h).$$

よって　　$\displaystyle\iint_D \frac{dxdy}{(x^2+y^2)^{\frac{1}{2}}} = \lim_{h\to 0} 2\pi(1-h) = 2\pi.$

ガンマ関数・ベータ関数

この節でガンマ関数・ベータ関数 (あわせてオイラー関数という) についてまとめておく.

まず, ガンマ関数には例題 4.19 (129 ページ) のルジャンドルの表示以外に色々な表示があり, それらも挙げておく.

$$\Gamma(s) = \int_0^\infty e^{-t} t^{s-1} dt \quad (s > 0) \quad (\text{ルジャンドルの表示})$$

$$= 2 \int_0^\infty e^{-t^2} t^{2s-1} dt = \int_0^1 \left(\log \frac{1}{t} \right)^{s-1} dt$$

次に, 例題 4.19 で導かれたガンマ関数の性質を挙げておく.

$$\Gamma(s+1) = s\Gamma(s) \ (s > 0), \quad \Gamma(1) = 1, \quad \Gamma(n+1) = n! \ (n \in \mathbb{N})$$

ガンマ関数は無限回微分可能で, 積分記号下で微分を実行できて,

$$\frac{d^k \Gamma(s)}{ds^k} = \int_0^\infty e^{-t} t^{s-1} (\log t)^k dt, \qquad (s > 0)$$

また, $\Gamma(s+1) = s\Gamma(s)$ の対数をとって, $\log(\Gamma(s+1)) = \log s + \log(\Gamma(s))$

この両辺を微分して, $\Psi(s) = \dfrac{d \log(\Gamma(s))}{ds}$ とおくと, 次を満たす.

$$\Psi(s+1) - \Psi(s) = \frac{1}{s}$$

この $\Psi(s)$ をディガンマ関数という. また, これをさらに k 回微分して,

$$\Psi^{(k)}(s+1) - \Psi^{(k)}(s) = (-1)^k \frac{k!}{s^{k+1}}$$

この $\Psi^{(k)}(s)$ をポリガンマ関数という. 負のベキ関数の和分になっている.

次に, ガンマ関数の半整数での値を示しておく.

$$\Gamma\left(\frac{1}{2} \right) = 2 \int_0^\infty e^{-t^2} dt = \sqrt{\pi}$$

$$\Gamma\left(n + \frac{1}{2} \right) = \left(n - \frac{1}{2} \right) \left(n - \frac{3}{2} \right) \cdots \frac{1}{2} \Gamma\left(\frac{1}{2} \right) = \frac{1 \cdot 3 \cdots (2n-1)}{2^n} \sqrt{\pi}$$

より,

$$\Gamma\left(n + \frac{1}{2} \right) = \frac{(2n)!}{2^{2n} n!} \sqrt{\pi}$$

ガンマ関数の次の重要な公式を証明なしに挙げておく.

$$\Gamma(s)\Gamma(1-s) \sin(\pi s) = \pi \qquad \text{相補公式}$$

$$\Gamma(2s) = \frac{2^{2s-1}}{\sqrt{\pi}} \Gamma(s) \Gamma\left(s + \frac{1}{2} \right) \quad \text{倍数公式}$$

次に第4章の問4.15で定義し，練習問題4.3の9で扱ったベータ関数をまとめておく．ベータ関数の表示から始めよう．いくつかの表示を挙げておく．

$$B(p,q) = \int_0^1 t^{p-1}(1-t)^{q-1}dt \quad (p,q > 0) \quad （ベータ関数）$$

$$B(p,q) = 2\int_0^{\frac{\pi}{2}} \cos^{2p-1}t \, \sin^{2q-1}t \, dt = \int_0^{\infty} \frac{t^{p-1}}{(1+t)^{p+q}}dt$$

次の例題でベータ関数とガンマ関数の次の関係式を示し，

$$B(p,q) = \frac{\Gamma(p)\Gamma(q)}{\Gamma(p+q)}$$

この関係式を用いて，ベータ関数の値を求める．

$$B\left(\frac{1}{2},\frac{1}{2}\right) = \pi \quad \left(= \frac{\Gamma(\frac{1}{2})\Gamma(\frac{1}{2})}{\Gamma(1)}\right)$$

$$\frac{1}{2}B\left(\frac{n+1}{2},\frac{1}{2}\right) = \int_0^{\frac{\pi}{2}}\cos^n\theta d\theta = \int_0^{\frac{\pi}{2}}\sin^n\theta d\theta = \frac{1}{2}\frac{\Gamma(\frac{n+1}{2})\Gamma(\frac{1}{2})}{\Gamma(\frac{n}{2}+1)}$$

ベータ関数の定義式で，t を $\dfrac{x-\alpha}{\beta-\alpha}$, $(\alpha < \beta)$ に変数変換すると，次の公式が導かれる．

$$\int_\alpha^\beta (x-\alpha)^{p-1}(\beta-x)^{q-1}dx = \frac{\Gamma(p)\Gamma(q)}{\Gamma(p+q)}(\beta-\alpha)^{p+q-1}$$

この公式で $p=q=2$ あるいは $p=3$, $q=2$ とすると，高校時代によく使った公式を得る．

例題6.24（Γ 関数と B 関数） 重積分の変数変換を用いて次の等式を示せ．
$$B(p,q) = \frac{\Gamma(p)\Gamma(q)}{\Gamma(p+q)}$$

解答 $D = \{(x,y)|0 < x, 0 < y\}$, $D' = \{(r,\theta)|0 < r, 0 < \theta < \frac{\pi}{2}\}$ とする．

$\Gamma(p) = 2\displaystyle\int_0^\infty e^{-t^2}t^{2p-1}dt$ と $\Gamma(q) = 2\displaystyle\int_0^\infty e^{-t^2}t^{2q-1}dt$ を乗じて，

$$\begin{aligned}
\Gamma(p)\Gamma(q) &= 4\iint_D e^{-(x^2+y^2)}x^{2p-1}y^{2q-1}dxdy \qquad \text{極座標に移って，}\\
&= 4\iint_{D'} e^{-r^2}r^{2(p+q)-1}\cos^{2p-1}\theta\sin^{2q-1}\theta \, drd\theta\\
&= 2\int_0^\infty e^{-r^2}r^{2(p+q)-1}dr \cdot 2\int_0^{\frac{\pi}{2}}\cos^{2p-1}\theta\sin^{2q-1}\theta \, d\theta\\
&= \Gamma(p+q)B(p,q)
\end{aligned}$$

例題 6.25 以下の領域を占める立体の体積 Ω を求めよ.

$$\mathcal{D}:\ x, y, z \geqq 0,\ x^{\frac{2}{3}} + y^{\frac{2}{3}} + z^{\frac{2}{3}} \leqq a^{\frac{2}{3}}\ (a > 0)$$

解答 体積はグラフ領域 $\mathcal{D}:\ 0 \leqq z \leqq \left[a^{\frac{2}{3}} - \left(x^{\frac{2}{3}} + y^{\frac{2}{3}}\right)\right]^{\frac{3}{2}}$, $x, y \geqq 0$ で表されるので, 極座標を用いて $\Phi:\ x = r\cos^3\theta, y = r\sin^3\theta$ と変数変換を行うと, $|\mathrm{D}\Phi| = 3r\cos^2\theta\sin^2\theta$ より

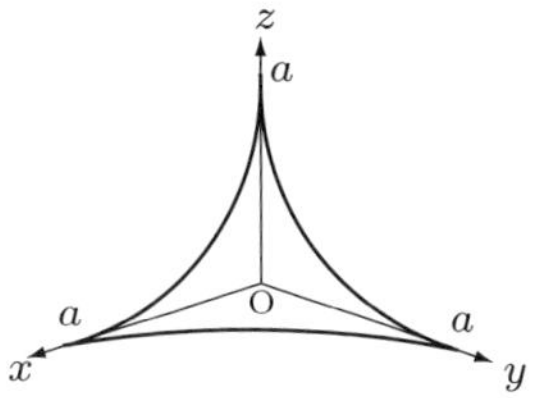

図 6.19 $0 \leqq x^{\frac{2}{3}}+y^{\frac{2}{3}}+z^{\frac{2}{3}} \leqq a^{\frac{2}{3}}$, $x,y,z \geqq 0$

$$\begin{aligned}
\Omega &= \iint_{x^{\frac{2}{3}}+y^{\frac{2}{3}} \leqq a^{\frac{2}{3}}, x,y \geqq 0} \left[a^{\frac{2}{3}} - \left(x^{\frac{2}{3}} + y^{\frac{2}{3}}\right)\right]^{\frac{3}{2}} dxdy \\
&= 3\int_0^{\frac{\pi}{2}} \left(\int_0^a \left(a^{\frac{2}{3}} - r^{\frac{2}{3}}\right)^{\frac{3}{2}} r\cos^2\theta\sin^2\theta\, dr\right) d\theta \\
&= 3\int_0^a \left(a^{\frac{2}{3}} - r^{\frac{2}{3}}\right)^{\frac{3}{2}} r\, dr \int_0^{\frac{\pi}{2}} \cos^2\theta\sin^2\theta\, d\theta \\
&= \frac{3}{4}a^3 \int_0^1 \left(1 - s^{\frac{2}{3}}\right)^{\frac{3}{2}} s\, ds \int_0^{\frac{\pi}{2}} \sin^2 2\theta\, d\theta \quad (r = as) \\
&= \frac{3}{8}a^3 \int_0^1 \left(1 - s^{\frac{2}{3}}\right)^{\frac{3}{2}} s\, ds \int_0^{\frac{\pi}{2}} (1 - \cos 4\theta)\, d\theta = \frac{3\pi}{16}a^3 \int_0^1 \left(1 - s^{\frac{2}{3}}\right)^{\frac{3}{2}} s\, ds.
\end{aligned}$$

ここで, $t = s^{\frac{2}{3}}$ とおくと, $s = t^{\frac{3}{2}}$, $ds = \dfrac{3}{2}t^{\frac{1}{2}}dt$. よって, 積分は

$$\int_0^1 \left(1 - s^{\frac{2}{3}}\right)^{\frac{3}{2}} s\, ds = \frac{3}{2}\int_0^1 (1-t)^{\frac{3}{2}} t^2\, dt = \frac{3}{2}B\left(\tfrac{5}{2}, 3\right)$$

とベータ関数 $B(p,q)$ を用いて表される. ここで, 例題 6.24 で示した公式を用いると次のように計算される.

$$B\left(\tfrac{5}{2}, 3\right) = \frac{\Gamma\left(\frac{5}{2}\right)\Gamma(3)}{\Gamma\left(\frac{11}{2}\right)} = \frac{2\Gamma\left(\frac{5}{2}\right)}{\frac{9}{2}\frac{7}{2}\frac{5}{2}\Gamma\left(\frac{5}{2}\right)} = \frac{16}{9 \cdot 35}$$

以上より, $\Omega = \dfrac{3\pi}{16}a^3 \cdot \dfrac{3}{2} \cdot \dfrac{16}{9 \cdot 35} = \dfrac{\pi}{70}a^3$ である. このような計算では, ベータ関数とガンマ関数を用いるのが便利である.

練習問題 6.4

1. 次の広義重積分を計算せよ.

(1) $\displaystyle\iint_D \frac{dxdy}{(x^2+y^2)^\alpha}$ $(\alpha < 1)$, $D:\ 0 < x^2 + y^2 \leqq 1$

(2) $\displaystyle\iint_D \frac{dxdy}{(x^2+y^2)^\alpha}$ $(\alpha > 1)$, $D:\ x^2 + y^2 \geqq 1$

(3) $\displaystyle\iint_D \frac{dxdy}{\sqrt{a^2 - (x^2+y^2)}}$ $(a > 0)$, $D:\ x^2 + y^2 < a^2$

2. 次の広義重積分を計算せよ.

(1) $\displaystyle\iint_{\mathcal{D}} \frac{dxdydz}{(x^2 + y^2 + z^2)^\alpha}$ $\left(\alpha < \frac{3}{2}\right)$, $\mathcal{D} : 0 < x^2 + y^2 + z^2 \leqq 1$

(2) $\displaystyle\iint_{\mathcal{D}} \frac{dxdydz}{(x^2 + y^2 + z^2)^\alpha}$ $\left(\alpha > \frac{3}{2}\right)$, $\mathcal{D} : x^2 + y^2 + z^2 \geqq 1$

(3) $\displaystyle\iint_{\mathcal{D}} \frac{dxdydz}{\sqrt{1 - x - y - z}}$, $\mathcal{D} : x \geqq 0, y \geqq 0, z \geqq 0, x + y + z < 1$

3. （絶対可積分関数の例）次の広義重積分を計算せよ.

(1) $\displaystyle\iint_{D} \frac{y^2 - x^2}{(x^2 + y^2)^{\frac{3}{2}}} \, dxdy$, $\quad D : 0 < x \leqq 1, 0 < y \leqq 1$

(2) $\displaystyle\iint_{D} \frac{xe^{-\sqrt{x^2+y^2}} \cos\sqrt{x^2+y^2}}{x^2 + y^2} \, dxdy$, $\quad D : x > 0$

4. 変数変換 $u = x + y, v = \dfrac{y}{x}$ により，次の広義重積分をガンマ関数を用いて表せ. ここで，$p, q, r > 0$ とする.

$$\iint_{D} x^{p-1} y^{q-1} (1 - x - y)^{r-1} \, dxdy, \ D : x \geqq 0, y \geqq 0, x + y \leqq 1$$

5. 次の広義重積分を計算せよ $(a > 0)$.

(1) $\displaystyle\iint_{D} \frac{x}{\sqrt{1 - (x + y)}} \, dxdy$, $\quad D : x + y < 1, x \geqq 0, y \geqq 0$

(2) $\displaystyle\iint_{D} \frac{dxdy}{\sqrt{x^2 + y^2}}$, $\quad D : y^2 < x^2, 0 < x < 1$

(3) $\displaystyle\iint_{D} \frac{dxdy}{\sqrt{x - y^2}}$, $\quad D : y^2 < x, 0 < x < 1$

(4) $\displaystyle\iint_{D} \frac{dxdy}{(a^2 + x^2 + y^2)^2}$, $\quad D : x \geqq 0, y \geqq 0$

(5) $\displaystyle\iint_{D} \log(x^2 + y^2) \, dxdy$, $\quad D : 0 < x^2 + y^2 \leqq 1$

(6) $\displaystyle\iint_{\mathbb{R}^2} e^{-x^2 + 2xy - 3y^2} \, dxdy$

(7) $\displaystyle\iint_{\mathbb{R}^2} e^{-(ax^2 + 2bxy + cy^2)} \, dxdy$ $(a, b > 0, ac - b^2 > 0)$

(8) $\displaystyle\iint_{D} e^{-(x^2 + 2xy \cos\alpha + y^2)} \, dxdy$ $\left(0 \leqq \alpha \leqq \frac{\pi}{2}\right)$, $D : x \geqq 0, y \geqq 0$

6. 次の広義重積分を計算せよ $(a, b > 0)$.

(1) $\displaystyle\iiint_{\mathcal{D}} \frac{dxdydz}{(1 + x + y + z)^\alpha}$, $\mathcal{D} : x, y, z \geqq 0$ $(\alpha > 3)$

(2) $\displaystyle\iiint_{\mathcal{D}} \frac{dxdydz}{\sqrt{a^2 - (x^2 + y^2 + z^2)}}$, $\mathcal{D} : x^2 + y^2 + z^2 \leqq a^2$

(3) $\displaystyle\iiint_{\mathcal{D}} \frac{dxdydz}{x^2 + y^2 + (z - R)^2}$ $(0 < R < a)$, $\mathcal{D} : x^2 + y^2 + z^2 \leqq a^2$

(4) $\displaystyle\iiint_{\mathcal{D}} \frac{dxdydz}{\sqrt{x^2+y^2+(z-R)^2}}$ $(a < R < b),\ \mathcal{D}:\ a^2 \leqq x^2+y^2+z^2 \leqq b^2$

(5) $\displaystyle\iiint_{\mathcal{D}} \frac{xz}{x^2+y^2}\,dxdydz,\ \mathcal{D}:\ \frac{x^2}{2} \leqq y \leqq x,\ 0 \leqq z \leqq 1$

(6) $\displaystyle\iiint_{\mathbb{R}^3} e^{-Q[x,y,z]}\,dxdydz,\ A:$ 正値対称行列, $Q[x,y,z] = {}^t\begin{bmatrix} x \\ y \\ z \end{bmatrix} A \begin{bmatrix} x \\ y \\ z \end{bmatrix}$

7. 次の広義重積分をベータ関数で表し，さらにガンマ関数を用いて表せ．ここで，$p, q > 0$ とする．

$$\iint_D x^{p-1}y^{q-1}\,dxdy,\ D:\ x \geqq 0,\ y \geqq 0,\ x+y \leqq 1$$

8. 次の広義重積分をガンマ関数を用いて表せ．ここで，$p, q, r > 0$ とする（ヒント：本節の練習問題の 4. を用いる）．

$$\iint_D x^{p-1}y^{q-1}z^{r-1}\,dxdydz,\ D:\ x \geqq 0,\ y \geqq 0,\ z \geqq 0,\ x+y+z \leqq 1$$

6.5　線積分・面積分とガウス・グリーンの定理

有向曲線

　平面曲線 $C : x = \xi(t), y = \eta(t)$ $(t \in I = [a, b])$ について，第 4 章で学んだ．さらに，**始点** $(\xi(a), \eta(a))$ から，**終点** $(\xi(b), \eta(b))$ に向かう向きを曲線 C に与えたとき，この向きを与えた曲線 C を**有向曲線**，または，

図 **6.20**　有向曲線

向きをもつ曲線といい，t の変化の向き $t : a \to b$ の表記を加えて，次のように表す．

$$C : x = \xi(t),\ y = \eta(t)\ (t : a \to b)$$

曲線 C' が曲線 C と集合として等しいが，向きが反対であるとき，曲線 C' を $-C$ と記す．

例題 6.26 単位円 (1) 反時計回り $C : x = \cos t, y = \sin t\ (t : 0 \to 2\pi)$

(2) 時計回り $-C : x = \cos t, y = -\sin t\ (t : 0 \to 2\pi)$

定義 6.8（線積分 1） 平面の有向曲線 $C : x = \xi(t),\ y = \eta(t)\ (t : a \to b)$ が C^1 級であるとする．曲線 C 上で連続な関数 $f(x, y)$ に対して，

$$\int_C f(x, y)\, dx = \int_a^b f(\xi(t), \eta(t)) \xi'(t)\, dt,$$

$$\int_C f(x, y)\, dy = \int_a^b f(\xi(t), \eta(t)) \eta'(t)\, dt$$

を関数 $f(x, y)$ の有向曲線 C に沿った，それぞれ x 方向，y 方向の**線積分**という．

また，曲線 C 上で連続な関数 $f(x, y), g(x, y)$ に対して，

$$\int_C f(x, y)\, dx + g(x, y)\, dy = \int_a^b f(\xi(t), \eta(t)) \xi'(t)\, dt + \int_a^b g(\xi(t), \eta(t)) \eta'(t)\, dt$$

をベクトル値関数 ${}^t\big(f(x, y), g(x, y)\big)$ の有向曲線 C に沿った**線積分**という．

注意 1 今までに学んだ $\displaystyle\int_a^b f(x, y)\, dx$ は y の関数であり，$\displaystyle\int_a^b f(x, y)\, dy$ は x の関数である．線積分 $\displaystyle\int_C f(x, y)\, dx$ や $\displaystyle\int_C f(x, y)\, dy$ は単なる数である．

注意 2 同じ有向曲線 C を表す媒介変数表示はいろいろあるが，線積分の値は媒介変数表示の取り方に依存しない．曲線 C にのみ依存して決まる積分値なので $\displaystyle\int_C$ と表記している．また，向きが反対である曲線 $-C$ に対し，

$$\int_{-C} f(x, y)\, dx = -\int_C f(x, y)\, dx, \quad \int_{-C} f(x, y)\, dy = -\int_C f(x, y)\, dy \quad となる．$$

[注意 2 の証明] 曲線 C の他の媒介変数表示を $x = p(s), y = q(s)\ (s : c \to d)$ とする．$x = \xi(t) = p(s), y = \eta(t) = q(s)$ より，$t = T(s)$ という t と s の間の 1 対 1 の変数変換が定まる．$\xi(T(s)) = p(s)$ だから，$\dfrac{dp(s)}{ds} = \xi'(T(s)) \dfrac{T(s)}{ds}$ である．置換積分する．

$$\int_C f(x, y)\, dx = \int_a^b f(\xi(t), \eta(t)) \xi'(t)\, dt = \int_c^d f(\xi(T(s)), \eta(T(s)))\, \xi'(T(s)) \dfrac{T(s)}{ds}\, ds$$

より，$\displaystyle\int_C f(x, y)\, dx = \int_c^d f(p(s), q(s)) p'(s)\, ds$ が従う．$\displaystyle\int_C f(x, y)\, dy$ も同様にできる．

例題 6.27 $C : x = r\cos t, y = r\sin t\ (t : 0 \to 2\pi)$ とする．次の線積分を求めよ．

(1) $\displaystyle\int_C \dfrac{-y\, dx + x\, dy}{x^2 + y^2}$ 　(2) $\displaystyle\int_C \dfrac{x\, dx + y\, dy}{(x^2 + y^2)^k}$ 　(3) $\displaystyle\int_C -x^3\, dx + y^3\, dy$

解答 (1) $\displaystyle\int_C \frac{-ydx + xdy}{x^2 + y^2} = \int_0^{2\pi} \frac{r^2(\sin^2 t + \cos^2 t)}{r^2}dt = \int_0^{2\pi} 1dt = 2\pi$

(2) $\displaystyle\int_C \frac{xdx + ydy}{(x^2 + y^2)^k} = \int_0^{2\pi} \frac{r^2(-\sin t \cos t + \cos t \sin t)}{r^{2k}}dt = 0$

(3) $\displaystyle\int_C -x^3dx + y^3dy = r^4\int_0^{2\pi} \sin t \cos^3 t + \cos t \sin^3 t \, dt = r^4\int_0^{2\pi} \sin t \cos t \, dt$

$\displaystyle = r^4\int_0^{2\pi} \frac{1}{2}\sin 2t \, dt = r^4\int_0^{4\pi} \frac{1}{4}\sin s \, ds = 0$

例題 6.28 曲線 C が $y = h(x)$ $(a \leqq x \leqq b)$ で与えられる場合, $x = t,\ y = h(t)$ $(t : a \to b)$ と考え,

$$\int_C f(x, y)\, dx = \int_a^b f(x, h(x))\, dx$$

$$\int_C f(x, y)\, dy = \int_a^b f(x, h(x))h'(x)\, dx$$

$C : y = x^2$ $(x : 0 \to 1)$ とする. 次の線積分を求めよ.

(1) $\displaystyle\int_C (x + y)\, dx$ (2) $\displaystyle\int_C (x + y)\, dy$ (3) $\displaystyle\int_C xdx + ydy$

解答 (1) $\displaystyle\int_C (x + y)\, dx = \int_0^1 (x + x^2)\, dx = \left[\frac{1}{2}x^2 + \frac{1}{3}x^3\right]_0^1 = \frac{5}{6}$

(2) $\displaystyle\int_C (x + y)\, dy = \int_0^1 (x + x^2)2xdx = \left[\frac{2}{3}x^3 + \frac{2}{4}x^4\right]_0^1 = \frac{7}{6}$

(3) $\displaystyle\int_C xdx + ydy = \int_0^1 (x + x^2 \cdot 2x)\, dx = \left[\frac{1}{2}x^2 + \frac{2}{4}x^4\right]_0^1 = 1$

定義 6.9（線積分 2） 空間の有向曲線 $C : x = \xi(t),\ y = \eta(t),\ z = \zeta(t)$ $(t : a \to b)$ が C^1 級であるとする. 曲線 C 上で連続な関数 $f(x, y, z),\ g(x, y, z),\ h(x, y, z)$ に対して,

$$\int_C f(x, y, z)\, dx + g(x, y, z)\, dy + h(x, y, z)\, dz$$

$$= \int_a^b f(\xi(t), \eta(t), \zeta(t))\xi'(t)\, dt + \int_a^b g(\xi(t), \eta(t), \zeta(t))\eta'(t)\, dt$$

$$+ \int_a^b h(\xi(t), \eta(t), \zeta(t))\zeta'(t)\, dt$$

をベクトル値関数 $^t\big(f(x, y, z), g(x, y, z), h(x, y, z)\big)$ の有向曲線 C に沿った**線積分**という.

ガウス・グリーンの定理

曲線 C が領域 D の境界 ∂D の場合，境界の曲線 ∂D の向きとして，内部を左手に見て進む方向を**正の向き**といい，∂D に沿っての線積分では，正の向きをとる．

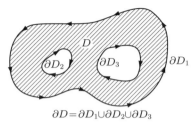

$$\partial D = \partial D_1 \cup \partial D_2 \cup \partial D_3$$

図 6.21 境界 ∂D の正の向き

定理 6.15（ガウス・グリーンの定理） xy 平面の有界閉領域 D の境界 ∂D は有限個の C^1 曲線からなるとする．また，$P(x,y), Q(x,y)$ は有界閉領域 D を含む領域で C^1 関数とする．次の**ガウスの定理**が成立する．

$$\int_{\partial D} P(x,y)dy - Q(x,y)dx = \iint_D \left(\frac{\partial P(x,y)}{\partial x} + \frac{\partial Q(x,y)}{\partial y} \right) dxdy$$

$$= \int_{\partial D} \boldsymbol{P} \cdot \boldsymbol{n}\, ds = \iint_D \operatorname{div} \boldsymbol{P}\, dxdy$$

ここで，$\boldsymbol{P} = {}^t(P,Q)$, $\operatorname{div} \boldsymbol{P} = P_x + Q_y$, $\boldsymbol{n} = \left(1/\sqrt{(\xi')^2 + (\eta')^2} \right) {}^t(\eta', -\xi')$ は境界 ∂D の単位法線ベクトル，$ds = \sqrt{(\xi')^2 + (\eta')^2}\, dt$ は**線素**という．

また，次の**グリーンの定理**が成立する．

$$\int_{\partial D} Q(x,y)dy + P(x,y)dx = \iint_D \left(\frac{\partial Q(x,y)}{\partial x} - \frac{\partial P(x,y)}{\partial y} \right) dxdy$$

$$= \iint_D \operatorname{rot} \boldsymbol{P}\, dxdy \quad \text{ここで, } \operatorname{rot} \boldsymbol{P} = Q_x - P_y = \begin{vmatrix} \dfrac{\partial}{\partial x} & P(x,y) \\ \dfrac{\partial}{\partial y} & Q(x,y) \end{vmatrix}$$

系 6.2

$$\mu(D) = \iint_D dxdy = \int_{\partial D} x\, dy = \int_{\partial D} -y\, dx = \frac{1}{2} \int_{\partial D} -y\, dx + x\, dy$$

証明 D がグラフ領域 $D = \{(x,y) \mid a \le x \le b,\ \alpha(x) \le y \le \beta(x)\}$ の場合に示す．

$$\iint_D \frac{\partial Q(x,y)}{\partial y}\, dxdy = \int_a^b \left(\int_{\alpha(x)}^{\beta(x)} \frac{\partial Q(x,y)}{\partial y}\, dy \right) dx = \int_a^b \Big[Q(x,y) \Big]_{y=\alpha(x)}^{\beta(x)} dx$$

$$= \int_a^b \Big(Q(x,\beta(x)) - Q(x,\alpha(x)) \Big) dx = \int_{\partial D} -Q(x,y)\, dx$$

また，次の等式 (定理 6.7) の両辺を区間 $a \leqq x \leqq b$ で積分すると

$$\int_{\alpha(x)}^{\beta(x)} \frac{\partial P(x,y)}{\partial x}\, dy = \frac{d}{dx}\int_{\alpha(x)}^{\beta(x)} P(x,y)\, dy - P(x, \alpha(x))\alpha'(x) + P(x, \beta(x))\beta'(x)$$

$$\iint_D \frac{\partial P(x,y)}{\partial x}\, dxdy = \int_{\alpha(b)}^{\beta(b)} P(b,y)\, dy - \int_{\alpha(a)}^{\beta(a)} P(a,y)\, dy$$
$$- \int_a^b P(x, \alpha(x))\alpha'(x)\, dx + \int_a^b P(x, \beta(x))\beta'(x)\, dx$$
$$= \int_{\partial D} P(x,y)\, dy.$$

D がグラフ領域の場合，以上の 2 つの式よりガウスの定理が証明される．グリーンの定理は上記の証明で $P \to Q, Q \to -P$ とおき直せばよい．

次に D がグラフ領域でない場合，領域 D に y 軸に平行な切込みを入れて，有限個のグラフ領域に分割することができる．その各グラフ領域では，定理は成立する．入れた切込み上の線積分は，その切込みを境界としてもつ 2 つのグラフ領域では境界の向きが逆になっているから，それらを足し合わせるとき，打ち消しあうことに注意する．各グラフ領域での結果を足し合わせて定理を得る．

系については，順次，$P = x, Q = 0;\ P = 0, Q = y;\ P = \dfrac{x}{2}, Q = \dfrac{y}{2}$ をガウスの定理に適用すればよい．$\qquad\qquad\qquad\qquad\qquad\qquad\qquad\qquad\qquad\qquad\qquad\quad\square$

注意 有界閉領域 D の x 軸への正射影を区間 I とする．$x \in I$ を通り y 軸と平行な直線による D の切り口はいくつかの区間であり，x に，その区間の個数を対応させる関数は，区分的連続関数 (有限個の点を除いて連続な関数) であるから，I をいくつかの区間に分けて (不連続点は必ず分点とする)，それぞれの小区間内では一定数にできる．その小区間の端点で，y 軸に平行な直線で D に切込みを入れれば，D を有限個のグラフ領域に分割できる (また，定理 6.9 を参照).

1 次元では，各点 x におけるあるもの (物理的な流体のみならず，情報や金，人の流れ等) の単位時間あたりの流れの量を $I(x)$ (x の増加方向の流れ) とすると，区間 $[a, b]$ において，端点 a より単位時間あたり $I(a)$ 流入し，端点 b から $I(b)$ 流出することになり，$I(b) - I(a)$ は区間 $[a, b]$ からの単位時間あたりの流出量である．これを端点を通る**流束 (フラックス)**[8]という．微分積分学の基本定理 $\left(I(b) - I(a) = \displaystyle\int_a^b I_x\, dx\right)$ により，流束は I の導関数 I_x の積分となり，これが単位時間あたりに $[a, b]$ から湧き出す量と等しいので，I_x が単位時間・単位長さあたりの湧き出し量であるといえる．

2 次元領域 D 内のあるものが境界線 S 上の点 Q において単位時間・単位長さあたり流出する量をベクトル量 $\boldsymbol{P}|_{\mathrm{Q}}$ で表すとき，その流出する正味量は境界

---

[8] 多次元ではある領域の境界を通る流束となる．また，2 次元では境界の単位長さあたりの，3 次元では単位面積あたりの流束密度を，単に流束と言うこともある．

線 S に垂直な方向の量 $\boldsymbol{P}\cdot\boldsymbol{n}|_\mathrm{Q}$ である．ここで，$\boldsymbol{n}$ は S の単位法線ベクトルである．よって，ガウスの定理の右辺は $\boldsymbol{P}\cdot\boldsymbol{n}$ を境界上で積分したもので，この積分量が境界線 S を通る**流束**[9]である．これが単位時間あたりに D から湧き出す量と等しいので，ガウスの定理により div $\boldsymbol{P}$ が単位時間・単位面積あたりの湧き出し量となる．一方，グリーンの定理はガウスの定理と同等であるが，こちらはベクトル量 $\boldsymbol{P}$ を領域 D を囲む閉曲線 (境界) に沿った仕事量が rot $\boldsymbol{P}$ (2次元ではスカラー) の重積分で表されるという定理である．とくに，$\boldsymbol{n}, ds$ のような量とは無関係であることに注意したい (次の定理 6.16 を参照)．

例題 6.29　単純閉曲線 C は原点を通らないとする．
$$I = \int_C \frac{-ydx + xdy}{x^2 + y^2} = \begin{cases} 0 & (C \text{ の内部に原点を含まない場合}) \\ 2\pi & (C \text{ の内部に原点を含む場合}) \end{cases}$$

解答　$P = \dfrac{x}{x^2+y^2}$, $Q = \dfrac{y}{x^2+y^2}$ と置くと，$P_x(x,y) = -Q_y(x,y) = \dfrac{y^2 - x^2}{(x^2+y^2)^2}$ より $P_x + Q_y = 0$ であるから，ガウス・グリーンの定理より，$I = 0$ となる．C の内部に原点を含まない場合はそれでよい．しかし，C の内部に原点を含むならば，この場合の D つまり C の内部の点である原点で $P(x,y), Q(x,y)$ は定義されていないし，C^1 級関数でない．ガウス・グリーンの定理は使えないので，線積分を計算する．

例題 6.27 (1) によると，原点を中心とした半径 r の円周 C_r に沿っての，この線積分の値は 2π である．$r(>0)$ を十分小さく取って，C の内部に C_r (反時計回り) は含まれているとする．C と C_r に挟まれた領域を D とすれば，P, Q は D 内で C^1 級関数であり，ガウス・グリーンの定理が適用できる．∂D は C (正の向き) と $-C_r$ である．$\displaystyle\iint_D \cdots = \int_C \cdots - \int_{C_r} \cdots = 0$ であるから，$I = 2\pi$ である．

定理 6.16（ポテンシャルの存在）　xy 平面の単連結領域 D で C^1 級関数 $f(x,y), g(x,y)$ に対する次の3命題 (1), (2), (3) は同値である．

(1) D で C^1 級関数 $U(x,y)$ が存在して $U_x(x,y) = f(x,y)$, $U_y(x,y) = g(x,y)$ が成立する．この関数 $U(x,y)$ は**ポテンシャル**といわれる．

(2) D 上で $g_x(x,y) = f_y(x,y)$ が成立する．

(3) D 内の任意の区分的に C^1 級の閉曲線 C に対し，次が成り立つ．

---

[9] ベクトル量 $\boldsymbol{P}|_\mathrm{Q}$ が電場や磁場の場合は電束，磁束といい，これらをまとめて**フラックス**という．

$$\int_C f(x,y)\,dx + g(x,y)\,dy = 0$$

注意 単連結領域 D とは，D 内の任意の閉曲線の内部が D に含まれること．

証明 (1) → (2) は微分の順序変更，(2) → (3) はガウス・グリーンの定理から従う．

(3) → (1) を示そう．D の定点 $A(a,b)$ と動点 $P(x,y)$ をとる．D 内の点 A と点 P を結ぶ任意の区分的 C^1 級曲線 C (A → P) に対して，$U(x,y) = \displaystyle\int_C f(x,y)\,dx + g(x,y)\,dy$ と定めると次が成立する．

(i) $U(x,y)$ は曲線 C の取り方に依存せず，点 $P(x,y)$ のみに依存して決まる．

(ii) C として，A → (a,y) → P および A → (x,b) → P を考えると，

$$U(x,y) = \int_b^y g(a,s)\,ds + \int_a^x f(t,y)\,dt = \int_a^x f(t,b)\,dt + \int_b^y g(x,s)\,ds$$

となり，(1) がわかる．

点 A と点 P を結ぶ任意の 2 つの区分的 C^1 級曲線 C_1, C_2 (A → P) をとる．C_1 と $-C_2$ を結んだ曲線を C とすると，C は閉曲線なので，$\displaystyle\int_C f(x,y)\,dx + g(x,y)\,dy = 0$ である．$0 = \displaystyle\int_C f\,dx + g\,dy = \int_{C_1 - C_2} f\,dx + g\,dy = \int_{C_1} f\,dx + g\,dy - \int_{C_2} f\,dx + g\,dy$.
これより，$\displaystyle\int_{C_1} f\,dx + g\,dy = \int_{C_2} f\,dx + g\,dy$ より，(i) は示された．

そこで，点 A と点 P を結ぶ線分を対角線とし，各辺が x 軸か y 軸に平行な長方形を考える．この長方形の周を通り，点 A から点 P に至る C (A → P) は 2 通り考えられる．その 2 通りの C 上の線積分がそれぞれ (ii) の線積分であり，(ii) が示された． □

例 2 次元の流れの時刻 t での点 (x,y) における x 方向の速度成分を $u(x,y,t)$，y 方向の速度成分を $v(x,y,t)$ とする．縮まない流体では連続の式 $u_x + v_y = 0$ が成立する．連続の式は $u_x = (-v)_y$ なので，$\Psi(x,y) = \displaystyle\int_C u\,dy + (-v)\,dx$ というポテンシャルが存在し，**流れ関数**という．また，渦なしの流れ $u_y - v_x = 0$ に対しては $\Phi(x,y) = \displaystyle\int_C v\,dy + u\,dx$ という**速度ポテンシャル**が存在する．2 次元の渦なしの縮まない流体では，$u_x + v_y = 0$，$u_y - v_x = 0$ がともに成立し，$f(z) = \Phi + i\Psi$，$(z = x + iy)$ を**複素速度ポテンシャル**という．

曲面

xyz 空間の曲面 S の定義 st 平面の領域 D で定義された 3 つの C^1 級関数 $x = \xi(s,t)$，$y = \eta(s,t)$，$z = \zeta(s,t)$ $((s,t) \in D)$ で与えられる xyz 空間における像 $S = \{(x,y,z)\,|\,x = \xi(s,t),\ y = \eta(s,t),\ z = \zeta(s,t)\ ((s,t) \in D)\}$ を**曲**

面という. 特に, $\partial S = \emptyset$ のとき, **閉曲面**という. ベクトル表示する.

$$\boldsymbol{x} = \begin{bmatrix} x \\ y \\ z \end{bmatrix}, \quad \boldsymbol{x}(s,t) = \begin{bmatrix} \xi(s,t) \\ \eta(s,t) \\ \zeta(s,t) \end{bmatrix} \quad S = \{\boldsymbol{x} \,|\, \boldsymbol{x} = \boldsymbol{x}(s,t), (s,t) \in D\}$$

曲面 S 上の曲線座標系・接平面　　点 $(a,b) \in D$ を固定する. 媒介変数の一方を固定する. 残りの変数を動かすと, 点 $\boldsymbol{x}(a,b) \in S$ を通る曲面 S 上の 2 種類の曲線 $\boldsymbol{x} = \boldsymbol{x}(s,b)$, $\boldsymbol{x} = \boldsymbol{x}(a,t)$ を, 前者を **s-曲線**, 後者を **t-曲線**といい, 曲面 S 上の曲線座標系を与える. 点 $\boldsymbol{x}(a,b) \in S$ での s-曲線の接ベクトルは $\boldsymbol{x}_s(a,b)$, t-曲線の接ベクトルは $\boldsymbol{x}_t(a,b)$ である. $\boldsymbol{x}_s(a,b)$, $\boldsymbol{x}_t(a,b)$ が線形独立であるとき, つまり $\boldsymbol{x}_s(a,b) \times \boldsymbol{x}_t(a,b) \neq \boldsymbol{0}$ のとき, 点 $\boldsymbol{x}(a,b)$ を**正則点**といい, 曲面 S 上の点がすべて正則点であり, $D \ni (s,t)$ と $(x,y,z) \in S$ の対応が 1 対 1 対応であるとき, 曲面 S は**正則な曲面**であるという. 正則点 $\boldsymbol{x}(a,b)$ を通り, 2 つの接ベクトル $\boldsymbol{x}_s(a,b)$, $\boldsymbol{x}_t(a,b)$ で張られる平面を点 $\boldsymbol{x}(a,b)$ での S の接平面といい, 接平面の方程式は次で与えられる.

$$\boldsymbol{x} = \boldsymbol{x}(a,b) + \boldsymbol{x}_s(a,b)\lambda + \boldsymbol{x}_t(a,b)\mu \quad (-\infty < \lambda, \mu < \infty)$$

正則点 $\boldsymbol{x}(a,b)$ における曲面 S の接平面に垂直なベクトル $\boldsymbol{x}_s(a,b) \times \boldsymbol{x}_t(a,b)$ は曲面 S の**法 (線) ベクトル**である. $\boldsymbol{n}(a,b) = \dfrac{\boldsymbol{x}_s(a,b) \times \boldsymbol{x}_t(a,b)}{|\boldsymbol{x}_s(a,b) \times \boldsymbol{x}_t(a,b)|}$ を外向き**単位法 (線) ベクトル**といい, 正則な曲面 S の表裏を定める. ベクトルを成分表示すると

$$\boldsymbol{x}_s(s,t) = \begin{bmatrix} \xi_s(s,t) \\ \eta_s(s,t) \\ \zeta_s(s,t) \end{bmatrix} \quad \boldsymbol{x}_t(s,t) = \begin{bmatrix} \xi_t(s,t) \\ \eta_t(s,t) \\ \zeta_t(s,t) \end{bmatrix} \quad \boldsymbol{x}_s \times \boldsymbol{x}_t = \begin{vmatrix} \boldsymbol{e}_1 & \boldsymbol{e}_2 & \boldsymbol{e}_3 \\ \xi_s & \eta_s & \zeta_s \\ \xi_t & \eta_t & \zeta_t \end{vmatrix}$$

$$\boldsymbol{x}_s \times \boldsymbol{x}_t = {}^t(\,\eta_s\zeta_t - \eta_t\zeta_s,\ \zeta_s\xi_t - \zeta_t\xi_s,\ \xi_s\eta_t - \xi_t\eta_s\,)$$
$$= {}^t\Big(\frac{\partial(\eta,\zeta)}{\partial(s,t)},\ \frac{\partial(\zeta,\xi)}{\partial(s,t)},\ \frac{\partial(\xi,\eta)}{\partial(s,t)}\Big) = {}^t\Big(\frac{\partial(y,z)}{\partial(s,t)},\ \frac{\partial(z,x)}{\partial(s,t)},\ \frac{\partial(x,y)}{\partial(s,t)}\Big)$$

曲面 S 上の曲線・第 1 基本量　　曲面 S の**第 1 基本量**とは次の E, F, G である.

$$E = \boldsymbol{x}_s(s,t) \cdot \boldsymbol{x}_s(s,t), \quad F = \boldsymbol{x}_t(s,t) \cdot \boldsymbol{x}_s(s,t), \quad G = \boldsymbol{x}_t(s,t) \cdot \boldsymbol{x}_t(s,t)$$

また, $|\boldsymbol{x}_s(s,t) \times \boldsymbol{x}_t(s,t)| = \sqrt{EG - F^2}$ である. $F = 0$ のとき, s-曲線 t-曲線は直交座標系である.

st 平面の領域 D 内の曲線 $s = S(u)$, $t = T(u)$ $(\alpha \leqq u \leqq \beta)$ が，この対応によって xyz 空間の曲面 S の上に写されて得られる像

$$\{(x, y, z) \,|\, x = \xi(S(u), T(u)), \, y = \eta(S(u), T(u)),$$
$$z = \zeta(S(u), T(u)) \, (\alpha \leqq u \leqq \beta)\}$$

を曲面 S 上の曲線 C という．$C = \{\boldsymbol{x} \,|\, \boldsymbol{x} = \boldsymbol{x}(S(u), T(u)) \, (\alpha \leqq u \leqq \beta)\}$ である．$\boldsymbol{w}(u) = \boldsymbol{x}(S(u), T(u))$ $(\alpha \leqq u \leqq \beta)$ と記す．C の弧長 $s(u)$ を求める．

$$\left|\frac{d\boldsymbol{w}(u)}{du}\right|^2 = E\left(\frac{ds}{du}\right)^2 + 2F\left(\frac{ds}{du}\frac{dt}{du}\right) + G\left(\frac{dt}{du}\right)^2 \quad \text{であるから，}$$

$$s(u) = \int_\alpha^u \sqrt{\left|\frac{d\boldsymbol{w}(u)}{du}\right|^2}\, du = \int_\alpha^u \sqrt{E\left(\frac{ds}{du}\right)^2 + 2F\left(\frac{ds}{du}\frac{dt}{du}\right) + G\left(\frac{dt}{du}\right)^2}\, du$$

例題 6.30 xy 平面の領域 D で定義された C^1 級関数 $z = f(x, y)$ の表す曲面を媒介変数表示すると，$S = \{(x, y, z) \,|\, x = s, y = t, z = f(s, t) \, (s, t) \in D\}$ である．これについて，接ベクトル $\boldsymbol{x}_s, \boldsymbol{x}_t$ と法線ベクトル，第1基本量を求めよ．

解答 接ベクトル：$\boldsymbol{x}_s(s, t) = {}^t(1, 0, f_s(s, t))$, $\boldsymbol{x}_t(s, t) = {}^t(0, 1, f_t(s, t))$,

法線ベクトル：$\boldsymbol{x}_s(s, t) \times \boldsymbol{x}_t(s, t) = {}^t(-f_s(s, t), -f_t(s, t), 1)$

第1基本量：$E = 1 + (f_s(s, t))^2$, $F = f_s(s, t) f_t(s, t)$, $G = 1 + (f_t(s, t))^2$

また，$\sqrt{EG - F^2} = \sqrt{1 + (f_s(s, t))^2 + (f_t(s, t))^2}$ であり，

$\sqrt{EG - F^2} = \sqrt{1 + f_x^2 + f_y^2}$ と記される．

例題 6.31 区間 $I = [s_0, s_1]$, で定義された C^1 級関数 $y = f(x)$ のグラフを x 軸の周りに1回転して得られる回転体の表面 S を媒介変数表示すると，

$$S = \{(x, y, z) \,|\, x = s, \, y = f(s)\cos t, \, z = f(s)\sin t$$
$$s \in I, \, 0 \leqq t \leqq 2\pi\}$$

このとき，接ベクトル $\boldsymbol{x}_s, \boldsymbol{x}_t$ と法線ベクトル，第1基本量を求めよ．

解答 接ベクトル：$\boldsymbol{x}_s(s, t) = {}^t(1, f'(s)\cos t, f'(s)\sin t)$,

$\boldsymbol{x}_t(s, t) = {}^t(0, -f(s)\sin t, f(s)\cos t)$

法線ベクトル：$\boldsymbol{x}_s(s, t) \times \boldsymbol{x}_t(s, t) = {}^t(f(s)f'(s), -f(s)\cos t, -f(s)\sin t)$

単位法線ベクトル：$\boldsymbol{n}(s, t) = \dfrac{1}{\sqrt{1 + (f'(s))^2}} {}^t(f'(s), -\cos t, -\sin t)$

第1基本量：$E = 1 + (f'(s))^2$, $F = 0$, $G = (f(s))^2$

s-曲線 t-曲線は直交座標系で，$\sqrt{EG - F^2} = |f(s)|\sqrt{1 + (f'(s))^2}$ である．

曲面積

　st 平面の面積確定な領域 D で C^1 級である関数 $x = \xi(s,t)$, $y = \eta(s,t)$, $z = \zeta(s,t)$ $((s,t) \in D)$ で定義される正則な曲面 $S = \{(x,y,z) \,|\, x = \xi(s,t),\ y = \eta(s,t),\ z = \zeta(s,t)\ ((s,t) \in D)\} = \{\boldsymbol{x} \,|\, \boldsymbol{x} = \boldsymbol{x}(s,t)\ ((s,t) \in D)\}$ に対し，重積分の定義と同様にリーマン積分を用いて，曲面 S の表面積，つまり曲面積 $\mu(S)$ を以下に定義する．

　領域 D を含む長方形 $R = [a,b] \times [c,d]$ を 1 つ固定し，長方形 R の分割 $\Delta = \{\Delta_{ij}\}$, $\Delta_{ij} = [s_{i-1}, s_i] \times [t_{j-1}, t_j]$ を考える．

$$\Delta_s : a = s_0 < s_1 < \cdots < s_m = b, \quad \Delta_t : c = t_0 < t_1 < \cdots < t_n = d$$

　点 $\mathrm{P}_{ij}(s_i, t_j) \in D$ の $\boldsymbol{x} = \boldsymbol{x}(s,t)$ による像を点 $\mathrm{Q}_{ij} = \boldsymbol{x}(\mathrm{P}_{ij}) = \boldsymbol{x}(s_i, t_j) \in S$ と記す．小長方形 $\Delta_{ij} = [s_{i-1}, s_i] \times [t_{j-1}, t_j]$ の $\boldsymbol{x} = \boldsymbol{x}(s,t)$ による像を Σ_{ij} と記す．分割 Δ が十分細かければ，小長方形 Δ_{ij} の像 Σ_{ij} はベクトル $\boldsymbol{u} = \overrightarrow{\mathrm{Q}_{i-1j-1}\mathrm{Q}_{ij-1}}$ とベクトル $\boldsymbol{v} = \overrightarrow{\mathrm{Q}_{i-1j-1}\mathrm{Q}_{i-1j}}$ とがつくる平行四辺形にほぼ等しい．平均値の定理によれば，$\boldsymbol{u} = \boldsymbol{x}(s_i, t_{j-1}) - \boldsymbol{x}(s_{i-1}, t_{j-1}) \approx \boldsymbol{x}_s(s_i, t_{j-1})(s_i - s_{i-1})$ であり，$\boldsymbol{v} = \boldsymbol{x}(s_{i-1}, t_j) - \boldsymbol{x}(s_{i-1}, t_{j-1}) \approx \boldsymbol{x}_t(s_{i-1}, t_j)(t_j - t_{j-1})$ であるから，Σ_{ij} の曲面積は平行四辺形の面積 $|\boldsymbol{u} \times \boldsymbol{v}|$ で近似され，さらに

$$|\boldsymbol{x}_s(s_i, t_{j-1}) \times \boldsymbol{x}_t(s_{i-1}, t_j)|(s_i - s_{i-1})(t_j - t_{j-1})$$

にほぼ等しい．分割 Δ を細かくしていけば，これらの総和は次のようになる．

$$\sum_{i=1}^{m} \sum_{j=1}^{n} |\boldsymbol{x}_s(s_i, t_{j-1}) \times \boldsymbol{x}_t(s_{i-1}, t_j)|(s_i - s_{i-1})(t_j - t_{j-1})$$
$$\to \iint_D |\boldsymbol{x}_s(s,t) \times \boldsymbol{x}_t(s,t)|\, dsdt$$

この極限値を曲面 S の**曲面積**と定義する．

定義 6.10（曲面積） st 平面の面積確定な領域 D で C^1 級である関数 $\boldsymbol{x} = \boldsymbol{x}(s,t) = {}^t(\xi(s,t),\ \eta(s,t),\ \zeta(s,t))$ $((s,t) \in D)$ で定義される正則な曲面 S の曲面積 $\mu(S)$ は次で定義される．

$$\mu(S) = \iint_D |\boldsymbol{x}_s(s,t) \times \boldsymbol{x}_t(s,t)|\, dsdt = \iint_D \sqrt{EG - F^2}\, dsdt$$

これを成分で表すと

$$\mu(S) = \iint_D dS = \iint_D \sqrt{\left|\frac{\partial(x,y)}{\partial(s,t)}\right|^2 + \left|\frac{\partial(y,z)}{\partial(s,t)}\right|^2 + \left|\frac{\partial(z,x)}{\partial(s,t)}\right|^2}\, dsdt$$

ここで，$dS = \sqrt{\left|\frac{\partial(x,y)}{\partial(s,t)}\right|^2 + \left|\frac{\partial(y,z)}{\partial(s,t)}\right|^2 + \left|\frac{\partial(z,x)}{\partial(s,t)}\right|^2}\, dsdt$ を **S の面素**という．

定理 6.17（曲面積） (1) xy 平面の面積確定の領域 D で定義された C^1 級関数 $z = f(x,y)$ で与えられる曲面 S の曲面積 $\mu(S)$ は次のようになる．

$$\mu(S) = \iint_D \sqrt{1 + (f_x(x,y))^2 + (f_y(x,y))^2}\, dxdy \tag{6.11}$$

(2) 区間 $[a,b]$ で定義された C^1 級関数 $y = f(x)$ のグラフを x 軸の周りに 1 回転してできる回転体の表面 S の曲面積 $\mu(S)$ は次で与えられる．

$$\mu(S) = 2\pi \int_a^b |f(x)|\sqrt{1 + (f'(x))^2}\, dx \tag{6.12}$$

証明 例題 6.30 6.31 より従う． □

例題 6.32 半径 R の半球面 : $x^2 + y^2 + z^2 = R^2$ $(z \geqq 0)$ の，円柱 : $\left(x - \dfrac{R}{2}\right)^2 + y^2 = \dfrac{R^2}{4}$ により切り取られる部分 S の曲面積 $\mu(S)$ を求めよ．

解答 球面の方程式の両辺を x および y で微分すると，$z_x = -\dfrac{x}{z}, z_y = -\dfrac{y}{z}$ が得られる．よって，$D : x^2 - Rx + y^2 \leqq 0$ とすると

$$\mu(S) = \iint_D \sqrt{1 + \frac{x^2}{z^2} + \frac{y^2}{z^2}}\, dxdy = \iint_D \frac{1}{z}\sqrt{x^2 + y^2 + z^2}\, dxdy$$

$$= R \iint_D \frac{dxdy}{\sqrt{R^2 - x^2 - y^2}}.$$

ここで，2 次元極座標を用いると，
$D = \left\{(r,\theta)\,\middle|\, 0 \leqq r \leqq R\cos\theta,\, -\dfrac{\pi}{2} \leqq \theta \leqq \dfrac{\pi}{2}\right\}$
と表されるので

$$\mu(S) = R \int_{-\frac{\pi}{2}}^{\frac{\pi}{2}} \left(\int_0^{R\cos\theta} \frac{rdr}{\sqrt{R^2 - r^2}}\right) d\theta$$

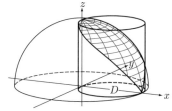

図 6.22 曲面積の計算例

$$= R \int_{-\frac{\pi}{2}}^{\frac{\pi}{2}} \left[-\sqrt{R^2 - r^2} \right]_0^{R\cos\theta} d\theta$$

$$= R^2 \int_{-\frac{\pi}{2}}^{\frac{\pi}{2}} d\theta - R^2 \int_{-\frac{\pi}{2}}^{\frac{\pi}{2}} \sqrt{1 - \cos^2\theta}\, d\theta \quad (\sqrt{1 - \cos^2\theta} = |\sin\theta|)$$

$$= \pi R^2 - 2R^2 \int_0^{\frac{\pi}{2}} \sin\theta\, d\theta = (\pi - 2)R^2.$$

問 6.14 平面 $ax + by + cz = 1\,(c \neq 0)$ が，円柱：$x^2 + y^2 = 2Rx$ により切り取られる部分の面積を求めよ.

例題 6.33（柱面の側面積） 空間曲線 $C: x = x(t), y = y(t), z = z(t)$ $(z(t) > 0, \alpha \leqq t \leqq \beta)$ について，$\mathrm{P}(x(t), y(t), z(t))$ と $\mathrm{P}'(x(t), y(t), 0)$ を結ぶ線分 PP' を母線とする柱面 S の面積 $\mu(S)$ は

$$\mu(S) = \int_\alpha^\beta z(t)\sqrt{x'(t)^2 + y'(t)^2}\, dt \tag{6.13}$$

と表されることを示せ.

解答　これは底面の縁の微小長さ：$\Delta s = \sqrt{(\Delta x)^2 + (\Delta y)^2}$ と高さ $z(t)$ の積を加え合わせて極限をとったものなので，直感的には明らかである．定理 6.17 の式 (6.11) から導くと以下のようになる．簡単のために $x'(t) > 0$ とすると，$x = x(t)$ の逆関数 $t(x)$ が定義され，これを $y(t), z(t)$ に代入して，$y(x), z(x)$ 得られる．柱面の方程式は $y = f(x, z) = y(x)$，母線の長さは $z(x)$ と表される．偏導関数は $f_x = \dfrac{y'(t)}{x'(t)}$, $f_z = 0$ であるので，$a = x(\alpha), b = x(\beta)$

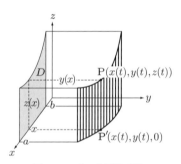

図 **6.23** 柱の側面と母線

とすると，曲面積 $D = \{(x, z) \mid a \leqq x \leqq b,\, 0 \leqq z \leqq z(x)\}$ として，

$$\mu(S) = \iint_D \sqrt{1 + (f_x)^2 + (f_z)^2}\, dxdz = \int_a^b \left(\int_0^{z(x)} \sqrt{1 + \left(\frac{y'(t)}{x'(t)}\right)^2}\, dz \right) dx$$

$$= \int_a^b z(x) \frac{\sqrt{x'(t)^2 + y'(t)^2}}{x'(t)}\, dx = \int_\alpha^\beta z(t)\sqrt{x'(t)^2 + y'(t)^2}\, dt.$$

問 6.15 円柱：$\left(x - \dfrac{R}{2}\right)^2 + y^2 \leqq \dfrac{R^2}{4}$ の，半径 R の半球面：$x^2 + y^2 + z^2 = R^2\,(z \geqq 0)$ と xy 平面により切り取られる部分の側面積を求めよ（例題 6.32 の図 6.22 を参照）.

面積分

定義 6.11（面積分） st 平面の面積確定な領域 D で C^1 級である関数 $\boldsymbol{x} = \boldsymbol{x}(s,t) = {}^t(\xi(s,t),\ \eta(s,t),\ \zeta(s,t))\ ((s,t) \in D)$ で定義される xyz 空間の正則な曲面 S で面積確定な，つまり $\mu(S)$ が存在する曲面を考える．

曲面 S 上で連続な関数 $f(x,y,z), g(x,y,z), h(x,y,z)$ に対し，

$$\iint_S \boldsymbol{F} \cdot \boldsymbol{n}\, dS = \iint_S f(x,y,z)\, dydz + g(x,y,z)\, dzdx + h(x,y,z)\, dxdy$$

$$= \iint_D \left(f(\boldsymbol{x}(s,t))\frac{\partial(y,z)}{\partial(s,t)} + g(\boldsymbol{x}(s,t))\frac{\partial(z,x)}{\partial(s,t)} + h(\boldsymbol{x}(s,t))\frac{\partial(x,y)}{\partial(s,t)} \right) dsdt$$

をベクトル値関数 $\boldsymbol{F}(x,y,z) = {}^t(f(x,y,z), g(x,y,z), h(x,y,z))$ の S 上の面積分という．

また，$\displaystyle\iint_S f(x,y,z)\, dydz = \iint_D f(\boldsymbol{x}(s,t))\frac{\partial(y,z)}{\partial(s,t)}dsdt$ を y,z による関数 $f(x,y,z)$ の曲面 S での面積分という．g, h についても同様である．

注意 同じ曲面 S を表す媒介変数表示はいろいろあるが，面積分の値は媒介変数表示の取り方には依存せず，曲面 S にのみ依存して決まる値なので $\displaystyle\iint_S$ と記す．最初に単位法線 $\boldsymbol{n}$ と面素 dS という S の幾何学的量を用いた表示をしている．実際，他の媒介変数 u,v で S を表示しているとき，$\dfrac{\partial(x,y)}{\partial(u,v)} = \dfrac{\partial(x,y)}{\partial(s,t)}\dfrac{\partial(s,t)}{\partial(u,v)}$ などの鎖規則のみを用いて，線積分の場合と同様に媒介変数表示の取り方に依存しないことを確認できる．

例 曲面 S が $z = \psi(x,y)\ (x,y) \in D$ の場合，$x = x, y = y, z = \psi(x,y)$ だから

$$\iint_S f(x,y,z)\, dydz = \iint_D f(x,y,\psi(x,y))(-\psi_x(x,y))\, dxdy$$

$$\iint_S g(x,y,z)\, dzdx = \iint_D g(x,y,\psi(x,y))(-\psi_y(x,y))\, dxdy$$

$$\iint_S h(x,y,z)\, dxdy = \iint_D h(x,y,\psi(x,y))\, dxdy$$

定理 6.18（ガウスの定理・発散公式） Ω は xyz 空間の体積確定な有界領域で，その境界 $\partial\Omega$ は有限個の正則な曲面からなるとする．領域 Ω で C^1 級関数 $\boldsymbol{F}(x,y,z) = {}^t(f(x,y,z), g(x,y,z), h(x,y,z))$ に対して次が成立する．

$$\iiint_\Omega \left(\frac{\partial f(x,y,z)}{\partial x} + \frac{\partial g(x,y,z)}{\partial y} + \frac{\partial h(x,y,z)}{\partial z} \right) dxdydz$$

$$= \iint_{\partial\Omega} f(x,y,z)\, dydz + g(x,y,z)\, dzdx + h(x,y,z)\, dxdy$$

つまり， $\iiint_\Omega \operatorname{div} \boldsymbol{F}(x,y,z)\, dxdydz = \iint_{\partial\Omega} \boldsymbol{F} \cdot \boldsymbol{n}\, dS$ である．

系 6.3 領域 Ω の体積 $\mu(\Omega)$ ついては次が成り立つ．

$$\mu(\Omega) = \frac{1}{3} \iint_{\partial\Omega} xdydz + ydzdx + zdxdy$$

証明 2 次元のガウス・グリーンの定理 6.15 の証明と同様に Ω がグラフ領域の場合に示す．グラフ領域 $\Omega = \{(x,y,z)\,|\,\alpha(x,y) \leqq z \leqq \beta(x,y), (x,y) \in D\}$ に対し，

$\iiint_\Omega \dfrac{\partial h(x,y,z)}{\partial z} dxdydz = \iint_{\partial\Omega} h(x,y,z)\, dxdy$ を示そう．

$$\iiint_\Omega \frac{\partial h}{\partial z} dxdydz = \iint_D \left(\int_{\alpha(x,y)}^{\beta(x,y)} \frac{\partial h}{\partial z} dz \right) dxdy$$

$$= \iint_D \Big(h(x,y,\beta(x,y)) - h(x,y,\alpha(x,y)) \Big) dxdy = \iint_{\partial\Omega} h(x,y,z)\, dxdy$$

この最後の等号では前の例を使った．また $\partial\Omega$ は $S_1 = \{(x,y,z)\,|\,z = \alpha(x,y), (x,y) \in D\}$ と $S_2 = \{(x,y,z)\,|\,z = \beta(x,y), (x,y) \in D\}$ に分かれている．S_1 と S_2 の向きに注意して，この S_1 上の面積分には $-$ をつけなければならない．その他の f, g も同様に示せる．

　系については，$f = x$, $g = y$, $h = z$ を定理に適用すればよい．　　　　　□

　xyz 空間の何らかの定常の流れ (非圧縮・非粘性) があり，点 (x,y,z) での速度ベクトル $\boldsymbol{F} = {}^t(f,g,h)$ である流れが曲面 S を通過していく状況を考える．$\partial\Omega = S$ を通過する流れの総量を考えよう．S を分割して，その中の 1 つを ΔS とすると，分割が十分細かいと，ほぼ平面と考えられ，その単位法線を $\boldsymbol{n}$ と速度ベクトル $\boldsymbol{F}$ の内積に ΔS の面積を乗じたもの $\boldsymbol{F} \cdot \boldsymbol{n} \Delta S$ が ΔS を通過する流量を表す．それらの総和，つまり，リーマン和の極限として面積分を定義すれば，S を単位時間当たりの通過した総量，すなわち，流束 (フラックス) となる．これが右辺である．また，面積分は $\partial\Omega = S$ のみによって決まり，媒介変数表示によらないこともわかる．一方，左辺は Ω 内部からの湧き出しの単位時間当たりの総湧出量を表している．これが通過した量と等しいという式である．

定理 6.19（ストークスの定理）xyz 空間の曲面 S は C^1 級の正則な曲面とし，その境界の周 ∂S は C^1 級の単純閉曲線とする．S の近傍で定義された C^1 級関数 $\boldsymbol{F}(x,y,z) = {}^t(f(x,y,z), g(x,y,z), h(x,y,z))$ に対して次が成立する．

$$\int_{\partial S} f(x,y,z)\,dx + g(x,y,z)\,dy + h(x,y,z)\,dz$$

$$= \iint_S \left(\frac{\partial h}{\partial y} - \frac{\partial g}{\partial z}\right)dydz + \left(\frac{\partial f}{\partial z} - \frac{\partial h}{\partial x}\right)dzdx + \left(\frac{\partial g}{\partial x} - \frac{\partial f}{\partial y}\right)dxdy$$

左辺の線積分は，S の表の面上で S の内側を左手に見て進む方向に向き付ける．

ベクトル表記して，$\displaystyle\int_{\partial S} \boldsymbol{F} \cdot d\boldsymbol{x} = \iint_S (\mathrm{rot}\boldsymbol{F}) \cdot \boldsymbol{n}\,dS$

証明 前定理と同様に示せる．$S = \{(x,y,z) \mid z = \psi(x,y), (x,y) \in D\}$ とする．前の例より，$I = \displaystyle\iint_S \frac{\partial f}{\partial z}dzdx - \frac{\partial f}{\partial y}dxdy = \iint_D (-f_z\psi_y - f_y)\,dxdy$ を得る．合成関数の微分規則によると，$\dfrac{\partial}{\partial y}f(x,y,\psi(x,y)) = f_y + f_z\psi_y$ であるから，定理 6.15 より，

$$I = -\iint_D \frac{\partial}{\partial y}f(x,y,\psi(x,y))\,dxdy = \int_{\partial D} f(x,y,\psi(x,y))\,dx = \int_{\partial S} f dx \qquad \square$$

例 xyz 空間の領域 Ω で C^1 級関数 $\boldsymbol{F}(x,y,z) = {}^t(f(x,y,z), g(x,y,z), h(x,y,z))$ が $\mathrm{rot}\boldsymbol{F} = \boldsymbol{0}$，つまり，渦なしならば，ストークスの定理より，$\Omega$ 内の C^1 級閉曲線 C 上の線積分 $\displaystyle\int_C \boldsymbol{F} \cdot d\boldsymbol{x} = 0$ となる．定点 $\mathrm{Q} \in \Omega$ と動点 $\mathrm{P} = (x,y,z) \in \Omega$ を結ぶ C^1 級曲線 C に沿っての線積分 $U(x,y,z) = \displaystyle\int_C \boldsymbol{F} \cdot d\boldsymbol{x}$ は C の取り方に依存せず，点 $\mathrm{P} = (x,y,z)$ にのみ依存して決まる関数である．このことが 2 次元のガウス・グリーンの定理の例と同様に示せる．

例題 6.34 xyz 空間の C^1 級閉曲面 S 囲まれた領域 Ω 上で定義された関数 $f(x,y,z), g(x,y,z)$ に対して，次のグリーンの公式 (1), (2) が成立する．

(1) $\displaystyle\iiint_\Omega (f\Delta g + \nabla f \cdot \nabla g)\,dxdydz = \iint_S f\frac{\partial g}{\partial \boldsymbol{n}}dS$

(2) $\displaystyle\iiint_\Omega (f\Delta g - g\Delta f)\,dxdydz = \iint_S f\frac{\partial g}{\partial \boldsymbol{n}} - g\frac{\partial f}{\partial \boldsymbol{n}}dS$

証明 (1) $I = \iint_S f \dfrac{\partial g}{\partial n}\, dS = \iint_S f(\nabla g \cdot \boldsymbol{n})\, dS.$ ガウス・グリーンの定理より,

$$I = \iint_S f \frac{\partial g}{\partial x} dydz + f \frac{\partial g}{\partial y} dzdx + f \frac{\partial g}{\partial z} dxdy$$

$$= \iiint_\Omega \left(\frac{\partial}{\partial x}\left(f \frac{\partial g}{\partial x} \right) + \frac{\partial}{\partial y}\left(f \frac{\partial g}{\partial y} \right) + \frac{\partial}{\partial z}\left(f \frac{\partial g}{\partial z} \right) \right) dxdydz = \text{左辺}$$

(2) (1) で f と g とを入れ替えた式を (1) 式から引けばよい. □

—————————————— 練習問題 **6.5** ——————————————

1. 次の曲線 C に沿っての線積分 $\displaystyle\int_C x^2 dx + y^2 dy$ の値を求めよ.

  (1) $y = x^2 \ (x : 0 \to 1)$ (2) $y = x^3 \ (x : 0 \to 1)$ (3) $y = x^n \ (x : 0 \to 1)$

2. $U_x = f(x, y),\ U_y = g(x, y)$ となる $U(x, y)$ を求めよ.

  (1) $f = \dfrac{y}{x},\ g = \log x - \sin y$ (2) $f = 2x + y,\ g = x + 2y$

3. 平面上の円 : $x^2 + (y - R)^2 = r^2 \ (0 < r < R)$ を x 軸のまわりに回転してできる回転面 (ドーナッツの表面) について以下の問いに答えよ.

  (1) 回転面で囲まれた部分の体積を求めよ.

  (2) 回転面の表面積を求めよ.

4. 以下の各曲面の曲面積を求めよ. ただし, $a, b > 0$.

  (1) 曲面 : $z = 2\sqrt{ax}$ の, 円柱面 : $x^2 + y^2 = ax$ で囲まれた部分

  (2) 曲面 : $z = xy$ の, 円柱面 : $x^2 + y^2 = a^2$ で囲まれた部分

  (3) 曲面 : $z = \sqrt{2xy}$ の, $0 \leqq x \leqq a,\ 0 \leqq y \leqq b$ の部分

  (4) 曲面 : $z = \dfrac{1}{2}\left(\dfrac{x^2}{a} + \dfrac{y^2}{b} \right)$ の, 柱面 : $\dfrac{x^2}{a^2} + \dfrac{y^2}{b^2} = 1$ で囲まれた部分

5. 以下の各側面積を求めよ. ただし, $a > 0$.

  (1) 円柱面 : $x^2 + y^2 = a^2$ の, 2 つの平面 $z = 0, z = 2x$ で挟まれた $x \geqq 0$ 部分の側面積

  (2) 円柱面 : $x^2 + y^2 = ax$ の, 曲面 : $z^2 = 4ax$ で切り取られた部分の側面積

6. 次の面積分を計算せよ.

  (1) 球面 : $x^2 + y^2 + z^2 = a^2$ を S とするとき, ベクトル場 $\boldsymbol{F} = {}^t\left(\dfrac{x}{r^3}, \dfrac{y}{r^3}, \dfrac{z}{r^3} \right)$ の S 上の面積分を計算せよ.

  (2) 円柱 : $x^2 + y^2 \leqq a^2,\ 0 \leqq z \leqq h$ の表面を S とするとき, ベクトル場 $\boldsymbol{F} = {}^t\left(\dfrac{x}{r^2}, \dfrac{y}{r^2}, 0 \right)$ の S 上の面積分を計算せよ.

6.6 重積分の変数変換公式の証明

変数変換式の証明

uv 平面の有界閉領域 E を含む開領域 $\tilde{E}$ から，xy 平面の領域 $\tilde{D}$ への C^1 級変数変換 $(x,y) = \Phi(u,v) = (X(u,v), Y(u,v))$ により，閉領域 E と E の像 $D = \Phi(E)$ は 1 対 1 に対応しているとする．さらに，変数変換 Φ のヤコビアンは 0 にならない．つまり，$|J(u,v)| = |\mathrm{D}\Phi(u,v)| \neq 0$, $(u,v) \in \tilde{E}$ と仮定する．また $\tilde{E}$, $\tilde{D} = \Phi(\tilde{E})$ の点をそれぞれ $\mathrm{Q} = \mathrm{Q}(u,v)$, $\mathrm{P} = \mathrm{P}(x,y)$ と表し，変数変換 Φ を $\mathrm{P} = \Phi(\mathrm{Q})$ と表す．

> **定理 6.20** 上記のような変数変換 Φ のもと，次が成立する.
>
> (1) 有界閉領域 E の変換 Φ の像 $D = \Phi(E)$ は有界閉領域である.
>
> (2) 有界閉領域 E が面積確定ならば，$D = \Phi(E)$ も面積確定である.

証明 (1) E は有界閉領域なので，変数変換 Φ の成分 $x = X(u,v), y = Y(u,v)$ は連続関数で最大値，最小値をともにもつから，像 D は有界である．D の任意の境界点 $\mathrm{P} \in \partial D$ に収束する D の点列 $\{\mathrm{P}_n\}$ に対し，点 P_n の原像の点列 $\mathrm{Q}_n \in E$ がとれる．E は有界閉領域なので，点列 $\{\mathrm{Q}_n\}$ から，収束する部分点列 $\{\mathrm{Q}_{n_i}\}$ が存在する．変換 Φ は連続だから，点列 $D \ni \Phi(\mathrm{Q}_{n_i}) \to \mathrm{P} \in D$．これより，$\partial D \subset D$．以上より，$D = \Phi(E)$ は有界閉領域である．

(2) 有界閉領域 E が面積確定，つまり，境界 ∂E は零集合，面積 0 である.

任意の $d > 0$ に対して有限個の長方形 $\Delta_1, \ldots, \Delta_n$ があり，$\partial E \subset \Delta_1 \cup \cdots \cup \Delta_n$, であり，その面積の総和 $\sum_{i=1}^{n} \mu(\Delta_i) = \sum_{i=1}^{n} l_i^2 < d$ が成り立つ．ここで，1 つの長方形は 2 つの正方形で覆われるので Δ_i は辺の長さが l_i の正方形としてよい．この正方形 Δ_i に属する任意の 2 点 Q, Q' の 2 点間距離は $|\mathrm{QQ}'| \leq \sqrt{2} l_i$ である．

E が有界閉集合なので，$x = X(u,v), y = Y(u,v)$ は C^1 級だから，その導関数は連続で E で最大値・最小値をとり，平均値の定理より，$|\Phi(\mathrm{Q})\Phi(\mathrm{Q}')| \leq K|\mathrm{QQ}'|$ となる正の定数 K が存在する．$\Phi(\Delta_i)$ は直径が $\sqrt{2}K l_i$ の集合に含まれるので，辺の長さが $\sqrt{2}K l_i$ の正方形 Δ_i' に含まれる．よって，$\Phi(\partial E) \subset \Delta_1' \cup \cdots \cup \Delta_n'$ であり，面積の総和 $\sum_{i=1}^{n} \mu(\Delta_i') = \sum_{i=1}^{n} 2K^2 l_i^2 < 2K^2 d$ となり，d は任意だから $\Phi(\partial E)$ の面積も 0 である． $\square$

補足説明 $|\Phi(\mathrm{Q})\Phi(\mathrm{Q}')| \leq K|\mathrm{QQ}'|$ を示す．ここで，$K(> 0)$ は正定数である．

補足説明の証明 $|\Phi(\mathrm{Q})\Phi(\mathrm{Q}')|^2 = (X(u,v) - X(u',v'))^2 + (Y(u,v) - Y(u',v'))^2$
$= (X_u(\bar{\mathrm{Q}}_X)(u-u') + X_v(\bar{\mathrm{Q}}_X)(v-v'))^2 + (Y_u(\bar{\mathrm{Q}}_Y)(u-u') + Y_v(\bar{\mathrm{Q}}_Y)(v-v'))^2$

となる点 $\bar{Q}_X, \bar{Q}_Y$ が2点 Q, Q' を結ぶ直線上に存在することが平均値の定理より保証される. これらの偏導関数の絶対値 $|X_u|, |X_v|, |Y_u|, |Y_v|$ の有界閉領域 E における最大値を M とすると, $|\Phi(Q)\Phi(Q')|^2 \leqq 2M^2|QQ'|^2$ を得る. $K = \sqrt{2}M$ として, 上記不等式を得る. $\qquad\qquad\square$

さて, $|QQ'| = |\Phi^{-1}(P)\Phi^{-1}(P')|$ であり, 逆関数定理から Φ^{-1} も C^1 級で, ヤコビアンは 0 にならないから, Φ^{-1} にこの不等式を適用すると, 次を得る.

$$|QQ'| = |\Phi^{-1}(P)\Phi^{-1}(P')| \leqq K'|PP'| = K'|\Phi(Q)\Phi(Q')| \quad (K' は正定数.)$$

補足説明の不等式とこの不等式をあわせて, また, K, K' の大きい方を新たに K とすると, 次の不等式が成り立つ.

$$\frac{1}{K}|QQ'| \leqq |\Phi(Q)\Phi(Q')| \leqq K|QQ'| \tag{6.14}$$

この節では, 特別の言及がないときは, 上記の事柄を条件として仮定する. なお, 注意として, この定理により E が面積確定ならば D も面積確定であることがわかる. また, 証明の中で次の補題が示された.

> **補題 6.1** 任意の $d > 0$ に対して長方形 $\Delta_1, \ldots, \Delta_n$ があって, $\partial E \subset \Delta_1 \cup \cdots \cup \Delta_n$, $\sum_{i=1}^{n} \mu(\Delta_i) < d$ が成り立てば, $\Phi(\Delta_i)$ は辺の長さが $\sqrt{2}K$ 倍の長方形 Δ_i' に含まれて, $\Phi(\Delta_i) \subset \Delta_i'$, $\sum_{i=1}^{n} \mu(\Delta_i') < 2K^2 d$ が成り立つ.

定理 6.10 (257 ページ) の証明:

証明 閉領域 E の像を $D = \Phi(E)$ として, 最初に

$$\mu(D) = \iint_E |\det[D\Phi(Q)]|\, dudv, \quad Q = Q(u, v) \tag{6.15}$$

が成り立つことを示す. 条件より Φ は $\widetilde{E}$ から $\widetilde{D}$ への C^1 変換である. 重積分の定義のときのように, $E \subset R$ を満たす長方形 $R = [a, b] \times [c, d]$ の分割

$$\Delta: \quad a = u_0 < u_1 < \cdots < u_m = b, \quad c = v_0 < v_1 < \cdots < v_n = d \tag{6.16}$$

を考えて $\Delta_{ij} = [u_{i-1}, u_i] \times [v_{j-1}, v_j]$ とする. 閉領域 E は面積確定であるので

$$E \subset \Big(\bigcup_{\Delta_{ij} \subset \dot{E}} \Delta_{ij} \Big) \cup \Big(\bigcup_{\Delta_{ij} \cap \partial E \neq \emptyset} \Delta_{ij} \Big) \subset \widetilde{E} \tag{6.17}$$

と表しておくと, 任意の $d > 0$ に対して $\sum_{\Delta_{ij} \cap \partial E \neq \emptyset} \mu(\Delta_{ij}) < d$ が成り立つようにできる. $\Delta_{ij} \cap \partial E \neq \emptyset$ を満たす Δ_{ij} を並び変えて, $\Delta_1, \cdots, \Delta_\ell$ とする. 補題 6.1 より

$\Phi(\Delta_i) \subset \Delta_i', \displaystyle\sum_{i=1}^{\ell} \mu(\Delta_i') < 2K^2 d$ が成り立つような長方形 $\Delta_1', \ldots, \Delta_\ell'$ が存在するので，境界の近傍の面積は任意の $d > 0$ について d の定数倍程度の寄与であることが分かる．よって，変数変換公式の証明は領域内部の長方形の和集合 $E' = \displaystyle\bigcup_{\Delta_{ij} \subset \mathring{E}} \Delta_{ij}$ ついて

示せば十分で，さらに $\mathring{E}$ に含まれる 1 つの長方形について示せばよいことが分かった．

領域を長方形 $E = [p, q] \times [r, s] \subset \widetilde{E}$ として，各々の辺を N 等分した分割を考える．すなわち，$u_i - u_{i-1} = \dfrac{1}{N}(q - p), v_j - v_{j-1} = \dfrac{1}{N}(s - r)$ として

$$\Delta : p = u_0 < u_1 < \cdots < u_N = q, \; r = v_0 < v_1 < \cdots < v_N = s$$

のように分割する．この分割について $\Delta_{ij} = [u_{i-1}, u_i] \times [v_{j-1}, v_j]$ と表す．Δ_{ij} は Φ により図形 $D_{ij} = \Phi(\Delta_{ij})$ と 1 対 1 に対応するので，定理 6.20 より D_{ij} は面積確定である．ここで，$Q_0(u_{i-1}, v_{j-1}), A(u_i, v_{j-1}), B(u_i, v_j), C(u_{i-1}, v_j)$ として Δ_{ij} を四角形 Q_0ABC と表す (図 6.24).

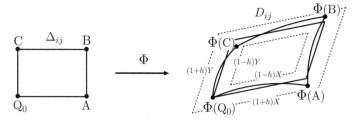

図 **6.24** Φ による変換とその線形近似．X, Y は平行四辺形の辺の長さで，$X = |\phi_0|(u_i - u_{i-1}), Y = |\psi_0|(v_i - v_{i-1})$.

Δ_{ij} 上の点を $Q(u, v)$ と表すと，各点を位置ベクトルとして，Q, Q_0 間の距離 $|QQ_0|$ が十分に小さなとき，線形近似式より

$$\Phi(Q) - \Phi(Q_0) = D\Phi(Q_0) \begin{bmatrix} u - u_{i-1} \\ v - v_{j-1} \end{bmatrix} + \phi(u - u_{i-1}) + \psi(v - v_{j-1})$$

が得られる．ここで，ϕ, ψ はベクトルで，分割数 N を大きくするとき $|\phi|, |\psi| = o(1)$ である．$D\Phi(Q)$ は一様連続であることより分割数 N を十分に大きくとれば，$o(1)$ は小長方形の位置に依らずに小さくできることに注意する．さらに，$D\Phi(Q_0) = [\phi_0 \; \psi_0]$ と列ベクトルで表示すると，ϕ_0, ψ_0 は 1 次独立であるので

$$\phi = h_{11}\phi_0 + h_{21}\psi_0, \quad \psi = h_{12}\phi_0 + h_{22}\psi_0,$$

のように表示できる．ここで，クラメルの公式[10] より，ある正定数 H があって

$$|h_{ij}| \leqq \frac{H}{|\det[\phi_0 \; \psi_0]|}(|\phi| + |\psi|) \tag{6.18}$$

---

[10] $h_{11} = \dfrac{\det[\phi \, \psi_0]}{\det[\phi_0 \, \psi_0]}, \; h_{21} = \dfrac{\det[\phi_0 \, \phi]}{\det[\phi_0 \, \psi_0]}, \; h_{12} = \dfrac{\det[\psi \, \psi_0]}{\det[\phi_0 \, \psi_0]}, \; h_{22} = \dfrac{\det[\phi_0 \, \psi]}{\det[\phi_0 \, \psi_0]}.$

と評価される. これらのことを用いると, 次のような表現式を得る.

$$\Phi(Q) - \Phi(Q_0) = [(1 + h_{11})(u - u_{i-1}) + h_{12}(v - v_{j-1})]\phi_0$$
$$+ [(1 + h_{22})(v - v_{j-1}) + h_{21}(u - u_{i-1})]\psi_0$$

ここで, $Q \in Q_0A$ のとき, $v = v_{j-1}$ より

$$\Phi(Q) - \Phi(Q_0) = [(1 + h_{11})\phi_0 + h_{21}\psi_0](u - u_{i-1}).$$

よって, (6.18) より, 任意の $h > 0$ について N を十分に大きくとれば, $|h_{11}\phi_0 + h_{21}\psi_0| \leqq h|\phi_0|$ が成り立つようにできるので

$$|\Phi(Q) - \Phi(Q_0) - \phi_0(u - u_{i-1})| \leqq h|\phi_0|(u_i - u_{i-1})$$

がいえる. 次に, $Q \in AB$ のとき $u_i - u_{i-1} = \dfrac{q-p}{s-r}(v_j - v_{j-1})$ より

$$\Phi(Q) - \Phi(Q_0)$$
$$= [(1 + h_{11})\phi_0 + h_{21}\psi_0](u_i - u_{i-1}) + [(1 + h_{22})\psi_0 + h_{12}\phi_0](v - v_{j-1})$$
$$= \phi_0(u_i - u_{i-1}) + \psi_0(v - v_{j-1})$$
$$+ \frac{q-p}{s-r}(h_{11}\phi_0 + h_{21}\psi_0)(v_j - v_{j-1}) + (h_{22}\psi_0 + h_{12}\phi_0)(v - v_{j-1})$$

よって, $\left|\dfrac{q-p}{s-r}(h_{11}\phi_0 + h_{21}\psi_0)\right| + |h_{22}\psi_0 + h_{12}\phi_0| \leqq h|\psi_0|$ が成り立つようにすると次の評価が得られる.

$$|\Phi(Q) - \Phi(Q_0) - \phi_0(u_i - u_{i-1}) - \psi_0(v - v_{j-1})| \leqq h|\psi_0|(v_j - v_{j-1})$$

また, $Q \in BC, CQ_0$ のときも同様な評価が成り立つのは容易に示せる.

以上により, 任意の $h > 0$ について N を十分に大きくすれば, 領域 Δ_{ij} は $\phi_0(u_i - u_{i-1})$ と $\psi_0(v_j - v_{j-1})$ で張られる平行四辺形を $1 + h$ 倍にしたものに含まれ, また $1 - h$ 倍にしたものを含むことがわかる (図 6.24 を参照). よって, 次の不等式が成立する.

$$(1-h)^2 |\det[D\Phi(Q_0)]| \mu(\Delta_{ij}) \leqq \mu(D_{ij}) \leqq (1+h)^2 |\det[D\Phi(Q_0)]| \mu(\Delta_{ij}) \quad (6.19)$$

ここで, $Q_0 = Q_{ij}$ とあらわし, h が一様に選べることに注意して (6.19) を i, j について加えれば, 次の不等式が成立することがわかる.

$$(1-h)^2 \sum_{i=1}^{m} \sum_{j=1}^{n} |\det[D\Phi(Q_{ij})]| \mu(\Delta_{ij})$$
$$\leqq \sum_{i=1}^{m} \sum_{j=1}^{n} \mu(D_{ij}) \leqq (1+h)^2 \sum_{i=1}^{m} \sum_{j=1}^{n} |\det[D\Phi(Q_{ij})]| \mu(\Delta_{ij}) \quad (6.20)$$

よって, 分割の数を $N \to \infty$ とすれば

$$(1-h)^2 \iint_E |\det[D\Phi(Q)]| \, dudv \leqq \mu(D) \leqq (1+h)^2 \iint_E |\det[D\Phi(Q)]| \, dudv$$

となり, h は任意であったので (6.15) が成り立つことが分かる.

最後に変数変換公式を示す. 長方形 R の分割 Δ (6.16) について, $\Delta_{ij} \cap E$ は E の分割をつくる. また, $D_{ij} \cap D = \Phi(\Delta_{ij} \cap E)$ も D の分割をつくる. 公式 (6.15) は,

面積確定な任意の閉領域について正しいので，E を $\Delta_{ij} \cap E$, D を $D_{ij} \cap D$ に置き換えても成立する．よって，任意の $Q_{ij} \in \Delta_{ij}$ について $P_{ij} = \Phi(Q_{ij})$ と表すと

$$\sum_{i=1}^{m} \sum_{j=1}^{n} f(P_{ij}) \mu(D_{ij} \cap D)$$

$$= \sum_{i=1}^{m} \sum_{j=1}^{n} \iint_{\Delta_{ij} \cap E} f(\Phi(Q_{ij})) \left| \det[D\Phi(Q)] \right| du\,dv$$

$$= \sum_{i=1}^{m} \sum_{j=1}^{n} \iint_{\Delta_{ij} \cap E} [f(\Phi(Q_{ij})) - f(\Phi(Q))] \left| \det[D\Phi(Q)] \right| du\,dv$$

$$+ \iint_{E} f(\Phi(Q)) \left| \det[D\Phi(Q)] \right| du\,dv$$

が成り立つ．ここで，$f(\Phi(Q))$ は E において一様連続なので，任意の $d > 0$ に対して $h > 0$ が定まり，$|QQ'| < h$ ならば $|f(\Phi(Q)) - f(\Phi(Q'))| < d$ とできる．よって，分割の幅を h より小さくすると，右辺の第 1 項は

$$\sum_{i=1}^{m} \sum_{j=1}^{n} \iint_{\Delta_{ij} \cap E} |f(\Phi(Q_{ij})) - f(\Phi(Q))| \left| \det[D\Phi(Q)] \right| du\,dv < d \cdot \mu(D)$$

で評価される．よって，分割の幅を小さくすると，$D_{ij} \cap D$ の直径も小さくなるので，上記の左辺は一般的なリーマン和の極限なので $f(P)$ の積分に近づき，目標の公式が証明された． $\qquad\qquad\qquad\qquad\qquad\qquad\qquad\qquad\qquad\qquad\qquad\square$

変数変換公式の拡張

変数変換公式を運用するとき，場合によっては定理 6.10 の条件が満たされないことがある．たとえば，平面の極座標変換

$$\Phi: \ x = r\cos\theta, \quad y = r\sin\theta \quad (r, \theta) \in E = [0, \infty) \times [0, 2\pi)$$

においては，$r = 0$ で $\det[D\Phi] = 0$ となり，$r\theta$ 平面の線分：$r = 0, \theta \in [0, 2\pi)$ が xy 平面の原点 $O(0,0)$ に対応する．しかし，補題 6.1 と定理 6.10 の証明を振り返れば，E の内部に含まれる長方形の和集合について変換公式を示せば十分なので，次の定理が正しいことが分かる．

> **定理 6.21** uv 平面の有界閉領域 E およびその境界 ∂E を含む開領域 $\tilde{E}$ から xy 平面上への C^1 級写像 $(x, y) = \Phi(u, v) = (X(u, v), Y(u, v))$ により E が xy 平面上にうつされた像を D とする．このとき，閉領域 E と写像 Φ が
> (1) E は面積確定である

(2) $\det[\mathrm{D}\Phi(u,v)] = 0$, $(u,v) \in E \cup \partial E$ を満たす (u,v) の集合 Z は面積 0である.

(3) Φ は $\mathring{E} - Z$ と $\mathring{D}$ は1対1に対応する.

を満たせば次の (1), (2) が成立する.

(1) D は面積確定である　(2) 重積分の変換公式 (6.7) が成立する.

7

無限級数

7.1 級数

級数の収束と発散

数列 $\{a_n\}_{n=1}^{\infty}$ に対して，第 1 項から第 n 項までの和 $S_n = \displaystyle\sum_{k=1}^{n} a_k$ を第 n 項とする新たな数列 $S_1, S_2, \ldots, S_n, \ldots$ を考える．この数列 $\{S_n\}_{n=1}^{\infty}$ が収束するときその極限値を，次のように記し，

$$S = \lim_{n \to \infty} S_n = \sum_{k=1}^{\infty} a_k = a_1 + a_2 + \cdots + a_k + \cdots$$

a_k を第 k 項とする**級数** $\displaystyle\sum_{k=1}^{\infty} a_k$ は**収束する**という．なお，級数を略して $\displaystyle\sum_k a_k$ や $\displaystyle\sum a_k$ とあらわすことがある．また，数列 $\{S_n\}_{n=1}^{\infty}$ が収束しないとき級数は**発散する**という．S を級数 $\displaystyle\sum a_k$ の和という．S_n を級数の**第 n 部分和**という．与えられた級数がどのような条件のもとで収束するのか，発散するのか，また，級数の和はなにか，がこの章での中心的な問題であり重要である．これらの問題はベキ級数の収束性やフーリエ級数の収束性を考える基本となる．

ここで，最も基本的な等比級数について復習から始めよう．

定理 7.1（等比級数）公比 r の等比級数 $\displaystyle\sum_{k=0}^{\infty} r^k$ について，

(1) $|r| < 1$ のとき，$\dfrac{1}{1-r}$ に収束する．

(2) $|r| \geqq 1$ のとき，発散する．

証明 $r \neq 1$ のとき，$\displaystyle\sum_{k=0}^{n} r^k = \dfrac{1 - r^{n+1}}{1 - r}$ より，$|r| < 1$ のとき $\dfrac{1}{1-r}$ に収束し，$|r| > 1$

のとき発散する. $|r| = 1$ のとき，発散することは明らか. □

定理 7.2 $\displaystyle\sum_{n=1}^{\infty} a_n, \sum_{n=1}^{\infty} b_n$ が収束するとき，$\displaystyle\sum_{n=1}^{\infty}(a_n \pm b_n), \sum_{n=1}^{\infty} ca_n$ も収束し

て，$\displaystyle\sum_{n=1}^{\infty}(a_n \pm b_n) = \sum_{n=1}^{\infty} a_n \pm \sum_{n=1}^{\infty} b_n, \quad \sum_{n=1}^{\infty} ca_n = c\sum_{n=1}^{\infty} a_n \quad (c\text{ は定数}).$

証明　定理 2.3 の証明と同様. □

定理 7.3 $\displaystyle\sum_{n=1}^{\infty} a_n$ が収束するとき，$\displaystyle\lim_{n\to\infty} a_n = 0$

証明　$\displaystyle\lim_{n\to\infty} a_n = \lim_{n\to\infty}(S_n - S_{n-1}) = S - S = 0$ □

注意　この定理の逆は成立しない. 次の例題を見よ.

例題 7.1（一般調和級数[1]）　第 4 章の例題 4.17 より，級数 $\displaystyle\sum_{k=1}^{\infty} \frac{1}{k^{\alpha}}\ (\alpha > 0)$

は $\alpha > 1$ のとき収束し，$\alpha \leqq 1$ のとき発散する. 特に次の調和級数は発

散する.
$$\sum_{k=1}^{\infty} \frac{1}{k} = 1 + \frac{1}{2} + \frac{1}{3} + \cdots + \frac{1}{n} + \cdots = \infty$$

正項級数

級数 $\displaystyle\sum_{n=1}^{\infty} a_n$ は $a_n \geqq 0$ のとき**正項級数**という. このとき，第 n 部分和 S_n が

つくる数列 $\{S_n\}_{n=1}^{\infty}$ は単調増加数列であり，有界であれば，実数の連続性よ

り，単調増加数列には必ず極限が存在する. よって次を得る.

定理 7.4　正項級数 $\displaystyle\sum_{n=1}^{\infty} a_n$ が収束するための必要十分条件は第 n 部分和

S_n がつくる数列 $\{S_n\}_{n=1}^{\infty}$ が有界数列であることである.

---

[1]　数列 $1, \dfrac{1}{2}, \dfrac{1}{3}, \cdots$ を調和数列という. また，級数 $1 + \dfrac{1}{2} + \dfrac{1}{3} + \cdots$ を調和級数，$1 + \dfrac{1}{2^{\alpha}} +$

$\dfrac{1}{3^{\alpha}} + \cdots$ を一般調和級数という.

> **定理 7.5** 正項級数 $\displaystyle\sum_{k=1}^{\infty} a_k$ が収束するとき，$\{a_k\}$ を並べ替えてできる級数 $\displaystyle\sum_{k=1}^{\infty} b_k$ も収束し，その和はもとの正項級数の和に等しい.

証明　$\displaystyle S_n = \sum_{k=1}^{n} a_k,\ T_n = \sum_{k=1}^{n} b_k$ とおき，$S_n \to S\ (n \to \infty)$ とする. 任意の自然数 n に対して，$\{b_1, b_2, \cdots, b_n\} \subset \{a_1, a_2, \cdots, a_m\}$ となる m をとると，$T_n \leqq S_m \leqq S$ より，$\{T_n\}$ は収束し，その極限値 T は $T \leqq S$ である. また，このことを逆に考えると $T \geqq S$ となり，$T = S$ が成立する.　□

級数 $\displaystyle\sum_{n=1}^{\infty} a_n$ に対して，各項の絶対値をとってできる級数 $\displaystyle\sum_{k=1}^{\infty} |a_k|$ が収束するとき，**絶対収束する**という. また，収束する級数が絶対収束しないとき，**条件収束する**という. 後で説明するように，絶対収束する級数はそれ自身が収束するだけでなく取り扱いやすい性質をもっている. したがって与えられた級数が絶対収束するかどうかが重要となる.

> **定理 7.6**　(1) 絶対収束する級数は収束する.
>
> (2) 絶対収束する級数 $\displaystyle\sum_{n=1}^{\infty} a_n$ の項の順序を並べ替えてできる級数も収束し，その和はもとの級数の和に等しい.

証明　$\displaystyle\sum_{n=1}^{\infty} |a_n|$ が収束すれば $\displaystyle\sum_{n=1}^{\infty} a_n$ も収束することを示せばよい.

(1), (2)　$p_n = \dfrac{1}{2}(|a_n| + a_n),\quad q_n = \dfrac{1}{2}(|a_n| - a_n)$ と置けば，$a_n \geqq 0$ ならば，$p_n = a_n,\ q_n = 0,\ a_n \leqq 0$ ならば，$p_n = 0,\ q_n = -a_n$ である. つまり，$|a_n| = p_n + q_n,\ a_n = p_n - q_n$ であり，$\sum |a_n| = \sum (p_n + q_n),\ \sum a_n = \sum (p_n - q_n)$ である. 絶対収束しているから，$\sum p_n,\ \sum q_n$ はともに収束している. だから $\sum a_n$ は収束，$\sum p_n,\ \sum q_n$ は正項級数だから，a_n の順序を変えて加えても級数の和は不変である. (前の定理による)　□

正項級数でない場合，その収束・発散は複雑であり，特に条件収束する場合の取り扱いは注意を要する.

級数の各項の符号が交互に変わる級数を**交項級数**という. 正項級数 $\displaystyle\sum_{n=1}^{\infty} a_n$ に対し，$\displaystyle\sum_{n=1}^{\infty} (-1)^n a_n$ である. ライプニッツによる次の結果が知られている.

定理7.7(ライプニッツの定理) $a_n > 0$ のとき, 交項級数 $S = \displaystyle\sum_{n=1}^{\infty} (-1)^{n-1} a_n$ は, a_n が単調に減少し 0 に収束するならば収束する. また, $a_1 - a_2 \leqq S \leqq a_1$.

証明　$n = 1, 2, 3, \cdots$ について, 2つの部分和 S_{2n}, S_{2n+1} を考える.
$S_{2n} = (a_1 - a_2) + (a_3 - a_4) + \cdots + (a_{2n-1} - a_{2n}) = S_{2n-2} + (a_{2n-1} - a_{2n}) \geqq S_{2n-2}$
である. $S_{2n} = a_1 - (a_2 - a_3) - (a_4 - a_5) - \cdots - (a_{2n-2} - a_{2n-1}) - a_{2n} \leqq a_1$. S_{2n} は有界単調増加数列であり, $S_{2n} \to S$ $(n \to \infty)$. また, $a_1 - a_2 = S_2 \leqq S \leqq a_1$.
一方, $S_{2n+1} = S_{2n} + a_{2n+1} \to S + 0 = S$ $(n \to \infty)$. 以上より, $\displaystyle\lim_{n \to \infty} S_n = S$.　□

注意　調和級数 $1 + \dfrac{1}{2} + \dfrac{1}{3} + \cdots + \dfrac{1}{n} + \cdots$ は発散するが, この定理より, 交項級数 $S = 1 - \dfrac{1}{2} + \dfrac{1}{3} - \cdots + (-1)^{n-1} \dfrac{1}{n} + \cdots = \log 2$ は収束し, 条件収束である. この級数を並べ替えると,
$$1 - \frac{1}{2} - \frac{1}{4} + \frac{1}{3} - \frac{1}{6} - \frac{1}{8} + \cdots + \frac{1}{2n-1} - \frac{1}{2(2n-1)} - \frac{1}{4n} + \cdots = \frac{1}{2} \log 2$$
(これらの極限値を求めることは練習問題とする.)

　絶対収束する級数の定理7.6は当たり前のことを述べているように感じられるかもしれないが, この例のように, 「条件収束する級数は, 任意の値 S を与えると, 適当に級数を並べ替えて S に収束するようにできる. また発散するように並べ替えることもできる.」ことが知られている. そのため, 以下, 正項級数(絶対収束する)を扱い, その収束・発散を調べるための定理を中心に説明する. そこでは, 等比級数や調和級数など収束・発散が既知である級数と比較することにより, 与えられた級数が収束するのか, 発散するのかを調べている.

定理7.8(正項級数の収束比較判定法)　2つの正項級数 $\displaystyle\sum_{k=1}^{\infty} a_k$, $\displaystyle\sum_{k=1}^{\infty} b_k$ について, 次の (1), (2), (3), (4) が成立する.

(1) 有限個の n を除き $a_n \leqq b_n$ で, $\displaystyle\sum_{k=1}^{\infty} b_k$ が収束すれば, $\displaystyle\sum_{k=1}^{\infty} a_k$ も収束する.

(2) 有限個の n を除き $b_n \leqq a_n$ で, $\displaystyle\sum_{k=1}^{\infty} b_k$ が発散すれば, $\displaystyle\sum_{k=1}^{\infty} a_k$ も発散する.

(3) 有限個の n を除き $\dfrac{a_{n+1}}{a_n} \leqq \dfrac{b_{n+1}}{b_n}$ で, $\displaystyle\sum_{k=1}^{\infty} b_k$ が収束すれば, $\displaystyle\sum_{k=1}^{\infty} a_k$ も収束する.

(4) 有限個の n を除き $\dfrac{b_{n+1}}{b_n} \leqq \dfrac{a_{n+1}}{a_n}$ で, $\displaystyle\sum_{k=1}^{\infty} b_k$ が発散すれば, $\displaystyle\sum_{k=1}^{\infty} a_k$ も発散する.

注意 この収束・発散が既知である級数 $\sum b_k$ を級数 $\sum a_k$ の**優級数**という.

証明 (1) と (2), (3) と (4) は, それぞれ対偶関係にあるから (1) と (3) を示す.

(1) 簡単のため, すべての n について $a_n \leqq b_n$ とする. 部分和を, それぞれ $S_n = \displaystyle\sum_{k=1}^{n} a_k$, $T_n = \displaystyle\sum_{k=1}^{n} b_k$ とおくと, $S_n \leqq T_n$ である. したがって, $T_n \to T$ $(n \to \infty)$ とすると, $S_n \leqq T$ となり, 部分和 S_n が上に有界になるから $\sum a_k$ は収束する.

(3) すべての n について $\dfrac{a_{n+1}}{a_n} \leqq \dfrac{b_{n+1}}{b_n}$ とする. これより $\dfrac{a_{n+1}}{b_{n+1}} \leqq \dfrac{a_n}{b_n}$ となるから, $\dfrac{a_{n+1}}{b_{n+1}} \leqq \dfrac{a_n}{b_n} \leqq \cdots \leqq \dfrac{a_1}{b_1}$ が従う. よって, $a_n \leqq c\,b_n$ (c は正の定数) が成り立ち, (1) より, $\sum a_k$ は収束する. □

これから, より具体的な, 等比級数と比較する収束判定法を説明する. 定理 7.1 の等比級数は, 隣り合った項の比 r が一定で, r が 1 よりも大きいか小さいかが収束・発散の判定基準になる. これを一般化したものが次の定理である.

定理 7.9 (ダランベールの判定法) 正項級数 $\displaystyle\sum_{k=1}^{\infty} a_k$ について,

(1) ある番号 N から先のすべての n に対して, $\dfrac{a_{n+1}}{a_n} \leqq r < 1$ を満たす定数 r が存在すれば, 正項級数 $\sum a_k$ は収束する.

(2) ある番号 N から先のすべての n に対して, $\dfrac{a_{n+1}}{a_n} \geqq 1$ ならば発散する.

この定理に現れる $\dfrac{a_{n+1}}{a_n}$ を**判定比**という.

注意 この収束の判定条件は $\dfrac{a_{n+1}}{a_n} < 1$ ではない. $\dfrac{a_{n+1}}{a_n} < 1$ は $a_{n+1} < a_n$, つまり, 数列 a_n が単調減少を意味するだけで $a_{n+1} \leqq r a_n$ $(r < 1)$ ではない.

証明 (1) $N = 1$ として示して一般性を失わない.

$$\frac{a_n}{a_1} = \frac{a_n}{a_{n-1}} \cdot \frac{a_{n-1}}{a_{n-2}} \cdot \cdots \cdot \frac{a_2}{a_1} \leqq r^{n-1} \ \text{だから}, \ a_n \leqq a_1 r^{n-1} \ \ (r < 1)$$

定理 7.8 (1) により, 級数 $\sum a_k$ は収束する.

(2) $a_{n+1} \geqq a_n$ であり, $a_n (\geqq a_1 > 0)$ は単調増加. $\lim_{n \to \infty} a_n = 0$ でない. 級数 $\sum a_k$ は発散する. □

ダランベールの判定法が使いにくいときは, 次のコーシーの判定法を用いる.

定理 7.10（コーシーの判定法）　正項級数 $\displaystyle\sum_{k=1}^{\infty} a_k$ について,

(1) ある番号 N から先のすべての n に対して, $\sqrt[n]{a_n} \leqq r < 1$ を満たす定数 r が存在すれば, 正項級数 $\sum a_k$ は収束する.

(2) ある番号 N から先のすべての n に対して, $\sqrt[n]{a_n} \geqq 1$ ならば, 発散する.

注意　この収束の判定条件は $\sqrt[n]{a_n} < 1$ ではない. $\sqrt[n]{a_n} < 1$ は $a_n < 1$ であり, 収束等比級数と比較した $a_n \leqq r^n$ $(r < 1)$ ではない.

証明　(1) $a_n \leqq r^n$ $(n > N)$. 定理 7.8 (1) により, 級数 $\sum a_k$ は収束する.

(2) $\sqrt[n]{a_n} \geqq 1$ より, $a_n \geqq 1$. $\lim_{n \to \infty} a_n = 0$ でない. 級数 $\sum a_k$ は発散する. □

例題 7.2　次の正項級数 $\displaystyle\sum_{n=1}^{\infty} a_n$ の収束・発散を判定せよ.

(1) $\displaystyle\sum_{n=1}^{\infty} \frac{a^n}{n!}$ $(a > 0)$ (2) $\displaystyle\sum_{n=1}^{\infty} \frac{n^n}{n!}$ (3) $\displaystyle\sum_{n=1}^{\infty} \left(\frac{n}{n+1}\right)^n$

(4) $\displaystyle\sum_{n=1}^{\infty} \left(\frac{n}{n+1}\right)^{n^2}$

解答　(1) $a_n = \dfrac{a^n}{n!}$ に対してダランベールの判定法を適用する.

$$\frac{a_{n+1}}{a_n} = \frac{a^{n+1}}{(n+1)!} \cdot \frac{n!}{a^n} = \frac{a}{n+1} \to 0 \ (n \to \infty)$$ であるから, 任意の a に対して, 級数 $\sum a_k$ は収束する.

(2) $a_n = \dfrac{n^n}{n!}$ に対してダランベールの判定法を適用する.

$$\frac{a_{n+1}}{a_n} = \frac{(n+1)^{n+1}}{(n+1)!} \cdot \frac{n!}{n^n} = \left(\frac{n+1}{n}\right)^n \to e \ (n \to \infty)$$ であり, $e > 1$ より, 級数 $\sum a_k$ は発散する.

(3) $\sqrt[n]{a_n} = \dfrac{n}{n+1} < 1$ であるが, 定理 7.10 (1) の $r < 1$ が取れない. 実際, 以下のように級数 $\sum a_k$ は発散する.

$$a_n = \left(\frac{n}{n+1}\right)^n = \left(\frac{n+1}{n}\right)^{-n} = \left(1 + \frac{1}{n}\right)^{-n}$$ と置くと, $\lim_{n \to \infty} a_n = \dfrac{1}{e} > 0$ である. よって, 定理 7.3 の対偶より, 級数 $\sum a_k$ は発散する.

(4) $a_n = \left(\dfrac{n}{n+1}\right)^{n^2}$ に対してコーシーの判定法を適用する.

$\sqrt[n]{a_n} = \left(\dfrac{n}{n+1}\right)^n \to \dfrac{1}{e}\ (n \to \infty)$ である. よって, $\dfrac{1}{e} < 1$ より, 級数 $\sum a_k$ は収束する.

ダランベールの判定法やコーシーの判定法で収束が判定できるのは $a_n \leqq Cr^n$ で抑えられる級数である. $r = e^{-\alpha} < 1$ と置くと, $a_n \leqq Ce^{-\alpha n}\ (\alpha > 0)$ と表せる. 正項級数 $\sum a_n$ が収束するとき, 必ず $\displaystyle\lim_{n\to\infty} a_n = 0$ であるから, $n \to \infty$ のとき, a_n が 0 に減少するオーダーが問題であり, $r < 1$ とは, 指数関数的に減少する場合である. 指数関数的減少よりも緩やかな減少, たとえば負ベキのオーダーで減少する場合はどうなるのであろうか. この場合を考えるときダランベールの判定法やコーシーの判定法での収束判定はできない.

実際, 例題 7.1 で取り上げた一般調和級数の第 n 項を $a_n = \dfrac{1}{n^\alpha}$ とすると, $\dfrac{a_{n+1}}{a_n} = \left(\dfrac{n}{n+1}\right)^\alpha \to 1\ (n \to \infty)$ であるが, α の値によって収束する場合もあれば発散する場合もある. 一般調和級数は $r = 1$ の場合である. この場合を調べるため, 4.3 節で取り上げた例題 4.17 にある広義積分 $\displaystyle\int_1^\infty f(x)\,dx$ の収束・発散を用いた級数 $\sum a_k$ の収束・発散の判定法を導入する.

定理 7.11 (積分による判定法) 正項級数 $\sum a_n$ に対し, 自然数 N と区間 $[N, \infty)$ で定義された連続な単調減少関数 $f(x)\ (\geqq 0)$ が存在し, 任意の自然数 $n\ (\geqq N)$ について, $a_n = f(n)$ であるとき, 次が成り立つ.

(1) $\displaystyle\int_N^\infty f(x)\,dx$ が収束するならば, $\displaystyle\sum_{k=1}^\infty a_k$ は収束する.

(2) $\displaystyle\int_N^\infty f(x)\,dx$ が発散するならば, $\displaystyle\sum_{k=1}^\infty a_k$ は発散する.

(3) $\displaystyle\lim_{n\to\infty}\left(\sum_{k=N}^n a_k - \int_N^n f(x)\,dx\right)$ は収束し, 極限値は 0 以上 a_N 以下である. ここでは, $a_n = f(n) \to a > 0\ (n \to \infty)$ でもよい.

証明 $f(x)$ は単調減少関数であるから, 自然数 $k \geqq N+1$ について,

$$\int_n^{n+1} f(x)\,dx \leqq f(n) = a_n \leqq \int_{n-1}^n f(x)\,dx$$

$k = N+1, N+2, \cdots, n\ (n \geqq N+1)$ について, 各辺の和をとると,

$$\int_{N+1}^{n+1} f(x)\,dx \leqq \sum_{k=N+1}^{n} a_k \leqq \int_{N}^{n} f(x)\,dx \quad \text{より，(1)，(2) が示される．}$$

(3) $s_n = \displaystyle\sum_{k=N}^{n} a_k - \int_{N}^{n} f(x)\,dx$ とおく．$s_n = \displaystyle\sum_{k=N}^{n-1}\left(a_k - \int_{k}^{k+1} f(x)\,dx\right) + a_n$ より，

$s_n \geqq a_n \geqq 0$ である．また，$k \geqq N$ について，$b_k = \displaystyle\int_{k}^{k+1} f(x)\,dx - a_{k+1}$ とおくと，

$b_k \geqq 0$ で，$s_n = a_N - \displaystyle\sum_{k=N}^{n-1} b_k \leqq a_N$ となる．したがって，$\{s_n\}$ は単調減少数列で，

$0 \leqq s_n \leqq a_N$ であるから (3) が示される． □

例題 7.3 (1) 級数 $\displaystyle\sum_{n=2}^{\infty} \frac{1}{n(\log n)^{\alpha}}$ $(\alpha > 0)$ の収束・発散を判定せよ．

(2) 級数 $\zeta(s) = \displaystyle\sum_{n=1}^{\infty} \frac{1}{n^s}$ は $s > 1$ で収束し，$s \leqq 1$ で発散することを示せ．
$\zeta(s)$ をリーマンの**ゼータ関数**という．

(3) $\displaystyle\lim_{n\to\infty}\left(1 + \frac{1}{2} + \cdots + \frac{1}{n} - \log n\right)$ は収束することを示せ．

解答 (1)　$x \geqq 2$ に対して，$f(x) = \dfrac{1}{x(\log x)^{\alpha}}$ と置く．$t = \log x$ として置換積分すると，$\displaystyle\int_{2}^{\infty} \frac{1}{x(\log x)^{\alpha}}\,dx = \int_{\log 2}^{\infty} \frac{1}{t^{\alpha}}\,dt$ となるから，広義積分 $\displaystyle\int_{2}^{\infty} f(x)\,dx$ は，$\alpha > 1$ のとき収束し，$\alpha \leqq 1$ のとき発散する．したがって，定理 7.11 より，この級数は $\alpha > 1$ のとき収束し，$\alpha \leqq 1$ のとき発散する．

(2) $f(x) = \dfrac{1}{x^s}$ と置く．$\displaystyle\int_{1}^{\infty} \frac{1}{x^s}\,dx = \frac{1}{s-1}$ $(s > 1)$, $\displaystyle\int_{1}^{\infty} \frac{1}{x^s}\,dx = \lim_{x\to\infty} \frac{x^{1-s}-1}{1-s} = \infty$ $(s < 1)$, $\displaystyle\int_{1}^{\infty} \frac{1}{x}\,dx = \lim_{x\to\infty} \log x = \infty$ $(s = 1)$. 定理 7.11 より，$s > 1$ では収束，$s \leqq 1$ のときは発散．

(3) 定理 7.11(3) において，$N = 1$, $f(x) = \dfrac{1}{x}$ とすればよい．極限値 C (**オイラーの定数**という) は $0 \leqq C \leqq 1$ である[2].

　　収束判定のために比較する等比級数 Cr^n が $r = 1$ となる場合の判定法を解説するために必要なランダウの記号について説明する．ランダウの記号は，第 3 章の漸近展開の項で関数に対して用いたが，数列に対しても用いられる．

ランダウの記号

　　数列 $\{a_n\}$, $\{b_n\}$ がともに，$n \to \infty$ のとき 0 に収束するとき，以下の記号

---

[2] オイラーの定数 C は，$C = 0.5772156649\cdots$ である．

を用いられる.

$$a_n = o(b_n) \ (n \to \infty) \iff \lim_{n \to \infty} \frac{a_n}{b_n} = 0$$

$$a_n = O(b_n) \ (n \to \infty) \iff |a_n| \leqq C \, |b_n| \ (C \text{ は定数})$$

次の用い方を挙げておく. これらは, 第3章のマクローリン展開から導かれる.

(1) 任意の正数 δ に対し, $\dfrac{1}{n^\delta} = o(\dfrac{1}{\log n})$ $(n \to \infty)$

(2) 任意の正数 δ に対し, $O(\dfrac{1}{n^\delta}) \cdot O(\dfrac{1}{\log n}) = o(\dfrac{1}{n^\delta})$ $(n \to \infty)$

(3) $a_n \to 0 \ (n \to \infty)$ のとき, $\log(1 + a_n) = a_n + O(a_n^2)$ $(n \to \infty)$

(4) $a_n \to 0 \ (n \to \infty)$ のとき, $(1 + a_n)^{-1} = 1 - a_n + O(a_n^2)$ $(n \to \infty)$

> **問 7.1** 上のランダウの記号を用いた命題 (1)〜(4) を証明せよ.

正項級数 $\sum a_n$ の収束性を判定するため, $a_n = f(n)$ の $n \to \infty$ のときの減少のオーダーをもう少し詳しく調べる. そのために, 定理 7.8 で収束・発散が既知としている優級数 $\sum b_n$ の減少のオーダーを見てみよう.

例題 7.4 (1) 一般調和級数 $\displaystyle\sum_{n=1}^{\infty} b_n = \sum_{n=1}^{\infty} \frac{1}{n^\alpha}$ $(\alpha > 1 :$ 収束, $\alpha \leqq 1 :$ 発散 (例題 7.1 参照)) に対し,

$$\frac{b_{n+1}}{b_n} = 1 - \frac{\alpha}{n} + O(\frac{1}{n^2}) \quad (n \to \infty)$$

(2) 級数 $\displaystyle\sum_{n=1}^{\infty} b_n = \sum_{n=1}^{\infty} \frac{1}{n(\log n)^\alpha}$ $(\alpha > 1 :$ 収束, $\alpha \leqq 1 :$ 発散 (例題 7.3 参照)) に対し,

$$\frac{b_{n+1}}{b_n} = 1 - \frac{1}{n} - \frac{\alpha}{n \log n} + o(\frac{1}{n \log n}) \quad (n \to \infty)$$

解答 (1) $\dfrac{b_{n+1}}{b_n} = \left(\dfrac{n+1}{n}\right)^{-\alpha} = \left(1 + \dfrac{1}{n}\right)^{-\alpha} = 1 - \dfrac{\alpha}{n} + O(\dfrac{1}{n^2})$

(2) $\dfrac{b_{n+1}}{b_n} = \dfrac{n}{n+1} \cdot \left(\dfrac{\log n}{\log(n+1)}\right)^\alpha$ となる. ここで, $\dfrac{1}{\log n} \log(n+1)$

$= 1 + \dfrac{1}{\log n} \log\left(1 + \dfrac{1}{n}\right) = 1 + \dfrac{1}{\log n}\left(\dfrac{1}{n} + O(\dfrac{1}{n^2})\right) = 1 + \dfrac{1}{n \log n} + o(\dfrac{1}{n^2})$ より,

$\dfrac{b_{n+1}}{b_n} = \left(1 + \dfrac{1}{n}\right)^{-1} \cdot \left(1 + \dfrac{1}{n \log n} + o(\dfrac{1}{n^2})\right)^{-\alpha} = \left(1 - \dfrac{1}{n} + O(\dfrac{1}{n^2})\right) \cdot \left(1 - \dfrac{\alpha}{n \log n} + o(\dfrac{1}{n^2})\right) = 1 - \dfrac{1}{n} - \dfrac{\alpha}{n \log n} + \dfrac{\alpha}{n^2 \log n} + O(\dfrac{1}{n^2}) = 1 - \dfrac{1}{n} - \dfrac{\alpha}{n \log n} + o(\dfrac{1}{n \log n})$ $(n \to$

∞) となり，結果を得る.

これらの例から推測できるように，だいたい，判定比 $\dfrac{a_{n+1}}{a_n} = 1 - \dfrac{p}{n} + \cdots$ で p の値により収束・発散が決まる. 判定比 $\dfrac{a_{n+1}}{a_n}$ の 1 への近づき方がより小さいほど収束可能性は高くなる. $\dfrac{a_{n+1}}{a_n} = 1 - \dfrac{p}{n^\alpha} + o(\dfrac{1}{n^\alpha})$ $(\alpha < 1)$ なら収束，指数関数的に急速に 1 に近づけば発散である. つまり，$\dfrac{a_{n+1}}{a_n} = 1 - pe^{-n} + o(e^{-n})$ は発散である.

これらは，判定比 $\dfrac{a_{n+1}}{a_n}$ を Cr^n で抑えるとき，$r = 1$ としかならない場合の判定を与える.

定理 7.12 ($r = 1$ のときの判定法 1)　正項級数 $\displaystyle\sum_{k=1}^{\infty} a_k$ において，ある定数 p が存在して，次が成り立つとする.

$$\frac{a_{n+1}}{a_n} = 1 - \frac{p}{n} + o\Big(\frac{1}{n}\Big) \quad (n \to \infty)$$

このとき，$p > 1$ ならば $\sum a_k$ は収束し，$p < 1$ ならば $\sum a_k$ は発散する.

証明　定理 7.8 (3) での優級数 $\sum b_n$ として一般調和級数を取り，$\sum a_n$ と判定比を比較する. 前の例題 7.4 (1) より，$p > 1$ のときは，$p > \alpha > 1$ である α に対し一般調和級数 $\sum b_k = \sum \dfrac{1}{k^\alpha}$ を考えると，十分大きな n について $\dfrac{a_{n+1}}{a_n} < \dfrac{b_{n+1}}{b_n}$ となり，$\sum b_k$ が収束するから，$\sum a_k$ も収束する. また，$p < 1$ のときは，$p < \alpha < 1$ である α をとれば，同様な考えで $\sum a_k$ の発散が示される. □

定理 7.12 において，$p = 1$ のときはさらに詳しい漸近評価が必要となる.

定理 7.13 ($r = 1$ のときの判定法 2)　正項級数 $\displaystyle\sum_{k=1}^{\infty} a_k$ において，ある定数 $\ell > 0$ が存在して，次が成立するとする.

$$\frac{a_{n+1}}{a_n} = 1 - \frac{1}{n} - \frac{\ell}{n \log n} + o\Big(\frac{1}{n \log n}\Big) \quad (n \to \infty)$$

このとき，$\ell > 1$ ならば $\sum a_k$ は収束し，$\ell < 1$ ならば $\sum a_k$ は発散する.

証明　定理 7.8 (3) での優級数 $\sum b_n$ として例題 7.3 (1) の級数をとり，$\sum a_n$ と判定比を比較する. この $\sum b_n$ の判定比の評価は前の例題 7.4 (2) であり，その評価より，

$\ell > 1$ のときは，$\ell > \alpha > 1$ である α に対し，十分大きな n について $\dfrac{a_{n+1}}{a_n} < \dfrac{b_{n+1}}{b_n}$ となる．したがって，$\sum b_k$ が収束するから，定理 7.8 (3) により，$\sum a_k$ も収束する．また，$\ell < 1$ のときは，$\ell < \alpha < 1$ である α をとれば，同様な考えで $\sum a_k$ の発散が示される．　　　　　　　　　　　　　　　　　　　　　　　　　　　　　$\square$

定理 7.12 と定理 7.13 より，次のガウスの判定法が導かれる．

> **定理 7.14**（ガウスの判定法）正項級数 $\displaystyle\sum_{k=1}^{\infty} a_k$ について，定数 $d > 0$ と
> $\delta > 0$ が存在して，$\dfrac{a_{n+1}}{a_n} = 1 - \dfrac{d}{n} + o\Big(\dfrac{1}{n^{1+\delta}}\Big)$　$(n \to \infty)$　が成り立
> つとき，$d > 1$ ならば $\sum a_k$ は収束し，$d \leqq 1$ ならば $\sum a_k$ は発散する．

証明　$d > 1$ や $d < 1$ のときは，定理 7.12 と同じである．$d = 1$ のときは，$\delta > 0$ ならば $\dfrac{1}{n^{\delta}} = o\Big(\dfrac{1}{\log n}\Big)$　$(n \to \infty)$ であることを考慮すば，定理 7.13 より導かれる．　$\square$

> **例題 7.5**　$p > 0$ とする．級数 $\displaystyle\sum_{n=1}^{\infty} \Big(\dfrac{1 \cdot 3 \cdot 5 \cdots (2n-1)}{2 \cdot 4 \cdot 6 \cdots (2n)}\Big)^p$ は，
> $p > 2$ のとき収束し，$p \leqq 2$ のとき発散することを示せ．

解答　$a_n = \Big(\dfrac{1 \cdot 3 \cdot 5 \cdots (2n-1)}{2 \cdot 4 \cdot 6 \cdots (2n)}\Big)^p$ とおくと，$\dfrac{a_{n+1}}{a_n} = \Big(\dfrac{2n+1}{2n+2}\Big)^p = \Big(1 + \dfrac{1}{2n+1}\Big)^{-p}$ となる．漸近展開 $(1+x)^{-p} = 1 - px + O(x^2)$ $(x \to 0)$ において，$x = \dfrac{1}{2n+1}$ とすると，$\Big(1 + \dfrac{1}{2n+1}\Big)^{-p} = 1 - \dfrac{p}{2n+1} + O\Big(\dfrac{1}{(2n+1)^2}\Big)$ $(n \to \infty)$ であるが，$-\dfrac{p}{2n+1} + O\Big(\dfrac{1}{(2n+1)^2}\Big) = -\dfrac{p}{2n} + O\Big(\dfrac{1}{n^2}\Big)$ $(n \to \infty)$ より，$\dfrac{a_{n+1}}{a_n} = 1 - \dfrac{p}{2n} + O\Big(\dfrac{1}{n^2}\Big)$ $(n \to \infty)$ となる．したがって，定理 7.14 により，$p > 2$ のとき収束し，$p \leqq 2$ のとき発散する．

> **例題 7.6**　次の交項級数は絶対収束することを示せ．
> $$1 - \frac{2!}{1 \cdot 3} + \frac{3!}{1 \cdot 3 \cdot 5} - \frac{4!}{1 \cdot 3 \cdot 5 \cdot 7} + \cdots\cdots$$

解答　$a_n = \dfrac{n!}{1 \cdot 3 \cdot 5 \cdots (2n-1)}$ とおくと，この級数は $a_1 - a_2 + a_3 - a_4 + \cdots$

である. $a_n = \dfrac{(n-1)!}{3 \cdot 5 \cdot \cdots \cdot (2n-1)} \cdot n$ $(n \geqq 2)$ において, $\dfrac{k-1}{2k-1} < \dfrac{1}{2}$ より, $a_n < \left(\dfrac{1}{2}\right)^{n-1} \cdot n \to 0$ $(n \to \infty)$ となるから, ライプニッツの定理 7.7 より, この交項級数は収束する. 次に, $\dfrac{a_{n+1}}{a_n} = \dfrac{n+1}{2n+1} \to \dfrac{1}{2}$ $(n \to \infty)$ であるから, ダランベールの判定法により, $\sum a_k$ は収束する. すなわち, この交項級数は絶対収束する.

> **問 7.2**　次の級数 $\displaystyle\sum_{n=1}^{\infty} a_n$ の収束・発散を判定せよ. さらに, 収束するとき, 絶対収束か条件収束かを答えよ.
>
>   (1) $\displaystyle\sum_{n=2}^{\infty} \dfrac{(-1)^n}{\log n}$ (2) $\displaystyle\sum_{n=2}^{\infty} (-1)^n \sin\dfrac{\pi}{n}$ (3) $\displaystyle\sum_{n=1}^{\infty} (-1)^n \dfrac{\log n}{n^p}$ $(p > 0)$

数列の積の級数

2 つの級数 $\displaystyle\sum a_n$, $\displaystyle\sum b_n$ に対して, 級数 $\displaystyle\sum a_n b_n$ を考える. $b_n = x^n$ の場合や, $b_n = \cos nx$, $b_n = \sin nx$ の場合は整級数, フーリエ級数など, 次節以降取り扱う関数項級数である. また, 絶対収束しなくて, また交項級数でもない級数の収束判定は一般に難しいが, このような場合にここでの結果は有用である.

まず, 数列 A_n の差分 ΔA_n と呼ばれる数列を $\Delta A_n = A_{n+1} - A_n$ と定義する. この差分 ΔA_n の総和・級数 (和分という) を考えると次が成り立つ.

$$\sum_{k=m}^{n} \Delta A_k = (A_{n+1}-A_n)+(A_n-A_{n-1})+\cdots+(A_{m+1}-A_m) = A_{n+1}-A_m$$

差分は微分, 和分は積分に対応し, この式は微分積分学の基本公式に当たる.

次に積の差分公式 (7.1) を導く.

$$\begin{aligned}
\Delta(A_n B_n) &= A_{n+1}B_{n+1} - A_n B_n \\
&= (A_{n+1}B_{n+1} - A_{n+1}B_n) + (A_{n+1}B_n - A_n B_n) \\
&= A_{n+1}(\Delta B_n) + (\Delta A_n)B_n \tag{7.1}
\end{aligned}$$

この両辺で総和をとる.

$$\sum_{k=2}^{n} \Delta(A_k B_k) = \sum_{k=2}^{n} A_{k+1}(\Delta B_k) + \sum_{k=2}^{n} (\Delta A_k)B_k = A_{n+1}B_{n+1} - A_2 B_2$$

より, $\displaystyle\sum_{k=2}^{n} A_{k+1}(\Delta B_k) = A_{n+1}B_{n+1} - A_2 B_2 - \sum_{k=2}^{n} (\Delta A_k)B_k$ である.

ここで $A_n = \displaystyle\sum_{k=1}^{n-1} a_k \ (n > 1)$ と置くと, $\Delta A_n = a_n$. また $B_n = b_n$ とし, 両辺に $a_1 b_1$ を加えると

$$\sum_{k=1}^{n} a_k b_k = a_1 b_1 + \sum_{k=2}^{n} (\Delta A_k) B_k = A_{n+1} b_{n+1} - \sum_{k=1}^{n} A_{k+1}(\Delta b_k)$$

$$= \Big(\sum_{k=1}^{n} a_k\Big) b_{n+1} - \sum_{k=1}^{n} \Big(\sum_{j=1}^{k} a_j\Big)(\Delta b_k)$$

これを**アーベルの級数変化法** (部分積分法にあたる) という.

級数 $\displaystyle\sum_{k=1}^{\infty} a_k b_k$ が収束するには, この式から, 次の 2 つの極限

$$\lim_{n\to\infty} A_{n+1} b_{n+1} = \lim_{n\to\infty} \Big(\sum_{k=1}^{n} a_k\Big) b_{n+1} \quad \text{と}$$

$$\lim_{n\to\infty} \sum_{k=1}^{n} A_{k+1}(\Delta b_k) = \lim_{n\to\infty} \sum_{k=1}^{n} \Big(\sum_{j=1}^{k} a_j\Big)(\Delta b_k)$$

の両方が収束すればよい.

定理 7.15（ディリクレの判定法 1） $\{a_n\}, \{b_n\}$ が次を満たすとする.

(1) 部分和 $\displaystyle\sum_{k=1}^{n} a_k$ が n に関して有界, つまり $\left|\displaystyle\sum_{k=1}^{n} a_k\right| < A$(定数)

(2) $\displaystyle\lim_{n\to\infty} b_n = 0$ かつ 級数 $\displaystyle\sum_{n=1}^{\infty} \Delta b_n = \sum_{n=1}^{\infty} (b_{n+1} - b_n)$ は絶対収束する.

このとき, 級数 $\displaystyle\sum_{k=1}^{\infty} a_k b_k$ は収束する.

[**注意**] この条件 (2) を次の $(2')$ に置き換えて使うことがある.

$(2')$ $\{b_n\}$ は正の単調減少数列で $\displaystyle\lim_{n\to\infty} b_n = 0$

証明 $A_{n+1} = \displaystyle\sum_{k=1}^{n} a_k$ とする. $|A_{n+1} b_{n+1}| \leqq A|b_{n+1}|$ より $\displaystyle\lim_{n\to\infty} A_{n+1} b_{n+1} = 0$.

条件 (1) より $\displaystyle\sum_{k=1}^{n} |A_{k+1}||\Delta b_k| \leqq A \sum_{k=1}^{n} |\Delta b_k|$ で, 条件 (2) より 級数 $\displaystyle\sum_{n=1}^{\infty} \Delta b_n = \sum_{n=1}^{\infty}(b_{n+1} - b_n)$ は絶対収束するから, $\displaystyle\lim_{n\to\infty} \sum_{k=1}^{n} A_{k+1}(\Delta b_k)$ は (絶対) 収束.

また, 条件 $(2')$ を満たせば, 条件 (2) が成立することは明らか. □

> **定理 7.16（ディリクレの判定法 2）** $\{a_n\}$, $\{b_n\}$ が次を満たすとする.
>
> (1) 級数 $\displaystyle\sum_{n=1}^{\infty} a_n$ が収束.
>
> (2) b_n は有界単調減少数列. つまり, $b_1 \geqq b_n \geqq b_{n+1} \geqq C$（定数）.
>
> このとき, 級数 $\displaystyle\sum_{k=1}^{\infty} a_k b_k$ は収束する.

証明 b_n は有界単調減少数列だから, 収束して $\displaystyle\lim_{n\to\infty} b_n = B$. $\displaystyle\sum_{n=1}^{\infty} a_n b_n = \sum_{n=1}^{\infty} a_n(b_n - B) + B\sum_{n=1}^{\infty} a_n$ とでき, $\displaystyle\sum_{n=1}^{\infty} a_n$ は収束だから, $\displaystyle\sum_{n=1}^{\infty} a_n(b_n - B)$ の収束を示せばよい. つまり, 数列 b_n を $b_n - B$ に置き換えて証明すればよい. 最初から b_n は正の単調減少数列で $\displaystyle\lim_{n\to\infty} b_n = 0$ としていい. $\displaystyle\sum_{n=1}^{\infty} a_n$ は収束するから, 部分和は有界で前の定理の仮定 $(1), (2')$ を満たしている. □

定理 7.15 において, $a_n = (-1)^{n-1}$ とすると, 確かに a_n の部分和は有界であり, b_n として, ライプニッツの定理 7.7 の a_n とすると, ディリクレの判定法 1 からライプニッツの定理を示すことができる.

> **例題 7.7** 数列 b_n が単調減少数列で 0 に収束するとき,
>
> フーリエ級数 $\displaystyle\sum_{k=1}^{\infty} b_k \sin kx$ $(-\infty < x < \infty)$
>
> は収束することを示せ.

解答 $x \neq 2\ell\pi$ (ℓ: 整数) のとき, $2\sin\dfrac{x}{2}\sin kx = \cos\left(k - \dfrac{1}{2}\right)x - \cos\left(k + \dfrac{1}{2}\right)x$ を $k = 1, 2, \cdots, n$ について和を取れば得られる等式

$$\sin x + \sin 2x + \cdots + \sin nx = \frac{\cos\dfrac{x}{2} - \cos\left(n + \dfrac{1}{2}\right)x}{2\sin\dfrac{x}{2}}$$

より, 部分和 $S_n = \displaystyle\sum_{k=1}^{n} \sin kx$ は $|S_n| \leqq \left|\dfrac{1}{\sin\dfrac{x}{2}}\right|$ となり有界である. また, 数列 b_n は単調減少数列で 0 に収束するから, 定理 7.15 より, この級数は収束する. $x = 2\ell\pi$ (ℓ: 整数) のときは, $\sin kx = 0$ より, 明らかに 0 に収束する.

─────────────── 練習問題 7.1 ───────────────

1. 循環小数 $1.2\dot{3}\dot{4} = 1.23434343434\cdots$ を有理数の形で表せ.

2. 次の級数が収束するならば，その和を求めよ．

(1) $\displaystyle\sum_{n=1}^{\infty}\frac{1}{n(n+2)}$　　　(2) $\displaystyle\sum_{n=1}^{\infty}\frac{1}{2-2^{-n}}$　　　(3) $\displaystyle\sum_{n=1}^{\infty}\frac{2^n+3^n}{5^n}$

(4) $\displaystyle\sum_{n=2}^{\infty}\frac{1}{n^3-n}$　　　(5) $\displaystyle\sum_{n=1}^{\infty}\frac{n}{2^{n-1}}$　　　(6) $\displaystyle\sum_{n=1}^{\infty}\frac{n(n-1)}{2^n}$

3. 次の級数の収束・発散を判別せよ．ただし，p は正の定数とする．

(1) $\displaystyle\sum_{n=1}^{\infty}\frac{1}{(n+1)(n+2)}$　　(2) $\displaystyle\sum_{n=1}^{\infty}\frac{n}{(n+1)(n+2)}$　　(3) $\displaystyle\sum_{n=1}^{\infty}\frac{1}{n^{1+\frac{1}{n}}}$

(4) $\displaystyle\sum_{n=1}^{\infty}\frac{7^n}{5+8^n}$　　(5) $\displaystyle\sum_{n=1}^{\infty}\frac{\sqrt[3]{n+1}}{\sqrt{n^3+2n+1}}$　　(6) $\displaystyle\sum_{n=1}^{\infty}\Big(\frac{n}{n+3}\Big)^{n^2}\cdot10^n$

(7) $\displaystyle\sum_{n=1}^{\infty}\frac{n!}{(p+1)(p+2)\cdots(p+n)}$　　(8) $\displaystyle\sum_{n=1}^{\infty}(-1)^n\frac{n^n}{n!}$

4. 正項級数 $\displaystyle\sum_{n=1}^{\infty}a_n$ において，$\displaystyle\lim_{n\to\infty}n\,a_n$ が 0 以外の値に収束するならば，この級数は発散することを示せ．

5. 正項級数 $\displaystyle\sum_{n=1}^{\infty}a_n,\ \sum_{n=1}^{\infty}b_n$ が収束するとき，次の級数は収束するか．

(1) $\displaystyle\sum_{n=1}^{\infty}\sqrt{a_nb_{n+1}}$　　(2) $\displaystyle\sum_{n=1}^{\infty}\sqrt[3]{a_nb_{n+1}a_{n+2}}$　　(3) $\displaystyle\sum_{n=1}^{\infty}a_na_{n+1}$　　(4) $\displaystyle\sum_{n=1}^{\infty}a_n{}^2$

(5) $\displaystyle\sum_{n=1}^{\infty}a_na_{n+1}a_{n+2}$　　(6) $\displaystyle\sum_{n=1}^{\infty}(a_n{}^4+b_n{}^3)$　　(7) $\displaystyle\sum_{n=1}^{\infty}\frac{a_n{}^2}{2-a_n}\ \ (a_n\neq2)$

(8) $\displaystyle\sum_{n=1}^{\infty}a_n\sin b_n$　　(9) $\displaystyle\sum_{n=1}^{\infty}e^{-(a_nb_n)}$　　(10) $\displaystyle\sum_{n=1}^{\infty}\frac{b_n}{1+a_n}$

6. $\displaystyle\sum_{n=1}^{\infty}a_n{}^2$ が収束するならば，$\displaystyle\sum_{n=1}^{\infty}\frac{a_n}{n}$ は絶対収束することを示せ．

7. 交項級数 $\displaystyle\sum_{k=1}^{\infty}a_k=1-\frac{1}{2}+\frac{1}{3}-\frac{1}{4}+\cdots$ の第 n 部分和を S_n，

級数 $\displaystyle\sum_{k=1}^{\infty}b_k=1+\frac{1}{2}+\frac{1}{3}+\frac{1}{4}+\cdots$ の第 n 部分和を T_n とする．以下を示せ．

(1) $S_{2n}=T_{2n}-T_n\ (n\geqq1)$

(2) $\displaystyle\sum_{k=1}^{\infty}a_k=\log2$　（ヒント：例題 7.3 の結果を用いる．）

(3) $1-\dfrac{1}{2}-\dfrac{1}{4}+\dfrac{1}{3}-\dfrac{1}{6}-\dfrac{1}{8}+\cdots+\dfrac{1}{2n-1}-\dfrac{1}{2(2n-1)}-\dfrac{1}{4n}+\cdots=\dfrac{1}{2}\log2$

8. $\displaystyle\sum_{n=1}^{\infty}a_n,\ \sum_{n=1}^{\infty}b_n$ が共に収束し，いずれか一方が絶対収束するならば，$c_n=a_1b_n+a_2b_{n-1}+\cdots+a_nb_1$ とおくとき，$\displaystyle\sum_{n=1}^{\infty}c_n$ は収束して，$\displaystyle\sum_{n=1}^{\infty}c_n=\Big(\sum_{n=1}^{\infty}a_n\Big)\Big(\sum_{n=1}^{\infty}b_n\Big)$ が成り立つことを示せ．

9. 任意の実数 a, b について, $\left(\displaystyle\sum_{n=0}^{\infty} \dfrac{a^n}{n!}\right)\left(\displaystyle\sum_{n=0}^{\infty} \dfrac{b^n}{n!}\right) = \displaystyle\sum_{n=0}^{\infty} \dfrac{(a+b)^n}{n!}$ が成り立つことを示せ.

10. 級数 $\displaystyle\sum_{m=1}^{\infty} a_m$, $\displaystyle\sum_{n=1}^{\infty} b_n$ が絶対収束するとき, それらの項のすべての積 $a_m b_n$ を任意の順序に並べてつくった級数 $\displaystyle\sum_{m=1,n=1}^{\infty} a_m b_n$ は絶対収束し, $\displaystyle\sum_{m=1,n=1}^{\infty} a_m b_n =$ $\left(\displaystyle\sum_{m=1}^{\infty} a_m\right)\left(\displaystyle\sum_{n=1}^{\infty} b_n\right)$ が成り立つことを示せ.

7.2 関数列と関数項級数

$n = 1, 2, \cdots$ に対して, 区間 $I = [a, b]$ で定義された関数の列 $f_1(x)$, $f_2(x)$, $\cdots$ を**関数列** $\{f_n(x)\}$ という. $x \in I$ を固定する毎に数列 $\{f_n(x)\}$ が収束するとき, 関数列 $\{f_n(x)\}$ は**各点収束する**という. 極限値は x の関数となるのでこれを**極限関数**という. 極限関数を $f(x)$ とするとき, $f_n(x) \to f(x)$ $(n \to \infty)$ と表す.

例題 7.8 区間 $I = [0, 1]$ で定義された連続関数 $f_n(x) = x^n$ による関数列 $\{f_n(x)\}$ の極限関数 $f(x)$ を求めよ.

解答 $0 \leqq a < 1$ のとき $\displaystyle\lim_{n \to \infty} a^n = 0$ であり, 1^n はつねに 1 だから, 極限関数 $f(x)$ は, $f(x) = \begin{cases} 0 & (0 \leqq x < 1) \\ 1 & (x = 1) \end{cases}$ であり, 極限関数 $f(x)$ は連続でない.

$f_n(x)$ が連続関数でも, 極限関数 $f(x)$ は必ずしも連続でない.

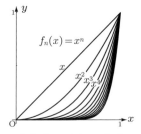

図 7.1 関数列：$f_n(x) = x^n$ $(x \in [0, 1],$ $n = 1, 2, \ldots)$

例題 7.9 区間 $I = (-\infty, \infty)$ で定義された関数 $f_0(x) = e^{-x^2}$ を平行移動した関数列 $f_n(x) = e^{-(x-n)^2}$ の極限関数 $f(x)$ を求めよ.

解答 x を固定するごとに, $n \to \infty$ とすれば, $f_n(x) = e^{-(x-n)^2} \to 0$ だから $f(x) = 0$.

注意 関数列 $f_n(x)$ の区間 $(-\infty, \infty)$ での積分を考えると, $t = x - n$ と変数変換して
$$\int_{-\infty}^{\infty} f_n(x)\, dx = \int_{-\infty}^{\infty} f_0(t)\, dt = \sqrt{\pi} \quad \text{だから} \quad \lim_{n \to \infty} \int_{-\infty}^{\infty} f_n(x)\, dx = \sqrt{\pi}$$

したがって，$\displaystyle\int_{-\infty}^{\infty} f(x)\,dx = 0 \neq \lim_{n\to\infty}\int_{-\infty}^{\infty} f_n(x)\,dx = \sqrt{\pi}$ となり，$\lim$ と $\displaystyle\int$ とは，必ずしも交換可能でない．

区間 I において，関数列 $\{f_n(x)\}$ が $f(x)$ に各点収束することを厳密に定義すると次のようになる．

定義 7.1（各点収束） $x \in I$ とする．任意に与えられた正数 d に対して自然数 n_0 が存在し，

$$n \geqq n_0 \text{ ならば } |f_n(x) - f(x)| < d$$

例題 7.8 にこの定義を適用すると，$d < 1$ として，$x_0 < 1$ のとき $n_0 > \dfrac{\log d}{\log x_0}$ を満たすように n_0 を選ぶ必要がある．これより，x_0 を 1 に近づけてゆくと，x_0 に無関係に n_0 を選ぶことができないことがわかる．

これに対し，定義 7.1 における n_0 を $x \in I$ に関係なく選ぶことができるとき**一様収束**という．

定義 7.2（一様収束） 区間 I で定義された関数列 $\{f_n(x)\}$ が $f(x)$ に**一様収束**するとは，次のことが成り立つことをいう．任意に与えられた正数 d に対して，$x \in I$ に依らない自然数 n_0 が存在し，

$$n \geqq n_0 \text{ ならば } |f_n(x) - f(x)| < d$$

となる．このとき $f_n(x) \rightrightarrows f(x)\ (n \to \infty)$ と記す．

点 x を区間 I のどこに選んでも $|f_n(x) - f(x)| < d$ ということは，$\displaystyle\sup_{x\in I}|f_n(x)-f(x)| < d$ を意味する．つまり，$f_n(x) \rightrightarrows f(x)\ (n \to \infty)$ とは

$$\sup_{x\in I}|f_n(x) - f(x)| \to 0$$
$$(n \to \infty)$$

のことである．任意の点 $x_0 \in I$ をとれば，次が成り立つ．

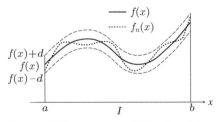

図 7.2　区間 I における一様収束列 $f_n(x) \rightrightarrows f(x)$

$$|f_n(x_0) - f(x_0)| \leqq \sup_{x \in I} |f_n(x) - f(x)| \to 0 \quad (n \to \infty)$$

任意の点 $x_0 \in I$ で $\lim_{n \to \infty} f_n(x_0) = f(x_0)$ だから**区間 I 上で関数列 $\{f_n(x)\}$ が $f(x)$ に一様収束すれば，同じ極限関数 $f(x)$ に各点収束する**．逆は成立しない．例題 7.9 では，区間 $I = \mathbb{R}$ で $f_n(x) = e^{-(x-n)^2}$ の最大値は n にかかわらず 1 である．$f(x) = 0$ であり，$\sup_{x \in I} |f_n(x) - f(x)| = 1$ となり，各点収束しているが一様収束していない．

逆が成り立つ場合として，連続関数の関数列に関しての次の**ディニの定理**が知られている．

定理 7.17（ディニの定理） 有界閉区間 $I = [a, b]$ で定義された連続関数列 $\{f_n(x)\}$ が

 (1) $f_n(x) \leqq f_{n+1}(x)$ を満たし（$f_n(x) \geqq f_{n+1}(x)$ でもよい），

 (2) 連続関数 $f(x)$ に各点収束 $f_n(x) \to f(x) \, (n \to \infty)$ する

とする．このとき、この収束は一様収束である．つまり，

$$f_n(x) \rightrightarrows f(x) \, (n \to \infty).$$

注意 この仮定 (2) は必要である．例題 7.8 は仮定 (1) は満たしているが，仮定 (2) は満たしていない．

証明 任意の正数 d に対して，$M_n = \{x \in I \mid |f(x) - f_n(x)| < d\}$ とおく．関数 $f(x) - f_n(x) \geqq 0$ は連続関数だから，集合 M_n は開集合[3]である．仮定 (1) より，$f(x) - f_n(x) \geqq f(x) - f_{n+1}(x)$ だから，$M_n \subset M_{n+1}$，かつ $\cup_{n=1}^{\infty} M_n = I$ となる．区間 I は有界閉区間だから，ハイネ・ボレルの定理 2.23（48 ページ）より $\{M_n\}$ のなかの有限個の M_n の和集合に区間 I は含まれる．$M_n \subset M_{n+1}$ なので，ある十分大きな自然数 N が存在して，$M_N = I$ となる．

つまり，$x \in I$ によらない自然数 N が存在して，$N \leqq n$ である任意の n について $|f(x) - f_n(x)| < d$ となり，$f_n(x)$ は $f(x)$ に一様収束する．   □

関数項級数

前節と同様に，区間 I で定義された関数列 $\{u_n(x)\}_{n=1}^{\infty}$ に対して，第 1 項から第 n 項までの和 $S_n(x) = \sum_{k=1}^{n} u_k(x)$ を考えることにより，新たな関数列 $S_1(x), S_2(x), \ldots, S_n(x), \ldots$ ができる．この関数列 $\{S_n(x)\}_{n=1}^{\infty}$ を，

---

[3] $M_n = I$ となる場合もあるが，区間 $I = [a, b]$ を全集合と考えるので，$I(= M_n)$ は開集合になる．ただし，点 a, b の ε-近傍はそれぞれ $[a, a + \varepsilon]$, $[b - \varepsilon, b]$ $(\varepsilon > 0)$ である．

$$\sum_{k=1}^{\infty} u_k = u_1(x) + u_2(x) + \cdots + u_n(x) + \cdots \quad \text{と表し，} u_n(x) \text{ を第 } n \text{ 項とする}$$

関数項級数という．また，$S_n(x)$ を関数項級数の第 n 部分和という．関数項級数 $\displaystyle\sum_{k=1}^{\infty} u_k(x)$ に対して，第 n 部分和 $S_n(x)$ が極限関数 $S(x)$ に各点収束するとき，$\sum u_k(x)$ は $S(x)$ に**各点収束する**という．また，第 n 部分和 $S_n(x)$ が極限関数 $S(x)$ に一様収束するとき，級数 $\sum u_k(x)$ は $S(x)$ に**一様収束する**という．関数項級数の収束に関しては，級数の収束についての定理 7.8 に対応する次のワイエルシュトラスの収束判定が重要である．

定理 7.18（ワイエルシュトラスの収束判定）区間 I で定義された関数項級数 $\displaystyle\sum_{k=1}^{\infty} u_k(x)$ に対して，次の性質 (1)，(2) をもつ正項級数 $\displaystyle\sum_{k=1}^{\infty} M_k$ が存在するとき，$\sum u_k(x)$ は絶対収束し，かつ一様収束する．

(1) $|u_n(x)| \leqq M_n \ (x \in I,\ n = 1, 2, 3, \cdots)$

(1) $\sum M_k$ は収束する．

注意 この級数 $\sum M_k$ を関数項級数 $\sum u_k(x)$ の**優級数**という．

証明 条件 (1)，(2) より，任意に固定した $x \in I$ に対して

$$\left| \sum_{k=1}^{n} u_k(x) \right| \leqq \sum_{k=1}^{n} |u_k(x)| \leqq \sum_{k=1}^{n} M_k \quad \text{となり，級数 } \sum u_k(x) \text{ は絶対収束する．定理}$$

7.6 より，級数 $\sum u_k(x)$ は各点収束する．ところが，優級数 $\sum M_k$ は任意に固定した $x \in I$ によらないので，次の不等式から $\sum u_k(x)$ は一様収束する．

$$\left| \sum_{k=1}^{n} u_k(x) - \sum_{k=1}^{\infty} u_k(x) \right| = \left| \sum_{k=n+1}^{\infty} u_k(x) \right| \leqq \sum_{k=n+1}^{\infty} M_k = \left| \sum_{k=1}^{n} M_k - \sum_{k=1}^{\infty} M_k \right| \quad \square$$

例題 7.10 級数 $\displaystyle\sum_{k=1}^{\infty} u_k(x) = \sum_{k=1}^{\infty} \frac{x^k}{k^2}$ を考える．$|x| \leqq 1$ のとき $\left| \dfrac{x^n}{n^2} \right| \leqq$ $\dfrac{1}{n^2} \ (n = 1, 2, 3, \cdots)$ であり，例題 7.1 より $\displaystyle\sum_{k=1}^{\infty} \frac{1}{k^2}$ は収束する．よって，区間 $[-1, 1]$ において，$\sum \dfrac{1}{k^2}$ は $\sum u_k(x)$ の優級数である．

必ずしも絶対収束しない級数の収束判定は一般的には難しいが，このような場合，定理 7.15 に対応する次の定理がある．

定理 7.19（ディリクレの判定法 1）　区間 I で定義された関数列 $\{u_n(x)\}$, $\{v_n(x)\}$ が次の (1), (2) を満たすとする.

(1) 部分和 $S_n(x) = \sum_{k=1}^{n} u_k(x)$ は一様有界，つまり $|S_n(x)| \leqq A$（定数）

(2) 関数列 $\{v_n(x)\}$ は上に一様有界な正の単調減少列，すなわち，正の定数 M があって，$M \geqq v_1(x) \geqq v_2(x) \geqq \cdots \geqq v_n(x) \geqq \cdots \geqq 0 \;\; (x \in I)$. さらに，$v_n(x) \rightrightarrows 0 \;(n \to \infty)$.

このとき，区間 I で関数項級数 $\sum_{k=1}^{\infty} u_k(x)v_k(x)$ は一様収束する.

定理 7.20（ディリクレの判定法 2）　区間 I で定義された関数列 $\{u_n(x)\}$, $\{v_n(x)\}$ が次の (1), (2) を満たすとする.

(1) 部分和 $S_n(x) = \sum_{k=1}^{n} u_k(x)$ は一様有界，つまり $|S_n(x)| \leqq A$（定数）

(2) 区間 I で関数項級数 $\sum_{k=1}^{\infty} \Delta v_k(x) = \sum_{k=1}^{\infty} (v_{k+1}(x) - v_k(x))$ は絶対収束し，かつ一様収束する．さらに，$v_n(x) \rightrightarrows 0 \;(n \to \infty)$.

このとき，区間 I で関数項級数 $\sum_{k=1}^{\infty} u_k(x)v_k(x)$ は一様収束する.

定理 7.21（ディリクレの判定法 3）　区間 I で定義された関数列 $\{u_n(x)\}$, $\{v_n(x)\}$ が次の (1), (2) を満たすとする.

(1) 関数項級数 $\sum_{n=1}^{\infty} u_n(x)$ は区間 I で一様収束する.

(2) 関数列 $\{v_n(x)\}$ は一様有界な単調減少列，すなわち，定数 M_1, M_2 があって，$M_1 \geqq v_1(x) \geqq v_2(x) \geqq \cdots \geqq v_n(x) \geqq \cdots \geqq M_2 \;\; (x \in I)$.

このとき，区間 I で関数項級数 $\sum_{k=1}^{\infty} u_k(x)v_k(x)$ は一様収束する.

証明　定理 7.19, 7.20 は，一様性に注意して定理 7.15 の証明と同じ手順で示すことが

できる. 定理 7.21 については, 以下に一様収束することを示す.

x を固定すると, $v_k(x)$ は有界な単調減少数列だから, $v_k(x)$ は各点収束する. $v_k(x) \to v(x)$ としよう. $\displaystyle\sum_{k=1}^{\infty} u_k(x)v_k(x) = \sum_{k=1}^{\infty} u_k(x)(v_k(x) - v(x)) + v(x)\sum_{k=1}^{\infty} u_k(x)$ だから, 改めて, $v_k(x) - v(x)$ を $v_k(x) \geqq 0$, $v(x) = 0$ として, 命題を示せばよい. $U_n(x) = \displaystyle\sum_{k=1}^{n} u_k(x)$, $\displaystyle\lim_{n\to\infty} U_n(x) = U(x)$, $S_n(x) = \displaystyle\sum_{k=1}^{n} u_k(x)v_k(x)$, $\displaystyle\lim_{n\to\infty} S_n(x) = S(x)$ と置く. 以下, (x) を省略する. アーベルの級数変化法を用いると,

$$S_n = \sum_{k=1}^{n} u_k v_k = U_n v_{n+1} - \sum_{k=1}^{n} U_k(\Delta v_k), \ \Delta v_k = v_{k+1} - v_k$$

ここで, $U(-v_{n+1} + \displaystyle\sum_{k=1}^{n}(\Delta v_k) + v_1) = 0$ に注意して,

$$S_n = (U_n - U)v_{n+1} - \sum_{k=1}^{n}(U_k - U)(\Delta v_k) + U v_1$$

$$S_n - S_m = (U_n - U)v_{n+1} - (U_m - U)v_{m+1} - \sum_{k=m+1}^{n}(U_k - U)(\Delta v_k)$$

$$= U_n(v_{n+1} - v_{m+1}) + (U_n - U_m)v_{m+1} - U(v_{n+1} - v_{m+1})$$

$$- \sum_{k=m+1}^{n}(U_k - U)(\Delta v_k)$$

この両辺で, $n \to \infty$ として, 次を得る.

$$S - S_m = (U - U_m)v_{m+1} - \sum_{k=m+1}^{\infty}(U_k - U)(\Delta v_k)$$

以上より, $|S(x) - S_m(x)| \leqq 2|v_{m+1}(x)| \sup\{|U_k(x) - U(x)| : x \in I, k \geqq m\}$.

$M_1 > v_{m+1}(x) \geqq 0$ で, $U_n(x)$ は $U(x)$ に一様収束するから, 定理は示された. □

関数項級数 $\displaystyle\sum_{k=1}^{\infty} u_k(x)$ の収束・発散は, 第 n 部分和である関数列 $S_n(x) = \displaystyle\sum_{k=1}^{n} u_k(x)$ の収束・発散なので, 関数列と関数項級数については, 同じような性質が成り立つ. 以下では, 一様収束する関数列, 関数項級数について成り立つ重要な定理を並行して述べることにする. 関数列についてのみ証明するが, 関数項級数についても全く同様である.

例題 7.8 において, 関数列の各項 x^n は連続であるが, 極限関数は不連続となる. これに対して, 一様収束する関数列, 関数項級数では次のことが成り立つ.

定理 7.22 (一様収束する関数列の性質 1) 区間 I で連続な関数列 $\{f_n(x)\}$ が $f(x)$ に一様収束するとき, $f(x)$ も区間 I で連続である.

> **定理 7.23（一様収束する関数項級数の性質 1）** 各項が区間 I で連続な関数項級数 $\displaystyle\sum_{k=1}^{\infty} u_k(x)$ が $S(x)$ に一様収束するとき，$S(x)$ も区間 I で連続である．

証明 定理 7.22 を証明する．$x_0 \in I$ を 1 つ固定し，$f(x)$ が $x = x_0$ において連続であることを示す．任意に与えられた $d > 0$ に対して，次の (a), (b) が成り立つ．

(a) 一様収束するから，$x \in I$ に依らない n_0 が存在し，$n \geqq n_0$ ならば
$$\left| f_n(x) - f(x) \right| < d$$

(b) $f_n(x)$ の連続性より，$h > 0$ が存在して，$|x - x_0| < h$ ならば
$$\left| f_n(x) - f_n(x_0) \right| < d$$

(a), (b) より，$|x - x_0| < h$ ならば，
$$\left| f(x) - f(x_0) \right| \leqq \left| f(x) - f_n(x) \right| + \left| f_n(x) - f_n(x_0) \right| + \left| f_n(x_0) - f(x_0) \right|$$
$< d + d + d = 3d$ となり結果を得る． $\square$

> **例題 7.11** $\alpha > 0$ とする．関数項級数 $\displaystyle\sum_{k=1}^{\infty} \frac{\sin kx}{k^{\alpha}}$ $(0 \leqq x \leqq 2\pi)$ の一様収束性を調べよ．

解答 まず，例題 7.7 で $b_k = \dfrac{1}{k^{\alpha}}$ とすれば，任意の x $(0 \leqq x \leqq 2\pi)$ について，この級数は収束することがわかる．また，$u_n(x) = \dfrac{\sin nx}{n^{\alpha}}$ とおき，$S(x) = \sum u_k(x)$ とする．

$\alpha > 1$ のとき，$|u_n(x)| \leqq \dfrac{1}{n^{\alpha}}$ かつ $\sum \dfrac{1}{k^{\alpha}}$ は収束するから，定理 7.18 により，級数 $\sum u_k(x)$ は一様収束する．

$\alpha \leqq 1$ のとき，一様収束でないことを示す．$S_n(x) = \displaystyle\sum_{k=1}^{n} \frac{\sin kx_n}{k^{\alpha}}$ とする．$\sin x$ は区間 $\left(0, \frac{\pi}{4}\right)$ で $\sin x > 0$，$\left(\frac{\pi}{4}, \frac{\pi}{2}\right)$ で $\sin x > \dfrac{1}{\sqrt{2}}$ であるので，任意の自然数 n に対して，$x_n = \dfrac{\pi}{4n}$ とおくと，$\sin kx_n > 0$ $(k = 1, \cdots, n)$，$\sin kx_n > \sin \dfrac{\pi}{4} = \dfrac{1}{\sqrt{2}}$ $(k = n+1, \cdots, 2n)$ である．これより，$S_{2n}(x_n) = \displaystyle\sum_{k=1}^{2n} \frac{\sin kx_n}{k^{\alpha}} > \dfrac{1}{\sqrt{2}} \displaystyle\sum_{k=n+1}^{2n} \frac{1}{k^{\alpha}} \geqq \dfrac{1}{\sqrt{2}} \displaystyle\sum_{k=n+1}^{2n} \frac{1}{(2n)^{\alpha}} = \dfrac{n^{1-\alpha}}{\sqrt{2} \cdot 2^{\alpha}} > \dfrac{1}{2\sqrt{2}}$ となる．これは一様収束でないことを示している．なぜなら，一様収束であるとすると，任意の $\varepsilon > 0$ に対し x に依存せずに N が存在し $N < n$ となる n に対して $|S_{2n}(x) - S(x)| < \varepsilon$．$x_n \to 0$ $(n \to \infty)$ より，$S_{2n}(x_n) \to S(0) = 0$，これは $S_{2n}(x_n) > \dfrac{1}{2\sqrt{2}}$ に矛盾する．

上の定理 7.22, 7.23 は連続性についての性質であるが，微分，積分についての性質は以下のようになる．

定理 7.24（一様収束する関数列の性質 2：極限と積分の順序交換） 区間 $I = [a, b]$ で連続な関数列 $\{f_n(x)\}$ が $f(x)$ に一様収束するとき，積分 $\int_a^x f(t)\,dt$ $(a \leqq x \leqq b)$ が存在し，$\int_a^x f_n(t)\,dt \rightrightarrows \int_a^x f(t)\,dt$ $(n \to \infty)$.

定理 7.25（一様収束する関数項級数の性質 2：項別積分） 各項が区間 $I = [a, b]$ で連続な関数項級数 $\displaystyle\sum_{k=1}^{\infty} u_k(x)$ が $S(x)$ に一様収束するとき，積分 $\int_a^x S(t)\,dt$ $(a \leqq x \leqq b)$ が存在し，$\displaystyle\sum_{k=1}^{\infty}\int_a^x u_k(t)\,dt$ は $\int_a^x S(t)\,dt$ に一様収束する．

証明　定理 7.24 を証明する．まず定理 7.22 より $f(x)$ は連続であることに注意する．一様収束することより，任意の正数 d に対して $x \in I$ に依らない自然数 n_0 が存在し $n \geqq n_0$ ならば，$|f_n(t) - f(t)| < d$ であるから $a \leqq x \leqq b$ のとき

$$\left| \int_a^x f_n(t)\,dt - \int_a^x f(t)\,dt \right| \leqq \int_a^x \left| f_n(t) - f(t) \right| dt$$
$$\leqq \int_a^x d\,dt = d\,(x - a) \leqq d\,(b - a)$$

となり結果を得る．　　　　　　　　　　　　　　　　　　　　　　　　　□

定理 7.24，定理 7.25 にある関数列，関数項級数の性質を**項別積分可能**という．これに対応して，以下の定理にある性質を**項別微分可能**という．

定理 7.26（一様収束する関数列の性質 3：極限と微分の順序交換） 区間 $I = [a, b]$ で C^1 級の関数列 $\{f_n(x)\}$ が次の性質をもっているとする．

(1) $\{f_n(x)\}$ は $f(x)$ に各点収束する．

(2) $\{f_n'(x)\}$ は $g(x)$ に一様収束する．

このとき，$g(x) = f'(x)$ である．つまり，上の条件のもとで，$f(x)$ は微分可能で，$f_n'(x) \to f'(x)$ $(n \to \infty)$ が成り立つ．また，(1) の収束は一様収束になっている．

> **定理 7.27（一様収束する関数項級数の性質 3：項別微分）** 各項が区間 $I = [a, b]$ で C^1 級の関数項級数 $\displaystyle\sum_{k=1}^{\infty} u_k(x)$ が次の性質をもっているとする.
>
> (1) $\displaystyle\sum_{k=1}^{\infty} u_k(x)$ は $S(x)$ に各点収束する.
>
> (2) $\displaystyle\sum_{k=1}^{\infty} u_k'(x)$ は $T(x)$ に一様収束する.
>
> このとき，$T(x) = S'(x)$ である. すなわち，上の条件のもとで，$S(x)$ は微分可能で，$\displaystyle\sum_{k=1}^{\infty} u_k'(x) = S'(x)$ が成り立つ.

証明 定理 7.26 を証明する. 条件 (2) と定理 7.24 より，$x \in I$ について，$\displaystyle\int_a^x f_n'(t)\,dt \rightrightarrows \int_a^x g(t)\,dt \; (n \to \infty)$ である. ここで，$\{f_n(x)\}$ は C^1 級だから，微積分の基本定理 3（定理 4.5）より $\displaystyle\int_a^x f_n'(t)\,dt = f_n(x) - f_n(a)$ となる. したがって，条件 (1) より $f_n(x) \to f(x)$, $f_n(a) \to f(a) \; (n \to \infty)$ となるから，$\displaystyle\int_a^x g(t)\,dt = f(x) - f(a)$ が成り立つ. 再び微積分の基本定理 1（定理 4.3）より，$f(x)$ は微分可能で，$g(x) = f'(x)$ となるので定理の結果を得る. $\qquad\square$

いくつかの例を挙げる.

例題 7.12 関数列 $f_n(x) = \begin{cases} n^2 x & (0 \leqq x \leqq \dfrac{1}{n}) \\ 2n - n^2 x & (\dfrac{1}{n} \leqq x \leqq \dfrac{2}{n}) \\ 0 & (\dfrac{2}{n} \leqq x \leqq 2) \end{cases}$ を考える.

　極限関数 $f(x)$ を求め，項別積分可能か調べよ.

解答 $f(0) = 0$ は明らかで，$0 < x$ のときは $\dfrac{2}{x} \leqq n$ であるような n に対して $f_n(x) = 0$ となるから $f(x) = 0$. よって，すべての x について $f(x) = 0$ で，極限関数は連続である. 一方，すべての n について $\displaystyle\int_0^2 f_n(x)\,dx = 1$ であるが，明らかに $\displaystyle\int_0^2 f(x)\,dx$ は 0 だから，項別積分可能でない.

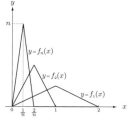

図 7.3 例題 7.12 の関数列 $f_n(x)$

問 7.3 上の例題 7.12 の関数列 $\{f_n(x)\}$ は極限関数 $f(x) = 0$ に一様収束しないことを示せ.

例題 7.13 関数列 $f_n(x) = \sqrt{n}xe^{-nx^2}$ $(x \geqq 0)$ を考える. $f_n(0) = 0$ は明らかで, $x > 0$ のとき $\lim\limits_{n \to \infty} \sqrt{n}xe^{-nx^2} = 0$ だから, すべての x について $f(x) = 0$ で, 極限関数は連続である. しかし, 関数列 $\{f_n(x)\}$ は区間 $I = [0, \infty)$ で一様収束しない (問 7.4 参照). 一方, $\displaystyle\int_0^\infty f_n(x)\,dx = \frac{1}{2\sqrt{n}}$ であるから, $\lim\limits_{n \to \infty} \displaystyle\int_0^\infty f_n(x)\,dx = \int_0^\infty \lim\limits_{n \to \infty} f_n(x)\,dx$ が成り立つ. したがって,「一様収束すること」は「項別積分可能である」ための必要条件ではない.

問 7.4 上の例題 7.13 の関数列 $\{f_n(x)\}$ は極限関数 $f(x) = 0$ に一様収束しないことを示せ.

例題 7.14 関数列 $f_n(x) = xe^{-nx}$ $(x \geqq 0)$ を考える. $f_n(x)$ は $x = \dfrac{1}{n}$ のとき最大となり, 最大値は $\dfrac{1}{ne}$ である. このことより, $f(x) = 0$ に一様収束することがわかる. 一方, $f'_n(x) = (1 - nx)e^{-nx}$ より, $f'_n(x) \to$ $\begin{cases} 1 & (x = 0) \\ 0 & (x > 0) \end{cases}$ となり, 一様収束でないから $f'_n(x) \to f'(x)$ は成り立たない. したがって, $f_n(x)$ が C^1 級関数で, 微分可能な関数 $f(x)$ に一様収束しても, 項別微分が成り立たない場合がある.

例題 7.15 次の関数列を区間 $I = (-\infty, \infty)$ において考える.

$$f_n(x) = \begin{cases} x - (n-1) & (n-1 \leqq x \leqq n) \\ -x + (n+1) & (n \leqq x \leqq n+1) \\ 0 & (\text{その他}) \end{cases}$$

任意の x に対し, $x \leqq n - 1$ ならば $f_n(x) = 0$ であるから, 極限関数は

$f(x) = 0$ となる．一方，$x = n$ において $f_n(x) = 1$ であるから，n をどんなに大きくとっても「x に無関係に $f_n(x)$ を $\dfrac{1}{2}$ より小さくする」ことはできない．したがって，$f_n(x) \to f(x)$ は一様収束ではない．

上の例題 7.15 の関数列 $f_n(x)$ を任意の有界な区間 $[a, b]$ で考えると，$x \leqq b$ であるから，$n_0 \geqq b + 1$ である自然数 n_0 を選ぶと，$n \geqq n_0$ ならば $f_n(x) = 0$ となるから，$f_n(x)$ は $f(x)$ に一様収束

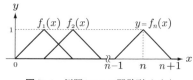

図 **7.4**　例題 7.15 の関数列 $f_n(x)$

する．このように，関数列 $\{f_n(x)\}$ が区間 I に含まれる任意の有界な閉区間で一様収束するとき，区間 I で**広義一様収束する**という．

―――――――――――― 練習問題 **7.2**――――――――――――

1.　関数列 $f_n(x) = \dfrac{x}{1 + nx}$ $(x \geqq 0)$ の極限関数 $f(x)$ を求め，一様収束することを示せ．

2.　関数項級数 $\displaystyle\sum_{k=1}^{\infty} \dfrac{(1 - x)x^k}{k}$ は $[0, 1]$ で一様収束することを示せ．

3.　次の関数項級数について，どのような x の範囲で収束するか．その収束範囲を求めよ．さらに，一様収束するかどうかを判定せよ．

(1) $\dfrac{x}{1 \cdot (1 + x)} + \dfrac{x}{(1 + x) \cdot (1 + 2x)} + \cdots + \dfrac{x}{(1 + nx) \cdot (1 + (n + 1)x)} + \cdots$

(2) $\displaystyle\sum_{k=1}^{\infty} \left\{ \dfrac{k^2 x}{1 + k^3 x^2} - \dfrac{(k - 1)^2 x}{1 + (k - 1)^3 x^2} \right\}$

(3) $\dfrac{\sin x}{1!} - \dfrac{\sin 3x}{3!} + \cdots + (-1)^{n-1} \dfrac{\sin (2n - 1)x}{(2n - 1)!} + \cdots$

(4) $\dfrac{\cos x}{e^x} + \dfrac{\cos 2x}{e^{2x}} + \cdots + \dfrac{\cos nx}{e^{nx}} + \cdots$

4.　$p > 0$ とする．関数列 $f_n(x) = n^p x e^{-nx}$ $(x \geqq 0)$ について，以下の問いに答えよ．

(1) 極限関数を求めよ．

(2) 一様収束するかどうかを判定せよ．

(3) 項別積分可能かどうかを判定せよ．

5.　関数項級数 $\displaystyle\sum_{k=0}^{\infty} x^3 (1 - x^2)^k$ について，次の問いに答えよ．

(1) 収束範囲を求めよ．

(2) 項別微分可能かどうかを判定せよ.

6. 命題「区間 $[a, b]$ において,$\displaystyle\sum_k |f_k(x)|$ が一様収束するならば,$\displaystyle\sum_k f_k(x)$ も同様である.」が正しいことを示せ.また,この命題の逆が正しくないことの例を挙げよ.

7.3 べき級数

前節で解説した関数項級数 $\displaystyle\sum_{k=1}^{\infty} u_k(x)$ において,理論的にも応用においても重要なものとして,べき級数とフーリエ級数がある.ここではべき級数[4]について解説する.べき級数は,一般に $\displaystyle\sum_{k=0}^{\infty} a_k(x-c)^k = a_0 + a_1(x-c) + a_2(x-c)^2 + a_3(x-c)^3 + \cdots$ と表される無限級数であるが,ここでは $x = 0$ を中心としたべき級数 $\displaystyle\sum_{k=0}^{\infty} a_k x^k = a_0 + a_1 x + a_2 x^2 + a_3 x^3 + \cdots$ を考える.

定理 7.28(べき級数の性質 1) べき級数 $\displaystyle\sum_{k=0}^{\infty} a_k x^k$ が $x = x_0 \ (x_0 \neq 0)$ で収束するならば,$|x| < |x_0|$ であるすべての x について絶対収束し,かつ広義一様収束する.

証明 まず,定理 7.3 から,$\displaystyle\sum_{k=0}^{\infty} a_k x_0^k$ が収束することより,$\displaystyle\lim_{n\to\infty} a_n x_0^n = 0$ である.したがって,すべての n について $|a_n x_0^n| \leqq M$ となる正数 M をとることができる.次に,$0 < R_1 < |x_0|$ である任意の R_1 に対して,$|x| \leqq R_1$ ならば $|a_n x^n| \leqq |a_n| \cdot R_1^n \leqq |a_n x_0^n| \cdot \left|\dfrac{R_1}{x_0}\right|^n \leqq M\left|\dfrac{R_1}{x_0}\right|^n$ となる.$\left|\dfrac{R_1}{x_0}\right| < 1$ であるから,定理 7.1 により $\displaystyle\sum_{k=0}^{\infty} \left|\dfrac{R_1}{x_0}\right|^k$ は収束する.したがって,ワイエルシュトラスの収束判定(定理 7.18)によって,区間 $[-R_1, R_1]$ において絶対収束し,かつ一様収束する. □

この定理 7.28 によって,次のような数 R が定まる.

定義 7.3(収束半径) べき級数 $\displaystyle\sum_{k=0}^{\infty} a_k x^k$ に対して,$|x| < R$ ならば絶対収束し,$|x| > R$ ならば発散するような R をべき級数の**収束半径**という.また,0 以外のどんな x でも収束しないときは $R = 0$ とし,すべての x に

---

[4] 整級数ともいう.

ついて収束するときは $R = \infty$ とする.

　べき級数が与えられたときその収束半径を求めることはとても重要である. 収束半径を求めるためには以下の方法が用いられる.

定理 7.29（収束半径） ベキ級数 $\displaystyle\sum_{k=0}^{\infty} a_k x^k$ において, 次の (1), (2) のどちらかの極限値 L が求まれば, 収束半径 R は $R = \dfrac{1}{L}$ である. ただし, $L = 0$ のときは $R = \infty$ で, $L = \infty$ のときは $R = 0$ である.

(1) $\displaystyle L = \lim_{n \to \infty} \left| \dfrac{a_{n+1}}{a_n} \right|$

(2) $\displaystyle L = \lim_{n \to \infty} \sqrt[n]{|a_n|}$

証明　(1) を証明する. $\displaystyle\lim_{n \to \infty} \left| \dfrac{a_{n+1} x^{n+1}}{a_n x^n} \right| = \lim_{n \to \infty} |x| \left| \dfrac{a_{n+1}}{a_n} \right| = L|x|$ だから, ダランベールの判定法 (定理 7.9) より, $|x| < \dfrac{1}{L}$ ならば絶対収束し, $|x| > \dfrac{1}{L}$ ならば発散するから $R = \dfrac{1}{L}$ である. (2) についてはコーシーの判定法 (定理 7.10) を適用すればよい. $\qquad\square$

例題 7.16　次のべき級数の収束半径 R を求めよ.

(1) $\displaystyle\sum k x^k$ 　　(2) $\displaystyle\sum \dfrac{k^k}{k!} x^k$ 　　(3) $\displaystyle\sum \dfrac{x^{2k}}{3^k}$

解答　(1) $a_n = n$ とおく. $\displaystyle\lim_{n \to \infty} \left| \dfrac{a_{n+1}}{a_n} \right| = \lim_{n \to \infty} \dfrac{n+1}{n} = 1$ より, 収束半径は $R = 1$.

(2) $a_n = \dfrac{n^n}{n!}$ とおくと, $\displaystyle\lim_{n \to \infty} \left| \dfrac{a_{n+1}}{a_n} \right| = \lim_{n \to \infty} \dfrac{n!}{(n+1)!} \cdot \dfrac{(n+1)^{n+1}}{n^n}$

$\displaystyle = \lim_{n \to \infty} \dfrac{(n+1)^n}{n^n} = \lim_{n \to \infty} \left(1 + \dfrac{1}{n}\right)^n = e$ より, 収束半径は $R = \dfrac{1}{e}$.

(3) 上の定理 7.29 は直接使えないので, $y = x^2$ とおいて級数 $\displaystyle\sum \dfrac{y^k}{3^k}$ を考える. $a_n = \dfrac{1}{3^n}$ とおくと, $\displaystyle\lim_{n \to \infty} \sqrt[n]{|a_n|} = \dfrac{1}{3}$ より, 級数 $\displaystyle\sum a_k y^k$ の収束半径は 3 となる. すなわち, $|x| < \sqrt{3}$ のとき収束し, $|x| > \sqrt{3}$ のとき発散する. よって, 求める収束半径は $R = \sqrt{3}$.

　ベキ級数 $\displaystyle\sum a_k x^k$ の収束半径が R のとき, $|x| = R$ において収束するか発

散するかはわからない. $|x| = R$ の場合も込めてべき級数の収束・発散を明らかにするとき, その結果を**収束範囲**という.

例題 7.17 ベキ級数 $\displaystyle\sum_{k=0}^{\infty} \frac{x^k}{k+1}$ の収束範囲を求めよ.

解答 $a_n = \dfrac{1}{n+1}$ とおくと, $\dfrac{a_{n+1}}{a_n} = \dfrac{n+2}{n+1} \to 1 \ (n \to \infty)$ であるから, ダランベールの判定法より, 収束半径は 1 である.

$x = 1$ のとき, $\displaystyle\sum_{k=0}^{\infty} \frac{1}{k+1} = 1 + \frac{1}{2} + \frac{1}{3} + \cdots$ は調和級数であるから発散する. $x = -1$

のとき, $\displaystyle\sum_{k=0}^{\infty} \frac{(-1)^k}{k+1} = 1 - \frac{1}{2} + \frac{1}{3} - \frac{1}{4} + \cdots$ はライプニッツの定理 7.7 により収束する. したがって, 収束範囲は $-1 \leqq x < 1$ である.

定理 7.28 と収束半径の定義より得られる次の定理はべき級数について最も基本的なものである.

定理 7.30 (べき級数の性質 2) ベキ級数 $\displaystyle\sum_{k=0}^{\infty} a_k x^k$ の収束半径が R のとき, $|x| < R$ であるすべての x について絶対収束し, かつ広義一様収束する.

定理 7.30 と前節の関数項級数の性質より, ベキ級数については以下のことが成り立つ.

定理 7.31 (べき級数の性質 3, 連続性) ベキ級数 $\displaystyle\sum_{k=0}^{\infty} a_k x^k$ の収束半径が R のとき, 極限関数 $f(x) = \sum a_k x^k$ は $|x| < R$ において連続である.

定理 7.32 (べき級数の性質 4, 項別積分) ベキ級数 $\displaystyle\sum_{k=0}^{\infty} a_k x^k$ の収束半径を R, 極限関数を $f(x) = \sum a_k x^k$ とするとき, 次の式が成り立つ.

$$\int_0^x f(t)\, dt = \sum_{k=0}^{\infty} \frac{a_k}{k+1} x^{k+1} \quad (|x| < R)$$

> **定理 7.33**（べき級数の性質 5, 項別微分）　ベキ級数 $\displaystyle\sum_{k=0}^{\infty} a_k x^k$ の収束半径を R, 極限関数を $f(x) = \sum a_k x^k$ とするとき, 次の式が成り立つ.
> $$f'(x) = \sum_{k=1}^{\infty} k a_k x^{k-1} \quad (|x| < R)$$

証明　定理 7.31, 定理 7.32, 定理 7.33 は, 定理 7.30 と関数項級数における対応する定理から導くことができる. ここでは定理 7.33 のみ証明する. まず, 定理 7.30 により, $0 < R_1 < R$ である任意の R_1 に対し, 級数 $f(x) = \sum a_k x^k$ は区間 $[-R_1, R_1]$ において収束することに注意する. 次に, $R_1 < R_0 < R$ である R_0 をとると, $\sum a_k R_0^k$ は収束するから, すべての自然数 n について $|a_n R_0^n| \leqq M$ となる正数 M が存在する. これより, 各項を微分してできる級数 $\displaystyle\sum_{k=1}^{\infty} k a_k x^{k-1}$ について, $|x| \leqq R_1$ ならば $\left| n a_n x^{n-1} \right| \leqq n|a_n R_1^{n-1}| = \dfrac{1}{R_1}|a_n R_0^n| \cdot n\left(\dfrac{R_1}{R_0}\right)^n \leqq \dfrac{M}{R_1} \cdot n\left(\dfrac{R_1}{R_0}\right)^n$. ここで $\left|\dfrac{R_1}{R_0}\right| < 1$ であるから, 例題 7.16 (1) より $\displaystyle\sum_{k=1}^{\infty} k\left(\dfrac{R_1}{R_0}\right)^k$ は収束する. だから, ワイエルシュトラスの収束判定 (定理 7.18) より, 級数 $\displaystyle\sum_{k=1}^{\infty} k a_k x^{k-1}$ は $|x| \leqq R_1$ において一様収束する. よって, 定理 7.27 より, $|x| \leqq R_1$ において $f'(x) = \displaystyle\sum_{k=1}^{\infty} k a_k x^{k-1}$ が成り立つから定理の結果を得る.　□

　具体例を見よう. 定理 7.1 より, $|x| < 1$ のとき $\dfrac{1}{1+x} = 1 - x + x^2 - x^3 + \cdots = \displaystyle\sum_{k=0}^{\infty}(-x)^k$ である. 右辺の収束半径は $R = 1$ だから, 定理 7.32 より, $|x| < 1$ のとき項別積分可能で, $\displaystyle\int_0^x \dfrac{1}{1+t}\,dt = \log(1+x) = x - \dfrac{x^2}{2} + \dfrac{x^3}{3} - \dfrac{x^4}{4} + \cdots$ となる. $x = 1$ のとき左辺は $\log 2$ で, 右辺は $1 - \dfrac{1}{2} + \dfrac{1}{3} - \dfrac{1}{4} + \cdots$ である. さらに, 右辺の級数はライプニッツの定理 7.7 により収束することがわかっている. その極限値が右辺の $\log 2$ であることは以下の定理により示される. したがって, 次の等式が成り立つ.

$$\log 2 = \sum_{k=1}^{\infty} \frac{(-1)^{k-1}}{k} = 1 - \frac{1}{2} + \frac{1}{3} - \frac{1}{4} + \frac{1}{5} - \frac{1}{6} + \cdots$$

定理 7.34 (べき級数の性質 6, アーベルの定理) ベキ級数 $\sum_{k=0}^{\infty} a_k x^k$ の収束半径を R $(0 < R < \infty)$ とし, 極限関数を $f(x) = \sum a_k x^k$ $(|x| < R)$ とする. $x = R$ における級数 $\sum_{k=0}^{\infty} a_k R^k$ が収束するならば, 極限値は $\lim_{x \to R-0} f(x)$ に等しい.

証明 $k = 0, 1, 2, \cdots$ について $u_k(x) = a_k R^k$, $v_k(x) = \left(\dfrac{x}{R}\right)^k$ とおくと, $u_k(x) v_k(x) = a_k x^k$ $(k = 0, 1, 2, \cdots)$ である. $u_k(x)$ は x に無関係なので, 級数 $\sum_{k=0}^{\infty} u_k(x)$ は区間 $[0, R]$ において一様収束する. また, 区間 $[0, R]$ において, $1 = v_0(x) \geqq v_1(x) \geqq v_2(x) \geqq v_3(x) \geqq \cdots \geqq 0$ である. よって, ディリクレの判定法 (定理 7.21) を適用すると, 級数 $\sum_{k=0}^{\infty} u_k(x) v_k(x) = \sum_{k=0}^{\infty} a_k x^k$ は $[0, R]$ で一様収束する. したがって, 定理 7.23 によって結論が導かれる. $\qquad\square$

問 7.5 $\displaystyle\int_0^x \dfrac{1}{1+t^2}\, dt = \operatorname{Arctan} x$ を用いて, 次の式を示せ.

$$\frac{\pi}{4} = \sum_{k=0}^{\infty} \frac{(-1)^k}{2k+1} = 1 - \frac{1}{3} + \frac{1}{5} - \frac{1}{7} + \cdots$$

ここまでは, べき級数 $\sum_{k=0}^{\infty} a_k x^k$ が与えられたとき, 収束半径 R に対して, 関数 $f(x) = \sum_{k=0}^{\infty} a_k x^k$ $(-R < x < R)$ が定まり, その性質をみてきた. 逆に, 関数 $f(x)$ が与えられたときのべき級数展開を考える. すでに第 3 章のテイラーの定理の項で説明したように, $x = 0$ を含む区間 I で C^{∞} 級である関数 $f(x)$ は, 次のようにマクローリン展開される (公式 3.7 を参照).

任意の自然数 n と任意の $x \in I$ に対して,

$$f(x) = f(0) + f'(0)x + \frac{f''(0)}{2!}x^2 + \cdots + \frac{f^{(n)}(0)}{n!}x^n + R_{n+1}(x)$$

が成り立つ. ただし, $R_{n+1}(x) = \dfrac{f^{(n+1)}(\theta x)}{(n+1)!} x^{n+1}$ $(0 < \theta < 1)$ で, 剰余項とよばれる. このことから, 次のことが成り立つ.

定理 7.35（関数のべき級数展開）　$x = 0$ を含む区間 I で C^∞ 級である関数 $f(x)$ がべき級数に展開できるための必要十分条件は，剰余項 $R_n(x) = \dfrac{f^{(n)}(\theta x)}{n!} x^n$ $(0 < \theta < 1)$ が $\displaystyle\lim_{n \to \infty} R_n(x) = 0$ となることである．

　　関数 $f(x)$ のべき級数を求める方法は様々である．たとえば，$\cos x$ のべき級数を求めるとき，マクローリン展開によって求める方法以外に，$\sin x$ のべき級数を項別微分する方法がある．実際に計算してみると，結果は同じである．以下の定理によって，このことが一般的に成り立つ．まず，項別微分を繰り返し適用することによって，べき級数の係数表示が得られる．このことから，べき級数の一意性が導かれる．

定理 7.36（べき級数の係数）　$x = 0$ を含む区間で収束するベキ級数 $\displaystyle\sum_{k=0}^{\infty} a_k x^k$ の極限関数 $f(x)$ は無限回微分可能で，次の式が成り立つ．

$$a_n = \frac{f^{(n)}(0)}{n!} \quad (n = 0, 1, 2, \cdots)$$

証明　定理 7.33 より，$f'(x) = \displaystyle\sum_{k=1}^{\infty} k a_k x^{k-1}$ となるが，$f'(x) = \displaystyle\sum_{k=0}^{\infty} b_k x^k$ とおくと，$b_k = (k+1) a_{k+1}$ $(k = 0, 1, 2, \cdots)$ となる．再び，定理 7.33 より，$f''(x) = \displaystyle\sum_{k=0}^{\infty} c_k x^k$ とおくと，$c_k = (k+1) b_{k+1} = (k+1)(k+2) a_{k+2}$ $(k = 0, 1, 2, \cdots)$ となる．よって，$c_0 = f''(0)$ であるから，$f''(0) = 1 \cdot 2\, a_2$ が得られる．以下これを繰り返せばよい．　□

定理 7.37（べき級数の一意性）　2 つのべき級数 $\displaystyle\sum_{k=0}^{\infty} a_k x^k$，$\displaystyle\sum_{k=0}^{\infty} b_k x^k$ が，$|x| < R$ $(R > 0)$ において同一の関数 $f(x)$ に収束するならば，$a_n = b_n$ $(n = 0, 1, 2, \cdots)$ である．

証明　$f(x) = \displaystyle\sum_{k=0}^{\infty} a_k x^k$, $g(x) = \displaystyle\sum_{k=0}^{\infty} b_k x^k$ とおくと，$x = 0$ を含む区間のすべての x について $f(x) = g(x)$ だから，$f^{(n)}(x) = g^{(n)}(x)$ $(n = 0, 1, 2, \cdots)$．したがって，$f^{(n)}(0) = g^{(n)}(0)$ $(n = 0, 1, 2, \cdots)$ となり，上の定理 7.36 より，$a_n = b_n$ $(n = 0, 1, 2, \cdots)$ が導かれる．　□

例題 7.18 次の関数 $f(x)$ のべき級数展開を求めよ.

(1) $f(x) = x^2 \log(1-x)$ $\quad$ (2) $f(x) = \dfrac{1}{x^2 - 3x + 2}$

解答 (1) 第 3 章の公式 3.7 より, $\log(1+x)$ は次のようにマクローリン展開される.

$\log(1+x) = x - \dfrac{1}{2}x^2 + \dfrac{1}{3}x^3 - \cdots + \dfrac{(-1)^{n-1}}{n}x^n + R_{n+1}(x)$. ここで, 剰余項は

$R_{n+1}(x) = \dfrac{(-1)^n}{n+1}(1+\theta x)^{-n-1} x^{n+1}$ $(0 < \theta < 1)$ である. これより, $|x| < 1$ のと

き, $R_{n+1}(x) \to 0$ $(n \to \infty)$ となるから, $\log(1+x) = \displaystyle\sum_{k=1}^{\infty} \dfrac{(-1)^{k-1}}{k}x^k$ $\quad (|x| < 1)$.

したがって, $\log(1-x) = \displaystyle\sum_{k=1}^{\infty} \dfrac{(-1)^{k-1}}{k}(-x)^k = -\sum_{k=1}^{\infty}\dfrac{x^k}{k}$ より,

$$f(x) = x^2 \log(1-x) = -\sum_{k=1}^{\infty}\dfrac{x^{k+2}}{k} = -\sum_{k=3}^{\infty}\dfrac{x^k}{k-2} \quad (|x| < 1)$$

(2) $f(x) = \dfrac{1}{x^2 - 3x + 2} = \dfrac{1}{x-2} - \dfrac{1}{x-1}$ に注意して, 等比級数 $\dfrac{1}{1-x} = 1 + x + x^2$

$+ \cdots$ $\quad (|x| < 1)$ を利用する. $\dfrac{1}{x-2} = \dfrac{-1}{2} \cdot \dfrac{1}{1 - \dfrac{x}{2}} = \dfrac{-1}{2}\left(1 + \left(\dfrac{x}{2}\right) + \left(\dfrac{x}{2}\right)^2 + \cdots\right)$

と $-\dfrac{1}{x-1} = 1 + x + x^2 + \cdots$ を加えると,

$$f(x) = \dfrac{1}{x^2 - 3x + 2} = \sum_{k=0}^{\infty}\dfrac{2^{k+1} - 1}{2^{k+1}}x^k \quad (|x| < 1)$$

補足:無限級数のコーシーの収束条件 $\quad$ 数列 $\{a_n\}_{n=1}^{\infty}$ に対して, 第 1 項から第 n 項ま

での和 $S_n = \displaystyle\sum_{k=1}^{n} a_k$ を第 n 項とする新たな数列 $S_1, S_2, \ldots, S_n, \ldots$ を考える. この数

列 $\{S_n\}_{n=1}^{\infty}$ が収束するとき, 級数 $\displaystyle\sum_{k=1}^{\infty} a_k$ が収束すると定義した. 数列の世界に比べ,

級数の世界では, その極限値よりも, 収束するか否かが最重要な問題である. そこで,

級数の場合のコーシーの収束条件, 数列 S_n がコーシー列であることを記しておく.

無限級数 $\displaystyle\sum_{k=1}^{\infty} a_k$ が収束するとは, $\quad$「任意の $d > 0$ について, 以下を満たす自然数

n_0 が存在する. $m \geqq n_0$, $n \geqq 0$ ならば $\quad |a_{m+1} + \cdots + a_{m+n}| < d$ $\quad$ が成立する.」

━━━━━━━━━━━━━━━━━━ 練習問題 7.3━━━━━━━━━━━━━━━━━━

1. 次のべき級数の収束半径を求めよ.

(1) $\displaystyle\sum_k \dfrac{x^k}{k!}$ $\qquad$ (2) $\displaystyle\sum_k \dfrac{x^k}{k}$ $\qquad$ (3) $\displaystyle\sum_k 2^k x^{2k}$ $\qquad$ (4) $\displaystyle\sum_k k! \, x^k$

(5) $\displaystyle\sum_k \dfrac{(k!)^2}{(2k)!}x^k$ $\qquad$ (6) $\displaystyle\sum_k \left(\dfrac{k}{k+2}\right)^{k^2} x^k$ $\qquad$ (7) $\displaystyle\sum_k \dfrac{1 \cdot 3 \cdot 5 \cdots (2k-1)}{2 \cdot 4 \cdot 6 \cdots (2k)}x^{2k}$

2. 次のべき級数の収束範囲を求めよ.

(1) $\displaystyle\sum_k \frac{k}{3^k}(x-2)^k$
(2) $\displaystyle\sum_k \frac{(x+1)^k}{2^k \log k}$
(3) $\displaystyle\sum_k \frac{k^{k-1}}{(k+1)!}x^k$

3. 次の関数 $f(x)$ をべき級数展開せよ.

(1) $f(x) = \left(\dfrac{x}{2-x}\right)^2$
(2) $f(x) = \cos^2 x$
(3) $f(x) = e^{3x} - e^{2x}$

(4) $f(x) = \dfrac{x+a}{x^2+a^2}$ $(a>0)$
(5) $f(x) = \log(x+\sqrt{1+x^2})$

4. 次の関数 $f(x)$ に対し, べき級数展開を利用して $f^{(n)}(0)$ を求めよ.

(1) $f(x) = x\log(1+x^2)$
(2) $f(x) = \mathrm{Arctan}\,(2x)$

5. 次の値を求めよ.

(1) $f(x) = x^2 \cos x^3$ のとき, $f^{(20)}(0)$ の値.

(2) $f(x) = (1+x^3)^{23}$ のとき, $f^{(46)}(0)$ の値.

6. 関数 $f(x) = \dfrac{x}{1-x-x^2}$ をべき級数に展開したときの係数を a_k とする. すなわち, $f(x) = \displaystyle\sum_{k=1}^{\infty} a_k x^k$ とする. 以下の問いに答えよ.

(1) 収束範囲を求めよ.

(2) $a_1 = 1$, $a_2 = 1$ を示せ.

(3) $n \geqq 3$ のとき, $a_n = a_{n-1} + a_{n-2}$ を示せ.

7. 実数 α に対し, べき級数 $\displaystyle\sum_{k=0}^{\infty} \binom{\alpha}{k} x^k$ を $f(x)$ とする. 以下の問いに答えよ.

(1) この級数の収束半径を求めよ.

(2) この級数を項別微分して, 等式 $(1+x)f'(x) = \alpha f(x)$ を示せ.

(3) $\left(\dfrac{f(x)}{(1+x)^{\alpha}}\right)' = 0$ を示せ.

(4) $f(x) = (1+x)^{\alpha}$ を示せ.

8. $|x| < \dfrac{\pi}{2}$ のとき, 次の式が成り立つことを示せ. (ヒント：練習問題 7. の結果を利用せよ.)

$$\tan x = \sum_{n=0}^{\infty} \frac{(2n)!}{2^{2n}(n!)^2} \sin^{2n+1} x$$

9. 関数 $f(x) = \begin{cases} e^{-\frac{1}{x^2}} & (x \neq 0 \text{ のとき}) \\ 0 & (x = 0 \text{ のとき}) \end{cases}$ について, 次の問いに答えよ.

(1) $f'(0)$ を求めよ.

(2) $P_n(t)$ を t の多項式とする. $n = 0, 1, 2, \cdots$ について, $f^{(n)}(x) = P_n(1/x)e^{-\frac{1}{x^2}}$ $(x \neq 0)$ とおくとき, $P_n(t)$ の次数を求めよ.

(3) $n = 0, 1, 2, \cdots$ について, $f^{(n)}(0)$ を求めよ.

(4) $f(x)$ は C^{∞} 級であるが, べき級数に表せないことを示せ.

参考文献

　本書を執筆する際には下記の図書を参考にした．読者の皆さんが本書と共に参照したり，微分積分を進んで学ぶためにもこれらの図書を参考にされることを期待する．

[1]　阿原一志: 考える微分積分，数学書房，2012.

[2]　岩切晴二: 微分積分学精説 改訂版，培風館，1960.

[3]　井上正雄: 積分学演習，朝倉書店，1961.

[4]　宇野利雄・鈴木七緒・安岡善則: 微分積分学 I, II (数学演習講座 6, 7)，共立出版，1957.

[5]　岡安隆照・吉野 崇・高橋豊文・武元英夫: 微分積分演習，裳華房，1992.

[6]　垣田高夫・笠原晧司・廣瀬 健・森 毅: 現代応用数学の基礎 微分積分，日本評論社，1993.

[7]　笠原晧司: 微分積分学，サイエンス社，1974.

[8]　川平友規: 微分積分 1変数と2変数，日本評論社，1972.

[9]　楠幸男: 無限級数入門，朝倉書店，1967.

[10]　クーラント, R・ロビンズ, H: 数学とは何か (原書第2版 スチュアート, L 改訂)，岩波書店，2001.

[11]　斎藤 毅: 微積分，東京大学出版会，2013.

[12]　坂田定久・中村拓司・萬代武史・山原英男: 新基礎コース 微分積分，学術図書出版，2014.

[13]　スチュワート, J: 微分積分学 I, II，東京化学同人，2017.

[14]　スピヴァック, M: 多変数の解析学，東京図書，1972.

[15]　高木貞治: 解析概論 (改訂第三版)，岩波書店，1961.

[16]　高木貞治: 新式算術講義，筑摩書房，ちくま学芸文庫，2008 (元本は 1904 年刊).

[17]　戸田盛和: 熱現象 30 講，朝倉書店，1995.

[18]　長瀬道弘・芦野隆一: 微分積分学概説，サイエンス社，1999.

[19]　中村拓司・松田真実・萬代武史・柳田達雄: 新編 基礎 微分積分，学術図書出版，2020.

[20] 難波 誠: 微分積分学, 裳華房, 1996.

[21] 能代 清: 微分学演習, 朝倉書店, 1961.

[22] 福田安蔵・鈴木七緒・安岡善則・黒崎千代子共編: 詳解 微積分演習 I, II, 共立出版, 1960(I), 1963(II).

[23] 堀内龍太郎・川崎廣吉・浦部治一郎: 理工系基礎 微分積分学, 培風館, 1999.

[24] 本間龍雄・他著: 幾何学的トポロジー (共立講座 21 世紀の数学), 共立出版, 1999.

[25] 松坂和夫: 集合・位相入門, 岩波書店, 1968.

[26] 溝畑 茂: 数学解析 (上, 下), 朝倉書店, 1973 (2019 復刊).

[27] 溝畑 茂・高橋敏雄・坂田定久: 微分積分学, 学術図書出版, 1993.

[28] 三宅敏恒: 入門微分積分, 培風館, 1992.

[29] 三宅敏恒: 微分積分の演習, 培風館, 2017.

索　　引

執筆者紹介

浅倉　史興（あさくら　ふみおき）　元大阪電気通信大学工学部

浦部治一郎（うらべ　じいちろう）　元同志社大学文化情報学部

川崎　廣吉（かわさき　こうきち）　元同志社大学文化情報学部

多久和英樹（たくわ　ひでき）　同志社大学理工学部

竹井　義次（たけい　よしつぐ）　同志社大学理工学部

溝畑　潔（みぞはた　きよし）　同志社大学理工学部

山原　英男（やまはら　ひでお）　元大阪電気通信大学工学部

渡部　拓也（わたなべ　たくや）　立命館大学理工学部

微分積分（びぶんせきぶん）—高校数学のつづき—

2021 年 3 月 30 日	第 1 版	第 1 刷	発行
2022 年 1 月 30 日	第 2 版	第 1 刷	発行
2023 年 3 月 30 日	第 3 版	第 1 刷	発行
2024 年 3 月 10 日	第 4 版	第 1 刷	印刷
2024 年 3 月 20 日	第 4 版	第 1 刷	発行

著　者　　浅倉史興　　浦部治一郎
　　　　　川崎廣吉　　多久和英樹
　　　　　竹井義次　　溝畑　潔
　　　　　山原英男　　渡部拓也

発 行 者　　発田和子

発 行 所　　株式会社　学術図書出版社

〒113-0033　東京都文京区本郷 5 丁目 4 の 6
TEL 03-3811-0889　振替 00110-4-28454

印刷　三松堂（株）